한국산업인력공단 새 출제기준에 따른 최신판!!

공조냉동기계기능사
기출문제 + CBT문제

공·조·냉·동·기·계·기·능·사

저·자·약·력

함 창 호

[경력]
현 한국폴리텍대학 성남캠퍼스 교수
한양대학교 대학원 기계공학과 졸업

[자격사항]
기계가공기능장
직업훈련교사 1급(기계)

공조냉동기계 분야의 기능사에 도전 ~ !

산업 구조의 변화가 빠르게 진행되고 있는 현대 시대에 기계 및 건축 분야 등 모든 분야에서는 산업 선진화와 더불어 쾌적한 환경에서의 삶을 만들기 위해 많은 시간과 노력을 쏟고 있습니다.

신재생에너지를 비롯한 미래에너지에 대한 연구가 전 세계적인 이슈로 떠오르고 있으며, 특히 공조냉동기계는 기계, 건축, 설비, 제빙, 식품저장 및 가공 분야에서 가장 중요한 산업분야의 혁신적인 기술로 자리 잡고 있습니다.

공조냉동기계기능사는 공조기기를 구축하고, 산업체에서의 공조냉동, 유틸리티 등 필요한 설비를 조작·유지·정비·관리하는 기능인을 말하며, 이 같은 임무를 수행하기 위해서는 공조냉동기계기능사 자격증이 꼭 필요합니다.

이에 〈공조냉동기계기능사 기출문제 + CBT 문제〉는 공조냉동기계기능사를 처음 접하는 수험생도 짧은 시일 내에 취득할 수 있도록, 제1편은 상세한 해설을 곁들인 이론 및 Point 예제를, 제2편은 공조냉동기능사 기존 문제풀이를, 그리고 제3편은 2012년부터 실시된 총 19개의 기출문제 및 2017년 CBT 복원 문제를 수록하였습니다.

〈공조냉동기계기능사 기출문제 + CBT 문제〉가 출판되도록 도와주신 크라운출판사 임직원분들께 감사드리며, 이 교재를 통해 합격의 영광은 물론, 취업의 길도 활짝 열리길 기원합니다.

저자 **함창호** 씀

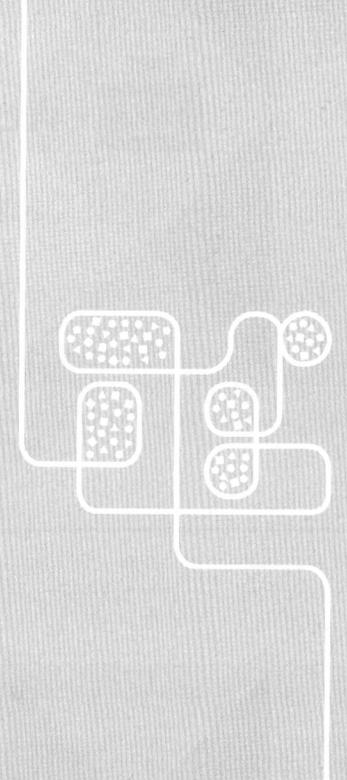

CONTENTS

공·조·냉·동·기·계·기·능·사

PART 01 이론 & Point 예제

- 제1과목 | 공조냉동 안전관리 ················ 8
- 제2과목 | 냉동기계 ················ 24
- 제3과목 | 공기조화 ················ 62

PART 02 과년도 기출문제 & 2017년 CBT 복원문제

- 2012년 | 제1회 기출문제 ················ 78
- 제2회 기출문제 ················ 89
- 제3회 기출문제 ················ 101
- 제4회 기출문제 ················ 113

- 2013년 | 제1회 기출문제 ················ 124
- 제2회 기출문제 ················ 136
- 제3회 기출문제 ················ 147
- 제4회 기출문제 ················ 158

- 2014년 | 제1회 기출문제 ················ 169
- 제2회 기출문제 ················ 179
- 제3회 기출문제 ················ 189
- 제4회 기출문제 ················ 201

CONTENTS

공·조·냉·동·기·계·기·능·사

2015년	제1회 기출문제	212
	제2회 기출문제	223
	제3회 기출문제	234
	제4회 기출문제	245
2016년	제1회 기출문제	257
	제2회 기출문제	268
	제3회 기출문제	280
2017년	제1회 CBT 복원문제	291
	제2회 CBT 복원문제	301
	제3회 CBT 복원문제	310
	제4회 CBT 복원문제	319

공·조·냉·동·기·계·기·능·사

출제기준

필기과목명	주요항목	세부항목	세세항목	
공조냉동 안전관리 · 냉동기계 · 공기조화	1. 공조냉동 안전관리	1. 안전관리의 개요	• 안전관리의 개요 • 보호구 및 안전표시 • 산업안전보건법	• 재해 및 안전점검 • 고압가스안전관리법(냉동 관련)
		2. 안전관리	• 기계설비의 안전 • 운반기계 안전 • 전기설비기기 안전 • 보일러 안전 • 공구취급 안전	• 각종 기계 안전 • 전격재해 및 정전기의 재해 안전 • 가스 및 위험물 안전 • 냉동기 안전 • 화재 안전
	2. 냉동기계	1. 냉동의 기초	• 단위 및 용어 • 기초 열역학	• 냉동의 원리
		2. 냉매	• 냉매 • 브라인	• 신냉매 및 천연냉매 • 냉동기유
		3. 냉동 사이클	• 몰리에르 선도와 상변화 • 단단 압축 사이클 • 이원 냉동 사이클	• 카르노 및 이론 실제 사이클 • 다단 압축 사이클
		4. 냉동 사이클의 종류	• 용적식 냉동기 • 흡수식 냉동기	• 원심식 냉동기 • 신·재생에너지 (지열, 태양열 이용 히트펌프 등)
		5. 냉동장치의 구조	• 압축기 • 증발기 • 부속장치	• 응축기 • 팽창밸브 • 제어용 부속기기
		6. 냉동장치의 응용	• 제빙 및 동결 장치	• 열펌프 및 축열 장치
		7. 배관	• 배관재료 • 배관시공	• 배관도시법 • 배관공작
		8. 전기 및 자동제어	• 직류회로 • 시퀀스회로	• 교류회로
		9. 냉동장치 유지 및 운전	• 냉동장치 유지 및 운전	
	3. 공기조화	1. 공기조화의 기초	• 공기조화의 개요 • 공기조화의 부하	• 공기의 성질과 상태
		2. 공기조화방식	• 중앙 공기조화방식	• 개별 공기조화방식
		3. 공기조화기기	• 송풍기 및 에어필터 • 가습·감습장치 • 열원기기	• 공기 냉각 및 가열코일 • 열교환기 • 기타 공기조화 부속기기
		4. 덕트 및 급배기 설비	• 덕트 및 덕트의 부속품	• 급배기설비
		5. 난방	• 직접 난방	• 간접 난방

공·조·냉·동·기·계·기·능·사

One-Pass

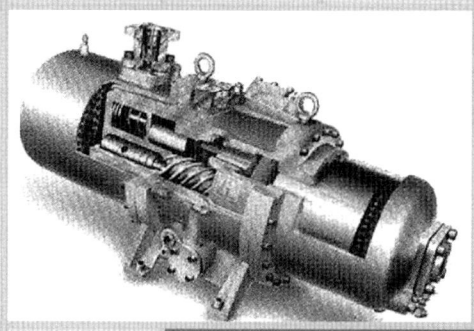

Part 1

이론 & Point 예제

제1과목 | 공조냉동 안전관리
제2과목 | 냉동기계
제3과목 | 공기조화

Chapter 01 공조냉동 안전관리

1 안전관리 개요

01 안전관리

① 안전관리의 정의 : 재해로부터의 인간의 생명과 재산을 보호하기 위한 계획적이고 체계적인 제반 활동이며, 인간존중과 생산성 향상을 목적으로 한다.
② 안전대책의 3원칙(3E) : 기술적 대책, 교육적 대책, 관리적 대책
③ 안전대책의 수립 : 통계적 대책

02 재해원인 분류

1) 직접 원인
  ① 인적 원인(불안전한 행동)
    ㉠ 부적당한 속도로 설비를 운전
    ㉡ 허가 없이 설비를 운전
    ㉢ 잘못된 방법으로 설비를 운전
    ㉣ 결함이 있는 설비를 사용
    ㉤ 작동하지 않는 안전장치
    ㉥ 충분치 못한 작업준비
    ㉦ 개인 보호구를 미사용
    ㉧ 설비 및 자재의 잘못된 배치
    ㉨ 가동 중인 설비를 정비
  ② 물적 원인(불안전한 상태)
    ㉠ 불충분한 지지 및 방호
    ㉡ 결함이 있는 공구, 장치 또는 자재
    ㉢ 불충분한 경보시스템
    ㉣ 화재 또는 폭발 위험성
    ㉤ 부실한 정비
    ㉥ 위험성이 있는 대기 상태(가스, 먼지, 증기 등)
    ㉦ 지나친 소음 및 진동
    ㉧ 어두운 조명 및 환기

2) 간접 원인
  ① 기술적인 원인 : 점검 및 정비 불량
  ② 교육적인 원인 : 안전지식, 경험 부족
  ③ 신체적인 원인 : 피로, 신체적 불안
  ④ 정신적인 원인 : 주의력 부족, 불안, 방심
  ⑤ 관리적인 원인 : 작업준비 불충분, 안전관리 부족

Point 예제

1. 안전사고 예방을 위한 3대 원칙이 아닌 것은?
[2013년 4회]
㉮ 교육적 대책 ㉯ 기술적 대책
㉰ 관리적 대책 ㉱ 계획적 대책

⊕ 해설
안전대책 3원칙 : 교육적 대책, 기술적 대책, 관리적 대책이다.
정답 ㉱

2. 안전사고 예방을 위한 교육적 대책인 것은?
㉮ 안전기준의 설정 ㉯ 정신교육의 강화
㉰ 작업공정의 개선 ㉱ 환경설비의 개선

⊕ 해설
교육적 대책 : 정신교육의 강화
정답 ㉯

3. 안전관리의 목적에 가장 알맞은 것은?
㉮ 기능향상 도모
㉯ 작업자의 안전과 능률
㉰ 경영혁신 도모
㉱ 기업의 이윤추구

⊕ 해설
안전관리의 목적 : 작업자의 안전과 능률
정답 ㉯

4. 안전사고의 원인 중 물적 원인(불안전한 상태)이라고 볼 수 없는 것은?
㉮ 불충분한 방호
㉯ 빈약한 조명 및 환기
㉰ 개인 보호구 미착용
㉱ 지나친 소음

⊕ 해설
개인 보호구 미착용 : 인적 원인(불안전한 행동)이다.
정답 ㉰

5. 사고발생의 원인 중 정신적인 요인에 해당되는 항목으로 옳은 것은? [2013년 3회]
   ㉮ 불안과 초조
   ㉯ 수면부족 및 피로
   ㉰ 이해부족 및 훈련부족
   ㉱ 안전수칙의 미제정

   해설
   불안과 초조 : 간접 원인인 정신적 원인에 해당
   정답 ㉮

6. 안전대책의 3원칙에 속하지 않는 것은? [2008년 2회]
   ㉮ 기술   ㉯ 자본
   ㉰ 교육   ㉱ 관리

   해설
   안전대책 3원칙 : 기술, 교육, 관리
   정답 ㉯

03 재해예방대책

1) 재해예방의 4원칙
① 예방가능의 원칙 : 천재지변을 제외한 모든 사고는 사전에 예방이 가능하다.
② 손실우연의 원칙 : 사고로 인한 손실과 크기는 당시 조건에 따라 우연적으로 발생한다.
③ 원인연계의 원칙 : 사고에는 반드시 원인이 있고 대부분 복합적 연계 원인이다.
④ 대책선정의 원칙 : 사고의 원인이나 불안전 요소를 예방하기 위하여 안전대책을 선정하고 반드시 적용해야 한다.

2) 재해방지 5단계
재해발생의 원인을 도미노이론으로 해석하여 재해가 발생한다고 보고 있으며, 사고예방단계를 5단계로 구분하여 설명한다.
① 조직 : 안전관리조직을 구성한다.
② 사실의 발견 : 점검, 진단을 통해 현상을 파악한다.
③ 분석 : 재해를 조사, 분석하여 문제점을 규명한다.
④ 대책의 선정 : 효과적인 3E대책을 선정한다.
⑤ 대책의 적용 : 대책을 실시하고 재평가한다.

Point 예제
재해예방의 4가지 기본원칙에 해당되지 않는 것은? [2013년 1회]
㉮ 대책선정의 원칙   ㉯ 예방가능의 원칙
㉰ 손실우연의 원칙   ㉱ 재해통계의 원칙

해설
재해예방의 기본원칙
- 예방가능의 원칙   - 손실우연의 원칙
- 원인연계의 원칙   - 대책선정의 원칙
정답 ㉱

04 재해율 계산

① 연천인율
근로자 1,000명당 1년간에 발생하는 재해자 수
$$연천인율 = \frac{재해자 \ 수}{평균 \ 근로자 \ 수} \times 1,000$$

② 도수율(빈도율)
연 100만 근로 시간당 재해 발생 건수
$$도수율 = \frac{재해 \ 건수}{연 \ 근로시간 \ 수} \times 1,000,000$$

③ 연천인율과 도수율과의 관계
연천인율과 도수율의 관계는 그 계산 기준이 다르기 때문에 정확히 환산하기는 어려우나 재해 발생률을 서로 비교하는 경우 다음 식이 성립한다.
연천인율 = 도수율 × 2.4

④ 강도율
근로시간 1,000시간당 발생한 산업재해 근로손실 일수
$$강도율 = \frac{근로손실 \ 일수}{연 \ 근로 \ 시간 \ 수} \times 1,000$$

Point 예제
근로자 수가 400명인 사업체에서 1년에 4건의 사상자가 발생했다. 이때 연천인율은 얼마인가?
㉮ 10   ㉯ 20
㉰ 30   ㉱ 40

해설
$$연천인율 = \frac{근로재해 \ 건수}{평균 \ 근로자 \ 수} \times 1,000$$
$$= \frac{4}{400} \times 1,000 = 10$$
정답 ㉮

05 보호구 및 안전표지

1) 보호구 사용목적

유해물질, 감전, 자외선 등의 위험으로부터 인체의 전부나 일부를 보호하기 위해 착용하는 보조기구

2) 보호구 선정 시 유의사항
① 사용목적에 적합한 것
② 국가성능검정에 합격한 것
③ 사용방법이 간편하고 착용이 쉬운 것
④ 무게가 가볍고 크기가 알맞은 것

3) 보호구의 구비조건
① 착용이 간편할 것
② 작업에 방해가 되지 않을 것
③ 유해 위험요소에 방호성능이 충분할 것
④ 품질이 양호할 것
⑤ 겉모양과 표면이 섬세하고 외관상 양호할 것
⑥ 구조와 끝마무리가 양호할 것

4) 보호구의 관리
① 정기적으로 관리, 점검한다.
② 광선을 피하고, 통풍이 잘되는 장소에 보관한다.
③ 부식성, 유해성, 인화성 액체 등과 혼합 보관하지 않는다.
④ 청결한 곳에 보관하고, 세척 후 건조, 보관한다.
⑤ 개인 보호구는 개인이 소지한다.

5) 안전표지

산업현장, 공장, 광산, 건설현장에서 사람, 차량, 선박들의 안전을 위해 사용하는 표식을 말한다.
① 금지표지 : 바탕은 흰색, 기본모형은 빨강색, 관련 부호 및 그림은 검정색
  예 출입금지, 보행금지, 차량통행금지, 사용금지, 금연, 화기금지, 물체이동금지 등
② 경고표지 : 바탕은 노랑색, 기본모형 및 관련 부호, 그림은 검정색
  예 인화성 물질, 산화성 물질, 폭발물, 독극물, 방사성 물질, 고압전기, 매달린 물체, 낙하 물체, 고온, 저온, 레이저 등
③ 지시표지 : 바탕은 파랑색, 관련 그림은 흰색
  예 보안경 착용, 방독마스크 착용, 방진마스크 착용, 안전모자 착용, 귀마개 착용, 안전화 착용, 안전장갑 착용, 안전복 착용 등
④ 안내표지 : 바탕은 흰색, 기본모형 및 관련 부호는 녹색이거나 바탕은 녹색, 관련 부호 및 그림은 흰색
  예 녹십자표지, 응급구호표지, 들것, 세안장치, 비상구 등

6) 색채 이용
① 빨강색 : 화재방지(방화, 긴급정지, 통행금지)
② 주황색 : 재해나 상해장소(기계커버, 스위치박스, 항공, 선박시설)
③ 노랑색 : 충돌, 추락(크레인 훅, 바닥 돌출, 계단 디딤면)
④ 청색 : 수리 중, 조작금지(전기스위치)
⑤ 녹색 : 위험, 구급, 대피장소(비상구, 안전위생지도 표시)
⑥ 흰색 : 통로의 표지, 방향지시(통로 구획선)
⑦ 흑색 : 주의, 위험표시글자, 보조색
⑧ 보라색 : 방사능 표지

Point 예제

1. 작업자의 보호구의 구비조건으로 맞지 않는 것은? [2011년 1회]
㉮ 착용이 간편할 것
㉯ 정비가 간단하고 검사가 용이할 것
㉰ 방호성능이 충분할 것
㉱ 외관만 좋고, 값비싼 고급으로 할 것

⊕ 해설
보호구의 구비조건
 - 착용이 간편할 것
 - 사용이 간편하고 착용이 쉬운 것
 - 유해 위험요소에 대해 방호성능이 충분할 것
 - 품질이 양호할 것

정답 ㉱

2. 수리 중 표시를 나타내는 색깔은? [2007년 3회]
㉮ 녹색   ㉯ 백색
㉰ 보라색   ㉱ 청색

⊕ 해설
수리 중 표시는 청색이다.

정답 ㉱

06 보호구

1) 안전모

(1) 안전모의 종류
① 일반 안전모 : 충돌, 추락, 낙하로부터 머리 보호
② 전기 안전모 : 감전방지
③ 승차용 안전모 : 움직이는 차에서 작업 시

(2) 안전모의 재료 구비조건
① 사용목적에 따라 내식성, 내열성, 내수성, 내한성을 가질 것
② 피부에 해로운 영향을 주지 않는 것
③ 충분한 강도를 가질 것
④ 모체의 표면색이 밝고 선명할 것(빛의 반사율이 가장 좋은 백색이 좋다)
⑤ 안전모의 모체, 충격흡수라이너 및 착장제의 무게는 0.44kg을 초과하지 않아야 하며, 내전압성은 7,000V 이하에 견뎌야 할 것
⑥ 전기공사에는 절연성이 있는 것을 사용할 것

2) 안전화

(1) 안전화 성능조건 : 내마모성, 내열성, 내유성, 내약품성
① 내마모성
② 내열성
③ 내유성
④ 내약품성

3) 보안경

(1) 차광안경
① 용접(가스 및 전기)시 불티나 유해 광선(자외선)이 발생하는 작업에 사용
② 강렬한 실외에서 전기 열판 설치 작업 시 과도한 자외선 및 적외선 등 해로운 광선으로부터 눈을 보호

(2) 보호안경
① 연삭작업 등 미세한 분진, 기계작업, 화학 약품의 비산 등으로부터 눈을 보호
② 종류 : 플라스틱 재질, 강화유리 재질
③ 도수렌즈를 사용한 안경 : 근시, 원시, 난시 등 시력이 나쁜 사람들의 눈을 분진, 비산물 등으로부터 보호하기 위한 안경

4) 보안면

머리에 쓰는 보안경보다 크며, 일반 용접 작업 시 눈을 보호할 뿐만 아니라 파편에 의한 화상으로부터 안면부도 보호한다. 보안면은 헬멧형, 핸드 쉴드형, 일반형이 있다.

5) 마스크

(1) 방독 마스크
① 방독 마스크 사용 시 주의 사항
㉠ 방독마스크는 완벽한 것이 없다.
㉡ 내구연한이 지난 것은 폐기처분한다.
㉢ 산소가 16% 이하인 곳에서는 사용을 금지한다.
㉣ 가스 종류에 맞는 마스크를 사용한다.
② 방독 마스크에 사용하는 흡수제
㉠ 활성탄 ㉡ 실리카겔 ㉢ 소라다임
㉣ 호프칼라이트 ㉤ 큐프라미트

(2) 방진 마스크
① 방진 마스크 구비조건
㉠ 분진여과효율이 좋을 것
㉡ 흡·배기가 잘될 것
㉢ 피부에 밀착이 잘될 것
㉣ 하방 150° 이상으로 시야가 넓을 것
㉤ 장시간 사용해도 고통과 압박이 없어야 하며, 가볍고, 사용 유효공간이 적을 것

(3) 송기 마스크
산소결핍장소에서 사용하며, 송풍기가 부착된 공기공급식, 공기정화식과 자급식인 공기정화식이 있다.

6) 귀마개, 작업복, 장갑

(1) 귀마개
① 귓구멍 크기에 맞아야 하며, 사용하는 데 압박감이 없어야 한다.
② 피부에 자극을 주지 말아야 하며 휴대성이 좋으며, 견고해야 한다.

(2) 작업복
① 몸에 맞아 동작이 편해야 하며, 기계 등에 말려 들어가지 않도록 소매부리를 조인다.

② 기름이 묻으면 불이 붙기 쉬우므로 세탁하여 착용한다.
③ 화기가 있는 곳에는 방염, 불연성이 있는 것을 사용한다.
④ 전기작업 시 젖은 옷은 착용하지 않는다.

(3) 장갑
① 회전기계작업(드릴링, 프레스, 기계 대패, 둥근 톱), 목공작업 등을 할 때는 장갑이 끼이지 않도록 주의한다.
② 용접 작업 시 용접용 가죽장갑을 착용한다.
③ 화학물질을 다룰 때는 내성이 강한 장갑을 사용한다.

Point 예제

1. 물체가 떨어지거나 날아올 위험 또는 근로자가 추락할 위험이 있는 작업 시에 착용해야 할 보호구로 알맞은 것은? [2014년 1회]
㉮ 안전모　㉯ 안전벨트
㉰ 방열복　㉱ 보안면

정답 ㉱

2. 작업조건의 내용과 보호구와의 연계가 올바르지 않은 것은? [2010년 2회]
㉮ 안전대 : 높이 또는 깊이 1m 이상의 추락할 위험이 있는 장소에서의 작업
㉯ 안전화 : 물체의 낙하, 충격, 물체의 끼임, 감전 또는 정전기의 대전에 의한 위험이 있는 작업
㉰ 안전모 : 물체가 떨어지거나 날아올 위험 또는 근로자가 감전되거나 추락할 위험이 있는 작업
㉱ 보안면 : 용접 시 불꽃 또는 물체가 날아 흩어질 위험이 있는 작업

해설
안전대 : 높이 또는 깊이가 2m 이상에서 작업할 때 착용

정답 ㉮

07 각종 공구

1) 수공구 취급 시 안전사항
① 사용 전에 공구를 반드시 점검할 것
② 사용법을 충분히 익힌 후 사용할 것
③ 편리성을 위하여 공구는 항상 일정한 장소에 비치 보관할 것
④ 칼날이나 끝이 뾰족한 물건은 커버를 할 것
⑤ 공구를 던지거나 맨손으로 작업하지 말 것
⑥ 본 용도 외에 다른 용도로 사용하지 말 것
⑦ 무리하게 공구를 취급하지 않을 것
⑧ 올바른 치수와 형태의 공구를 사용할 것
⑨ 특수한 것 이외에는 KS제품을 사용할 것
⑩ 사용한 공구는 청소를 한 후 일정한 장소에 보관할 것
⑪ 모든 공구는 결함이 없도록 항상 정비해 둘 것
⑫ 손잡이가 미끄럽지 않게 보완할 것

Point 예제

수공구 취급 시 일반 안전관리 사항으로 옳지 않은 것은? [2009년 2회]
㉮ 공구는 사용 전에 반드시 점검한다.
㉯ 불량공구는 일단 수리하여 사용하고 반납한다.
㉰ 공구는 항상 일정한 장소에 비치한다.
㉱ 결함이 없는 완전한 공구를 사용한다.

해설
불량공구는 사용하지 않는다.

정답 ㉯

08 각종 공구 취급 시 유의사항

1) 해머작업
① 기름 묻은 장갑이나 손으로 자루를 잡지 않는다.
② 작업에 맞는 무게의 해머를 사용하고 주의사항을 확인하여 한두 번 가볍게 친 다음 본격적으로 두들긴다.
③ 재료에 변형이나 요철이 있을 때 타격하면 한쪽으로 튕겨서 부상당할 수 있으므로 주의한다.
④ 담금질한 것은 함부로 두들기지 않는다.
⑤ 처음부터 크게 휘두르지 않고, 해머가 목표에 잘 맞은 뒤부터 크게 휘두른다.
⑥ 자루에 쐐기를 박아 안전하게 사용한다.
⑦ 가능하면 좁은 장소에서는 작업하지 않는다.

2) 정 작업
① 정 작업을 할 때 시선은 항상 공작물을 향해야 타격 시 안전하게 작업할 수 있다.
② 정 작업을 할 때는 보호안경을 끼고 한다.
③ 담금질한 재료는 단단하기 때문에 깎아 내지 않는다.
④ 처음과 끝부분은 약하게 쳐서 작업한다.
⑤ 정을 잡고 작업할 때 힘을 주지 않는다.

3) 스패너 또는 렌치 작업
① 스패너의 입이 너트 폭과 맞는 것을 사용하고 입이 변형된 것은 사용하지 않는다.
② 스패너를 너트에 단단히 끼운 뒤 앞으로 당겨서 사용한다.
③ 스패너를 두 개로 잇거나 자루에 파이프를 이어서 사용해서는 안 된다.
④ 몽키렌치는 웜과 랙의 마모에 유의하여 물림 상태를 확인한 후에 사용한다.
⑤ 몽키렌치는 아래턱 방향으로 돌려서 사용한다. 그렇지 않으면 렌치가 벗겨져서 균형을 잃어 다치기 쉽다.

4) 드라이버, 줄, 톱 작업
① 줄을 망치 대용으로 사용하지 않는다.
② 줄 작업 후 칩을 입으로 불어내지 않는다.
③ 드라이버의 날 끝이 홈의 폭과 길이가 같은 것을 사용한다.
④ 드라이버의 날 끝은 수평해야 하며 둥글거나 빠진 것을 사용하지 않는다.
⑤ 쇠톱으로 절단 작업 시 처음 시작할 때 힘을 빼고 앞으로 전진하여 자른다.
⑥ 쇠톱 작업 시 시선은 톱대를 두지 말고, 톱날을 바라보며 작업한다.

5) 그라인딩 작업
① 회전 숫돌은 고속 회전하는 공구이므로 보관 중에 크랙이 생기거나, 결손이 생기면 파열될 위험이 있다.
② 숫돌은 습기나 수분이 있는 곳에 보관하지 않는다.
③ 숫돌은 정면으로만 사용하며 측면은 약하므로 사용하지 않는다.
④ 안전덮개를 반드시 설치하며, 숫돌과 받침대 사이가 3mm 이상 되어서는 안 된다.

Point 예제

1. 수공구인 해머의 안전작업수칙으로 올바르지 않는 것은? [2010년 1회]
㉮ 작업 중 해머상태를 확인할 것
㉯ 처음부터 힘을 주어 치지 말 것
㉰ 불꽃이 생기거나 파편이 발생할 수 있는 작업 시에는 반드시 차광안경을 착용할 것
㉱ 해머로 공동 작업을 할 경우 상대방과 호흡을 맞출 것

해설
차광안경은 단지 광선으로부터 눈을 보호하기 위해 사용하는 것이다. 날아오는 물체에 의한 위험 또는 유해광선을 피할 때는 보안경을 사용한다.
정답 ㉰

2. 다음에서 연삭숫돌을 고속 회전시켜 공작물의 표면을 깎아내는 연삭작업 시 안전수칙으로 옳지 않은 것은? [2011년 1회]
㉮ 작업시간 전에 1분 이상 공회전시킨다.
㉯ 연삭숫돌을 교체한 후에는 2분 이상 시운전한다.
㉰ 측면을 사용하는 것을 목적으로 할 경우 외에는 연삭숫돌의 측면은 사용하지 않는다.
㉱ 연삭숫돌의 최고 사용회전속도를 초과하여 사용하지 않는다.

해설
연삭숫돌을 교체한 후에 3분 이상 시운전을 실시한다.
정답 ㉯

09 기계위험 요소와 안전

1) 위험점(dangerous point)
① 협착점(squeeze point) : 왕복운동을 하는 동작부분과 움직임 없는 고정부분 사이에 형성되는 위험점
　예 프레스 전단기, 성형기 등
② 끼임점(shear point) : 고정부분과 회전하는 동작부분이 함께 만드는 위험점
　예 연삭숫돌과 덮개, 교반기와 날개와 하우징 등

③ 절단점(cutting point) : 회전운동하는 부분 자체에서 초래하는 위험점
  예) 밀링커터, 목재가공용 둥근톱, 띠톱기계, 동력절단기, 회전대패 등의 이음부분
④ 물림점(nip point) : 두 개의 회전체에 물려 들어갈 위험성이 있는 곳
  예) 기어물림, 롤러와 롤러의 물림회전 등
⑤ 접선 물림점(tangential nip point) : 회전하는 부문의 접선 방향으로 물려 들어갈 위험이 존재하는 곳
  예) V벨트, 평벨트, 기어와 랙의 물림점
⑥ 회전 물림점(trapping point) : 회전하는 기계에 작업복이 말려드는 위험이 존재하는 곳
  예) 회전하는 축, 커플링 또는 회전하는 보링기, 천공기 등

2) 공작기계 및 기타 기계의 안전

(1) 선반(lathe)

선반은 환봉을 척에 고정하여 회전시켜 가공하는 기계이다.
① 기계 위에 공구나 재료를 올려놓지 않는다.
② 칩의 비산 시 보안경을 착용하고, 차폐막을 설치한다.
③ 칩을 제거할 때는 브러쉬나 긁기봉을 사용한다.
④ 회전 중에는 공작물을 측정하지 않는다.
⑤ 절대 장갑을 끼고 작업하지 않는다.
⑥ 절삭공구 교환 시 기계를 정지 후 교환한다.

(2) 밀링 머신(milling machine)

밀링 머신은 가공할 각봉 및 평철을 테이블 위에 놓인 바이스에 고정시키고, 절삭공구는 스핀들 척에 장착하여 스위치를 눌러 회전시켜서 평면이나 기어 등으로 가공하는 기계
① 공작물을 테이블 또는 바이스에 안전하게 고정한다.
② 주축회전속도를 변환할 때는 회전을 정지하고 변환한다.
③ 가공 중에는 손으로 가공 면을 만지지 않는다.
④ 상하 이송장치를 작동시킬 때는 핸들을 반드시 풀어둔다.

(3) 드릴링 머신(drilling machine)

드릴링 머신은 드릴을 척에 고정하여 공작물에 구멍을 뚫거나 탭 작업을 하거나 리밍 작업을 할 때 사용하는 기계이다.
① 회전하는 주축이나 드릴에 손을 대거나 머리를 가까이 하지 않는다. 휘말려 사고가 나기 때문이다.
② 드릴의 착탈은 회전이 완전히 멈춘 후에 작업한다.
③ 드릴이나 소켓을 뽑을 때는 공구를 사용하고 해머 등으로 두들기지 않는다.
④ 드릴작업 시 칩이 같이 회전하므로 보호안경을 반드시 착용해야 한다.
⑤ 작은 공작물은 바이스를 사용하여 고정하고 직접 손으로 잡고 작업하지 않는다.

(4) 연삭기(grinding machine)

① 연삭숫돌이 자체결함으로 인해 깨지는 경우가 있으므로 숫돌을 기계에 끼울 때에 망치로 두들겨 맑은 소리가 나는 것을 확인한 후 끼운다.
② 연삭입자가 날려 작업자의 눈에 들어갈 위험이 있으므로 보안경을 착용한다.
③ 회전하는 연삭숫돌에 작업자의 손이 말려들기 쉬우므로 조심한다.
④ 회전하는 연삭숫돌에 작업자의 손이 접촉되어 상처를 입을 수가 있다.
⑤ 공작물의 재질이나 경도에 따라서 연삭숫돌을 달리 사용한다.
⑥ 숫돌의 장착이나 시운전은 반드시 지정된 작업자가 실시한다.
⑦ 숫돌과 받침대의 간격은 3mm 이하로 유지한다.
⑧ 연삭시작 전 1분, 숫돌교환 후에는 3분 이상 시운전을 한다.
⑨ 숫돌을 교환할 때 숫돌에 붙어있는 종이를 떼지 말며, 플랜지와 숫돌을 너무 꽉 조이지 않는다.
⑩ 숫돌을 고정하는 플랜지는 좌우 동형으로 숫돌의 바깥지름의 1/3 이상의 것을 사용한다.
⑪ 작업 시 주위에 인화성물질이 없도록 주의한다. 불꽃이 튀어서 화재의 위험이 있기 때문이다.

(5) 목공용 둥근 톱(rounding saw for wood)

목공용 둥근 톱은 목재를 가공하는 기계로서 테이블 아래에 장착된 주축에 견고하게 고정되어 있다. 목재가공 중에 발생하는 재해는 40% 정도가 둥근 톱이나 대패, 띠톱에 의해 일어난다.

① 목재 절단 시 손이 톱날에 인접할 때, 나무옹이가 튀어 갑자기 평형을 잃어 톱니에 미끄러져 재해를 당하기 쉽다.
② 테이블 아래 쌓인 톱니를 제거하거나 다른 작업을 하려고 하다가 손이 날에 접촉하여 상해를 입게 된다.
③ 목재 가공 시 톱날 접촉예방장치 및 목재 반발 예방장치를 설치하며, 끝부분은 반드시 밀대나 압목을 사용하도록 한다.

(6) 크레인 및 컨베이어

① 크레인 안전장치
  ㉠ 과부하방지장치 : 크레인에 있어서 정격하중 이상의 하중이 부하되었을 때 자동적으로 상승이 정지되면서 경보음이 발생하는 장치
  ㉡ 권과방지장치 : 권과방지를 위해 동력을 자동 차단하고, 작동을 멈추게 하는 장치
  ㉢ 후크해지장치 : 후크에서 와이어 로프의 이탈을 방지하는 장치
  ㉣ 비상정지장치 : 이동 중 이상상태 발생 시 급정지시킬 수 있는 장치

② 컨베이어 안전장치
  ㉠ 이탈 및 역주행방지장치 : 센서 확인
  ㉡ 비상정지장치 : 비상스위치
  ㉢ 덮개 또는 울타리 : 화물낙하방지
  ㉣ 벨트긴장 및 이완상태 확인 : 화물 운반
  ㉤ 작업 전 컨베이어 위에 운반물 제거
  ㉥ 정비 시 컨베이어장치 임의 해체 금지
  ㉦ 모터의 용량과 최대 적재량 검토

Point 예제

1. 드릴링 작업을 할 때의 안전수칙으로 올바른 것은? [2012년 1회]
  ㉮ 옷소매가 긴 작업복이나 장갑을 착용한다.
  ㉯ 드릴의 착탈은 회전이 완전히 멈춘 다음 행한다.
  ㉰ 드릴 작업을 하면서 칩을 가끔 손으로 제거한다.
  ㉱ 드릴 작업 시에는 보안경을 착용해서는 안 된다.

  해설
  드릴의 착탈은 회전이 완전히 멈춘 후에 작업한다.
  정답 ㉯

2. 연삭기의 받침대와 숫돌차의 중심 높이에 대한 내용으로 적합한 것은? [2014년 2회]
  ㉮ 서로 같게 한다.
  ㉯ 받침대를 높게 한다.
  ㉰ 받침대를 낮게 한다.
  ㉱ 받침대가 높든 낮든 관계가 없다.

  해설
  연삭기의 받침대와 숫돌차의 중심높이는 서로 같게 한다.
  정답 ㉮

3. 연삭숫돌을 교체한 후 시험운전 시 최소 몇 분 이상 공회전을 시켜야 하는가? [2014년 4회]
  ㉮ 1분 이상   ㉯ 3분 이상
  ㉰ 5분 이상   ㉱ 10분 이상

  해설
  연삭 시작할 때 1분, 숫돌 교환 후에는 3분 이상 시운전을 한다.
  정답 ㉯

4. 화물을 벨트, 롤러 등을 이용하여 연속적으로 운반하는 컨베이어의 방호장치에 해당되지 않는 것은? [2014년 4회]
  ㉮ 이탈 및 역주행방지장치
  ㉯ 비상정지장치
  ㉰ 덮개 또는 울타리
  ㉱ 권과방지장치

  해설
  권과방지장치 : 크레인에서 권과를 방지하기 위하여 자동적으로 동력을 차단하고 작동을 제동하는 장치
  정답 ㉱

5. 기계설비에서 일어나는 사고의 위험점이 아닌 것은? [2009년 1회]
  ㉮ 협착점   ㉯ 끼임점
  ㉰ 고정점   ㉱ 절단점

  해설
  기계사고의 위험점 : 협착점, 끼임점, 절단점, 물림점
  정답 ㉰

10 전기용접기 사용 시 안전수칙

① 모재를 잡을 때는 집게를 사용한다.
② 용접기 정비 시 사용 중인 용접기의 경우 콘덴서에 의한 잔류 전류가 남아 있을 수 있으므로 전원을 차단 후 작업에 임한다.
③ 전기 용접봉이나 배선에 의한 감전사고의 위험이 있으므로 주의한다.
④ 젖었거나 손상된 장갑의 착용을 금하고, 마르고 절연 처리된 장갑을 착용한다.
⑤ 감전예방을 위해 절연복을 착용한다.
⑥ 용접 시 발생하는 연기(fume)로부터 머리 부분을 멀리한다.
⑦ 환풍기를 설치하여 유해가스를 환기시킨다.
⑧ 인화성 물질이나 가연성 가스 근처에서 용접을 금한다.
⑨ 용접 시 비산하는 스패터(불똥)로 인한 화재를 대비한다.
⑩ 드럼통이나 컨테이너 같은 밀폐된 곳에서 용접을 금한다.
⑪ 아크발생 시 강한 불빛과 스패터는 눈에 염증과 화상의 원인이 되므로 주의한다.
⑫ 용접하기 전 용접용 앞치마, 장갑, 안전화, 차광도가 좋은 보안경이나 용접 헬멧을 착용한다.
⑬ 아크가 발생할 때는 맨눈으로 아크 불빛을 보지 않도록 한다.
⑭ 감전예방을 위해 전격방지기가 부착된 용접기를 사용한다.
⑮ 공작물은 완전히 접지시킨다.
⑯ 아크가 발생하고 있을 때에는 전류조절을 금한다.
⑰ 슬래그는 냉각된 후에 제거한다.
⑱ 전류의 정격사용을 준수하여 과열을 방지한다.
⑲ 작업 전에 전선의 피복상태를 확인한다.
⑳ 가스관, 기름관 등에는 접지를 하지 않는다.
㉑ 용접봉은 항상 건조한 상태로 사용하므로 건조로에 넣어서 보관한다.
㉒ 접지를 하되 용량이 큰 접지선을 사용한다.
㉓ 맨손으로 용접봉을 만지지 않는다.
㉔ 빈 통 용접 시 기름 유무를 확인하여 폭발이 없도록 한다.
㉕ 용접봉을 홀더에 꽂은 채로 방치하지 않는다.
㉖ 피복이 손상된 케이블은 교환한다.
㉗ 비오는 날엔 옥외 용접작업을 하지 않는다.
㉘ 용접기의 2차측 회로 전압이 무부하 시 전압이 25V 이하로 나타나면 정상이다

Point 예제

1. 전기용접작업을 할 때 옳지 않은 것은?
[2012년 1회]
㉮ 비 오는 날 옥외에서 작업하지 않는다.
㉯ 소화기를 준비한다.
㉰ 가스관에 접지한다.
㉱ 화상에 주의한다.

➕ 해설
가스관, 기름 파이프 등에는 접지를 하지 않는다.
정답 ㉰

2. 전기용접작업의 안전사항에 해당되지 않는 것은?
[2012년 2회]
㉮ 용접작업 시 보호구를 착용하도록 한다.
㉯ 홀더나 용접봉은 맨손으로 취급하지 않는다.
㉰ 작업 전에 소화기 및 방화사를 준비한다.
㉱ 용접이 끝나면 용접봉은 홀더에서 빼지 않는다.

➕ 해설
용접이 끝나면 용접봉은 홀더에서 빼놓는다.
정답 ㉱

3. 전기 용접기 사용상의 준수사항으로 적합하지 않은 것은?
[2013년 1회]
㉮ 용접기 설치장소는 습기나 먼지 등이 많은 곳은 피하고 환기가 잘 되는 곳을 선택한다.
㉯ 용접기의 1차 측에는 용접기 근처에 규정 값보다 1.5배 큰 퓨즈를 붙인 안전스위치를 설치한다.
㉰ 2차 측 단자의 한 쪽과 용접기 케이스는 접지를 확실히 해둔다.
㉱ 용접 케이블 등의 파손된 부분은 즉시 절연테이프로 감아야 한다.

➕ 해설
전류의 정격사용을 하여 과열을 방지한다. 그러므로 정격퓨즈를 사용하며, 전격방지기 사용을 의무화한다.
정답 ㉯

4. 전기용접 작업 시 주의사항 중 맞지 않은 것은?

[2013년 2회]

㉮ 눈 및 피부를 노출시키지 말 것
㉯ 우천 시 옥외 작업을 하지 말 것
㉰ 용접이 끝나고 슬래그 제거 작업 시 보안경과 장갑은 벗고 작업할 것
㉱ 홀더가 가열되면 자연적으로 열이 제거될 수 있도록 할 것

해설
슬래그 제거 작업 시 보안경과 장갑은 끼고 작업할 것

정답 ㉰

11 가스용접기 사용 시 안전수칙

① 산소용기는 본체, 밸브, 안전캡 등 세 부분으로 나누며, 이음매가 없는 강철재로 제작된다.
② 산소는 산소용기에 35°C에서 $150kg_f/cm^2$ 고압으로 충전되어 있으며, 중량은 밸브 및 안전캡을 포함하지 않는다.
③ 산소용기는 인장강도 $57kg_f/mm^2$ 이상, 연신율 18% 이상의 강재가 사용된다.
④ 산소는 -183.15°C에서 액화되어 액체산소로 되어 있다.
⑤ 산소용기의 크기는 내용적(l : 리터) 33.7l, 40.7l, 46.7l이며, 대기 중 환산 용적은 5,000리터, 6,000리터, 7000리터 등 3가지가 사용된다.
⑥ 아세틸렌은 기체 상태로 압축하면 위험하므로 아세틸렌 용기 속에는 압축한 아세틸렌을 용해한 아세톤이 흡수된 목탄, 규조토, 석면 등의 다공성물질을 채워 놓는다.
⑦ 15°C, $1kg_f/mm^2$에서의 아세톤 1리터에는 아세틸렌(아세톤 부피의 25배)이 용해된다.
⑧ 아세틸렌 용기의 크기는 내용적이 15, 30, 50리터 등이 있으나 보통 30리터의 것이 사용된다.
⑨ 산소용기의 압력조정기 연결구는 오른나사이기 때문에 시계방향으로 돌렸을 때 잠긴다.
⑩ 아세틸렌은 왼나사이기 때문에 시계 반대 방향으로 돌려야 잠긴다.
⑪ 산소용기 및 호스의 색깔은 녹색이며, 아세틸렌용기 및 호스의 색깔은 황색이다.
⑫ 고무호스와 아세틸렌 조임쇠는 황동재료를 사용하고 구리는 절대로 사용하지 않는다.
⑬ 산소용접 시 가스가 역화할 때는 산소밸브를 먼저 잠근다.
⑭ 토치 점화 시에는 약간 먼지가 날릴 정도로 산소밸브를 소량 열어주고, 아세틸렌밸브는 1/5~1/4 정도 열어서 점화하며, 작업 후에는 아세틸렌밸브를 먼저 닫은 후, 산소밸브를 잠가 불을 끈다.
⑮ 점화는 가스용접 전용 라이터를 사용하며, 성냥이나 일반 라이터로는 점화하지 않는다.
⑯ 과열된 토치는 산소만 약간 열고 팁 부분을 물에 냉각시킨다.
⑰ 작업 후에는 토치밸브를 열어 잔여 가스를 방출시킨다.
⑱ 압력게이지 바늘이 '0'에 위치해 있는지 확인한다.
⑲ 산소통은 통풍이 잘되고 그늘진 곳에 저장한다.

12 산소, 아세틸렌 용접기 사용 시 안전수칙

1) 산소 용기 취급 시 주의사항

① 운반 시에는 반드시 뚜껑을 씌운다.
② 산소병 표면온도가 40°C 이상이 되지 않도록 하며, 직사광선을 피한다.
③ 겨울철에 용기가 동결될 때는 직화로 녹이지 말고 40°C 이하의 더운 물로 녹인다.
④ 조정기의 나사는 홈을 7개 이상 완전히 체결한다.
⑤ 밸브를 열고 닫을 때 용기 앞에서 열지 말고 옆에서 열도록 한다.
⑥ 산소가 새는 것을 체크할 때는 비눗물을 사용한다.
⑦ 기름 묻은 손으로 용기를 만지지 않는다.
⑧ 사용이 끝났을 때는 밸브를 닫고 지정된 위치에 보관한다.
⑨ 운반 중에는 굴리거나, 넘어뜨리거나 또는 던져서는 안 된다.
⑩ 높은 곳으로 운반하기 위해 크레인 등을 사용할 때는 철망이나 철제함에 넣어서 운반한다.

⑪ 적재할 때는 구르지 않도록 받침목 등을 사용한다.
⑫ 세워 놓고 사용할 때는 체인으로 고정시켜 넘어지지 않게 한다.
⑬ 충전용기(1/2 이상 충전된 것)와 빈 용기는 구분해서 저장한다.
⑭ 화기로부터 5m 이상 떨어지게 한다.

2) 아세틸렌 용기 취급 시 주의사항
① 용기 저장 시 40°C 이하에 저장한다.
② 아세틸렌 용기는 반드시 세워서 사용한다.
③ 밸브는 1/2 이상 돌리지 않고 사용한다.
④ 용기와 압력조정기의 게이지 연결부에 가스누설이 있으면 실링 테이프를 감아 스패너로 조여 준다.

> **예** 역화의 원인
>   ⓐ 토치의 팁이 과열되었을 때
>   ⓑ 토치의 팁 끝이 이물질로 막혔을 때
>   ⓒ 아세틸렌의 공급압력이 낮을 때
>   ⓓ 토치의 취급이 불량할 때
>   ⓔ 토치의 성능이 나쁠 때

Point 예제

1. 다음 중 가스용접작업 시 유의사항으로 적절하지 못한 것은? [2012년 1회]
㉮ 산소병은 60°C 이하에서 보관하고 직사광선을 피해야 한다.
㉯ 작업자의 눈을 보호하기 위해 차광안경을 착용해야 한다.
㉰ 가스누설의 점검은 수시로 해야 하며 점검은 비눗물로 한다.
㉱ 가스용접장치는 화기로부터 5m 이상 떨어진 곳에 설치해야 한다.

해설 산소용기는 40°C 이하에서 보관하고 직사광선을 피해야 한다.
정답 ㉮

2. 전기용접작업을 할 때 옳지 않은 것은? [2012년 1회]
㉮ 비오는 날 옥외에서 작업하지 않는다.
㉯ 소화기를 준비한다.
㉰ 가스관에 접지한다.
㉱ 화상에 주의한다.

해설 전기 용접 시 가스관에는 접지하지 않는다.
정답 ㉰

3. 산소용접 중 역화현상이 일어났을 때 조치 방법으로 가장 적합한 것은? [2012년 2회]
㉮ 아세틸렌밸브를 즉시 닫는다.
㉯ 토치 속의 공기를 배출한다.
㉰ 아세틸렌의 압력을 높인다.
㉱ 산소압력을 용접조건에 맞춘다.

해설 역화가 일어나면 아세틸렌밸브를 즉시 닫는다.
정답 ㉮

4. 가스용접에서 토치의 취급상 주의사항으로서 적합하지 않은 것은? [2013년 1회]
㉮ 토치나 팁은 작업장 바닥이나 흙 속에 방치하지 않는다.
㉯ 팁을 바꿀 때에는 반드시 가스밸브를 잠그고 한다.
㉰ 토치를 망치 등 다른 용도로 사용해서는 안 된다.
㉱ 토치에 기름이나 그리스를 주입하여 관리한다.

해설 화상을 염려하여 토치에 기름이나 그리스를 바르지 않는다.
정답 ㉱

13 전기안전관리

1) 전기감전재해
전기의 재해 중 가장 빈도수가 높은 것이 전격에 의한 재해이다. 감전이란 인체의 일부 또는 전체에 전류가 흘렀을 때 인체 내에서 일어나는 현상으로 근육의 수축, 호흡곤란, 심실 세동 등으로 사망, 추락, 전도 등 2차적 재해를 말한다.

> **예** 인체가 감전 시 위험도의 영향력 순서
>   ⓐ 통전 전류의 크기(mA)
>   ⓑ 통전의 시간과 전격의 위상
>   ⓒ 통전 경로(심장 통과 시 사망)
>   ⓓ 전원의 종류(직류보다 상용교류가 더 위험)

2) 감전방지대책
① 충전부에 방호망 또는 절연 덮개 설치
② 발전소, 변전소 등에는 근무자 외 출입금지

③ 작업장소를 절연처리할 경우 도전성 금속 및 작업장 바닥도 절연물로 처리해야 한다.
④ 안전전압(30V) 이하로 유지하여 누전이 발생해도 감전사고가 유발되지 않게 한다.
⑤ 감전위험설비에는 접지를 하되 접지저항은 가능한 작은 것이 좋다.
⑥ 접지저항과 장비의 과전류 차단 값과의 곱이 안전전압(30V) 이내이면 안전하다.
⑦ 전기장치는 운전, 보수 등이 충분한 공간, 및 냉각이 잘되는 장소에 설치한다.
⑧ 리드선 접속 시 기계진동에 의한 스트레스를 받지 않도록 한다.
⑨ 전기장치의 조작부는 쉽게 조작 가능한 위치에 있어야 한다.
⑩ 설비에 누전 차단기를 설치하여 감전, 누전으로부터 전기 설비를 보호한다.
⑪ 고압선로 및 충전부에서 일하는 작업자에게 절연 방호구 및 보호구를 지급한다.

Point 예제

감전사고 발생 시 위험도에 영향을 주는 것과 관계없는 것은? [2012년 4회]
㉮ 통전전류의 크기
㉯ 통전시간과 전격의 위상
㉰ 사용기기의 크기와 모양
㉱ 전원(전류 또는 교류)의 종류

해설
사용기기의 크기와 모양은 관계없다.

정답 ㉰

3) 전기화재

전기에 의한 화재로서 합선, 과부하, 누전, 스파크 등의 원인이 있다.
① 합선 : 절연체가 파괴되거나 열화되면 발생하고, 단락 시 생긴 스파크 또는 외력에 의해 피복이 손상되어 발생한다.
② 과부하 : 허용 이상의 전류가 전선에 흘렀을 때 전선피복이 녹으면서 연기와 열을 발생시킨다.
③ 누전 : 누전은 도체 이외의 곳에 전류가 흐르는 현상으로 누전경로에 가연물이 존재하면 발화하며, 절연열화로도 발생한다.

④ 스파크 : 스위치 개폐 시나 전기용접기 사용 시 발생하며 방폭형 기기를 사용하고 용접기 사용은 옥외로 제한한다.

4) 접지의 목적
감전방지, 화재폭발방지, 기기손상방지

Point 예제

1. 전기의 접지 목적에 해당되지 않는 것은? [2012년 4회]
㉮ 화재방지   ㉯ 설비증설방지
㉰ 감전방지   ㉱ 기기손상방지

해설
접지 목적 : 감전 방지, 화재폭발방지, 기기손상방지

정답 ㉯

2. 전기기계, 기구의 퓨즈 사용 목적으로 가장 적합한 것은? [2014년 2회]
㉮ 기동 전류 차단   ㉯ 과전류 차단
㉰ 과전압 차단   ㉱ 누설 전류 차단

해설
퓨즈의 목적 : 과전류 차단

정답 ㉯

3. 전기화재의 원인으로 고압선과 저압선이 나란히 설치된 경우, 변압기의 1, 2차 코일의 절연파괴로 인하여 발생하는 것은? [2015년 1회]
㉮ 단락   ㉯ 지락
㉰ 혼촉   ㉱ 누전

해설
혼촉 : 고압선과 저압선이 병렬로 설치된 경우 접촉 및 변압기의 1, 2차 코일의 절연파괴로 발생

정답 ㉰

14 위험물 및 화재 안전관리

1) 위험물

25°C, 상압(1기압)에서 대기 중 산소 또는 수분 등과 쉽게 반응하면서 짧은 시간 내에 방출되는 막대한 에너지로 인해 화재 및 폭발을 유발시킬 수 있는 물질
① 발화점 : 충분한 산소 안에 있는 어떤 물질이 스스로 연소할 수 있는 최소 발화 온도이며, 발화점이 낮을수록 위험하다.

② 인화점 : 공기 중의 가연성 액체가 충분한 농도의 증기를 발생하는 최저 온도이다. 즉, 불이 처음 붙는 온도이며, 인화점이 낮을수록 위험하다.
③ 가연성 가스 : 폭발한계 농도의 하한값이 10% 이하 또는 상한값과 하한값의 차이가 20% 이상인 가스
　예) 수소, 아세틸렌, 에틸렌, 에탄, 프로판, 부탄 등

2) 화재
연소(화재)란 어떤 물질이 산소와 결합하여 열을 방출시키는 산화반응을 말한다.
① 연소의 3요소
　가연성 물질, 점화원, 산소
② 화재의 분류
　㉠ A급 화재 : 일반 화재
　　- 고체 연료성 화재(목재, 석탄 등)
　　- 소화방법 : 물에 의한 냉각소화
　　- 구분 색깔 : 백색
　㉡ B급 화재 : 유류 및 가스 화재
　　- 액상 또는 기체상의 연료성 화재(휘발유, 벤젠)
　　- 소화방법 : 피복소화(공기 차단), 소화분말
　　- 구분 색깔 : 황색
　㉢ C급 화재 : 전기 화재
　　- 기계 및 전기설비 화재
　　- 소화방법 : 소화분말, 탄산가스, 증발성 액체
　　- 구분 색깔 : 청색
　㉣ D급 화재 : 금속 화재
　　- 가연성 금속 화재(마그네슘, 칼륨, 나트륨 등)
　　- 소화방법 : 마른 모래, 팽창질식, 팽창진주암
　　- 구분 색깔 : 없음
③ 소화방법
　㉠ 제거소화 : 가연물 제거
　㉡ 질식소화 : 산소공급을 차단하여 화재 진압
　㉢ 냉각소화 : 냉각에 의한 온도 저하
　　(증발잠열 : 물 1g 539cal/g의 열량을 빼앗음)
　㉣ 희석소화 : 기체, 액체, 고체에 나오는 분해가스 농도를 낮게 해서 화재를 진압하는 방법(알코올, 벤젠 등을 물에 희석하여 사용)

Point 예제

1. 폭발 인화성 위험물 취급에서 주의할 사항 중 틀린 것은? [2012년 1회]
㉮ 위험물 부근에서는 화기를 사용하지 않는다.
㉯ 위험물은 습기가 없고, 양지바르고 온도가 높은 곳에 둔다.
㉰ 위험물은 취급자 외에는 취급해서는 안 된다.
㉱ 위험물이 든 용기에 충격을 주거나 난폭하게 취급해서는 안 된다.

해설
위험물은 40℃ 이하의 시원한 음지에서 보관한다.
정답 ㉯

2. 가연물의 구비조건에 해당되지 않는 것은? [2010년 1회]
㉮ 연소열이 많을 것
㉯ 열전도율이 클 것
㉰ 산화되기 쉬울 것
㉱ 건조도가 양호할 것

해설
가연물은 열전도율이 작아야 한다.
정답 ㉯

3. 목재화재 시 물을 소화재로 사용하는 주된 소화효과는? [2011년 2회]
㉮ 제거효과　　㉯ 질식효과
㉰ 냉각효과　　㉱ 억제효과

해설
물을 소화재로 사용하는 주된 요인은 냉각효과이다. 냉각잠열이 크기 때문이다.
정답 ㉰

4. 발화온도가 낮아지는 조건을 나열한 것으로 옳은 것은? [2013년 2회]
㉮ 발열량이 클수록
㉯ 압력이 낮을수록
㉰ 산소농도가 낮을수록
㉱ 열전도도가 낮을수록

해설
발열량이 클수록, 압력이 높을수록, 산소농도가 높을수록 발화온도가 낮아진다.
정답 ㉱

15 보일러 손상 및 사고방지대책

1) 보일러 손상
   ① 마모 : 연소가스 중에 미립의 거친 성분을 함유하고 있는 경우 또는 수관이나 연관의 내부를 청소할 때 튜브 클리너를 한곳에 오래 사용하는 경우에 발생한다.
   ② 블리스터 : 보일러 강판이나 관의 속에 두 장의 층을 형성하고 있는 상태에서 화염과 접촉하여 높은 열을 받아 부풀거나, 표면이 타서 갈라지는 상태이다.
   ③ 소손 : 열이 가해진 상태의 노 내부로 보일러수가 전달되는데, 물 쪽으로 열전달이 방해되거나, 수가 부족하여 공과연소하게 되면 강재의 온도가 상승하여 과열, 소손하게 된다.
   ④ 팽출, 압궤 : 화염이 접하는 부분이 과열되는 팽출현상이 일어나 외부 압력에 의해 짓눌리는 현상을 말한다(노통, 연소실, 관판, 수관, 횡연관).
   ⑤ 크랙 : 무리한 응력, 화염에 접촉된 부분 또는 주철제 보일러의 급열, 급냉 부분, 스테이 자체나 부근의 판, 연소구 주변의 리벳, 용접 이음부와 열영향부에 금이 가는 현상이다.

2) 부식
   ① 내부 부식
      ㉠ 원인 : 용존산소, 가스분, 탄산가스, 유지분
      ㉡ 종류 : 점식(pitting), 국부 부식, 전면식, 구식(그루빙), 알카리 부식
      ㉢ 내부 부식방지대책
         ⓐ 예열된 급수를 사용하여 열응력을 적게 한다.
         ⓑ 급수처리를 철저히 한다.
         ⓒ 아연판을 매단다.
         ⓓ 약한 전류를 통전한다.
   ② 외부 부식
      ㉠ 원인 : 황분이 많은 연료를 사용
      ㉡ 종류 : 저온 부식, 고온 부식
      ㉢ 외부 부식방지대책
         ⓐ 노점강하제로 황산화물의 노점을 낮춘다.
         ⓑ 양질의 연료를 선택한다.
         ⓒ 배기가스 온도를 노점 이상으로 유지한다.
         ⓓ 적정 공기비로 연소한다.
         ⓔ 회분 개질제를 첨가하여 회분의 융점을 높인다.
         ⓕ 연료 속의 V, Na, S를 제거한다.
         ⓖ 고온가스가 접촉 부분에 보호피막을 한다.
         ⓗ 연소가스 온도를 융점 이하로 유지한다.

3) 사고
   ① 파열사고
      ㉠ 원인 : 압력 초과, 저수위(이상감수), 과열
   ② 미연소 가스 폭발 사고
      ㉠ 제작상의 원인 : 재료 불량, 구조 및 설계 불량, 강도 불량, 용접 불량
      ㉡ 취급상의 원인 : 압력 초과, 저수위, 과열, 역화, 부식

4) 방지대책
   ① 압력 초과
      ㉠ 원인 : 안전장치 작동불량, 압력계 기능 이상, 이상 감수, 급수계통 및 수면계 이상
      ㉡ 대책 : 안전장치 및 압력계 점검, 상용수위 유지관리, 펌프 및 밸브 누설 점검, 수면계 점검
   ② 저수위(이상 감수)
      ㉠ 원인 : 수면계 수위 오판 및 주시 태만, 급수계통 이상, 분출계통 누수, 증발량의 과잉
      ㉡ 대책 : 수면계 관리 및 감시 철저, 펌프 및 밸브류 점검, 수저분출밸브 점검, 상용수위 유지
   ③ 과열
      ㉠ 원인 : 이상 감수, 전열면의 국부가열, 관수의 농축 및 순환 불량, 스케일의 생성
      ㉡ 대책 : 상용 수위 유지, 연소장치 개선 및 분사각 조절, 분출을 통한 한계값 유지, 전열확산 및 순환펌프 점검, 급수처리 및 보일러수의 적기 분출
   ④ 역화(미연소가스의 폭발)
      ㉠ 원인 : 프리퍼지 부족, 점화 시 착화가 늦은 경우, 과다한 연료 공급, 흡입통풍의 부족, 압입통풍의 과대, 공기보다 연료의

공급이 우선된 경우, 연료의 불완전 및 미연소

예 프리퍼지(pre-purge) : 점화하기 전에 연소실 내에 차있는 미연소 가스를 배풍기로 배출시켜, 가스 폭발을 미연에 방지하는 것

ⓒ 대책 : 점화 시 송풍기가 미작동일 때 연료 입력방지장치 점검, 착화장치의 점검, 적절한 연료 공급, 흡입통풍의 증대, 댐퍼의 개도 조절, 공기의 공급 우선, 연료의 과대 공급방지 및 연소장치 개선

Point 예제

1. 보일러 운전 중 역화의 원인이 아닌 것은?
[2007년 1회]
㉮ 흡입 통풍이 부족한 경우
㉯ 과대한 연료 공급인 경우
㉰ 연도 내에 미연소가 늦은 경우
㉱ 점화할 때 착화가 늦은 경우

해설
연도 내에 미연소가 늦을 때는 역화가 일어나지 않는다.
정답 ㉰

2. 다음 중 보일러의 파열로 인하여 위험을 초래하는 현상과 관계없는 것은?
[2007년 1회]
㉮ 구조가 불량할 때
㉯ 연료선택 부주의로 증발량이 높을 때
㉰ 구성재료가 불량할 때
㉱ 제한 압력을 초과해서 사용할 때

해설
연료선택의 부주의와 보일러의 파열로 인한 위험 초래현상은 관계가 없다.
정답 ㉯

3. 보일러의 취급 부주의로 작업자가 화상을 입었을 때 응급처치방법으로 틀린 것은?
[2007년 2회]
㉮ 화상부를 냉수에 담궈 화기를 빼도록 한다.
㉯ 물집이 생겼을 때 터뜨리지 말고 그냥 둔다.
㉰ 기계유나 변압기유를 바른다.
㉱ 상처부위를 깨끗이 소독한 다음 외용 항생제를 사용하고 상처를 보호한다.

해설
상처 부위에 기계유나 변압기유를 바르면 안 된다.
정답 ㉰

4. 보일러 운전 중 미연소가스로 인한 폭발에 관한 안전사항으로 옳은 것은?
[2007년 2회]
㉮ 방폭문을 부착한다.
㉯ 연도를 가열한다.
㉰ 스케일을 제거한다.
㉱ 배관을 굵게 한다.

해설
폭발가스의 외부배기를 위하여 방폭문을 설치한다.
정답 ㉮

5. 보일러 취급 시 주의사항으로 옳지 않은 것은?
[2007년 2회]
㉮ 보일러의 수면계 수위는 중간위치를 기준 수위로 한다.
㉯ 점화전에 미연소 가스를 방출시킨다.
㉰ 연료계통의 누설여부를 수시로 확인한다.
㉱ 보일러 저부의 침전물 배출은 부하가 가장 클 때 하는 것이 좋다.

해설
보일러 저부의 침전물 배출은 부하가 가장 작을 때 하는 것이 좋다.
정답 ㉱

6. 보일러 운전상의 장애로 인한 역화의 방지대책으로 옳지 않은 것은?
[2007년 3회]
㉮ 점화방법이 좋아야 하므로 착화를 느리게 한다.
㉯ 공기를 노내에 먼저 공급하고 다음에 연료를 공급한다.
㉰ 노 및 연도 내에 미연소가 가스가 발생하지 않도록 취급에 유의한다.
㉱ 점화 시 댐퍼를 열고 미연소 가스를 배출시킨 뒤 점화한다.

해설
점화방법은 되도록 빠르게 하며, 한 번에 끝내도록 한다.
정답 ㉮

7. 다음 중 보일러의 수압시험을 하는 목적으로 부적합한 것은?
[2007년 4회]
㉮ 균열의 유무를 조사
㉯ 각종 덮개를 장치한 후의 기밀도 확인
㉰ 이음부의 누설 정도 확인
㉱ 각종 스테이의 효력을 조사

● 해설
보일러 수압시험의 목적
- 내부 검사를 하기 어려울 때 그 상태를 판단하기 위해서
- 각종 덮개의 기밀도를 확인하기 위해서
- 수리한 경우 그 부분의 강도나 이상 유무를 판단하기 위해서

[정답] ㉣

8. 보일러 수위가 낮으면 어떤 현상이 일어나는가? [2008년 1회]
㉮ 습증기 발생의 원인이 된다.
㉯ 수면계에 물때가 붙는다.
㉰ 보일러가 과열되기 쉽다.
㉱ 습증기압이 높아 누설된다.

● 해설
보일러의 수위가 낮으면 냉각효과가 저하되어 과열되기 쉽다.

[정답] ㉰

9. 보일러 운전 중 주의해야 할 사항으로 옳지 않은 것은? [2008년 1회]
㉮ 연소상태 ㉯ 수면
㉰ 압력 ㉱ 밀도

● 해설
보일러를 운전할 때 밀도는 주의하지 않아도 된다.

[정답] ㉱

10. 보일러의 휴지보존법 중 표시하는 의미가 서로 맞게 되어있는 것은? [2008년 2회]
㉮ 석회밀폐 건조법 ㉯ 질소가스 봉입법
㉰ 소다만수 보존법 ㉱ 가열 건조법

● 해설
보일러의 휴지보존법 : 석회밀폐 건조법, 소다만수 보존법, 질소가스 봉입법

[정답] ㉱

11. 다음 중 보일러를 점화하기 전에 운전원이 점검해야 할 사항은? [2008년 3회]
㉮ 증기압력관리
㉯ 집진장치의 매진처리
㉰ 노내 여열로 인한 압력상승
㉱ 연소실 내 잔류가스 측정

● 해설
보일러 가동 전에 확인해야 할 일은 노내에 잔류가스를 측정하는 것이다.

[정답] ㉱

12. 보일러 사고원인 중 제작상의 원인이 아닌 것은? [2008년 4회]
㉮ 재료 불량 ㉯ 설계 불량
㉰ 급수처리 불량 ㉱ 구조 불량

● 해설
급수처리 불량은 취급에서의 사고원인이다.

[정답] ㉰

13. 가스 보일러 점화 시 주의사항 중 맞지 않는 것은? [2009년 1회]
㉮ 연소실 내의 용접 4배 이상의 공기로 충분히 환기를 행할 것
㉯ 점화는 3~4회로 착화될 수 있도록 할 것
㉰ 갑작스런 실화 시에는 연료공급을 즉시 차단할 것
㉱ 점화버너의 스파크 상태가 정상인가 확인할 것

● 해설
점화는 1회에 착화되어야 한다.

[정답] ㉯

Chapter 02 냉동기계

1 냉동의 기초

01 냉동의 기초

1) 냉동의 정의

냉동이란 어느 공간이나 물질의 온도를 낮추거나 낮춰진 온도를 저온의 상태로 유지하기 위한 과정
① 냉매 : 연속적으로 냉동을 하기 위해 계속해서 저온 물체로부터 열을 흡수하여 고온물체(주위)로 방출시키는 작동유체
② 냉동기 : 냉동을 하는 냉매가 순환하는 장치

2) 냉동법
① 자연적인 냉동방법
  ㉠ 증발잠열 : 액체가 증발하면서 주위의 열을 빼앗아 가는 작용을 이용하는 방법(액화질소 : 48kcal/kg → 영하 196℃, 물 : 539kcal/kg)
  ㉡ 융해잠열 : 얼음이 녹으면서 주위의 열을 빼앗아 가는 작용을 이용하는 방법(얼음 : 0℃ 80kcal/kg)
  ㉢ 승화잠열 : 드라이아이스가 승화하면서 주위 열을 빼앗아 가는 작용을 이용하는 방법(고체 이산화탄소(dry ice) : 137kcal/kg → 영하 78.5℃)

② 기계적인 냉동방법
  ㉠ 공기압축식 : 고압상태의 공기가 저압상태로 단열 팽창될 때 주위에서 열을 흡수하는 작용을 이용하여 저온을 얻는 방법
  ㉡ 증기압축식 : 액화가스의 증발잠열을 이용하고, 이때 증발기화한 가스를 다시 압축 액화시켜 반복 이용할 수 있도록 연속적으로 냉동작용을 하는 방법
  ㉢ 흡수식 : 저온을 생산하는 냉매와 흡수하는 용액을 이용하여 냉매의 연속적인 증발을 유도하는 방식
  ㉣ 증기분사식 : 고압증기를 노즐을 통해 빠른 속도로 분출함으로써 액체를 강제적으로 증발시켜 냉동작용을 얻는 방법
  ㉤ 열전식 : 서로 다른 금속을 결합시켜 전류를 흘림으로써 한쪽 금속에서는 열을 흡수하고, 다른 금속 쪽에서는 열을 방출하는 펠티어효과를 이용하는 방법
  ㉥ 흡착식 : 저온을 생성하는 냉매와 흡수제를 이용하여 냉매의 연속적인 증발을 얻는 방법

Point 예제

1. 고체에서 직접 기체로 변화하면서 흡수하는 열은? [2007년 3회]
㉮ 증발열
㉯ 승화열
㉰ 응고열
㉱ 기화열

해설
승화열 : 고체에서 직접 기체로 변화하면서 흡수하는 열

정답 ㉯

2. 다음 중 기계적인 냉동방법은? [2007년 3회]
㉮ 고체의 융해잠열을 이용하는 방법
㉯ 고체의 승화열을 이용하는 방법
㉰ 기한제를 이용하는 방법
㉱ 증기압축식 냉동기를 이용하는 방법

해설
기계적인 냉동방법 : 증기압축식, 공기압축식, 흡수식, 열전식, 증기분사식, 흡착식

정답 ㉱

3. 다음 중 자연적인 냉동방법이 아닌 것은? [2009년 4회]
㉮ 증기분사식을 이용하는 방법
㉯ 융해열을 이용하는 방법
㉰ 증발잠열을 이용하는 방법
㉱ 승화열을 이용하는 방법

해설
자연적인 냉동방법 : 증발열, 융해열, 승화열

정답 ㉮

4. 증기압축식 냉동장치의 냉동원리에 해당하는 것은? [2010년 2회]
   ㉮ 증기의 팽창열을 이용한다.
   ㉯ 액체의 승화열을 이용한다.
   ㉰ 고체의 승화열을 이용한다.
   ㉱ 기체의 온도 차에 의한 현열 변화를 이용한다.

   해설
   증기압축식 : 액체(액화가스)의 승화열을 이용한다.
   정답 ㉱

5. 증발잠열을 이용하는 물질로서 맞지 않는 것은?
   ㉮ 알코올   ㉯ 암모니아
   ㉰ 물   ㉱ 수증기

   해설
   수증기는 응축잠열을 이용한다.
   정답 ㉱

02 열량(Heat quantity)

1) 열량의 단위

① 1kcal : 물 1kg을 1°C 높이는 데 필요한 열량
② 1Btu : 물 1lb를 1°F 높이는 데 필요한 열량
③ 1Chu(Pcu) : 물 1lb를 1°C 높이는 데 필요한 열량
④ 열용량 : 어느 물질을 1°C 높이는 데 필요한 열량
   열용량(Q)=물질의 질량(m)×비열(C)

참고
ⓐ 1kcal = 3.986Btu
ⓑ 1kcal/kg·K = 1Btu/lb°R

2) 비열

어느 물질의 1kg을 1°C 높이는 데 필요한 열량 : kcal/kg·°C, Btu/lb°F

① 정압비열(C_p) : 어느 기체의 압력을 일정하게 하고 1kg을 1°C 올리는 데 필요한 열량
② 정적비열(C_v) : 어느 기체의 체적을 일정하게 하고 1kg을 1°C 올리는 데 필요한 열량
③ 비열비($C_p/C_v=k$) : 정압비열을 정적비열로 나눈 값 : 항상 $C_p > C_v$이므로 1보다 크다.

3) 엔탈피

어떤 물체가 갖는 단위중량당 열에너지

$$i = u + APv$$

i : 엔탈피(kcal/kg), u : 내부에너지(kcal/kg)
P : 압력(kg/m²), A : 일의 열 당량(kcal/kg·m),
v : 비체적(m³/kg)

4) 엔트로피

단위중량의 물체가 일정온도에서 얻은 열량을 그 절대온도로 나눈 값

5) 현열

물질의 상태 변화 없이 가해지거나 제거된 열량

예 20°C의 물에 열을 가해 50°C로 온도를 상승시킨 경우 물질의 상태는 액체상태 그대로이며, 이때 가해진 열량은 현열의 상태이다.
현열량(Qs) = °Cm(중량)·C(비열)·ΔT(온도차)kcal

6) 잠열

온도의 상승이나 강하 없이 물질의 상태만 변화시키는 것

예 0°C의 얼음이 0°C의 물로 변화하는 융해과정이나 100°C의 물이 100°C의 증기로 변화하는 증발과정에서 열이 가해졌어도 온도의 변화 없이 상태만 변화했을 때 가해진 열량은 잠열이 된다.
잠열량(QL) = G(물질의 중량)·R(잠열)kcal

7) 증발잠열

액체가 증발해서 기체 상태로 상을 변화하기 위해서는 주위로부터 증발에 필요한 열을 흡수해야 하는데 이때 필요한 열

예 냉동장치, 저온(-30°C~-40°C)에서도 잘 증발하는 암모니아, 프레온 등의 냉매를 냉각관 속에서 증발시킴으로써 관을 냉각시키고, 냉각된 관이 주위의 공기나 어떤 물질을 냉각한다.

참고
ⓐ 융해잠열(80cal/g) : 0°C 얼음→0°C 물로 변할 때의 열량
ⓑ 증발잠열(539cal/g) : 100°C 물→100°C 수증기로 변할 때의 열량
ⓒ 응고(동결)잠열(333.06kJ/kg) : 0°C 물→0°C 얼음으로 변할 때의 일
79.68×4.18 = 333.06 1kcal = 4.18kJ

Point 예제

1. 열용량을 나타내는 식으로 맞는 것은?
[2010년 2회]

㉮ 물질의 부피×밀도
㉯ 물질의 무게×비열
㉰ 물질의 부피×비열
㉱ 물질의 무게×밀도

해설
열용량(Q) = 물질의 질량(m)×비열(C)

정답 ㉯

2. 열용량에 대한 설명으로 맞는 것은? [2012년 1회]

㉮ 어떤 물질 1kg의 온도를 10°C 올리는 데 필요한 열량
㉯ 어떤 물질 1kg의 온도를 1°C 올리는 데 필요한 열량
㉰ 물 1kg의 온도를 0.1°C 올리는 데 필요한 열량
㉱ 물 1lb의 온도를 1°F 올리는 데 필요한 열량

해설
열용량 : 어떤 물질 1kg의 온도를 1°C 올리는 데 필요한 열량

정답 ㉯

3. 100°C 물의 증발잠열은 몇 kcal/kg인가?
[2008년 3회]

㉮ 539   ㉯ 600
㉰ 627   ㉱ 700

해설
100°C 물의 증발잠열 : 539kcal/kg

정답 ㉮

4. [kcal/m·h·°C]은 무엇의 단위인가?
[2009년 4회]

㉮ 열전도율   ㉯ 비열
㉰ 열관류율   ㉱ 오염계수

해설
• 비열 : kcal/kg·°C
• 열관류율 : kcal/m²·h·°C
• 오염계수 : m²·h·°C/kcal

정답 ㉮

03 온도(Temperature)

① 섭씨온도(Centigrade Temperature) : 표준대기압(1atm) 하에서 물의 빙점 0°C와 비등점 100°C 사이를 100등분한 것

② 화씨온도(Fahrenheit Temperature) : 표준대기압(1atm) 하에서 물의 빙점 32°F와 비등점 212°F 사이를 180등분한 것

예 온도 상호 관계공식

ⓐ $°C = \frac{5}{9}(°F-32)$

ⓑ $°F = \frac{9}{5}°C+32$

③ 절대온도(Absolute Temperature) : 0°C(°F) 기체의 압력을 일정하게 하고, -273°C(460°F)까지 냉각시켜 체적이 제로 상태가 되는 온도이다. 이때의 온도를 0°K(°R)로 정한다.

예 온도 상호 관계공식

ⓐ 섭씨절대온도(kelvin 온도)

$K = °C+273 = \frac{5}{9}°R$

ⓑ 화씨절대온도(Rankin 온도)

$°R = °F+460 = \frac{9}{5}°K$

* 관계식 : $\frac{°C}{100} = \frac{°F-32}{180}$

④ 습도

㉠ 상대습도 : 습공기의 비중량과 같은 온도일 때 포화습공기의 수증기 비중량과의 비
㉡ 절대습도 : 건조공기 1kg에 포함되어 있는 수증기의 질량
㉢ 노점온도 : 대기 중의 수증기가 응축하기 시작하는 온도(이슬점 온도)

Point 예제

1. 공기가 노점온도보다 낮은 코일을 통과하였을 때의 상태를 기술한 것 중 틀린 것은? [2009년 1회]

㉮ 상대습도 저하   ㉯ 절대습도 저하
㉰ 비체적 저하   ㉱ 건구온도 저하

해설
온도가 낮아지면 상대습도는 상승한다.

정답 ㉮

2. 기체를 액화시키는 방법으로 옳은 것은?
   [2010년 1회]
   ㉮ 임계압력 이하로 압축한 후 냉각시킨다.
   ㉯ 임계온도 이상으로 가열한 후 압력을 높인다.
   ㉰ 임계온도 이상으로 가압하고 임계온도 이하로 냉각한다.
   ㉱ 임계온도 이하로 냉각하고 임계압력 이하로 감압한다.

   해설
   기체는 압력을 높이고 온도를 낮춰서 액화시킨다.
   [정답] ㉰

3. 다음은 열과 온도에 관한 설명이다. 이 중 틀린 것은?
   [2008년 2회]
   ㉮ 물체의 온도를 내리거나 올리는 데 그 원인이 되는 것은 열이라 한다.
   ㉯ 물체가 뜨겁고 찬 정도를 나타내는 것을 온도라 하며 단위로는 섭씨(°C)와 화씨(°F) 등이 사용된다.
   ㉰ 온도가 낮은 물에 손을 담그면 차게 느껴지는 것은 물의 열이 손으로 이동하기 때문이다.
   ㉱ 두 물체 사이의 온도 차이가 클수록 열의 이동이 잘된다.

   해설
   차게 느껴지는 것은 인체의 열을 빼앗기기 때문이다.
   [정답] ㉰

4. 공기조화기의 가열코일에서 30°C DB의 공기 3,000kg/h를 40°C DB까지 가열하였을 때의 가열 열량은 얼마인가?(단, 공기의 비열은 0.24kcal/kg°C이다)
   [2011년 5회]
   ㉮ 7,200kcal/h   ㉯ 8,700kcal/h
   ㉰ 6,200kcal/h   ㉱ 5,040kcal/h

   해설
   현열량(Qs)=°Cm(중량)×C(비열)×ΔT(온도차)
   Qs=3,000×0.24×(40−30)=7,200kcal/h
   [정답] ㉮

5. 35°C 물 3m³을 5°C로 냉각하는 데 필요한 열량은?
   [2007년 2회]
   ㉮ 60,000kcal   ㉯ 80,000kcal
   ㉰ 90,000kcal   ㉱ 12,000kcal

   해설
   현열량(Qs)=°Cm(중량)×C(비열)×ΔT(온도차)
   Qs=3,000×1×(35−5)=90,000kcal
   [정답] ㉰

04 압력(Pressure)

① 압력(P) : 단위면적 $1m^2$에 작용하는 힘(kg)의 크기. 단위 : kg/m^2 또는 $1lb/lb^2$(psi)

$$P = \frac{F}{A} \, kg_f/cm^2$$

② 표준대기압력(atm) : 온도 0°C, 중력 가속도가 $980.665 cm/s^2$인 장소에서 수은주가 760mm의 높이를 나타내는 압력

$$1atm = 760mmHg = 1.03322 kg/cm^2 = 1.01325 bar$$
$$= 101,325 Pa(=N/m^2) = 14.7 psi$$

③ 게이지압력 : 표준대기압력의 상태를 0으로 하여 측정한 압력 즉, 압력게이지에 표시되는 압력
   예 $kg/cm^2 \cdot g$, $kg/m^2 \cdot g$, $1lb/in^2 \cdot g$

④ 절대압력 : 완전진공의 상태를 0으로 측정한 압력
   예 $kg/cm^2 \cdot a$, $kg/m^2 \cdot a$, $1lb/in^2 \cdot a$
   ㉠ 절대압력($kg/cm^2 \cdot a$)=계기압력(kg/cm^2)+대기압($1,033 kg/cm^2$)
   ㉡ 절대압력=대기압−진공압

⑤ 진공도(Vacuum) : 대기압보다 낮은 압력
   예 단위 : cmHg(vac), InHg(vac)로 표시
   진공도를 절대압력으로 환산하면 다음과 같다.

   ㉠ cmHg(vac)시에 $kg/m^2 \cdot a$로 구할 때
   $$P = 1.033 \times \left(1 - \frac{h}{76}\right)$$

   ㉡ cmHg(vac)시에 $1lb/in^2$로 구할 때
   $$P = 1.033 \times \left(1 - \frac{h}{76}\right)$$

   ㉢ inHg(vac)시에 $kg/m^2 \cdot a$로 구할 때
   $$P = 1.033 \times \left(1 - \frac{h}{30}\right)$$

   ㉣ inHg(vac)시에 $1lb/in^2$로 구할 때
   $$P = 14.7 \times \left(1 - \frac{h}{30}\right)$$

Point 예제

1. 다음 중 표준대기압(1atm)에 해당되지 않는 것은? [2007년 2회]
㉮ 76cmHg ㉯ 1.013bar
㉰ 15.2lb/in² ㉱ 1.0332kgf/cm²

➕ 해설
1atm=760mmHg=1.03322kgf/cm²
=1.01325bar

정답 ㉰

2. 표준대기압을 0으로 기준하여 측정한 압력은? [2007년 4회]
㉮ 대기압 ㉯ 절대압력
㉰ 게이지압력 ㉱ 진공도

➕ 해설
게이지압력 : 표준대기압을 0으로 기준
절대압력 : 완전진공을 0으로 기준

정답 ㉰

3. 대기압이 1.005at일 때 1,300mmHg·a는 계기압력으로 몇 kPa인가? [2009년 1회]
㉮ 22.56 ㉯ 34.76
㉰ 52.96 ㉱ 74.74

➕ 해설
$p = (\frac{1,300}{760} - \frac{1.005}{1.033}) \times 101.325 = 74.74 \text{kPa}$

정답 ㉱

4. 절대압력과 게이지압력과의 관계식으로 옳은 것은? [2009년 2회]
㉮ 절대압력=대기압력+게이지압력
㉯ 절대압력=대기압력−게이지압력
㉰ 절대압력=대기압력×게이지압력
㉱ 절대압력=대기압력÷게이지압력

➕ 해설
절대압력=대기압력+게이지압력

정답 ㉮

5. 절대압력이 0.5165kg/cm²일 때 복합압력계로 표시되는 진공도는 약 얼마인가? [2011년 2회]
㉮ 28cmHgV ㉯ 22.8cmHgV
㉰ 38cmHgV ㉱ 32.8cmHgV

➕ 해설
진공압=대기압−절대압력
$h = 76 - \frac{0.5165}{1.033} \times 76 = 38 \text{cmHgV}$

정답 ㉰

05 일, 동력, 밀도, 비중량

① 일(W) : 물체에 작용한 힘으로서 이동한 거리를 말함

$$W = Fs\cos\theta \, [J]$$

㉠ 1kcal(열)의 일당량=427kgf·m=4187J
㉡ 1kgf·m(일)의 열당량=0.00234kcal=9.8J

② 동력 : 단위시간당 에너지의 변화

ⓐ 1HP(영국마력)=76kgf·m/s=0.746kW
=642J
ⓑ 1PS(미터마력, 1HP : 국제마력)
=75kgf·m/s=0.735kW=632kcal/h
ⓒ 1kW=1.36PS=102kgf·m/s=860kcal/h

③ 밀도(ρ) : 단위체적당 물질이 차지하는 질량
㉠ 물체의 체적으로부터 질량을 구할 때
㉡ 질량으로 체적을 구할 때

예) 밀도는 압력이 증가할수록 증가하고, 온도가 높을수록 낮아지며, 고체>액체>기체 순이다.

$$\rho = \frac{m}{V} \, (\text{kgf}/\text{m}^3)$$

④ 비중량(γ) : 단위체적당 중량

$$\gamma = \frac{m \cdot g}{V} = \rho \cdot g = \frac{F}{V} \, (\text{kgf}/\text{m}^3, \text{N}/\text{m}^3)$$

⑤ 비중(S) : 비중량의 비(무차원)

$$S = \frac{\gamma}{\gamma_{H_2O}} = \frac{\rho}{\rho_{H_2O}}$$

γ : 어떤 물질의 비중량(kgf/m³)
γ_{H_2O} : 물의 비중량(1,000kgf/m³)

⑥ 비체적(v)
㉠ 절대단위 질량당 체적 : $v = \frac{V}{m} = \frac{1}{\rho} (\text{m}^3/\text{kg})$
㉡ 중력단위 중량당 체적 : $v = \frac{V}{\omega} = \frac{1}{\gamma} (\text{m}^3/\text{kg})$

Point 예제

1. 다음 중 비체적의 설명으로 맞는 것은? [2007년 3회]
   ㉮ 어느 물체의 체적이다.
   ㉯ 단위체적당 중량이다.
   ㉰ 단위체적당 엔탈피다.
   ㉱ 단위중량당 체적이다.

   해설
   비체적 : 단위중량당 체적

   정답 ㉱

2. 영국의 마력 1Hp를 열량으로 환산할 때 맞는 것은? [2007년 4회]
   ㉮ 102kcal/h   ㉯ 632kcal/h
   ㉰ 860kcal/h   ㉱ 641kcal/h

   해설
   영국 1Hp=76kg·m/s=641kcal/h

   정답 ㉱

3. 동력의 단위 중 그 값이 큰 순서대로 나열된 것은? [2008년 2회]
   ㉮ 1kW>1PS>1kg$_f$·m/s>1kcal/h
   ㉯ 1kW>1kcal/h>1kg$_f$·m/s>1PS
   ㉰ 1PS>1kg$_f$·m/s>1kcal/h>1kW
   ㉱ 1PS>1kg$_f$·m/s>1kW>1kcal/h

   해설
   • 1kW=102kg$_f$·m/s
   • 1PS=75kg$_f$·m/s
   • 1kcal=$\frac{427}{3,600}$ kg$_f$·m/s

   정답 ㉮

4. 열과 일의 관계를 바르게 나타낸 것은?(단, J : 열의 일당량, A : 일의 열당량, W : 소요되는 일, Q : 발생열량이다) [2008년 4회]
   ㉮ $Q=AW$ ㉯ $W=\frac{1}{J}Q$
   ㉰ $W=AQ$ ㉱ $J=AW$

   해설
   $Q=AW$

   정답 ㉮

5. 1PS는 1시간당 약 몇 kcal에 해당하는가? [2009년 4회]
   ㉮ 860   ㉯ 550
   ㉰ 632   ㉱ 427

   해설
   $1PS=75\times\frac{1}{427}\times 3,600=632.3\text{kcal/h}$

   정답 ㉰

6. 1PSi는 몇 g$_f$/cm^{2}인가? [2009년 4회]
   ㉮ 64.5   ㉯ 70.3
   ㉰ 82.5   ㉱ 98.1

   해설
   $1\psi(\text{프사이})=\frac{1,000}{14.22}=70.32\text{ g}_f/\text{cm}^2$

   정답 ㉯

06 열역학 법칙

① **열역학 제0법칙** : '물질 A와 B가 열평형이고 물질 B와 C가 열평형이면 물질 A와 C도 열평형이다'라는 법칙이다. 열평형이라는 것은 열의 이동이 없는, 즉 온도가 같다는 것이다.

② **열역학 제1법칙** : 에너지 보존 법칙. 에너지는 형태가 변할 수 있을 뿐 새로 만들어지거나 없어질 수 없다. 열과 역학적 일은 대등하며, 열이 일로, 일이 열로 전환될 수 있다.

$$Q=AW,\ W=JQ$$

여기서, Q : 발생한 열량
A : 일의 열당량(1/427kcal/kg·m)
W : 일
J : 열의 일당량(427kg·m/kcal)

③ **열역학 제2법칙** : 열에너지는 쉽게 일로 바꿀 수 없다. 또한 열은 고온에서 저온으로 스스로 이동하지만 반대로는 스스로 이동할 수 없다.

   예 • Clausius : 주위에 변화를 남기지 않고 저온에서 고온으로 열을 이동시킬 수 없다.
   • Kelvin-Plank : 단일 열원과 열 교환을 하고 받은 열량을 100% 일로 변환하는 열기관으로 만들 수 없다.

④ **열역학 제3법칙** : 이상적 완전 결정의 엔트로피 및 일정 압력 비열의 값은 어떠한 압력하에서도 0°K(=273°C)에 가까워짐에 따라 차츰 제로가 된다. 절대영도(0°K)에서 열용량은 0 상태가 된다.

   예 Nernst : 어떠한 방법으로도 물체의 온도를 0도까지 내릴 수 없다.

Point 예제

1. 열역학 제1법칙을 설명한 것 중 옳은 것은?

   [2012년 4회]

   ㉮ 열평형에 관한 법칙이다.
   ㉯ 이론적으로 유도 가능하여 엔트로피의 뜻을 잘 설명한다.
   ㉰ 이상 기체에만 적용되는 열량법칙이다.
   ㉱ 에너지보존의 법칙 중 열과 일의 관계를 설명한 것이다.

   ⊕ 해설

   에너지는 형태가 변할 수 있을 뿐 새로 만들어지거나 없어질 수 없다. 열과 역학적 일은 대등하며, 열이 일로, 일이 열로 전환될 수 있다.

   정답 ㉱

2. 한 공학자가 가정용 냉장고를 이용하여 겨울에 난방을 할 수 있다고 주장했다면 이 주장은 이론적으로 열역학 법칙과 어떠한 관계를 갖겠는가?

   ㉮ 열역한 제1법칙에 위배된다.
   ㉯ 열역한 제2법칙에 위배된다.
   ㉰ 열역한 제1, 2법칙에 위배된다.
   ㉱ 열역한 제1, 2법칙에 위배되지 않는다.

   ⊕ 해설

   열역한 제2법칙 : 열은 고온에서 저온으로 스스로 이동하지만, 반대로 저온에서 고온으로는 스스로 이동할 수 없다.

   정답 ㉯

3. 다음 설명 중 내용이 맞는 것은?

   ㉮ 1BTU는 물 1lb를 1℃ 높이는 데 필요한 열량이다.
   ㉯ 절대압력은 대기압의 상태를 0으로 기준하여 측정한 압력이다.
   ㉰ 이상기체를 단열팽창시켰을 때 온도는 내려간다.
   ㉱ 보일-샤를의 법칙에 따르면 기체의 부피는 압력에 반비례하고 절대온도에 반비례한다.

   ⊕ 해설

   ㉮ 1BTU : 물 1lb를 1℉ 높이는 데 필요한 열량
   ㉯ 절대압력은 진공상태를 0으로 기준하여 측정한 압력
   ㉱ 보일-샤를의 법칙 : 기체의 부피는 압력에 반비례하고 절대온도에 비례한다.

   정답 ㉰

4. 이상기체의 엔탈피가 변하지 않는 과정은?

   ㉮ 가역 단열과정   ㉯ 등온과정
   ㉰ 비가역 압축과정 ㉱ 교축과정

   ⊕ 해설

   팽창밸브(교축과정)에서는 엔탈피가 일정하다.

   정답 ㉱

5. 열에 관한 설명으로 틀린 것은?

   ㉮ 감열은 건구 온도계로서 측정할 수 있다.
   ㉯ 잠열은 물체의 상태를 바꾸는 작용을 하는 열이다.
   ㉰ 감열은 상태 변화 없이 온도 변화에 필요한 열이다.
   ㉱ 융해열은 감열의 종류이며, 고체를 액체로 바꾸는 데 필요한 열이다.

   ⊕ 해설

   융해열 : 잠열의 일종이다.

   정답 ㉱

2 냉매

01 냉매(Refrigerants)

1) 냉매

냉동장치 사이클 내부를 순환하면서 저온부(증발부)에서 증발함으로써 주위로부터 열을 흡수하여 고온부(응축기)에서 열을 방출시키는 작동 유체

① 1차 냉매 : 증발과 응축의 상변화 과정을 통해 열을 흡수 또는 방출하는 냉매(공기, 헬륨, 수소, 암모니아, 프레온 등)

② 2차 냉매 : 저열원에서 상변화를 하지 않고 열 교환기로 냉열을 운반하는 냉매(브라인, 부동액 등)

2) 냉매의 구비조건

(1) 물리적인 조건

① 증발압력이 대기압보다 높을 것(공기침입 및 윤활유 산화방지, 재료의 부식방지)
② 응축압력이 낮을 것(냉매누설방지, 체적효율 및 압축기효율 저하방지)
③ 임계온도가 상온보다 상당히 높을 것(압축기 효율 저하방지)
④ 응고점이 낮을 것(냉매의 응고방지)

⑤ 증발잠열이 크고, 액체의 비열이 작을 것
   (증발기 내의 냉매량 감소 및 압력손실방지)
⑥ 비체적·점도·표면장력이 작을 것(압출량, 통과저항 감소, 밸브의 크기 감소, 전열작용이 좋아져 효율 향상)
⑦ 열전도율 및 열전달율의 성능이 양호할 것(전열면적의 온도차가 작고, 효율이 상승)
⑧ 누설 발견이 용이할 것(사고를 사전에 방지 가능)
⑨ 절연이 좋고, 절연물을 침식시키지 않을 것(절연이 좋으면 냉매액 속에 모터설치 가능)
⑩ 수분이 냉매 중에 흡입되어도 냉매나 장치에 악영향이 없을 것
⑪ 비열비가 작을 것(가스온도 상승이 작아 압축비를 크게 할 수 있다)
⑫ 패킹재료에 대하여 영향을 미치지 않을 것
⑬ 터보냉동기의 경우 냉매가스의 비중이 클 것(가스무게가 무거울수록 큰 압력이 생긴다)

(2) 화학적인 조건
① 독성이 없을 것
② 악취 및 자극성이 없을 것
③ 가연성 및 폭발성이 없을 것
④ 부식성이 없을 것
⑤ 화학적으로 안정할 것
⑥ 윤활작용에 장애를 주지 말 것
⑦ 동일 냉동능력에 비해 냉매가스의 체적이 작을 것

(3) 기타 조건
① 가격이 저렴할 것
② 시공 및 취급이 용이할 것
③ 자동운전이 가능해야 함
④ 동일 냉동능력에 비해 소요동력이 적게 들 것

3) 냉매의 종류
*프레온(FREON) : 미국 냉매 제조업체인 듀폰(DuPont)사의 상품명은 할로카본계 냉매이다.

(1) 할로카본계 냉매
메탄(CH_4) 및 에탄(C_2H_6)의 수소를 불소, 염소, 브롬으로 치환해서 만든 화합물
① CFC계 : 염소, 불소, 탄소로 구성(R11, R12, R113, R114 및 R115 등)
② HCFC계 : 수소, 염소, 불소, 탄소로 구성(R22, R124, R141b 및 R142b 등)
③ HFC계 : 수소, 불소 및 탄소로 구성(R32, R125, R134a, R143a, R152a 등)

> **예**
> • 오존층을 전혀 파괴하지 않는다.
> • 냉매번호를 다 더하면 항상 5나 8이 된다.

(2) 혼합 냉매 : 단일 화합물보다 나은 물성치를 얻을 수 있다.
① 비공비 혼합 냉매 : 2개 이상의 냉매가 혼합되어 각각 개별적인 성격을 띠어, 작동 시 조성비가 변하고 온도가 변하는 특성이 있다.
   - Lorenz 사이클을 구성할 수 있다.
   - 비가역성이 감소되어 효율을 향상할 수 있다.
   - 냉매가 누설될 경우 시스템에 남아있는 혼합 냉매의 조성비가 변한다. 그러므로 재충전 시 남아있는 냉매를 전량 회수한 후 주입한다.
   - R404, R407C, R410A 등이 있다.
② 공비 혼합 냉매
   - 혼합 냉매임에도 불구하고 순수냉매와 유사한 특성이 있다.
   - 냉매의 증발 및 응축온도가 혼합을 구성하는 두 개의 순수 냉매의 온도보다 낮은 경우가 대부분이다.
   - R500, R501, R502, R503, R505, R506, R507 등이 있다.
③ 탄화수소계 냉매 : 탄소와 수소만으로 구성되었다.
   - 독성이 없다.
   - 화학적으로 안정적이다.
   - 광유에서 적절한 용해도를 나타낸다.
   - 우수한 열역학적 특성이 있다.
   - 가연성에 문제점이 있다.
   - 액체의 비체적이 커서 다른 냉매보다 냉매 주입량이 적다.
④ 무기질 화합물(자연냉매) : 자연에서 발생한 분자를 기초로 한 작동유체(공기, 물, 암모니아, 탄화수소, 이산화탄소 등)
   ㉠ 암모니아(NH_3)
      - 임계온도가 높아 냉각수 온도가 높아도 액화시킬 수 있다.

- 비등점은 −33.3°C, 응고점은 −77.7°C이므로 초저온 장치에 사용할 수 없다.
- 열전도율이 3,000~5,000kcal/m²·h·°C로 가장 높으나, 열 저항이 약하다.
- 가연성, 냄새, 독성, 폭발성이 있다.
- 냉동효과가 크기 때문에 다른 냉매보다 순환량이 적어도 되므로 배관이 가늘어도 된다.
- 비열비가 1.31로 1.0보다 크므로 실린더가 과열되고 토출가스온도가 높기 때문에 수냉식 압축기를 사용한다.
- 구리 및 구리합금을 부식시키므로 사용하지 않으나 청동은 사용 가능하며, 베어링 메탈은 사용이 가능하다.
- 윤활유보다 가볍고 유분리가 잘 된다.
- 절연물질을 약화시키기 때문에 밀폐식 냉동기에는 사용을 금한다.
- 천연고무와 인조고무는 침식하지 않는다.
- 에보나이트, 베크라이트를 침식한다.
- 수분이 1%가 용해되면 증발온도가 0.5°C 상승하므로 냉동 기능이 저하된다.

  ⓒ 물(H_2O)
- 환경에 대한 피해가 없으며, 손쉽게 구할 수 있다.
- 동결점이 매우 높고 비체적이 크므로 압축비가 커져서 증기압축식 냉동기에는 사용이 제한되어 왔으나 흡수식 냉동기에 작동유체로는 널리 쓰인다.
- 증발기 내의 압력을 거의 진공에 가까이 유지할 경우(65mmHg) 증발 온도는 5°C에서 증발하므로 흡수식 냉동기에 많이 사용하고 있다.

  ⓒ 공기(Air)
- 투명하고, 무해·무취·무미한 냉매로서 소요 동력이 크다.
- 성적계수가 낮으므로 주로 항공기 내부의 공기 조화나 공기액화 등에 쓰인다.

  ⓔ 이산화탄소(CO_2)
- 안정성이 뛰어나다.
- 무취·무독하고 무식성이 없다.
- 연소, 폭발성이 없는 물질로 회수가 필요 없으며, 일반 윤활유와 양호한 상용성을 가진다.
- 다른 냉매에 비해 비체적이 작아서 체적유량이 적으므로 소형시스템으로 제작이 가능하다.
- 냉매의 임계온도가(31°C) 낮으므로 냉각수의 온도가 충분치 않으면 응축기에서 액화되지 않는 단점이 있다.

(4) 냉매 부족 시 나타나는 현상
① 흡입압력 및 토출압력이 저하된다.
② 냉동능력이 떨어진다.
③ 흡입가스가 과열된다.
④ 압축기가 과열되며, 토출가스 온도도 함께 상승한다.
⑤ 증발기 출구의 과열도가 커서 팽창밸브가 열린다.

Point 예제

1. 냉매의 구비조건으로 틀린 것은? [2007년 4회]
㉮ 저온에서는 증발압력이 대기압 이하일 것
㉯ 임계온도가 높고 상온에서 액화일 것
㉰ 증발잠열은 크고 액체비열이 작을 것
㉱ 증기의 비열비가 작을 것

➕ 해설
저온에서의 증발압력은 대기압력보다 클 것
정답 ㉮

2. 2차 냉매의 열전달방법은? [2013년 1회]
㉮ 상태변화에 의한다.
㉯ 온도변화에 의하지 않는다.
㉰ 잠열로 전달한다.
㉱ 감열로 전달한다.

➕ 해설
2차 냉매는 감열방식으로 열을 전달한다.
정답 ㉱

3. R−21의 분자식은? [2008년 3회]
㉮ $CHCl_2F$ ㉯ $CClF_3$
㉰ $CHClF_2$ ㉱ $CHCl_2F_2$

➕ 해설
R−21의 분자식 : $CHCl_2F$
정답 ㉮

4. 압력이 일정한 조건하에서 냉매가 가열, 냉각에 의해 일어나는 상태변화에 대해 다음 설명 중 틀린 것은? [2008년 3회]
   ㉮ 과냉각액을 냉각하면 액체의 상태에서 온도만 내려간다.
   ㉯ 건포화증기를 가열하면 온도가 상승하고 과열증기로 된다.
   ㉰ 포화액이 주위에서 열을 흡수하여 가열되면 온도가 변하고 일부가 증발하여 습증기로 된다.
   ㉱ 습증기를 냉각하면 온도가 변하지 않고 건조도가 감소한다.

   ⊕ 해설
   포화액을 가열하면 온도가 변하지 않는 상태에서 포화증기가 된다.

   정답 ㉰

5. 다음 내용 중 틀린 것은? [2008년 1회]
   ㉮ CFC프레온냉매는 안전하므로 누출되어도 환경에 전혀 문제없다.
   ㉯ 물을 냉매로 하면 증발온도를 0℃ 이하로 운전하는 것은 불가능하다.
   ㉰ 응축기 내에 들어있는 불응축 가스는 전열효과를 저하시킨다.
   ㉱ 2원 냉동장치는 초저온 냉각에 사용되는 것이다.

   ⊕ 해설
   CFC냉매 : C(탄소), F(불소), Cl(염소) 계통의 냉매로 분해가 잘되어 오존층을 파괴하므로 규제대상 냉매이다.

   정답 ㉮

6. 암모니아(NH₃) 냉매에 대한 설명으로 옳지 않은 것은?
   ㉮ 누설검지가 대체적으로 쉽다.
   ㉯ 응고점이 비교적 낮아 초저온용 냉동에 적합하다.
   ㉰ 독성, 가연성, 폭발성이 있다.
   ㉱ 경제적으로 우수하여 대규모 냉동장치에 널리 사용되고 있다.

   ⊕ 해설
   비등점은 -33.3℃, 응고점은 -77.7℃이므로 초저온 장치에 사용할 수 없다.

   정답 ㉯

7. 2원 냉동장치에 사용하는 냉매로서 저온측의 냉매로 옳은 것은? [2008년 3회]
   ㉮ R-717   ㉯ R-718
   ㉰ R-14   ㉱ R-22

   ⊕ 해설
   저온측냉매 : R-13, R-14, R-23, R-503, R-404, CH_4, C_2H_4, C_2H_6

   정답 ㉰

8. NH_3 냉매를 사용하는 냉동장치에서는 열교환기를 설치하지 않는다. 그 이유는? [2008년 4회]
   ㉮ 응축압력이 낮기 때문에
   ㉯ 증발압력이 낮기 때문에
   ㉰ 비열비 값이 크기 때문에
   ㉱ 임계점이 높기 때문에

   ⊕ 해설
   NH_3 : 비열비가 커서 열교환기를 장착하면 흡입가스가 과열되어 토출가스온도가 상승하여 실린더가 파열된다.

   정답 ㉰

9. 다음 중 비등점이 가장 낮은 냉매는?(단, 대기압에서) [2008년 4회]
   ㉮ R-500   ㉯ R-22
   ㉰ NH_3 ㉱ R-12

   ⊕ 해설
   R-500 : -33.3℃, R-22 : -40.8℃, NH_3 : -33.3℃, R-12 : -29.8℃

   정답 ㉯

10. 다음 중 수소, 염소, 불소, 탄소로 구성된 냉매 계열은? [2008년 4회]
    ㉮ HFC계   ㉯ HCFC계
    ㉰ CFC계   ㉱ 할론계

    ⊕ 해설
    • CFC계 : 염소, 불소, 탄소로 구성
    • HCFC계 : 수소, 염소, 불소, 탄소로 구성
    • HFC계 : 수소, 불소 및 탄소로 구성

    정답 ㉯

02 냉매가 냉동장치에 미치는 영향

① 에멀전 현상(Emersion, 유탁액현상)
   암모니아 냉동장치 내에 수분이 섞이면, NH_4OH(수산화 암모늄)이 만들어지며 윤활유를 미립자로 분리시켜, 윤활유가 우윳빛처럼 변

하게 되는 현상이다. 윤활유가 유분리기에서 분리되지 않고, 응축기, 증발기 등으로 들어가면 전열이 저하된다.

② 오일 포밍 현상(Oil foaming)
  ㉠ 프레온(CFC계) : 냉동장치의 압축기가 정지하고 있다가 작동할 때 크랭크케이스 안의 오일이 용해되어 있던 프레온 냉매가 갑자기 낮아진 케이스 내의 압력으로 인해 오일과 냉매가 분리되는데 이때 윤활유에 거품이 일어나는 현상이다.
    예 방지법 : 오일 히터를 설치하여 유온(30℃)을 올려 준다.
  ㉡ 암모니아(NH_3) : NH_3는 토출가스온도가 높으므로 실린더가 과열되어 윤활유가 열화되기 쉬우므로 오일 쿨러를 설치해 유온을 40℃ 이하로 억제해 준다.

③ 오일 해머 현상(Oil hammering)
  오일 포밍현상이 급격히 일어나면 피스톤 상부로 다량의 오일이 역류하여 오일을 압축하게 되며 이때 이상음이 발생하는 현상이다.

④ 구리 부착 현상(Copper plating)
  프레온(CFC계) 냉동장치에서 수분이 흡입되어 프레온과 반응하여 불화수소(HF), 염화수소(HCl)와 같은 산을 만들게 되고, 냉매배관 중의 구리를 침식시켜 이 구리가 냉동장치를 순환하다가 압축기 실린더, 피스톤 등에 부착되는 현상이다.
  R12<R22<염화메틸 순으로 자주 발생한다.

Point 예제
프레온 냉동장치에서 오일 포밍 현상이 일어나면 실린더 내로 다량의 오일이 압축되어 실린더 헤드부에서 이상음이 발생하게 되는 현상은? [2010년 1회]
㉮ 에멀젼 현상   ㉯ 동 부착 현상
㉰ 오일 포밍 현상 ㉱ 오일 해머 현상

◉ 해설
오일 해머 현상 : 오일 포밍 현상이 급격히 일어나면 피스톤 상부로 다량의 오일이 역류하여 오일을 압축하게 되며 이때 이상음이 발생하는 현상
정답 ㉱

03 냉동기유

1) 윤활유(냉동기유)의 목적
  ① 윤활 작용 : 압축기 마찰부분(실린더 벽과 피스톤링 사이, 각종베어링 등)의 마모 방지
  ② 밀봉 작용 : 냉매가스가 실린더 벽과 피스톤링 사이로 새는 것을 방지
  ③ 냉각 작용 : 실린더 내부의 열을 냉각
  ④ 방청 작용 : 금속표면에 공기와의 접촉 차단

2) 윤활유(냉동기유)의 구비조건
  ① 적당한 점도를 가질 것
  ② 유성(oiliness)이 좋아 유막형성 능력이 뛰어날 것
  ③ 응고점이 낮아 저온에서도 유동성이 좋을 것
  ④ 인화점이 높을 것(열적 안정성이 좋을 것)
  ⑤ 냉매와 분리성이 좋고 화학반응을 일으키지 않을 것
  ⑥ 쉽게 산화하지 않을 것
  ⑦ 냉매, 수분이나 공기 등이 쉽게 용해되지 않으며, 항유화성이 좋을 것
  ⑧ 왁스 성분이 적을 것
  ⑨ 밀폐형에 사용되는 것은 전기절연도가 클 것
  ⑩ 유막의 강도가 클 것
  ⑪ 수분은 부식의 원인이 되므로 수분함유량은 0.01% 이하인 것이 필요

3) 윤활유(냉동기유)의 종류
  ① 광물유
    ㉠ 가격이 저렴하며 쉽게 구할 수 있다.
    ㉡ HFC 계열 냉매인 R-134a, R-404A, R-407C 등과는 혼합성 문제로 사용이 곤란하다.
  ② 합성유
    ㉠ 알킬 벤젠(Alkiylbenzen : AB)
      - R-22나 R-502와 같이 냉매와 좋은 용해성을 가진다.
      - 고온에서 안정성과 산화안정성이 좋다.
      - 가격이 비싸지 않다.
    ㉡ 폴리올 에스테르(Polyol Esters : POE)
      - 거의 모든 종류의 압축기에 사용한다.
      - HFC 계열 냉매인 R-134a, R-404A, R-407C 등과 함께 사용이 가능하다.

4) 윤활유의 압력
① 강제급유를 통한 압축기 종류에 따른 정상유압
  ㉠ 입형저속＝정상저압＋0.5~1.5kg/cm^2
  ㉡ 고속다기통＝정상저압＋1.5~3kg/cm^2
  ㉢ 터보＝정상저압＋6kg/cm^2
  ㉣ 스크루압축기＝정상저압＋2~3kg/cm^2
② 유압계 지시압력＝정상저압＋유압

5) 냉매 누설 체크
① 암모니아(NH$_3$)
  ㉠ 냄새로 체크한다.
  ㉡ 리트머스 종이로 체크 : 적색이 청색으로 변색된다.
  ㉢ 유황초나 유황으로 적신 걸레에 불을 붙이거나, 염산을 탈지면에 적셔 누설개소에 대면 흰 연기가 발생한다.
  ㉣ 페놀프탈레인 시험지를 물에 적셔 누설개소에 대면 홍색으로 변색된다.
  ㉤ 브라인이나 물에 누설 시 네슬러 시약을 브라인에 떨어뜨리면 소량 누설 시 황색, 다량 누설 시 적색으로 나타난다.
② 프레온(할로카본계 냉매)
  ㉠ 비눗물로 기포가 발생하는 지 체크한다.
  ㉡ 헤라이드 토치로 불꽃 반응을 체크한다.
    - 정상일 때 : 청색
    - 소량 누설 시 : 녹색
    - 다량 누설 시 : 자색
    - 과다량 누설 시 : 불꽃이 꺼짐

Point 예제

1. 냉동기용 윤활유로서 필요조건에 해당되지 않는 것은? [2007년 2회]
㉮ 냉매와 친화반응을 일으키지 않을 것
㉯ 열 안정성이 좋을 것
㉰ 응고점이 낮을 것
㉱ 유막 강도가 작을 것

해설
유막 강도가 커야 유막이 깨지지 않아 녹슬지 않는다.
정답 ㉱

2. 암모니아 냉동장치 중에 다량의 수분이 함유될 경우 윤활유가 우윳빛으로 변하게 되는 현상은? [2007년 3회]
㉮ 커퍼 플레이팅 현상
㉯ 오일 포밍 현상
㉰ 오일 해머 현상
㉱ 에멀션 현상

해설
에멀션 현상 : 윤활유가 수분과 혼합되면 우윳빛으로 변한다.
정답 ㉱

3. 냉동기유의 구비조건 중 옳지 않은 것은? [2007년 4회]
㉮ 응고점과 유동점이 높을 것
㉯ 인화점이 높을 것
㉰ 점도가 적당할 것
㉱ 전기절연 내력이 클 것

해설
냉동기 윤활유 : 응고점과 유동점이 낮아야 좋다.
정답 ㉮

4. 암모니아 냉매의 성질에서 압력이 상승할 때 성질 변화에 대한 것으로 옳은 것은? [2014년 1회]
㉮ 증발잠열은 커지고, 증기의 비체적은 작아진다.
㉯ 증발잠열은 작아지고, 증기의 비체적은 커진다.
㉰ 증발잠열은 작아지고, 증기의 비체적은 작아진다.
㉱ 증발잠열은 커지고, 증기의 비체적은 커진다.

해설
압력이 상승하면 온도가 상승하고 증발잠열 및 비체적은 작아진다.
정답 ㉰

5. 프레온계 냉매액이 피부에 묻었을 때에 가장 적당한 조치는?
㉮ 진한 염산으로 중화시킨다.
㉯ 암모니아, 황산나트륨 포화용액으로 살포한다.
㉰ 물로 씻고, 피크린산 용액을 바른다.
㉱ 레몬주스 또는 20% 의식초를 바른다.

해설
프레온계 냉매가 몸에 묻으면 물로 씻고 피크린산 용액을 바른다.
정답 ㉰

6. 냉동 윤활장치에서 유압이 낮아지는 원인이 아닌 것은? [2009년 1회]
   ㉮ 오일이 부족할 때
   ㉯ 유온이 낮을 때
   ㉰ 유 여과망이 막혔을 때
   ㉱ 유압조정밸브가 많이 열렸을 때

   해설
   유온이 낮으면 점도가 높아져 유압이 상승한다.
   정답 ㉯

7. 다음 중 냉동기유에 가장 용해하기 쉬운 냉매는 어느 것인가? [2009년 1회]
   ㉮ R-11   ㉯ R-13
   ㉰ R-14   ㉱ R-502

   해설
   • 용해 잘되는 냉매 : R-11, R-12, R-21, R-113
   • 용해 저온 분리되는 냉매 : R-13, R-22, R-114
   정답 ㉮

8. 냉동기 오일에 관한 설명 중 틀린 것은? [2010년 3회]
   ㉮ 윤활방식에는 비말식과 강제 급유식이 있다.
   ㉯ 사용오일은 응고점이 높고, 인화점이 낮아야 한다.
   ㉰ 수분의 함유량이 적고 장기간 사용하여도 변질이 적어야 한다.
   ㉱ 일반적으로 고속다기통 압축기의 경우 윤활유의 온도는 50~60°C 정도이다.

   해설
   냉동기유 : 응고점과 유동점이 낮고 인화점이 높아야 한다.
   정답 ㉯

9. 냉동기유에 대한 설명으로 맞는 것은? [2011년 3회]
   ㉮ 냉동기유는 암모니아 냉매보다 가벼워 만액식 증발기의 냉매액면 위로 뜬다.
   ㉯ 냉동기유는 저온에서 쉽게 응고되지 않고, 고온에서 쉽게 탄화되지 않아야 한다.
   ㉰ 냉동기유의 탄화현상은 일반적으로 암모니아보다 프레온 냉동장치에서 자주 일어난다.
   ㉱ 냉동기유는 증발하기 쉽고 열전도율 및 점도가 커야 한다.

   해설
   냉동기유 : 유동점이 낮고 인화점이 높아야 하며, 고온에서 탄화되지 않아야 한다.
   정답 ㉯

10. 압축기 종류에 따른 정상적인 유압이 아닌 것은? [2014년 3회]
    ㉮ 터보=정상저압+6kg/cm^2
    ㉯ 입형저속=정상저압+0.5~1.5kg/cm^2
    ㉰ 소형=정상저압+0.5kg/cm^2
    ㉱ 고속다기통=정상저압+6kg/cm^2

    해설
    강제급유를 통한 압축기 종류에 따른 정상유압
    • 입형저속=정상저압+0.5~1.5kg/cm^2
    • 고속다기통=정상저압+1.5~3kg/cm^2
    • 터보=정상저압+6kg/cm^2
    • 스크루압축기 : 정상저압+2~3kg/cm^2
    정답 ㉱

11. 프레온 누설 검사 중 헬라이드 토치 시험에서 냉매가 다량으로 누설될 때 변화된 불꽃의 색깔은? [2014년 4회]
    ㉮ 청색   ㉯ 녹색
    ㉰ 노랑   ㉱ 자색

    해설
    프레온(할로카본계 냉매) : 헤라이드 토치로 불꽃 반응 체크
    - 정상일 때 : 청색
    - 소량 누설 시 : 녹색
    - 다량 누설 시 : 자색
    - 과다량 누설 시 : 불꽃 꺼짐
    정답 ㉱

12. 냉동장치의 냉매 계통 중에 수분이 침입하였을 때 일어나는 현상을 열거한 것 중 잘못된 것은? [2012년 2회]
    ㉮ 유리된 수분이 물방울이 되어 프레온 냉매 계통으로 순환하다가 팽창밸브에서 동결한다.
    ㉯ 침입한 수분이 냉매나 금속과 화학반응을 일으켜 냉매계통의 부식, 윤활유의 열화 등을 일으킨다.
    ㉰ 암모니아는 물에 잘 녹으므로 침입한 수분이 동결하는 장애가 적은 편이다.
    ㉱ R-12는 R-22보다 많은 수분을 용해하므로, 팽창밸브 등에서의 수분동결의 현상이 적게 일어난다.

    해설
    프레온 냉동장치 : 수분과 분리하므로 팽창밸브 결빙의 우려가 있다.
    정답 ㉱

13. 강제 급유식에 기어펌프를 많이 사용하는 이유로 가장 적합한 것은? [2012년 3회]
㉮ 유체의 마찰저항이 크기 때문에
㉯ 저속으로 일정한 압력을 얻을 수 있기 때문에
㉰ 구조가 복잡하기 때문에
㉱ 대형으로만 높은 압력을 얻을 수 있기 때문에

해설
기어펌프 : 저속으로 일정한 압력을 얻을 수 있기 때문에

정답 ㉯

14. 냉동장치에 수분이 침입되었을 때 에멀전 현상이 일어나는 냉매는? [2016년 3회]
㉮ 황산　　　　　　㉯ R-12
㉰ R-22　　　　　　㉱ NH_3

해설
암모니아(NH_3) : 수분이 침입되었을 때 혼합하여 에멀전 현상이 일어난다.

정답 ㉱

15. 냉동기유에 대한 설명으로 옳은 것은? [2015년 4회]
㉮ 암모니아는 냉동기유에 쉽게 용해되어 윤활 불량의 원인이 된다.
㉯ 냉동기유는 저온에서 쉽게 응고되지 않고, 고온에서 쉽게 탄화되지 않아야 한다.
㉰ 냉동기유의 탄화현상은 일반적으로 암모니아보다 프레온 냉동장치에서 자주 발생한다.
㉱ 냉동기유는 증발하기 쉽고, 열전도율 및 점도가 커야 한다.

해설
냉동기유 : 유동점이 낮고 인화점이 높아야 하며, 고온에서 탄화되지 않아야 한다.

정답 ㉯

16. NH_3, R-12, R-22 냉매의 기름과 물에 대한 용해도를 설명한 것으로 옳은 것은? [2015년 4회]

　㉠ 물에 대한 용해도는 R-12가 가장 크다.
　㉡ 기름에 대한 용해도는 R-12가 가장 크다.
　㉢ R-22는 물에 대한 용해도와 기름에 대한 용해도가 모두 암모니아보다 크다.

㉮ ㉠, ㉡, ㉢　　　　㉯ ㉡, ㉢
㉰ ㉡　　　　　　　　㉱ ㉢

해설
기름에 대한 용해도 : R12가 가장 크다.

정답 ㉰

17. 다음 냉매 중 물에 용해성이 좋아서 흡수식 냉동기의 냉매로 가장 적합한 것은? [2014년 4회]
㉮ R-502　　　　　㉯ 황산
㉰ 암모니아　　　　㉱ R-22

정답 ㉰

18. 흡수식 냉동장치에서 냉매로 암모니아를 사용할 때 흡수제로 가장 적당한 것은? [2014년 3회]
㉮ LiBr　　　　　　㉯ $CaCl_2$
㉰ LiCl　　　　　　㉱ H_2O

해설
물 : 암모니아와의 용해성이 좋은 물을 흡수제로 사용한다.

정답 ㉱

19. 암모니아를 냉매로 하는 냉동장치의 기밀시험에 사용하면 안 되는 기체는? [2011년 4회]
㉮ 질소　　　　　　㉯ 아르곤
㉰ 공기　　　　　　㉱ 산소

해설
암모니아 : 15~28%의 제2종 가연성이 있으며, 압축기로 산소를 압축하면 폭발위험이 있다.

정답 ㉱

04 브라인

간접 냉각식 냉동장치에 사용되는 액상 냉각 열매체(부동액)를 브라인 또는 2차 냉매라 한다.

1) 브라인의 농도와 응고점

브라인은 동결점이 낮은 염류를 물에 용해시켜 만들며, 이와 같은 염류의 수용액은 용액의 농도에 따라 동결온도가 달라진다.

2) 브라인의 구비조건

① 비열이 커야 한다(비열이 작으면 펌프 용량 및 동력이 증가한다).
② 열전도율이 커야 한다(냉각기의 성능이 좋고 냉각시간이 단축된다).
③ 점성이 작아야 한다(온도가 저하되면 점도가 증가하면서 유동성이 약화되고 전열장해와 동력손실이 증가한다).
④ 동결온도가 낮아야 한다(겨울철 동결의 위험에서 벗어나야 한다).

⑤ 부식성이 없고 안정성이 높아야 한다.
⑥ 불연성이어야 한다.
⑦ 악취, 쓴맛이 없고, 특히 독성이 없어야 한다.
⑧ 가격이 싸고 구입이 쉬우며 취급이 용이해야 한다.

3) 브라인의 종류

① 무기질 브라인

널리 사용하는 브라인으로서 탄소(C)를 함유하지 않은 무기질 염류의 수용액을 말하며, 이는 유기질 브라인에 비해 부식성이 크다.

㉠ 염화칼슘 수용액
 - 동결점 : 공융농도 29.9%일 때 $-55°C$
 - 공기 중의 수분을 흡수하여 농도가 묽어지는 성질이 있으므로 취급에 주의를 요한다.
 - 식품 냉동 및 냉장용이며 누설에 의해 식품에 접촉되면 떫은 맛이 나거나 부식되는 등 품질을 저하시키므로 재료를 보호하기 위해 방식제를 첨가한다.
 - 무공해 방식제 : 유기성 방식제인 레스콜이나 치히로가 쓰인다.

㉡ 염화나트륨 수용액(식염수)
 - 동결점 : 공융농도가 23.1%일 때 $-21.2°C$
 - 점도가 알맞아 어류 및 식품 등을 냉동, 냉장할 때 쓰인다.
 - 액체침지식 동결법에 쓰인다.
 - 무기질 브라인 중 부식성이 가장 강하다.

㉢ 염화마그네슘 수용액
 - 동결점 : 공융농도가 20.6%일 때 $-33.6°C$
 - 염화칼슘의 대용으로 쓰인다.

② 유기질 브라인

탄소(C)를 포함한 브라인을 말하며, 무탄소 무기질 브라인에 비해 부식성이 거의 없다. 동결온도가 매우 낮아 많이 사용되며, 종류에 따라 점도가 높다. 가격은 비싸다.

㉠ 에틸알콜(C_2H_5OH)
 - 응고점 : $-114.15°C$
 - 비등점 : $78.3°C$
 - 물보다 가볍다(비중 : 0.8).
 - 점도와 열전도율이 양호하다.
 - 부식성이 없어 $-100°C$까지 식품의 초저온 동결에 사용된다.

㉡ 에틸렌글리콜($C_2H_6O_2$)
 - 응고점 : $-12.6°C$
 - 비등점 : $177.2°C$
 - 물보다 무거우며(비중 : 1.1), 점성이 크다.
 - 부식성이 작고, 독성이 없어 냉동식품에 사용된다.

㉢ 프로필렌글리콜($C_3H_6(OH)_2$)
 - 응고점 : $-59.5°C$
 - 비등점 : $188.2°C$
 - 부식성이 작고, 독성이 없어 냉동식품에 사용된다.
 - 물보다 무거우며(비중 : 1.1), 점성이 크다.

㉣ 기타
메틸알콜(CH_3OH), 글리세린, R-11, R-12 등

③ 혼합 브라인
ⓐ 무기질 브라인과 유기질 브라인의 단점을 보완한 브라인
ⓑ 종류
 - 식염수+옥수수시럽
 - 프로필렌글리콜+식염수
 - 프로필렌글리콜+에틸알콜+식염수 등

4) 브라인 순환장치 동파방지방법

① 증발압력 조절밸브를 설치한다.
② 부동액을 첨가한다.
③ 단수릴레이를 설치한다.
④ 동파방지용 온도 조절기를 설치한다.
⑤ 순환펌프압축기 모터를 인터록시킨다.

> **예** 단수릴레이 : 냉동기의 냉각수가 줄어들면 운전을 중지하는 릴레이

Point 예제

1. 유기질 브라인으로서 마취성이 있고, -100℃ 정도의 식품 초저온 동력에 사용되는 것은?
   [2007년 2회]
   ㉮ 에틸알코올   ㉯ 염화칼슘
   ㉰ 에틸렌글리콜   ㉱ 염화나트륨

   해설
   에틸알코올 : 마취성이 있고, 식품초저온 동결에 사용된다.

   정답 ㉮

2. 유기질 브라인으로 부식성이 적고, 독성이 없으므로 주로 식품냉동의 동결용에 사용되는 브라인은?
   [2014년 5회]
   ㉮ 염화마그네슘   ㉯ 염화칼슘
   ㉰ 에틸렌글리콜   ㉱ 프로필렌글리콜

   해설
   프로필렌글리콜
   - 탄소(C)를 포함한 브라인
   - 동결온도가 매우 낮아 많이 사용함
   - 부식성이 작고, 독성이 없어 냉동식품에 사용함
   - 가격이 비쌈

   정답 ㉱

3. 브라인에 대한 설명 중 옳은 것은? [2008년 1회]
   ㉮ 브라인은 냉동능력을 낼 때 잠열형태로 열을 운반한다.
   ㉯ 에틸렌글리콜, 프로필렌글리콜, 염화칼슘용액은 유기질 브라인이다.
   ㉰ 염화칼슘 브라인은 그 중에 용해되고 있는 산소량이 많을수록 부식성이 적다.
   ㉱ 프로필렌글리콜은 부식성, 독성이 없어 냉동식품의 동결용으로 사용된다.

   해설
   프로필렌글리콜
   - 탄소(C)를 포함한 브라인
   - 동결온도가 매우 낮아 많이 사용
   - 부식성이 작고, 독성이 없어 냉동식품 동결용에 사용
   - 가격이 비쌈

   정답 ㉱

3 냉동 사이클

01 냉동 사이클

냉동 사이클은 냉매가 증발, 압축, 응축, 팽창 등의 네 가지 과정을 순환하면서 액체와 기체로 변하는 반복적인 과정을 말한다.

1) 카르노 사이클

2개의 등온변화와 2개의 단열변화를 가상하고, 기체를 등온팽창 → 단열팽창 → 등온압축 → 단열압축의 순서로 변화시켜 처음의 상태로 복귀시키는 열역학 사이클을 말한다.

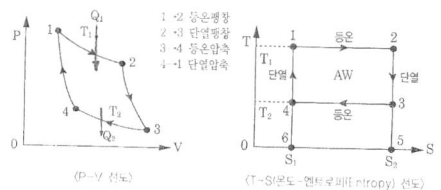

┃카르노 사이클┃

* 과정
  ⓐ 1→2(등온팽창 : 열량 Q_1 공급) : 일정한 온도상태
  ⓑ 2→3(단열팽창 : 온도강하 $T_1 → T_2$) : 열 차단상태
  ⓒ 3→4(등온압축 : 열량 Q_2 방출) : 일정한 온도상태
  ⓓ 4→5(단열압축 : 온도상승 $T_2 → T_1$) : 열 차단상태
  처음 상태로 복귀

2) 역 카르노 사이클(냉동 사이클)

카르노 사이클의 역회전이 되는 사이클로서 이상적인 냉동 사이클에 적용되며, 단열과정 2개, 등온과정 2개로 구성된다.

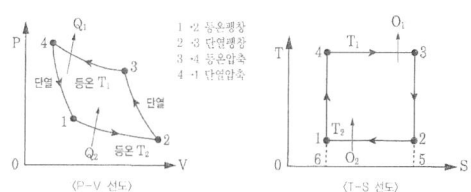

┃역 카르노 사이클┃

3) 냉동 사이클의 이해

증기압축식 냉동 사이클의 작동유체인 냉매가 고압장치와 저압장치를 오가며, 냉동을 하기 위해 냉매의 상태변화를 유발하여, 냉매액과 냉매증기로 상태가 번갈아 변화하면서 작동한다.

다음 그림은 냉동 사이클의 순서이며, 냉동의 원리를 나타낸다.

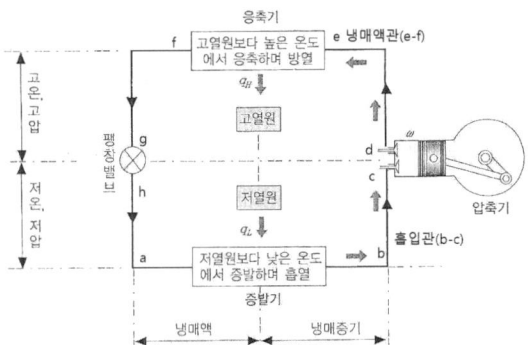

∥증기압축식 냉동 사이클∥

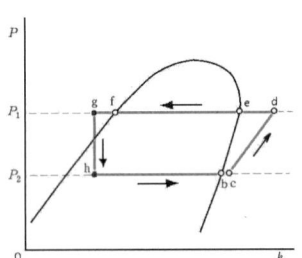

∥몰리에르 냉동 사이클의 과정∥

① 증발과정(a→b→c)
  팽창밸브로부터 공급된 포화냉매액체가 증발할 때 필요한 증발잠열을 냉각관 주위로부터 흡수하며 증발작용을 한다.
* 과정
  ㉠ a는 증발기 입구이다(냉매가 포화액에 가깝다).
  ㉡ b까지 증발이 진행되면 포화증기상태로 되어 증발기 출구로 나간다.
  ㉢ b→c까지는 증발기를 나와 압축기 입구까지 이르는 흡입관 내의 과정으로서 열교환 등으로 과열증기가 되는 구간이다.

- 냉동효과(q_2) : 증발기 입출구의 비엔탈피 차 즉, $h_c - h_a$가 냉동기의 실제 냉동일
$$\therefore q_2 = h_c - h_a [kJ/kg]$$

② 압축과정(c→d)
  ㉠ 냉매액체는 점 c의 과열증기상태에서 압축기로 흡입되며, 단열압축과정을 거쳐 고압(P_2)의 냉매증기로 변한다. 이 과정은 단열과정으로 등비엔트로피선을 따라 이루어진다. 압축의 최고점 d는 사이클 중 압력과 온도가 가장 높은 상태이다.

- 압축기가 한 일(Aw)
$$Aw = h_d - h_c [kcal/kg]$$
A : 일의 열당량
- 압축효율(η_c) = $\dfrac{\text{이론적 마력}}{\text{실제적 마력}}$

압축기가 한 일은 냉동기 운전비용이며, 크기가 크면 성능은 떨어진다고 볼 수 있다.

  ㉡ 압축기의 이론 성적계수(ϵ)
$$\epsilon = \dfrac{Q_2}{A_w} = \dfrac{\text{증발열량}}{\text{압축일의 열량}}$$
$$= \dfrac{Q_2}{Q_1 - Q_2} = \dfrac{T_2}{T_1 - T_2}$$
T_1 : 응축 절대온도 T_2 : 증발 절대온도

  ㉢ 실제적 성적계수(E)
$$E = \dfrac{\text{냉동능력}}{\text{실제적 소요마력}} = \epsilon \times \eta_c \times \eta_m$$
η_c : 압축효율 ϵ : 압축기의 이론 성적계수
η_m : 기계효율

  ㉣ 히트펌프의 성적계수
$$E_h = \dfrac{q_1}{w} = \dfrac{\text{고온체에 공급한 열량}}{\text{공급일}}$$
$$= \dfrac{q_1}{q_1 - q_2}$$
$$E_r = \dfrac{q_2}{w} = \dfrac{\text{냉동효과}}{\text{공급일}} = \dfrac{q_2}{q_1 - q_2}$$
E_h : 히트펌프의 성능계수
E_r : 냉동기의 성능계수

- 히트펌프(heat pump) : 냉매의 발열 및 응축열을 이용하여 저온의 열을 고온으로, 고온의 열을 저온으로 전달하는 냉난방 장치이다.
- 냉동기의 성능계수 : 열펌프의 성능계수보다 항상 1이 적다.

  예 냉장고, 에어컨, 난방기, 냉동기 등

③ 응축과정(d→e→f→g)
  ㉠ 응축기 내에서 냉매는 응축기 외부의 물이나 공기에 의해 냉각되어 기체에서 액체로 응축되는 과정이다.
  ㉡ 압축기에서 나온 고압의 냉매가스는 상온의 냉각수나 냉각공기에 의하여 쉽게 액화할 수 있는 상태가 되며, 이때 냉각수나 냉각공기로 방출되는 열을 응축열량이라 한다.
  ㉢ 이 응축열량은 냉매가 증발기에서 흡수한 열과 압축기에서 압축을 가한 열을 합한 열량이 된다.
  ㉣ 응축과정도 증발과정과 마찬가지로 응축기 내에서의 냉매는 증기와 액이 공존하고 있는 상태이며, 기체에서 액체로 냉매의 상이 변하는 동안에는 응축압력과 응축온도는 일정하다.
  * 과정
    ⓐ d→e : 과열증기로서의 냉각
    ⓑ e→f : 기체-액체 혼합구역에서의 습증기로서의 냉각
    ⓒ f→g : 과냉각액체로서의 냉각

  - 응축열량(q_1) : 냉각수나 냉각공기로 방출되는 열
    $q_1 = q_2 + w$ [kJ/kg]
    q_2 : 냉매가 증발기에서 흡수한 열
    w : 압축기에서 압축에 가해진 열
  - 성적계수 = $\dfrac{증발기\ 흡수열량}{압축일의\ 열량}$

④ 팽창과정(g→h)
  팽창과정은 냉매가 팽창밸브를 통과할 때 냉매의 상태변화를 말하며, 외부와의 열 출입이 없는 단열팽창으로 엔탈피의 변화는 없다.

- 응축기에서 응축된 액체 냉매가 증발기에서 쉽게 증발할 수 있도록 압력을 저하시킨다.
- 팽창과정 동안 온도도 내려가게 된다.
- 팽창밸브는 냉매의 팽창이 일어나는 곳으로 감압작용과 함께 증발기로 유입되는 냉매의 유량을 조절하는 역할을 한다.

* 과정
  - h→a : 등엔탈피선과 평행하게 이루어지며, 압력손실은 무시해도 좋을 만큼 작기 때문에 h와 a는 같은 지점으로 보아도 상관없다.

* 일량 : 등엔탈피과정이므로 비엔탈피는 변화가 없기 때문에 이 과정 동안은 냉동장치에서 주거나 장치로부터 받는 일은 없다.

Point 예제

1. 다음 중 이상적인 냉동 사이클은 어느 것인가?
   [2007년 2회]
   ㉮ 오토 사이클   ㉯ 카르노 사이클
   ㉰ 사바테 사이클   ㉱ 역 카르노 사이클

   해설
   역 카르노 사이클 : 카르노 사이클을 역으로 순환하는 것이며, 동일한 온도조건하에서 최대의 성능계수를 가지는 이상적인 냉동 사이클이다. 2개의 단열과정과 2개의 등온과정으로 되어 있으며, 압축기, 응축기, 팽창밸브 증발기의 4가지의 장치를 거쳐 냉동이 가능한 사이클이다.

   정답 ㉱

2. 역 카르노 사이클에 대한 설명 중 옳은 것은?
   [2016년 3회]
   ㉮ 2개의 압축과정과 2개의 증발과정으로 이루어져 있다.
   ㉯ 2개의 압축과정과 2개의 응축과정으로 이루어져 있다.
   ㉰ 2개의 단열과정과 2개의 등온과정으로 이루어져 있다.
   ㉱ 2개의 증발과정과 2개의 응축과정으로 이루어져 있다.

   해설
   역 카르노 사이클 : 2개의 단열과정과 2개의 등온과정

   정답 ㉰

3. 다음 그림에서 고압 액관은 어느 부분인가?

[2015년 4회]

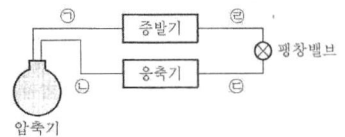

㉮ ㉠ ㉯ ㉡
㉰ ㉢ ㉱ ㉣

해설
응축기~팽창밸브 : 고압상태의 액관 부분이다.

[정답] ㉰

02 표준 냉동 사이클과 몰리에르 선도

1) 표준 냉동 사이클
냉동기의 성능을 비교하기 위해 제안된 기준이다.
① 증발온도 : $-15°C(5°F)$
② 응축온도 : $30°C(86°F)$
③ 압축기 흡입 가스 : $-15°C$ 건조포화증기상태
④ 팽창밸브 직전온도 : $25°C(77°F)$(과냉각도 : $5°C$)

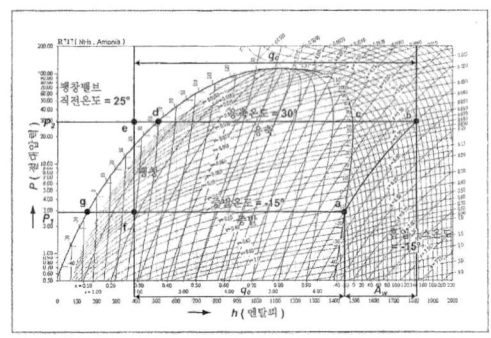

‖ 표준 냉동 사이클 ‖

2) 몰리에르 선도
냉동기 외부에서 볼 수 있는 압력과 온도만으로 내부의 상태를 유추하고, 냉동기의 성능을 평가하기 위한 압력-엔탈피 선도(P-h)를 말한다.

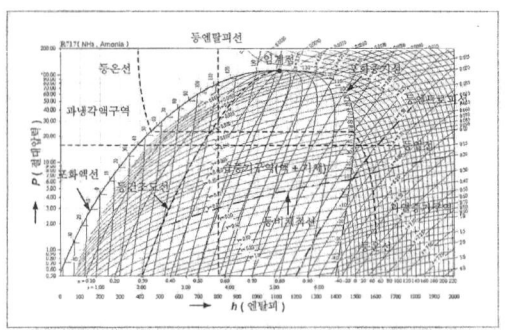

‖ 몰리에르의 냉매압력-엔탈피(P-h) 선도 ‖

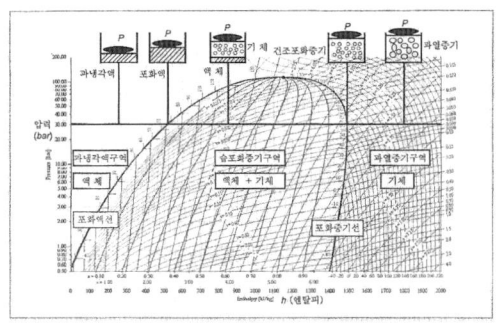

‖ 몰리에르의 증기 상태 변화 ‖

3) 몰리에르 선도에 있는 세부적인 6가지 구성요소
① 등압선과 등엔탈피선

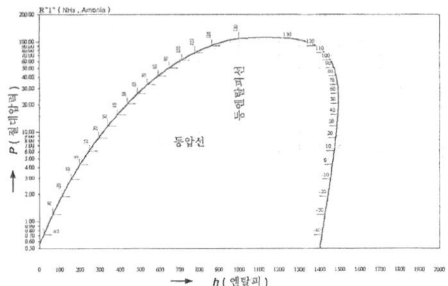

② 등건조도선

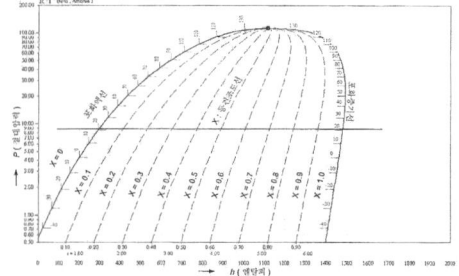

③ 등엔트로피선

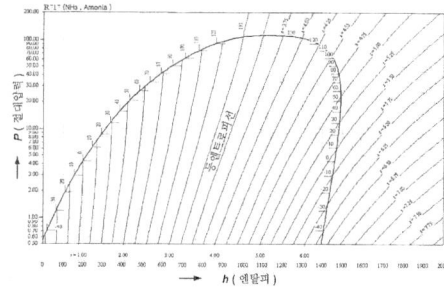

④ 등비체적선

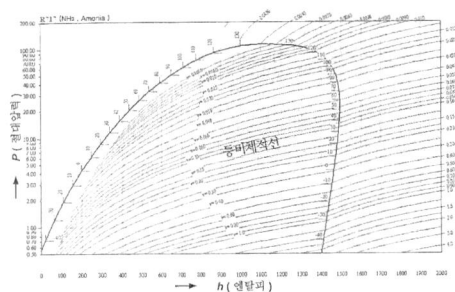

⑤ 등온선

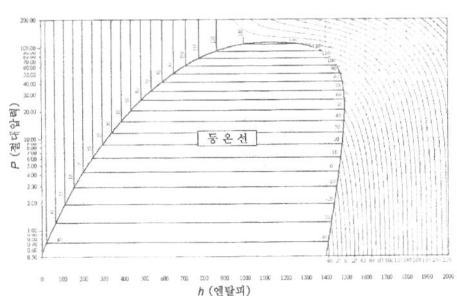

4) 냉동과정에서의 상태 변화

과정/구분	압력	온도	비체적	엔탈피	엔트로피
압축과정	상승	상승	감소	증가	일정
응축과정	일정	저하	감소	감소	감소
팽창과정	감소	저하	증가	일정	증가
증발과정	일정	일정	증가	증가	증가

Point 예제

1. 표준 냉동 사이클의 몰리에르(P-h)선도에서 압력이 일정하고, 온도가 저하되는 과정은?
[2016년 3회]

㉮ 압축과정   ㉯ 응축과정
㉰ 팽창과정   ㉱ 증발과정

해설
몰리에르(P-h)선도에서 압력이 일정하고, 온도가 저하되는 과정은 응축과정이다.

정답 ㉯

2. 다음의 몰리에르(P-h)선도는 어떤 현재 상태를 나타내는 사이클인가? [2016년 3회]

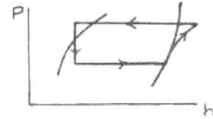

㉮ 습냉각   ㉯ 과열냉각
㉰ 습압축   ㉱ 과냉각

해설
위의 몰리에르선도는 과냉각 상태를 나타낸다.

정답 ㉱

03 2단 압축 사이클

1) 단단 압축 사이클의 단점
① -30°C 이하 정도의 낮은 증발온도를 요구하는 냉동장치에서 단단압축을 하면 압축기의 압축비가 증대되어 체적효율이 감소하고 장치의 성능계수도 작아진다.
② 압축기의 토출가스 온도가 높아져서 윤활유가 열화되기 쉽다.

2) 2단 압축 사이클의 장점
낮은 증발 온도를 필요로 하는 경우 압축기 2대를 사용한다.
① 압축비가 작아지게 되어 체적효율의 저하를 막을 수 있다.
② 1차 압축 후의 토출가스를 냉각하고 다시 압축하여 토출가스온도를 낮게 할 수 있다.
  ㉠ NH_3장치 : 증발온도 -30°C 이하, 압축비 6 이상일 때 적용한다.
  ㉡ Freon장치 : 증발온도 -50°C 이하, 압축비 9 이상일 때 적용한다.

3) 2단 압축 1단 팽창 사이클
① 냉매 : 증발기에서 흡열작용을 하여 증발된 냉매를 저단압축기에서 압축하고, 이것을 중간 냉각기에서 냉각한 후 고단압축기로 보내는 방식을 말한다.

② 고단압축기 토출가스 : 응축기에서 열을 방출하고, 액화한 고압냉매의 일부를 사용하여 중간 냉각기에서 증발기로 가는 냉매를 냉각한 후에 증발기로 보내는 방식이다.

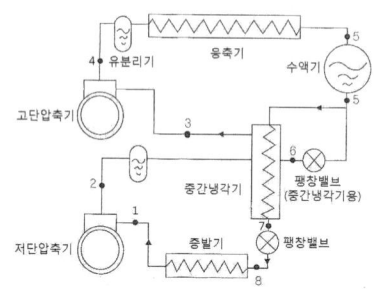

┃ 2단 압축 1단 팽창 사이클 ┃

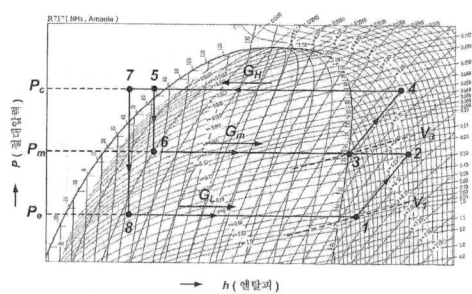

┃ 2단 압축 1단 팽창 몰리에르 선도 ┃

4) 2단 압축 2단 팽창 사이클
① 1단 팽창 방식과 다른 점 : 응축기에서 액화한 고압의 액냉매를 전부 제1팽창밸브를 거쳐 중간냉각기로 보내어 중간압력까지 감압한다. 중간냉각기에서 분리된 증기는 저단압축기 토출증기와 같이 고단압축기로 보내며, 포화액은 제2팽창밸브를 거쳐 증발기로 보낸다.
② 중간냉각기의 역할
  ㉠ 저단압축기의 토출가스온도를 감소시킨다.
  ㉡ 액냉매를 과냉각시켜 냉동효과를 높인다.
  ㉢ 고단압축기 액압축을 방지한다.
  ㉣ 고단압축기로의 냉매액 흡입을 방지한다.
③ 중간냉각기의 종류
  플래쉬식, 액체 냉각식, 직접 팽창식

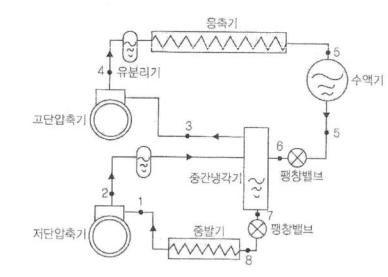

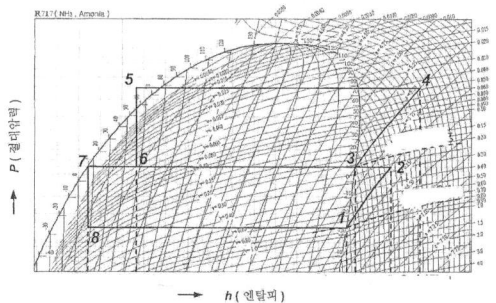

┃ 2단 압축 2단 팽창 사이클 ┃

Point 예제

2단 압축 냉동 사이클에서 중간냉각기가 하는 역할 중 틀린 것은? [2011년 1회]
㉮ 저단압축기의 토출가스온도를 낮춘다.
㉯ 냉매가스를 과냉각시켜 압축비를 낮춘다.
㉰ 고단압축기로의 냉매액 흡입을 방지한다.
㉱ 냉매액을 과냉각시켜 냉동효과를 증대시킨다.

● 해설
중간냉각기의 역할
㉠ 저단압축기의 토출가스온도를 감소시킨다.
㉡ 고단압축기로의 냉매액 흡입을 방지한다.
㉢ 고단압축기 액압축을 방지한다.
㉣ 액냉매를 과냉각시켜 냉동효과를 높인다.

정답 ㉯

04 2원 냉동 사이클

① 다단 압축을 해도 -80℃ 이하의 초저온을 얻을 수 없으므로 2원 냉동 사이클로 실현한다. 이 사이클은 설비에 사용된다.
② 저온 냉동 사이클의 응축기와 고온 냉동 사이클의 증발기가 조합을 이루어 열교환을 하는 구조의 두 가지 냉매를 사용하는 각기 다른 냉동 사이클로 구성된다.

③ 사용냉매
  ㉠ 고온측 : R-12, R-22, R-500, R-501 등
  ㉡ 저온측 : R-13, R-14, R-23, CH₄, C₂H₆ 등
  • 3원 냉동 사이클은 3개의 냉동 사이클을 가진다.

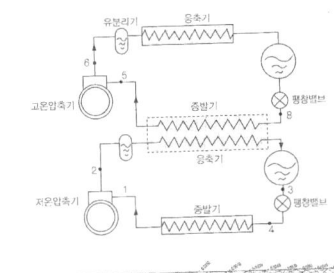

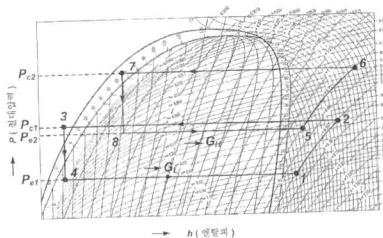

③ 냉동톤(Ton of Refrigeration)
  ㉠ 1RT : 24시간 동안에 0°C의 물 1ton을 0°C의 얼음으로 만드는 데 필요한 열량
    • 얼음의 융해잠열 : 79.68kcal/kg이므로
    $$1RT = \frac{1,000kg \times 79.68kcal/kg}{24h}$$
    $$= 3,320 kcal/h$$
  ㉡ 1USRT : 영·미계 국가에서는 24시간 동안에 0°C 물 1ton(2,000lb)을 0°C 얼음으로 만드는 데 필요한 열량
    $$1USRT = \frac{2,000lb \times 144Btu/lb}{24h}$$
    $$= 12,000 RTU/h$$
④ 제빙톤 : 24시간의 얼음생산능력을 ton으로 나타낸 것(1제빙톤=1.65RT)
  • 결빙시간 = $\frac{0.56 \times t^2}{-t_b}$
    t : 얼음의 두께
    t_b : 브라인의 온도

Point 예제

2원 냉동 사이클에 대한 설명 중 틀린 것은?
[2011년 4회]
㉮ 다단 압축방식보다 저온에서 좋은 효율을 얻을 수 있다.
㉯ 저온측 냉매와 고온측 냉매를 구분하여 사용한다.
㉰ 저온측 응축기의 열은 냉각수를 이용하여 냉각시킨다.
㉱ 2원 냉동은 -100°C 정도의 저온을 얻고자 할 때 사용한다.

● 해설
저온측 응축기의 열은 고온측 증발기의 증발열을 이용하여 냉각시킨다.

정답 ㉰

05 냉동능력

① 냉동효과(kcal/kg) : 단위시간당 냉매 1kg이 증발기 내에서 흡입하는 열량
② 냉동능력(kcal/h) : 증발기에서 단위시간당 열을 제거할 수 있는 열량

Point 예제

1. 1분간 25°C의 순수한 물 40L를 5°C로 냉각하기 위한 냉각기의 냉동능력은 약 몇 냉동톤인가?
[2010년 2회]
㉮ 0.24RT   ㉯ 4.45RT
㉰ 241RT   ㉱ 4,458RT

● 해설
물의 비열 : 1kcal/kg·°C라고 하면, 냉동과정에서 제거된 시간당 열량(R)은 다음과 같다.
$$R = \frac{Q}{3,320}$$
$$= \frac{(40 \times 60) \times 1 \times (25-5)}{3,320}$$
$$= 14.458 RT$$

정답 ㉱

2. 얼음 두께 280mm, 브라인 온도 -9°C일 때, 결빙에 소요되는 시간으로 맞는 것은? [2010년 2회]
㉮ 약 25시간   ㉯ 약 49시간
㉰ 약 60시간   ㉱ 약 75시간

● 해설
$$H = \frac{0.56 \times 28^2}{-(-9)} = 48.78 시간$$

정답 ㉯

4 냉동장치

01 압축기

1) 냉동기의 구성 장치

압축기, 응축기, 팽창밸브, 증발기 및 부속기기

① 압축기(compressor) : 증발기로부터 저온저압의 냉매증기를 흡입하여 응축기에서 응축에 알맞은 압력이 될 때까지 냉매를 압축한다.

② 응축기(condenser) : 압축기에서 압력을 받아 체적이 작아진 고압의 냉매 증기를 액체냉매로 응축시킨다.

③ 팽창밸브(expension valve) : 응축기에서 공급되는 고온고압의 과냉각 냉매액을 저온 저압의 포화액이나 습증기로 감압하고, 냉매유량을 조절하는 역할을 한다.

④ 증발기(evaporator) : 팽창밸브에서 나온 포화 냉매액 또는 낮고 건조한 냉매 습증기는 증발기를 통과하면서 공기나 물로부터 열을 흡수하여 증발한다.

2) 압축기(compressor)

① 압축방식에 따른 분류

  ㉠ 왕복동식(reciprocating type) : 왕복 운동하는 피스톤에 의해 냉매를 압축하는 압축기를 말한다.
  - 스크루식보다 소음이 크고, 효율이 낮다.

  ㉡ 회전식(rotary type) : 편심된 회전자의 회전에 의해 회전자와 실린더 사이에 냉매를 흡입하여 압축하는 소형 회전 용적형 방식을 말한다.
  - 압축이 연속적이고, 고진공을 얻을 수 있으며, 회전수가 높아 흡입밸브 및 토출밸브가 없다.

  ㉢ 원심식(centrifugal type) : 케이싱 안에 있는 임펠러의 고속회전운동으로 냉매를 압축시키며 냉매에 주어지는 속도에너지를 동압의 압력에너지로 변환시킨다. 10,000~12,000 rpm의 터보형 압축기라고도 한다.

  ㉣ 스크류식(screw type) : 회전용적형 압축기의 일종으로 실린더 안에 설치된 암나사와 수나사 사이의 공간으로 냉매를 흡입하여 압축시킨다. 회전할 때는 회전방향이 일정하다.

  * 서징현상 : 냉동기의 운전 중 냉각수온이 높으면 응축압력이 상승하여 서징현상이 일어난다.

Point 예제

1. 가열원이 필요하며 압축기가 필요 없는 냉동기는? [2012년 1회]
㉮ 터보 냉동기   ㉯ 흡수식 냉동기
㉰ 회전식 냉동기 ㉱ 왕복동식 냉동기

⊕ 해설
흡수식 냉동기는 압축기가 없다.
정답 ㉯

2. 회전식 압축기(Rotary)의 설명 중 틀린 것은? [2012년 2회]
㉮ 흡입밸브가 없다.
㉯ 압축이 연속적이다.
㉰ 회전수가 200rpm 정도로 매우 적다.
㉱ 왕복동에 비해 구조가 간단하다.

⊕ 해설
회전식 압축기의 특징
- 구조가 간단하며, 소형이므로 가볍다.
- 압축이 연속적이며, 고진공을 얻을 수 있다.
- 회전수가 높으며 흡입밸브 및 토출밸브가 없다.
- 가동 시 무부하 가동이 가능하고 전력소비가 적다.
정답 ㉰

3. 터보 압축기의 특징으로 맞지 않는 것은? [2012년 3회]
㉮ 임펠러에 의한 원심력을 이용하여 압축한다.
㉯ 응축기에서 가스가 응축하지 않을 경우, 이상고압이 발생된다.
㉰ 부하가 감소하면 서징을 일으킨다.
㉱ 진동이 적고, 1대로도 대용량이 가능하다.

⊕ 해설
응축기에서 가스가 응축을 못하면 토출가스온도가 상승하여 서징현상이 일어난다.
정답 ㉯

4. 터보 냉동기의 운전 중에 서징(Surging)현상이 발생하였다. 그 원인으로 맞지 않는 것은? [2012년 3회]
㉮ 흡입가이드 베인을 너무 조일 때
㉯ 가스 유량이 감소될 때

㉰ 냉각 수온이 너무 낮을 때
㉱ 어떤 한계치 이하의 가스유량으로 운전할 때

+해설
터보 냉동기의 운전 중 냉각 수온이 높으면 응축압력이 상승하여 서징현상이 일어난다.

정답 ㉱

02 응축기

1) **공랭식** : 송풍에 의해 액화시키는 방식
   ① 냉각효과가 커서 냉각수량이 적거나, 물의 증발에 의해서도 냉각된다.
   ② 부식에 대한 내력이 커서 수질이 나쁜 곳이나 바닷물 사용이 가능하다.
   ③ 크기가 크며, 구조가 복잡하고 가격이 비싸다.
   ④ 냉각수가 없는 곳에 사용한다.
   ⑤ 냉각관 청소가 쉽고, 암모니아 냉동기에 사용된다.
   ⑥ 전열계수 : 20~25kcal/m²·h·℃로 열전달계수가 적으며, 상대적으로 큰 열교환 면적이 필요하다.

2) **증발식** : 물과 송풍으로 액화시키는 방식
   ① 응축기 중에서 응축압력이 제일 좋다.
   ② 외기 습구 온도에 따라 효율이 좌우된다.
   ③ 냉각수를 재활용하여 물의 증발잠열을 이용하므로 소비량이 적다.
   ④ 응축기 내부의 압력강하와 소비동력이 크다.
   ⑤ 팬, 노즐, 펌프 등 부속기기가 많이 사용된다.

3) **수냉식** : 물로 액화시키는 방식
   ① **횡형 셸 앤 튜브식** : 횡형 원통의 양단에 설치한 경판(tube plate)에 다수의 냉각관을 장치하고 그 내부에 냉각수를 펌프로 압송하여 관 외면에 냉매를 냉각 액화하는 방식
   ㉠ 설치면적이 작다.
   ㉡ 냉각수량이 소량이며 냉각효과도 좋아서 현재 광범위하게 사용되고 있다.
   ㉢ 냉각관의 청소가 곤란하다.
   ㉣ 냉각관이 부식되기 쉽지만 보수가 가능하다.
   ㉤ 일반적으로 수액기가 설치되는 경우가 많으므로 냉매입구밸브, 냉매출구밸브, 액면계, 안전밸브 또는 오일드레인밸브, 에어벤트밸브 등이 설치되어 있다.
   ㉥ 횡형 암모니아 압축기의 열전달계수, 즉 열관류율은 냉각수의 속도에 따라 다르나, 유속 1.0~1.5m/sec에 대해서는 열전달계수가 보통 900~1,000kcal/m²·h·℃이고, 튜브가 청정한 경우 1,700~2,000kcal/m²·h·℃이다.

   ② **이중관식 응축기** : 냉각수가 흐르는 내부관과 고온의 냉매증기가 흐르는 외부관이 이중관으로 되어 있으며, 냉매증기와 냉각수의 흐르는 방향이 서로 반대방향이다.
   ㉠ 대향류 열 교환기로 전열효과가 양호하며, 외기와도 냉매가 열교환되어 효율이 높다.
   ㉡ 소형 냉동기에 주로 사용되고 선박 등의 공간이 협소한 시설에 설치가 가능하다.
   ㉢ 냉각수량의 조절로 과냉각 냉매액을 얻을 수 있다.
   ㉣ 나선별형 내부핀관의 경우는 제작이 어렵고, 관의 보수가 불가능하다는 단점이 있다.

| 응축기의 분류 |

구분	종류
수냉식	이중관식
	수직형 원형 다관식(입형 셸 앤 튜브식)
	수평형 원형 다관식(횡형 셸 앤 튜브식)
	7통로식
	대기식
	지수식(셸 앤 코일식)
	판형
증발식	
공냉식	

> **Point 예제**
>
> 1. 다음 중 입형 셸 앤드 튜브식 응축기의 특징이 아닌 것은? [2010년 5회]
>   ㉮ 옥외 설치 가능
>   ㉯ 액냉매의 과냉각도가 쉬움
>   ㉰ 과부하에 잘 견딤
>   ㉱ 운전 중 청소 가능
>
> **해설**
> 입형(수직형) : 냉매와 냉각수가 수직이므로 과냉각이 힘듦
>
> **정답** ㉯
>
> 2. 다음 중 지수식 응축기라고도 하며, 나선모양의 관에 냉매를 통과시키고 이 나선관을 구형 또는 원형의 수조에 담고고 순환시켜 냉매를 응축시키는 응축기는? [2011년 2회]
>   ㉮ 셸 앤드 코일식 응축기
>   ㉯ 증발식 응축기
>   ㉰ 공랭식 응축기
>   ㉱ 대기식 응축기
>
> **해설**
> 셸 앤드 코일식 : 나선모양의 관에 냉매를 통과시키고 이 나선관을 구형 또는 원형의 수조에 담고 순환시켜 냉매를 응축시키는 방식
>
> **정답** ㉮

03 팽창장치

응축기에서 공급되는 고온고압의 과냉각 냉매액을 저온 저압 포화액이나 습증기로 감압하고, 증발기 내 냉매량을 조절하는 것이다.

1) 팽창장치의 종류

① **수동식 팽창밸브** : 밸브헤드가 바늘모양으로 되어 있으며, 냉매 유량의 조절은 밸브의 개폐 정도에 따른 입출구의 압력 파이에 의하여 수동으로 조절한다.

② **자동식 팽창밸브**
   ㉠ 온도식 팽창밸브 : 증발기 출구의 냉매 온도에 의해 과열도(superheating)가 적당히 유지되도록 자동으로 조절한다.
   ㉡ 자동식 팽창밸브 혹은 정압식 팽창밸브 증발기 압력변동에 따라 밸브 스프링 설정의 압력과 차이가 발생하고 이에 따라 격막이 상하로 움직여 밸브가 열리고 닫힘으로써, 증발기 내부의 압력, 즉 평형온도가 일정하게 유지된다.
   ㉢ 플로트식 팽창밸브
      ⓐ 저압 플로트 팽창밸브 : 증발기 액면을 일정하게 하여 냉매량을 일정하게 유지시킨다.
      ⓑ 고압 플로트 팽창밸브 : 저압 플로트밸브는 증발기 액면을 직접 조절하는 데 반하여 고압 플로트밸브는 증발기와 분리되어 있는 고압 플로트 용기 내의 액면을 일정하게 유지함으로써 증발기의 냉매량을 조절한다.

③ **모세관(capillary tube)** : 응축기와 증발기 사이의 고압의 액체 냉매가 좁은 모세관 내를 흐르면서 냉매액의 큰 유동 마찰에 의해 압력이 저하되고 유속이 증가한다. 이때 냉매액의 압력은 포화압력 이하로 하강하여 액의 일부가 기화된다.

> **Point 예제**
>
> 냉매가 팽창밸브를 통과할 때 변하는 것은?(단, 이론상의 표준 냉동 사이클) [2012년 2회]
>   ㉮ 엔탈피와 압력   ㉯ 온도와 엔탈피
>   ㉰ 압력과 온도   ㉱ 엔탈피와 비체적
>
> **해설**
> 냉매가 팽창밸브를 통과할 때 엔탈피는 일정하다.
>
> **정답** ㉰

04 증발기

냉동장치의 목적인 물질의 냉각을 위해 내부에 흐르는 저온의 냉매가 주위의 열을 흡수하면서 증발하여 냉동작용을 하는 장치이다.

1) 증발기의 종류

(1) 냉매 상태에 따른 분류
   ① 건식 증발기 : 증발기 내 냉매액이 25%, 냉매가스 75%로 전열효율이 좋지 않다.
   ② 만액식 증발기 : 증발기 내 냉매액이 75%, 냉매가스 25%로 전열효율이 좋다.

③ 반만액식 증발기 : 증발기 내 냉매액이 50%, 냉매가스 50%로 전열효율이 중간 상태이다.
④ 액순환식 증발기 : 펌프를 이용한 강제순환식으로 냉매액을 4~6배 강제 순환시킨다. 증발기 출구에 냉매액이 80%, 냉매가스가 20%로 전열효율이 좋다. 제상이 편하다.
* 제상 : 증발기에서는 수증기가 응축동결되어 서리가 되고, 냉각관 표면에 부착된다. 제상은 이 서리를 제거하는 작업을 말한다.

◆ 제상방법
   ⓐ 압축기 정지 제상 : 압축기를 정지시킨다.
   ⓑ 살수식 제상 : 따뜻한 물을 뿌린다.
   ⓒ 브라인 분무 제상 : 브라인을 뿌린다.
   ⓓ 고압가스 제상 : 압축기에서 토출된 고온의 냉매증기를 증발기에 유입시켜 제상한다.

(2) 냉각방식에 의한 분류
   ① 공기냉각용 증발기
      ㉠ 캐스케이드 증발기 : 액냉매를 공급하며 가스를 분리하는 방식
      ㉡ 관코일형 증발기 : 프레온용일 때 대형은 강관, 소형일 때는 동관
      ㉢ 핀튜브식 증발기 : 프레온용으로 건식형
      ㉣ 플레이트식 증발기
      ㉤ 멀티피드 멀티석션 증발기
   ② 액체 냉각용 증발기
      ㉠ NH_3 만액식 쉘 앤드 튜브 증발기
      ㉡ 보데로형 증발기 : 식품, 우유, 물 등을 냉각
      ㉢ 쉘 앤드 코일형 증발기
      ㉣ 탱크형 증발기(헤링온식 증발기) : 만액식으로 사용하며, 주로 암모니아를 사용한다. 제빙장치의 브라인 냉각용 증발기로 효율이 좋다. 상부에 가스헤더, 하부에 액체헤더가 있다.

| 건식증발기와 만액식 증발기의 비교 |

구분	건식 증발기	만액식 증발기
장점	- 소요냉매량이 적어 경제적이다. - 팽창밸브로 냉매유량조절이 가능해 유량제어가 좋다.	- 전열면이 냉매와 접하고 있어 열관류율이 좋다. - 냉장, 제빙 등 용량이 큰 냉동기에 사용한다.
단점	- 냉매액과 전열면의 접촉면적이 적어 열관류율이 작다.	- 소요냉매량이 크다. - 냉동유 회수가 곤란하다.

* 가용전(Fusible plug) : 프레온 수액기나 냉매용기에 설치하고 돌발사고 시 수액기나 용기의 폭발을 방지한다. 용융온도는 75℃ 이하이다.

Point 예제

1. 탱크형 증발기를 설명한 것 중 잘못된 것은?
   [2010년 5회]
   ㉮ 만액식에 속한다.
   ㉯ 브라인의 유동속도가 늦어도 능력에는 변화가 없다.
   ㉰ 상부에는 가스헤드, 하부에는 액헤드가 존재한다.
   ㉱ 주로 암모니아용으로 제방용에 사용된다.

   해설
   브라인의 유동속도가 느리면 브라인의 양이 감소하게 되어 냉동능력이 저하된다.
   정답 ㉯

2. 다음 증발기 중 공기 냉각용 증발기는?
   [2011년 2회]
   ㉮ 쉘 앤드 코일식 증발기
   ㉯ 캐스케이드 증발기
   ㉰ 보데로 증발기
   ㉱ 탱크형 증발기

   해설
   공기 냉각용 증발기의 종류
   - 캐스케이드 증발기
   - 관코일형 증발기
   - 핀튜브식 증발기
   - 플레이트식 증발기
   - 멀티피드 멀티석션 증발기
   정답 ㉯

3. 증발기의 설명으로 올바른 것은? [2007년 3회]
   ㉮ 증발기 입구 냉매온도는 출구 냉매온도보다 높다.
   ㉯ 탱크형 냉각기는 주로 제빙용에 쓰인다.
   ㉰ 1차 냉매는 감열로 열을 운반한다.
   ㉱ 브라인은 무기질이 유기질보다 부식성이 작다.

   해설
   제빙용으로 탱크형 냉각기를 사용하며 헤링본식과 슈퍼 플라디드식이 있다.
   정답 ㉯

05 신재생 에너지

기존의 화석연료를 변환시켜 이용하거나 햇빛, 물, 지열, 강수, 생물유기체 등을 포함하여 재생 가능한 에너지를 변환시켜 이용하는 에너지

1) 신에너지(3개 분야)
① 연료전지 : 수소와 산소의 화학반응으로 생기는 화학에너지를 직접 전기에너지로 변환시키는 기술
② 석탄액화가스 및 중질 잔사유 가스화 : 가스화 복합발전기술은 석탄 주질 잔사유 등의 저급 원료를 고온, 고압의 가스 화기에서 수증기와 함께 한정된 산소로 불완전연소 및 가스화시켜 일산화탄소와 수소가 주성분인 합성가스를 만들어 가스터빈 및 증기터빈을 구동하는 기술
③ 수소에너지 : 연료전지의 원료로 사용할 수 있도록 합성가스로부터 수소를 분리하는 기술과 생성된 합성가스의 촉매 반응을 통해 액체연료인 합성석유를 생산하는 기술

2) 재생 에너지(8개 분야)
태양광, 태양열, 바이오, 풍력, 수력, 해양, 폐기물, 지열 등

Point 예제
1. 지열을 이용하는 열펌프(Heat pump)의 종류가 아닌 것은? [2010년 4회]
㉮ 엔진구동 열펌프
㉯ 지하수 이용 열펌프
㉰ 지표수 이용 열펌프
㉱ 지중열 이용 열펌프

● 해설
지열을 이용한 열펌프의 종류 : 토양 이용 열펌프, 지하수 이용 열펌프, 지표수 이용 열펌프 등이 있다.
정답 ㉮

2. 다음 중 열펌프(Heat pump)의 열원이 아닌 것은? [2009년 1회]
㉮ 대기   ㉯ 지열
㉰ 태양열 ㉱ 빙축열

● 해설
빙축열 : 심야전력을 이용하며, 얼음을 이용한 공조장치
정답 ㉱

5 냉동 부속장치

01 냉동 부속장치

냉동장치의 안전을 위한 것으로 고압측 부속기기와 저압측 부속기기로 나눌 수 있다.

1) 고압측 부속기기
압축기, 응축기의 부속기기
① 오일분리기 : 압축기와 응축기 사이에 설치하여 토출가스 중에 혼합된 윤활유를 분리
  ㉠ 만액식 증발기를 사용할 경우 설치
  ㉡ 다량의 기름이 토출가스에 혼합될 때
  ㉢ 토출가스 배관이 길어지는 경우
  ㉣ 증발온도가 낮은 경우
② 수액기 : 응축기에서 액화한 고온, 고압의 냉매액을 팽창밸브로 보내기 전에 일시 저장하는 용기
③ 중간냉각기 : 다단압축기의 각단 사이에서 압축기 흡입 전에 냉매증기를 냉각하는 냉각기
④ 불응축가스 분리기 : 운전 중에 불응축 가스를 배출하는 장치

2) 저압측 부속기기
증발기, 팽창밸브의 부속기기
① 액분리기 : 증발기와 압축기 사이의 흡입 가스 배관에 설치하여 흡입가스에 냉매액이 혼합된 것을 분리한 후 증기만 압축기로 흡입시켜 액 압축을 방지한다.
② 액 반송장치 : 액 분리기에 의해 분리된 냉매액을 수액기나 증발기로 보내는 역할을 한다.
③ 윤활유 반송장치 : NH_3 냉동장치에서 증발기로 들어간 냉동기유는 냉매와 용해하지 않으며, 암모니아보다 무거우므로 증발기 아래에 모이게 되며, 냉매설비 외로 배출토록 한다.

④ 냉매건조기 : 프레온계 냉매는 수분과 분리되어 팽창밸브에서 수분이 결빙되는 것을 방지한다.
⑤ 여과기 : 배관 안의 먼지, 모래, 스케일을 걸러서 팽창밸브, 압축기 등의 장애를 방지한다.
⑥ 냉매액-가스열교환기 : 플래쉬 가스(외부 열침입으로 인한 냉매액의 일부 증발 가스)가 생기지 않도록 열교환을 해주는 장치를 말한다.
⑦ 제상장치 : 증발기에서 수증기가 응축 동결되어 냉각관 표면에 부착된 서리를 제거한다.
⑧ 냉각탑 : 수냉식 응축기에 사용된 냉각수를 냉각 수온, 공기와 접촉시켜 냉각수를 재사용 가능한 온도까지 냉각하는 장치로 물 1kg이 증발하는 데 약 597kcal의 증발열을 필요로 한다.

Point 예제

1. 프레온 냉동장치에서 유분리기를 설치하는 경우로 틀린 것은? [2010년 1회]
   ㉮ 만액식 증발기를 사용하는 장치의 경우
   ㉯ 증발온도가 높은 저온 장치의 경우
   ㉰ 토출가스 배관이 길어진다고 생각되는 경우
   ㉱ 토출가스에 다량의 오일이 섞여 나간다고 생각되는 경우

   해설
   증발온도가 낮은 경우에 유분리기를 설치한다.
   정답 ㉮

2. 고온가스를 이용하는 제상장치 중 고온 가스를 증발기에 유입시키기 위한 적합한 인출 위치는? [2009년 3회]
   ㉮ 액분리기와 압축기 사이
   ㉯ 증발기와 압축기 사이
   ㉰ 유분리기와 응축기 사이
   ㉱ 수액기와 팽창밸브 사이

   해설
   고온가스 제상 : 유분리기와 응축기 사이로 인출한다.
   정답 ㉰

3. NH_3 냉매를 사용하는 냉동장치에는 열교환기를 설치하지 않는다. 그 이유는? [2008년 4회]
   ㉮ 응축압력이 낮기 때문에
   ㉯ 증발압력이 낮기 때문에
   ㉰ 비열비 값이 크기 때문에
   ㉱ 임계점이 높기 때문에

   해설
   암모니아는 비열비가 커서 온도상승으로 실린더가 과열된다.
   정답 ㉱

4. 냉매 건조기(dryer)에 관한 설명 중 맞는 것은?
   ㉮ 암모니아 가스관에 설치하여 수분을 제거한다.
   ㉯ 압축기와 응축기 사이에 설치한다.
   ㉰ 프레온은 수분과 잘 용해하지 않으므로 팽창밸브에서의 동결을 방지하기 위하여 설치한다.
   ㉱ 건조제로는 황산, 염화칼슘 등의 물질을 사용한다.

   해설
   냉매건조기는 프레온 냉동장치에서 수분을 제거하기 위해 팽창밸브 이전에 설치한다.
   정답 ㉰

02 냉매 배관

1) 냉매 배관 재료의 조건

① 냉매 자신 또는 윤활유와 혼합 시 물리 화학적 작용으로 냉매의 성질이 변치 않아야 한다.
② 냉매에 따라서 적절한 재료를 선택해야 한다.
③ 구부릴 수 있는 관(flexible)은 충분한 강도를 가져야 하고, 교환에도 대비해야 한다.
④ 저압용 배관은 저온에서도 재료의 물리적 성질이 변하지 않아야 한다.
⑤ 동관, 동합금관, 알루미늄관 등은 가능한 이음매가 없는 관을 사용한다.

냉매와 배관 재료

냉매의 종류	적용이 안 되는 재료
암모니아	동, 동합금
크롬메탈	알루미늄 및 알루미늄 합금
프레온	2% 이상의 마그네슘 함유한 알루미늄
냉매-22	고무패킹 및 고무관

냉매 배관 재료

명칭	기호(ks)	적용
배관용 탄소강	SPP	$10kg/cm^2$ 이하 증기, 물, 가스, 암모니아, 메틸클로라이드
압력배관용 탄소강	SPPS	350°C 이하, $10\sim100kg/cm^2$ 암모니아, 메틸클로라이드

명칭	기호(ks)	적용
고압배관용 스테인레스	SPPH	350℃ 이하, 100kg/cm² 이상 암모니아, 메틸클로라이드
고온배관 강관	SPHT	350~450℃, 증기, 물, 가스
저온배관 강관	SPLT	빙점 이하, 암모니아, 메틸클로라이드
배관용 합금강관	SPA	350℃ 이상
배관용 스테인레스	STS27T	내식, 내열 및 고온용, 저온도 사용. 암모니아, 메틸클로라이드, 프레온
이음매 없는 동관	C100D	메틸클로라이드, 프레온
이음매 없는 알루미늄	ALIP	프레온

2) 동관의 특징

냉동기에 사용되는 관은 냉매와 화학적 반응을 하지 않는 동관을 많이 사용한다.
① 연성과 전성이 풍부하여 절단 및 굽힘 등의 가공이 용이하다.
② 열전달 특성이 좋아서 열교환기 재료에 적합하다.
③ 연납 및 경납 등의 용접성이 우수하다.
④ 내식성이 우수하고 부드럽다.
⑤ 강관에 비해 단위체적당 무게가 가볍다.
⑥ 외부충격에 약하며 가격이 비싸다.

3) 배관도시법

① 유체 기호

유체	기호 및 색깔
공기	A(백색)
수증기	S(암적색)
가스	G(황색)
물	W(청색)
오일	O(암황적색)

② 관이음 도시기호

접속상태	실제모양	도시기호
접속하지 않을 때		
접속하고 있을 때		
분기하고 있을 때		

③ 관의 입체표시

굽은상태	실제모양	도시기호
파이프 A가 앞쪽으로 수직으로 구부러질 때		A———◉
파이프 B가 뒤쪽으로 수직으로 구부러질 때		B———○
파이프 C가 뒤쪽으로 구부러져서 D에 접속될 때		C—◉—D

④ 관이음 표시

이음종류	연결방법	도시기호	예	이음종류	연결방법	도시기호
관 이음	나사형			신축 이음	루프형	
	용접형				슬리브형	
	플랜지형				벨로우즈형	
	턱걸이형				스위블형	
	납땜형					

⑤ 밸브 및 계기 도시기호

종류	기호	종류	기호
글로브밸브		일반조작밸브	
슬로우스밸브		전자밸브	
앵글밸브		전동밸브	
역지변 (체크밸브)		도출밸브	
안전밸브 (스프링식)		공기빼기밸브	
안전밸브 (추식)		닫혀 있는 일반밸브	
일반 콕		닫혀 있는 일반 콕	
삼방 콕		온도계·압력계	

* 냉매관은 동관을 주로 사용 : 중냉매용 동관은 인탈산 동관이 많이 사용된다. 미량의 인을 함유하고 내수소취하성과 연화온도가 약간 높아 브레이징 접속에 적합하다.

> **Point 예제**
>
> 1. 관속을 흐르는 유체가 가스일 경우 도시 기호는?
> [2010년 1회]
>
> ㉮ —O—◉   ㉯ —G—◉
> ㉰ —S—◉   ㉱ —A—◉

⊕ 해설

유체	기호 및 색깔
공기	A(백색)
수증기	S(암적색)
가스	G(황색)
물	W(청색)
오일	O(암황적색)

정답 ④

2. 다음 중 일반나사식 결합의 티(tee)를 나타낸 것은? [2010년 1회]

㉮   ㉯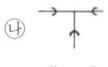
㉰ 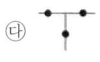   ㉱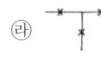

⊕ 해설

나사형 표시 : ┬

정답 ㉮

3. 동관 공작용 작업공구이다. 해당사항이 적은 것은? [2010년 3회]
   ㉮ 익스팬더   ㉯ 사이징 툴
   ㉰ 튜브 밴더   ㉱ 봄볼

⊕ 해설

봄볼 : 연관용 공구

정답 ㉱

4. 다음 중 나사용 패킹으로 냉매배관에 주로 많이 쓰이는 것은? [2010년 3회]
   ㉮ 고무   ㉯ 일산화연
   ㉰ 몰드   ㉱ 오일실

⊕ 해설

일산화연 : 냉매배관 나사용 패킹으로 사용

정답 ㉯

5. 강관용 이음쇠를 이음방법에 따라 분류한 것이 아닌 것은? [2010년 3회]
   ㉮ 용접식   ㉯ 압축식
   ㉰ 플랜지식   ㉱ 나사식

⊕ 해설

압축식 : 동관 작업 시 이음방법이다.

정답 ㉯

03 냉동 단열재

1) 단열재 선정기준

① 보냉재 : 약 100℃ 이하에서 사용
② 보온재 : 100~500℃에서 사용
③ 단열재 : 500~1,100℃에서 사용
④ 내화단열재 : 1,100℃ 이상에서 사용
  열전도율을 적게 하기 위해서 다공질이 되도록 만들어 기공 속의 공기의 단열성을 이용한다.
  ㉠ 단열 재료는 저온에서 사용하는 것이며, 상온에서 시공하나, 시공 후 저온에 의한 수축도 고려한다.
  ㉡ 하중에 충분히 견딜 수 있는 단열재를 사용한다.
  ㉢ 불에 타지 않고 수축하거나 팽창하지 않으며 값이 저렴한 재료를 선정해야 한다.

2) 일반적 성질

① 열전도율이 작을 것
② 항습 저항이 크고, 흡습성이 작을 것
③ 팽창 계수가 작을 것
④ 불연성, 또는 난연성일 것
⑤ 중량이 가볍고 내구성이 있는 재료일 것
⑥ 구입 및 시공이 용이할 것

3) 단열재의 종류

① 유리섬유(glass wool) : 미세한 유리조직과 체적의 95% 이상이 다량의 공기포로 구성되었으며 시공성과 흡음성이 우수하고 인체와 자연에 해롭다.
② 폴리스타이렌 폼(polystyrene foam) : 발포제를 성형시켜 제조한다. 냉동기 배관, 냉동기기의 단열재로 사용되며 패널의 압축강도는 800kpa이다.
③ 페놀폼(phenol foam) : 난연재이며, 고온에서 사용한다. 내약품성이 강하고, 유기용제, 약알칼리, 약산성에 강하다. 압축강도가 크며, 냉장고 바닥재에 사용되며, 취성이 있어 부서지기 쉽다.

④ 폼 글라스(poam glass) : 유리를 원료로 하고, 열전도율이 다소 높다. 불연성 압축강도가 좋고, 비흡수성이며 열전도율이 높아 잘 사용하지 않는다(경질 폴리우레탄 폼 등).

Point 예제

무기질 단열재에 해당되지 않는 것은? [2013년 4회]
㉮ 코르크 　　　　㉯ 유리섬유
㉰ 암면 　　　　　㉱ 규조토

해설

코르크 : 유기질 보온재임

정답 ㉮

04 배관기밀시험

1) 기밀시험
① 비눗물 검사 : 규정압력을 가압한 후 연결부 라인에 비눗물로 검사하며 일정시간 경과 동안 압력게이지의 압력 강하를 체크한다.
② 질소 검사 : 밸브를 열고 끝부분을 막은 상태에서 질소를 시스템 사용압력의 1.3배 정도 가하여 보통 15분 정도 유지하고 점검한다.

예 압력시험 후에는 냉매와 질소의 혼합물을 대기 중에 방출해서는 안 되며, 완전히 회수해야 한다.

2) 진공시험
시스템 진공은 냉매충전 및 냉동기 운전에 필수작업이며, 기밀시험이 끝난 후, 배관 중에 잔류하는 수분, 공기, 불응축물 등을 제거하는 시험이다.
① 디프 진공법 : 진공펌프(1,000μ(130Pa))로 공기, 수분을 한꺼번에 제거할 수 있다.
② 트리플 진공법 : 진공펌프(50,000μ(5.66kPa)로 사용한다.
시스템은 754mmHg(29.7inHg) 정도로 진공한 다음 15분 정도 유지하고, 건질소(dry nirogen)를 넣은 다음 1시간 정도 유지한다. 이렇게 3번 정도 반복하여 진공도를 완성한 뒤 수분, 공기 등을 제거한다.

예 진공압 50μ는 −760 + (50/1,000)
　　　　　　　　　　　= −759.95mmHg

Point 예제

다음 중 배관기밀 시험에 맞는 것은?
㉮ 질소 검사 　　　㉯ 산소 검사
㉰ 이산화탄소 검사　㉱ 암모니아 검사

해설

배관기밀 검사는 비눗물 검사와 질소 검사가 있다.

정답 ㉮

05 전기 및 자동제어

1) 전하(C : 쿨롱)
① 대전된 물체가 갖는 전기량
② 전원의 음극에서 양극으로 이동하며, 이것을 흐르는 것으로 정한다.

2) 전류(A : 암페어)
① 전하의 흐름이다.
② 전류의 방향은 양전하의 이동이며, 양극에서 음극으로 흐르는 것으로 정한다.
③ 전류의 크기는 전하량의 임의 단면을 단위시간에 통과하는 전하량으로 정의한다.
즉, 1초 동안에 통과한 전하량 Q[c]이다.

$$I = \frac{Q}{t} [A]$$

3) 전압(V : 볼트)
① 두 점 사이의 전위 차
② 1[C]의 전하량이 이동하여 1[J]의 일을 할 수 있는 전위 차(전압)

$$V = \frac{W}{Q} [J/C]$$

4) 저항(R : [Ω : 오옴])
전류의 흐름을 방해하는 것

$$R = \rho \frac{l}{S} [\Omega]$$

여기서, ρ : 고유저항

5) 오옴의 법칙

도체에 흐르는 전류는 전압에 비례하고, 저항에 반비례한다.

$$V = IR\,[\text{V}],\ I = \frac{V}{R}\,[\text{A}],\ R = \frac{V}{I}\,[\Omega]$$

6) 저항의 직렬 접속

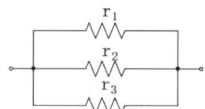

$$\text{합성저항}\ R = r_1 + r_2 + r_3$$

7) 저항의 병렬 접속

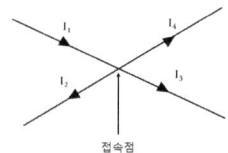

① 합성저항 $R = \dfrac{1}{\dfrac{1}{r_1} + \dfrac{1}{r_2} + \dfrac{1}{r_3}}$

② 같은 저항 n개를 연결할 때 : $R = \dfrac{r}{n}$

8) 키르히호프의 법칙

① 제1법칙(전류의 법칙)

$$I_1 = I_2 + I_3 + I_4 \qquad \sum I = 0$$

회로망에서 임의의 접속점에 유입·유출하는 전류의 대수합은 0이다.

② 제2법칙(전압의 법칙)

회로망에서 어느 폐회로(closed circuit) 중의 기전력의 대수합은 회로 내의 모든 기전력(전원)의 대수합과 같다.

$$\Sigma E = \Sigma I \cdot R$$

9) 전력(P : Watt)

1초 동안에 전기가 하는 일의 양

$$P = VI = I^2 R = \frac{V^2}{R}\,[\text{W}]$$

10) 전력량(W : Wh, J : 주울)

일정시간 동안에 전기가 하는 일의 양(전력×시간)

$$W = Pt\,[\text{W}\cdot\text{S}]$$
$$W = V \times I \times t = I^2 \times R \times t\,(\text{J})$$

11) 주울의 법칙(W : Wh, J : 주울)

$$H = I^2 R t\,[\text{J}] = Pt\,[\text{J}] = 0.24 I^2 \times R \times t$$

12) 콘덴서의 정전용량

① 커패시턴스(정전용량) : 전하를 축적하는 능력
② 단위 : F(Farad : 패럿)
　1F : 1[V]의 전위차에 의해 1[C]의 전하가 축적될 때의 정전용량

$$Q = CV\ \text{또는}\ C = \frac{Q}{V}\,[\text{F}]$$

여기서, C : 정전용량

③ 콘덴서의 축적되는 에너지

$$W = \frac{1}{2}QV = \frac{1}{2}CV^2 = \frac{Q^2}{2C}\,[\text{J}]$$

13) 암페어의 오른나사 법칙

전류의 방향이 나사의 회전방향이면 나사의 진행방향이 자장의 방향이 된다.

14) 플레밍의 왼손 법칙

전동기의 회전방향을 결정하는 것으로, 자계 내에 직각으로 전류가 흐르는 도선을 두면, 이 도선의 전자력에 의해 위쪽 방향으로 힘이 발생한다. 따라서 도선이 위쪽으로 움직이게 된다.

15) 플레밍의 오른손 법칙
발전기의 원리에 관한 법칙이며, 자장 내에 놓은 도체가 움직이면 유도 기전력이 발생하며, 이때 자장 내에 움직이는 도체에 유기되는 방향을 알 수 있다.

16) 렌츠의 법칙
자속변화에 의한 유도기전력의 방향을 알 수 있는 법칙으로 전자유도 현상에 의하여 코일에 발생하는 유도기전력의 방향은 자속 Φ의 증가 또는 감소를 방해하는 방향으로 발생한다.

17) 주파수와 주기
① 주파수 : 초당 사이클 수 $f = \dfrac{1}{T}$ [Hz]

② 주기 : 1 사이클에 걸리는 시간 $T = \dfrac{1}{f}$ [sec]

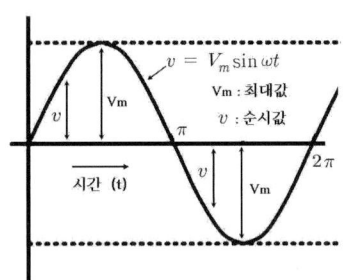

▮ 순시값과 최댓값 ▮

18) 교류의 표시
① 순시값(e, i) : 변화하는 교류의 임의의 시간에 있어서의 전압 또는 전류의 값(교류의 크기, 파형, 변화속도, 위상)

② 최댓값(E_m, I_m) : 교류의 순시값 중에서 가장 큰 값

③ 실효값(E, I) : 교류의 크기를 직류의 크기로 환산한 값(전류 및 전압)

④ 평균값(E_a, I_a) : 순시값에 대한 반주기간의 평균값

⑤ 파고율 : 교류의 최댓값과 실효값과의 비

$$\text{파고율} = \dfrac{\text{최대값}}{\text{실효값}} = \dfrac{E_m}{E} = E_m \div \dfrac{E_m}{\sqrt{2}}$$
$$= \sqrt{2} = 1.414$$

⑥ 파형률 : 실효값과 평균값의 비

$$\text{파형률} = \dfrac{\text{실효값}}{\text{평균값}} = \dfrac{E}{E_a} = \dfrac{E_m/\sqrt{2}}{2E_m/\pi}$$
$$= \dfrac{\pi}{2\sqrt{2}} = 1.111$$

19) 자동제어
전기적인 제어장치를 구성하여 냉동기의 사용목적에 맞게 설계하고, 효율적으로 운전하고 안전을 유지할 수 있게 설계한 것이다.

특히, 냉동공조시스템에서는 유지보수비와 에너지 소비를 최소화하고, 실내 온도를 쾌적의 상태로 유지하여 효율적인 운영을 하는 데 목적이 있다.

① 시퀀스 제어(sequence control) : 미리 정해진 순서에 따라 논리적, 단계적으로 제어가 이루어지는 제어를 말한다.

② 피드백 제어(feedback control) : 피드백에 의해 제어량을 목표값과 일치하도록 반복적으로 정정 동작하는 제어다. 이는 폐루프 제어계라고도 한다.

* 자동제어 : 제어장치에 의해 자동적으로 제어
* 제어 : 기계나 설비 등을 수동적으로 제어

① 자동제어 시스템
  ㉠ 검출기(detector) : 물리량(전압, 전류, 온도, 압력 등)을 측정하고, 측정량을 다른 물리량으로 직접 변환하는 최초의 변환기를 센서라고 하며, 냉동장치에는 온도검출기, 습도검출기, 압력검출기가 해당된다.
  ㉡ 제어기(controller) : 센서에서 측정된 값과 목표값을 비교하여 콘트롤러를 제어한다. 냉동기에는 온도조절기, 전기전자제어기, 디지털제어기가 있다.
  ㉢ 조작기(manipulator) : 제어기로부터 나온 제어신호에 따라 제어장치의 조작량을 조절하여 출력을 결정하는 기능이다. 냉동장치에서는 스위치, 모터, 밸브의 개폐 등에 사용된다.

② 자동제어기기
  ㉠ 냉매유량제어
    ⓐ 흡입압력 제어밸브 : 흡입관 입구에 설치

하여 설정된 압력에 의해 밸브가 열리고 닫히게 하여 냉매유량을 제어한다.
ⓑ **증발압력 제어밸브** : 밸브입구에 설치하여 증발압력이 일정 압력 이하로 떨어지지 않도록 조절하는 역할을 한다. 압력이 높으면 열리고, 낮으면 닫히게 하여 냉매유량을 제어한다.

ⓒ **압력제어**
 냉동기의 저압·고압 스위치, 유압스위치 등이 있다.

20) 시퀀스 제어 접점 도시기호

명칭	그림기호 a 접점	그림기호 b 접점	비고
일반 접점 또는 수동 접점	(a)/(b)	(a)/(b)	토글 스위치
수동 조작 자동 복귀 접점	(a)/(b)	(a)/(b)	푸쉬버튼스위치
기계적 접점	(a)/(b)	(a)/(b)	리밋 스위치
계전기 접점 또는 보조스위치 접점	(a)/(b)	(a)/(b)	
한시 동작 접점	(a)/(b)	(a)/(b)	
한시 복귀 접점	(a)/(b)	(a)/(b)	
열전계전기 수동 복귀 접점	(a)/(b)	(a)/(b)	
전자접촉기 접점	(a)/(b)	(a)/(b)	

명칭	그림기호 a 접점	그림기호 b 접점	비고
제어기 접점			

21) 유무 접점계전기와 논리시퀀스 회로

회로	유접점	무접점	논리기호	진리값표
AND 회로			$X = A \cdot B$	A B X / 0 0 0 / 0 1 0 / 1 0 0 / 1 1 1
OR 회로			$X = A + B$	A B X / 0 0 0 / 0 1 1 / 1 0 1 / 1 1 1
NOT 회로			$X = \overline{A}$	A X / 0 1 / 1 0
NAND 회로			$X = \overline{A \cdot B}$ $= \overline{A} + \overline{B}$	A B X / 0 0 1 / 0 1 1 / 1 0 1 / 1 1 0
NOR 회로			$X = \overline{A + B}$ $= \overline{A} \cdot \overline{B}$	A B X / 0 0 1 / 0 1 0 / 1 0 0 / 1 1 0
exclusive-OR 회로			$X = \overline{A} \cdot B + A \cdot \overline{B}$ $= A \oplus B$	A B X / 0 0 0 / 0 1 1 / 1 0 1 / 1 1 0

Point 예제

1. 시퀀스 제어에 속하지 않는 것은? [2015년 2회]
 ㉮ 자동 전기밥솥 ㉯ 전기세탁기
 ㉰ 가정용 전기냉장고 ㉱ 네온사인

해설
 시퀀스 제어 : 정해진 순서에 따라 제어의 각 단계가 순차적으로 진행하는 것이다. 가정용 냉장고는 전자제어이다.

 정답 ㉰

2. 순저항(R)만으로 구성된 회로에 흐르는 전류와 전압과의 위상 관계는? [2012년 2회]
㉮ 90° 앞선다.   ㉯ 90° 뒤진다.
㉰ 180° 앞선다. ㉱ 동위상이다.

해설
순저항 회로 : 전압과 전류가 동위상이다.
정답 ㉱

3. 저항 3Ω과 유도 리액턴스 4Ω이 직렬로 접속된 회로의 역률은? [2012년 2회]
㉮ 0.4   ㉯ 0.5
㉰ 0.6   ㉱ 0.8

해설
역률 : $\cos\theta = \dfrac{R}{Z} = \dfrac{3}{\sqrt{3^2+4^2}} = 0.6$
정답 ㉰

4. 다음 중 계전기 b접점을 나타낸 것은? [2012년 2회]

㉮   ㉯
㉰   ㉱

해설
b접점 : b접점은 왼쪽에 막대기가 표시되어 있다.
정답 ㉱

5. 다음 전기에 대한 설명 중 틀린 것은? [2012년 3회]
㉮ 전기가 흐르기 어려운 정도를 컨덕턴스라 한다.
㉯ 일정시간 동안 전기에너지가 한 일의 양을 전력량이라 한다.
㉰ 일정한 도체에 가한 전압을 증가시키면 전류도 커진다.
㉱ 기전력은 전위차를 유지시켜 전류를 흘리는 원동력이 된다.

해설
저항 : 전기가 흐르기 어려운 정도
정답 ㉮

6. 그림과 같은 회로에서 6[Ω]에 흐르는 전류[A]는 얼마인가? [2012년 3회]

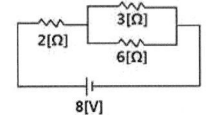

㉮ 1/3[A]   ㉯ 2/3[A]
㉰ 1/2[A]   ㉱ 3/2[A]

해설
• 합성저항 $R = 2 + \dfrac{3\times 6}{3+6} = 4\Omega$
• 전전류 $I = \dfrac{8}{4} = 2A$
• 6[Ω]에 흐르는 전류[A]
$I_2 = 2 \times \dfrac{3}{3+6} = \dfrac{2}{3}A$
정답 ㉯

7. OR회로를 나타내는 논리기호로 맞는 것은? [2013년 1회]

해설
㉮ OR회로 ㉯ NOT ㉰ AND ㉱ NOR
정답 ㉮

8. 정현파 교류전류에서 크기를 나타내는 실효치를 바르게 나타낸 것은? (단, I_m은 전류의 최대치이다) [2013년 1회]
㉮ $I_m \sin\omega t$ ㉯ $0.636 I_m$
㉰ $\sqrt{2}$ ㉱ $0.707 I_m$

해설
실효치 : $I = \dfrac{I_m}{\sqrt{2}} = 0.707 I_m$
정답 ㉱

9. 다음 그림은 8핀 타이머의 내부회로도이다. ⑤-⑧ 접점을 옳게 표시한 것은? [2013년 2회]

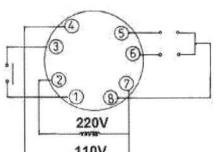

해설
㉮ ⑤-⑧ : 한시 b 접점
㉯ ⑤-⑧ : 한시 a 접점
정답 ㉮

6 흡수식 냉동기

01 흡수식 냉동기

물을 냉매로 사용하는 냉동기를 말하며, 이는 물이 들어있는 증발기의 압력을 낮추어, 저온에서도 물이 증발하게 하여 주변이 열을 잃고 냉각되는 원리이다.

증발기, 흡수기, 발생기, 응축기 등의 장치로 구성되어 있다.

① 증발기 : 증발기 안의 냉매(물)는 냉각관의 냉수와 열교환을 하고, 이때 얻은 열로 증발된 냉매(수증기)는 흡수기로 보내진다.
   * 진공압력 : 6.5mmHg, 증발온도 약 5℃, 냉각관 입구온도 12℃, 출구온도 7℃

② 흡수기 : 지속적으로 냉매증기를 흡수하고 희석용액을 만들어 냉동한다.
   * 흡수제 : 흡수기에서 냉매증기를 흡수하여 온도 강하가 잘되도록 하며, 점점 농도가 엷어지면 재생로 보내 다시 농도를 진하게 하여 기능을 회복시킨다.

③ 발생기(재생기) : 흡수기의 희석된 용액을 가열하여 냉매를 증발시키고, 여기서 기화된 냉매는 응축기로 보낸다. 또한 증발하고 남은 진한 리튬 브로마이드 수용액은 흡수기로 돌려보낸다.
   * 재생기 : 리튬 브로마이드와 물이 혼합된 것을 가열하여 분리시킨다. 이때 증기, 유류, 가스, 온수를 사용해 가열한다.

④ 응축기 : 발생기에서 기화된 냉매(수증기)가 냉각수관의 냉수와 열교환해서 냉매(물)를 냉각 응축시키고, 이 물은 팽창밸브를 거쳐 증발기로 간다.
   * 용량제어방법
     - 증기토출가스 제어
     - 구동열원입구 제어
     - 발생기 공급용액량 제어

Point 예제

1. 흡수식 냉동기에 관한 설명으로 틀린 것은? [2016년 3회]

㉮ 압축식에 비해 소음과 진동이 적다.
㉯ 증기, 온수 등 배열을 이용할 수 있다.
㉰ 압축식에 비해 설치 면적 및 중량이 크다.
㉱ 흡수식은 냉매를 기계적으로 압축하는 방식이며, 열적(熱的)으로 압축하는 방식은 증기압축식이다.

➕ 해설

흡수식 냉동기는 열적인 압축방식이며, 증기압축식 냉동기는 기계적 냉매 압축식이다.

정답 ㉱

2. 흡수식 냉동 사이클에서 흡수기와 재생기는 증기압축식 냉동 사이클의 무엇과 같은 역할을 하는가? [2016년 2회]

㉮ 증발기   ㉯ 응축기
㉰ 압축기   ㉱ 팽창밸브

➕ 해설

흡수식 냉동기에서의 흡수기와 재생기는 증기압축식의 압축기와 같은 역할을 한다.

정답 ㉰

3. 흡수식 냉동기에서 냉매순환과정을 바르게 나타낸 것은? [2016년 2회]

㉮ 재생(발사)기 → 응축기 → 냉각(증발)기 → 흡수기
㉯ 재생(발생)기 → 냉각(증발)기 → 흡수기 → 응축기
㉰ 응축기 → 재생(발생)기 → 냉각(증발)기 → 흡수기
㉱ 냉각(증발)기 → 응축기 → 흡수기 → 재생(발생)기

➕ 해설

흡수식 냉동기 냉매순환과정 : 재생기 → 응축기 → 냉각(증발)기 → 흡수기

정답 ㉮

4. 흡수식 냉동장치에 설치되는 안전장치의 목적으로 가장 거리가 먼 것은? [2016년 1회]

㉮ 냉수 동결방지   ㉯ 흡수액 결정방지
㉰ 압력 상승방지   ㉱ 압축기 보호

➕ 해설

흡수식 냉동기에는 압축기가 없다.

정답 ㉱

5. 다음 중 흡수식 냉동기의 용량제어방법이 아닌 것은? [2016년 1회]
   ㉮ 구동열원입구 제어
   ㉯ 증기토출 제어
   ㉰ 발생기 공급용액량 조절
   ㉱ 증발기압력 제어

   🔵 해설
   용량제어방법
   - 증기토출가스 제어
   - 구동열원입구 제어
   - 발생기 공급용액량 제어

   [정답] ㉱

18 냉동장치의 운전 및 유지보수

1) 안전장치

① 안전밸브(relief valve)
  ㉠ 기밀시험의 압력 이하에서 작동이 되어야 한다.
  ㉡ 안전밸브의 분출압력은 상용압력에 5kg/cm²를 더한 값이 적당하며, 정상적인 고압은 4~5kg/cm² 정도이다.

② 파열판(rupture disk)
  ㉠ 터보냉동기에 사용되며 화재 시 장치의 파괴를 방지한다.
  ㉡ 얇은 금속으로 용기의 구멍을 막는 구조이다.

③ 가용전(fusible plug) : 응축기나 수액기에 장착하는 안전장치로서 냉동 설비의 화재 발생 시 저융합금(융점 66~71°C)이 용융되어 생긴 구멍을 통해 냉매를 대기 중에 유출시켜 냉동기의 파손을 방지한다.
  * 저융융합금 : 납(Pb), 주석(Sn), Cd(카드뮴) 등

2) 압력차단장치

① 고압차단 스위치
  ㉠ 응축압력이 설정 이상이 되면 작동하여 압축기를 차단·정지시키며, 리셋으로 자동 복귀한다.
  ㉡ 정상적인 작동압력 : 정상고압+4kg/cm²

② 저압 스위치
  응축압력이 설정 이하가 되면 작동하여 압축기를 차단·정지시켜서 압축기를 보호하며, 리셋으로 자동 복귀한다.

③ 유압보호 스위치
  ㉠ 유압오일의 압력이 일정 이하일 때 압축기를 정지시킨다.
  ㉡ 일정시간(1분~1분 30초)이 되면 압력이 정상으로 되는 타이머를 작동한다.

③ 파열판(rupture disc)
  밀폐된 용기, 배관 등의 내압이 이상 상승하면 정해진 압력에서 파열되어 본체의 파괴를 막을 수 있도록 만들어진 원형의 얇은 금속판
  * 재료 : 구리, 알루미늄 등

3) 시운전

① 시운전 시 우선 확인해야 할 사항
  ㉠ 냉매충전상태 점검
  ㉡ 냉동기유상태 점검
  ㉢ 모터 및 유닛 쿨러 작동 및 진동소음 여부
  ㉣ 압력계 작동상태
  ㉤ 각 기기의 밸브의 개폐 여부 점검
  ㉥ 전원 및 자동제어장치의 상태 점검

3) 시스템 유지보수

장치	이상현상	원인	보수사항
압축기	압축기 미작동	조절장치 작동, 저압차단 스위치 및 온도조절기 결함	압력, 스위치, 온도조절기 교체
		주전원 스위치 이상	
		압축기 주회로 스위치 퓨즈 단선	퓨즈 교체
	압축기 뜨거움	1. 흡입압력이 너무 높아서 압축기 모터가 과부하에 걸림 2. 증발기 내의 불충분한 냉매로 모터의 냉각이 불충분 3. 응축압력이 너무 높음	1. 증발기 부하를 줄이거나 압축기 용량을 높임 2. 응축기와 팽창밸브 사이의 압력과 냉매액을 보충 3. 열교환기를 제거하고 작은 것으로 교체
응축기	응축기의 저압력	1. 냉각공기온도가 낮음 2. 응축기 공기량이 많음 3. 응축기 표면적이 너무 큼 4. 증발기 부하가 너무 낮음	1. 응축압력 조절밸브 설치 2. 팬모터 조절기를 작은 팬으로 교체 3. 압력조절기를 설치, 응축기 교체 4. 응축압력조절기 설치
	응축기의 고압력	1. 냉매계통에 공기, 불응축물 가스 삽입 2. 응축기 표면적이 너무 작음 3. 냉매충전량 과다	1. 회수장치로 응축기를 퍼지시킴 2. 큰 응축기로 교체 3. 냉매를 회수

장치	이상현상	원인	보수사항
팽창 밸브	관찰유리에 기포	1. 액관이 지름에 비해 김 2. 필터 드라이브가 막힘 3. 낮은 응축압력 4. 냉매 부족	1. 적절한 지름으로 액 관 교체 2. 불순물 청소 3. 응축압력 조절기 설치 4. 냉매 충전
팽창 밸브 이후 흡입측 라인	흡입압력이 높음	1. 냉매가 액상으로 흐름 2. 팽창밸브가 너무 큼 3. 압축기가 작음	1. 큰 밸브로 교체 2. 과열도를 높임 3. 큰 압축기로 교체
	흡입압력이 낮음	1. 증발기 전후의 압력강 하가 큼 2. 팽창밸브의 직전의 과 냉도 부족 3. 증발기 과열도가 너무 높음	1. 외부압력과 비슷한 팽창밸브로 교환, 과열도 리셋 2. 밸브전 냉매 과냉 도 점검 3. 과열도 점검
	흡입압력이 진동함	1. 밸브의 낮은 과열도 2. 밸브의 큰 오리피스 3. 용량조절기의 결함	1. 용량조절밸브를 작 은 것으로 교체 2. 컷인과 컷아웃의 압 력차를 크게 함
솔레 노이드 밸브	솔레노이드 밸브의 닫힘	1. 코일의 전원공급 차단 2. 적절치 않은 전압과 주 파수 3. 코일의 전소 4. 차압이 높음 5. 차압이 낮음	1. 밸브의 개폐 점검 2. 코일 규정값, 인가 값 점검 3. 정품코일 교체 4. 밸브 교체 5. O링 교체
	솔레노이드 밸브의 부분 열림	1. 차압이 낮음 2. 아마튜어 튜브 손상 3. 피스톤오염 4. 밸브 닫힘 상태 불량	O링과 개스킷 교체
필터드 라이어	표시창이 노랑색으로 됨	1. 시스템에 수분 포함	필터 드라이어 교체
	증발기 용량이 부족	1. 필터전후의 압력차가 너 무 큼 2. 필터가 막힘 3. 필터의 크기가 작음	
응축 압력 조절기	조절기 내 고온	1. 응축압력조절기를 높게 세팅 2. 응축압력조절기에서 압 력이 누설됨	1. 압력조절기 세팅값 을 낮게 조절 후 나 사로 체결 2. 보호캡을 서서히 열 어 누설 여부 확인 후 교체
	조절기 내 저온	1. 응축압력조절기를 낮게 세팅	1. 압력조절기 세팅값 을 높게 조절 후 나 사로 체결
	리시버가 고온	1. 리시버 압력조절기를 낮 게 세팅 2. 리시버 압력조절기에서 압력이 누설	1. 고압으로 세팅 2. 보호캡을 서서히 열 어 누설 여부 확인 후 리시버 압력조절 기 교체

Point 예제

1. 증발압력 조정밸브를 부착하는 주요 목적은?
[2015년 2회]

㉮ 흡입압력을 저하시켜 전동기의 기동 전류를 적게 한다.

㉯ 증발기 내의 압력이 일정 압력 이하가 되는 것을 방지한다.

㉰ 냉매의 증발온도를 일정치 이하로 내리게 한다.

㉱ 응축압력을 항상 일정하게 유지한다.

⊕ 해설
증발압력 조정밸브의 목적 : 증발기 내의 압력이 일정 압력 이하가 되는 것을 방지한다.

정답 ㉮

2. 냉동장치가 장기간 정지 시 운전자의 조치사항으로서 옳지 않은 것은?
[2010년 4회]

㉮ 냉각수는 다음 사용 시 필요하므로 누설되지 않게 밸브 및 플러그의 잠김 상태를 확인하여 잘 잠가 둔다.

㉯ 저압측 냉매를 전부 수액기에 회수하고, 수액기에 전부 회수할 수 없을 때에는 냉매통에 회수한다.

㉰ 냉매 계통 전체의 누설을 검사하여 누설 가스를 발견했을 때에는 수리해 둔다.

㉱ 압축기의 축봉장치에서 냉매가 누설될 수 있으므로 압력을 걸어 둔 상태로 방치해서는 안 된다.

⊕ 해설
냉각수 : 부식의 염려로 배수시킨다.

정답 ㉮

3. 냉동장치 운전 중 유압이 너무 높을 때 원인으로 가장 거리가 먼 것은?
[2015년 3회]

㉮ 유압계가 불량일 때
㉯ 유배관이 막혔을 때
㉰ 유온이 낮을 때
㉱ 유압조정밸브 개도가 과다하게 열렸을 때

⊕ 해설
유압조정밸브가 과다하게 열리면 압력이 낮아진다.

정답 ㉱

4. 냉동장치 내에 냉매가 부족할 때 일어나는 현상으로 옳은 것은?
[2010년 3회]

㉮ 흡입관에 서리가 보다 많이 붙는다.
㉯ 토출압력이 높아진다.
㉰ 냉동능력이 증가한다.
㉱ 흡입압력이 낮아진다.

⊕ 해설
냉매가 부족하면 흡입압력이 낮아지며, 가스가 과열된다.

정답 ㉱

공기조화

1 공기조화(air conditioning)

01 공기조화의 기초

1) 공기조화의 개요

대상으로 하는 공간의 공기온도, 습도, 청정도, 기류분포의 4가지를 요구 조건에 맞추는 공기 취급 프로세스이다.

2) 공기조화의 효율
① 업무능력의 향상
② 작업자의 사고 감소
③ 제품의 품질 향상
④ 쾌적한 업무조건으로 인한 피로감 감소
⑤ 세탁비 등 개인비용의 절감

3) 공기조화의 분류
① 쾌적공조 : 인간의 일상생활 및 보건환경이 쾌적해지는 것을 목적으로 함
② 작업공조 : 노동을 하는 인간의 안전과 건강 및 작업능률을 대상으로 함
③ 산업공조 : 제품에 대한 온도, 습도, 청정도, 기류속도를 제어하여 생산성 향상을 목적으로 함
  * 클린룸(clean room) : 분진, 바이오, 유해가스로부터 격리된 정밀측정실 등을 특별 공조의 규격으로 만든 공간
  * 1클래스(class) : $1ft^3$의 공기 체적 내에 있는 0.5 μm 크기의 입자 개수

4) 공기조화의 설비

공기조화기 또는 에어 핸들링 유닛이라 한다.
① 열원설비(냉원설비) : 공조설비의 전체 열원을 처리하는 설비(증기 온수의 보일러, 냉동의 냉동기, 냉각탑, 냉각수 펌프, 습수설비, 배관 등의 부속설비 등)
② 공조기 설비 : 공기의 온습도를 조정 송출하는 설비(냉각, 제습기, 가열기, 가습기, 에어필터, 송풍기 등으로 구성한 공조기)
③ 열매체 순환 설비 : 냉·온수, 증기, 냉매 등을 순환하기 위한 설비(펌프, 배관, 송풍기, 덕트 등)
④ 자동제어 설비 : 위 세 가지 설비들이 요구하는 조건에 맞게 유지·운전하는 자동제어장치 설비

5) 공조시스템 분류
① 전공기 방식 : 실외 공조기에서 열매를 열교환한 후에 실내로 공기만 보내는 방식
② 전수 방식 : 공조기에 냉수나 온수를 보내 실내 공기를 순환하는 방식(환기 불충분 시)
③ 수-공기 방식 : 열 순환 매체로 물과 공기를 병행하는 방식이며, 공기에 비해 물의 순환능력이 크므로 이것을 전공기 방식에 보완함
④ 냉매 방식 : 냉동기에서 공기냉각기로 냉매를 보내 공기를 냉각·감습하고, 고압가스 냉매를 통해 가열하는 방식
⑤ 방사냉난방 방식 : 천장이나 벽에 설치 패널의 표면을 연소가스나 전열로 가열하거나 적외선이나 원적외선을 방사하여 온열 쾌적감을 높임

6) 실내 공조조건
① 기류속도는 인체에 맞는 온도차가 좋으며 정지공기에 가까운 기류가 좋다.
  * 정지공기 : 이론상의 공기. 일반적으로 공조에서 0.08~0.12m/s 정도를 말한다.
  * 유효온도 : 상대습도 100%(포화상태), 정지공기의 상태를 말한다. 즉, 인체가 느끼는 온열감각에 대한 온도, 습도, 기류의 영향을 하나로 모아서 만든 쾌감지표

② 쾌적 범위
  ㉠ 하계 온도 : 20~25°C, 상대습도 : 60~70%
  ㉡ 동계 온도 : 17~22°C, 상대습도 : 60~65%
  ㉢ 봄, 가을 온도 : 16~21°C, 상대습도 : 50~60%

Point 예제

인체가 느끼는 온열감각에 대한 온도, 습도, 기류의 영향을 하나로 모아서 만든 쾌감지표는? [2010년 5회]
㉮ 실내건구온도   ㉯ 실내습구온도
㉰ 상대습도   ㉱ 유효온도

해설

유효온도 : 인체가 느끼는 온열 감각에 대한 온도, 습도, 기류의 영향을 하나로 모아서 만든 쾌감지표

정답 ㉱

02 공기의 성질 및 상태

1) **건조공기(dry air)**
   수분을 포함하지 않은 공기
   ① 공기의 성분
      ㉠ 질소(N_2) : 78.1%
      ㉡ 산소(O_2) : 20.93%
      ㉢ 아르곤(Ar) : 0.933%
      ㉣ 이산화탄소 : 0.03% 기타 등

2) **습공기(moist air)**
   대기 중의 수분이 포함된 자연공기

3) **포화공기(saturated air)**
   최대한의 수증기를 포함한 공기를 말하며, 공기 온도와 압력에 따라 수증기량이 변한다.

4) **불포화공기(unsaturated air)**
   포화점에 도달하지 못한 습공기로 대부분의 공기는 불포화공기이며, 포화공기에 열을 가하면 불포화공기가 되고, 냉각하면 과포화공기가 된다.

5) **건구온도(dry bulb temperature)**
   보통 온도계가 지시하는 온도

6) **습구온도(wet bulb temperature)**
   물에 적신 천을 수은 부분에 대고 대기 중에 증발시켜 측정한 온도

7) **노점온도(dew point temperature)**
   이슬이 맺는 온도이며, 공기의 온도가 낮아지면 공기 중의 수분이 응축결로되는 온도

8) **절대습도(specific humidity)**
   습공기에 포함되어 있는 건공기 1kg를 수증기의 중량으로 나눈 값으로서 건공기 1kg에 대한 수증기의 중량을 말한다. 절대습도는 가습, 감습 없이 냉각 가열만 하면 변하지 않는다.

9) **상대습도(relative humidity)**
   대기 중에 존재할 수 있는 최대 습기량과 현존하는 습기량의 비율

10) **포화도(saturation degree) 또는 비교습도**
    포화습공기의 절대 습도와 그와 동일한 습공기의 절대습도와의 비

11) **비체적(specific volume)**
    1kg의 무게를 가진 건조공기를 함유하는 습공기가 차지하는 체적

12) **엔탈피(enthalpy)**
    어떤 물체가 갖는 단위중량당 열에너지(h : kcal/kg)

    $$h = (0.24t) + (597.3 + 0.441t)x$$

    x : 수증기의 양(kg)

    ① 건공기 엔탈피 : 0°C의 건조공기를 0으로 한다.
       * 온도 t°C인 건공기의 엔탈피

       $$i_d = C_p \cdot t = 0.24t$$

       C_p : 공기의 정압비열(0.24kcal/kg·°C)

    ② 수증기 엔탈피 : 0°C의 물을 0으로 한다.
       * 온도 t°C인 수증기의 엔탈피

       $$i_w = R + C_{pw} \cdot t = 597.3 + 0.44t$$

       R : 0°C 수증기의 증발잠열(597.3kcal/kg)
       C_{pw} : 수증기의 정압비열(0.44kcal/kg·°C)

13) **현열비(sensible heat factor), 감열비**
    전열량에 대한 현열량의 비로 실내로 운송되는 공기의 상태를 나타낸다.

    $$현열비(감열비) = \frac{q_s}{q_s + q_L}$$

    q_s : 현열량, q_L : 잠열량

① 현열 : 물질의 상태는 변화가 없으며, 온도의 변화에 따라 가해지거나 제거된 열량

> **예** 20℃의 물에 열을 가해 50℃로 온도를 상승시킨 경우 물질의 상태는 액체상태 그대로이며, 이때 가해진 열량은 현열의 상태이다.

현열량(Q_s) = ℃ m(중량)·C(비열)·ΔT(온도차) kcal

② 잠열 : 온도의 상승이나 강하 없이 물질의 상태만 변화시키는 데 필요한 열량

> **예** 0℃의 얼음이 0℃의 물로 변화하는 융해과정 또는 100℃의 물이 100℃의 증기로 변화하는 증발과정에서 열이 가해졌어도 온도의 변화 없이 상태만 변화했을 때 가해진 열량은 잠열이 된다.

잠열량(Q_L) = G(물질의 중량)·R(잠열) kcal

Point 예제

어떤 실내의 취득 현열량을 구하였더니 30,000kcal/h, 잠열이 10,000kcal/h이었다. 실내를 25℃, 50% 유지하기 위해 취출온도차 10℃로 송풍하고자 한다. 이때 현열비는? [2010년 5회]

㉮ 0.7　　　㉯ 0.75
㉰ 0.8　　　㉱ 0.85

해설

현열비 = $\dfrac{q_s}{q_s + q_L}$ = $\dfrac{30,000}{30,000 + 10,000}$ = 0.75

q_s : 현열량　q_L : 잠열량

정답 ㉯

03 공기조화방식

분류		방식	
중앙식	전공기방식	단일덕트방식	정풍량
			변풍량
		2중 덕트방식	멀티존방식
			정풍량
			변풍량
			각층유닛
	공기·수방식	팬코일유닛방식	
		유인유닛방식	
		복사냉난방식	
	수방식	팬코일유닛방식	
개별식	냉매방식	패키지방식	
		룸쿨러방식	
		멀티유닛방식	
		열펌프유닛방식(수열원)	

1) 중앙식

전공기 방식을 필요로 하는 대형건물에 사용하며, 중앙기계실에 냉동기나 보일러를 설치하고, 각 실에 분배하여 공조하는 방식이다.

① 장점
　㉠ 청정도가 높은 공조이며, 냄새, 소음제어에 적합하다.
　㉡ 중앙식으로 운전하여 보수관리가 용이하다.
　㉢ 폐열 회수장치를 이용하기 쉽다.
　㉣ 겨울철 가습하기가 쉽다.
　㉤ 계절변화에 따른 냉·난방 전환이 용이하다.

② 단점
　㉠ 덕트가 크기 때문에 설치공간이 크다.
　㉡ 대형 공조실이 필요하다.
　㉢ 열순환 동력이 많이 필요하다.
　㉣ 재열 가동 시 에너지 손실이 크다.
　㉤ 송풍 동력과 같이 반송 동력도 크다.

＊ 2중 덕트방식 : 온풍과 냉풍 2개의 덕트를 설치하여 혼합 공조를 하는 방식으로 에너지 소모량이 크다.

2) 개별식

룸쿨러나 패키지형 에어컨과 같은 개개의 열원으로 독립운전할 수 있는 공조방식이다.

① 장점
　㉠ 개별제어성이 용이하다.
　㉡ 덕트가 필요치 않다.
　㉢ 취급이 간단하고 대형공조기도 운전하기 쉽다.
　㉣ 작업 시 국소적인 운전이 가능하다.
　㉤ 설비비가 저렴하다.

② 단점
　㉠ 냉동기가 내장되어 소음, 진동이 크다.
　㉡ 분산배치로 인해 유지관리가 어렵다.
　㉢ 대형기기인 것에 비해 수명이 짧다.
　㉣ 외기냉방을 할 수 없다.

＊ 열펌프(heat pump) 유닛방식

① 장점
　㉠ 개별제어기구가 있어서 개별운전이 가능하다.
　㉡ 증설 및 설치대응이 용이하여 공조방식에 융통성이 있다.

ⓒ 냉난방이 동시 가능하며, 건물에는 열회수가 가능하다.
ⓔ 천정에 설치하면 기계실 면적을 최소화할 수 있다.
ⓓ 설치가 쉽고 운전조작이 단순하다.

② 단점
ⓐ 외기난방이 힘들다.
ⓑ 작동 소음이 크다.
ⓒ 환기능력에 동력이 크지 않다.
ⓓ 기기의 내구연한이 짧다.
ⓔ 습도제어가 어렵고 필터의 효율이 낮다.

Point 예제

1. 개별 공조방식의 특징이 아닌 것은? [2011년 1회]
㉮ 국소적인 운전이 자유롭다.
㉯ 중앙방식에 의해 소음과 진동이 크다.
㉰ 외기냉방을 할 수 있다.
㉱ 취급이 간단하다.

해설
개별 공조방식의 특징 : 외기난방을 할 수 없다.
정답 ㉰

2. 실내의 바닥, 천정 또는 벽면 등에 파이프코발(혹은 패널)을 설치하고 그 면을 복사면으로 하여 냉·난방의 목적을 달성할 수 있는 방식은 무엇인가? [2011년 2회]
㉮ 각층 유닛방식   ㉯ 유인 유닛방식
㉰ 복사 냉·난방방식   ㉱ 팬코일 유닛방식

해설
복사 난방 : 바닥패널, 벽, 천장패널을 설치하여 복사열을 이용하는 난방
정답 ㉰

3. 다음 공조방식 중 개별식 공기조화 방식은? [2012년 4회]
㉮ 팬코일 유닛방식
㉯ 정풍량 단일덕트방식
㉰ 패키지 유닛방식
㉱ 유인 유닛방식

해설
개별식 유닛방식 : 패키지 유닛방식
정답 ㉰

04 공기조화기기

1) 송풍기
   ㉠ 팬(fan) : 압력상승이 0.1kg/cm^2 이하
   ㉡ 블로어(blower) : 압력상승이 $0.1\sim1\text{kg/cm}^2$
   ① 송풍기 넘버
      ㉠ 원심형 송풍기 :
      $$\text{No} = \frac{\text{임펠러 직경(mm)}}{150}$$
      ㉡ 축류형 송풍기 :
      $$\text{No} = \frac{\text{임펠러 직경(mm)}}{100}$$
   ② 소요동력
   $$W[\text{kw}] = \frac{P_t \cdot Q}{102\eta_t \times 3,600} \quad P_t = P_d + P_s$$

   P_t : 전체 압력(kg/cm^2), Q : 풍량(m^3/h),
   η_t : 전체 압력효율
   P_d : 동압(kg/cm^2), P_s : 정압(kg/cm^2)

2) 에어필터
   ① 필터의 종류
      ㉠ 여과식 : 공기가 유·무기질 섬유 공간을 통과할 때 섬유공간에서 큰 입자를 모으는 방식
      ㉡ 점착식 : 접착제를 도포한 철망에서 분진을 제거하는 방법
      ㉢ 흡착식 : 활성과 이온교환수지 등에 의한 화학 반응을 이용하는 흡착식(유해가스 제거용)
   ② 필터링 효율(η_f)
   $$\eta_f = \frac{C_1 - C_2}{C_1} \times 100$$

   C_1 : 필터입구의 공기 먼지량
   C_2 : 필터출구의 공기 먼지량

   ③ 효율 측정법
      ㉠ 중량법 : 필터에서 제거되는 비교적 큰 먼지의 중량으로 효율을 결정한다.
      ㉡ 비색법(변색도법) : 필터에서 포집한 작은 먼지를 포함한 공기를 여과지에 통과시켜 오염도를 광전관으로 측정한다.

ⓒ 계수법(DOP법) : 고성능의 필터로 측정하며, 일정한 크기(0.3μm)의 시험입자를 사용하여 먼지의 개수를 계측한다.

Point 예제

1. 공기조화용 에어필터의 여과효율을 측정하는 방법으로 가장 거리가 먼 것은? [2014년 3회]
   ㉮ 중량법   ㉯ 비색법
   ㉰ 계수법   ㉱ 용적법

   해설
   효율측정법 : 중량법, 비색법, 계수법
   정답 ㉱

2. 송풍기의 효율을 표시하는 데 사용되는 정압효율에 대한 정의로 옳은 것은? [2015년 1회]
   ㉮ 팬의 축 동력에 대한 공기의 저항력
   ㉯ 팬의 축 동력에 대한 공기의 정압 동력
   ㉰ 공기의 저항력에 대한 팬의 축 동력
   ㉱ 공기의 정압 동력에 대한 팬의 축 동력

   해설
   정압효율 : 팬의 축 동력에 대한 공기의 정압 동력
   정답 ㉯

3. 축류형 송풍기의 크기는 송풍기의 번호로 나타내는데 회전날개의 지름(mm)은 얼마로 나눈 것을 번호(NO)로 나타내는가? [2016년 3회]
   ㉮ 100   ㉯ 150
   ㉰ 175   ㉱ 200

   해설
   축류형 송풍기 : NO = $\frac{임펠러\ 직경(mm)}{100}$
   정답 ㉮

4. 공조용 송풍량 결정의 원인이 되는 열부하는? [2007년 3회]
   ㉮ 실내열부하   ㉯ 장치열부하
   ㉰ 열원부하   ㉱ 배관부하

   해설
   공조용 송풍량은 실내열부하에 달려있다.
   정답 ㉮

5. 다음 중 고속에서도 비교적 정숙한 운전을 할 수 있는 것은? [2007년 4회]
   ㉮ 다익 송풍기   ㉯ 리밋 로드 송풍기
   ㉰ 터보 송풍기   ㉱ 관류 송풍기

   해설
   터보 송풍기가 가장 정숙하다.
   정답 ㉰

05 펌프

1) 펌프
① 펌프의 종류

터보형 (비용적형)	원심식	벌류트 펌프
		터빈 펌프
	사류식	벌류트 펌프
		디퓨저 펌프
	축류식	축류 펌프
용적형	회전식	베인 펌프
		기어 펌프
		스크루 펌프
	왕복식	피스톤 펌프
		플런저 펌프
		다이어프램 펌프
특수형		제트 펌프
		와류 펌프
		진공 펌프
		수격 펌프

㉠ 터보형
  ⓐ 임펠러가 축에 고정되어 케이싱에 밀폐되어 있으며, 고속 회전이 가능하다.
  ⓑ 동력 전달 손실이 적고 내부 마찰이 없으며, 용적형 펌프보다 마찰이 적다.

㉡ 용적형
  ⓐ 모터의 회전력을 왕복운동으로 변환시키면 펌프측 또는 피스톤 끝에 설치된 격막이 왕복운동을 통해 압력을 발생시키고 이 압력을 이용해 유체를 압송하는 방식의 펌프이다.
  ⓑ 대단히 높은 수압과 작은 유량에 적합하다.
  ⓒ 터보형 펌프보다 효율이 높다.

② 펌프의 축동력 : 모터로부터 펌프의 임펠러를 구동하는 데 필요한 동력

$$축동력(kW) = \frac{\gamma Q H}{102\eta}$$

γ : 비중량(kg/m^3), Q : 유량(m^3/s),
H : 전양정(m)

③ 펌프의 상사법칙
   ㉠ 유량 $Q_2 = Q_1 \times \dfrac{N_1}{N_2} \times \left(\dfrac{D_2}{D_1}\right)^3$
   ㉡ 전양정 $H_2 = H_1 \times \left(\dfrac{N_2}{N_1}\right)^2 \times \left(\dfrac{D_2}{D_1}\right)^2$
   ㉢ 동력 $P_2 = P_1 \times \left(\dfrac{N_2}{N_1}\right)^3 \times \left(\dfrac{D_2}{D1}\right)^5$
   여기서, N : 회전수 (rpm), D : 내경(mm)

④ 공동현상(cavitation) : 수중에 용입되어 있던 공기가 낮은 압력으로 인하여 기포가 발생하는 것으로 물이 펌프로 유입되지 못하는 현상
   ㉠ 원인
      ⓐ 펌프 임펠러 깃에서 물의 압력이 포화증기압 이하로 내려가면 증발하여 기포가 발생
      ⓑ 펌프의 흡입 측 낙차가 클 때
      ⓒ 이송하는 유체가 고온일 때
      ⓓ 펌프의 마찰손실이 클 때
      ⓔ 임펠러 속도가 지나치게 빠를 때
   ㉡ 증상
      ⓐ 소음과 진동이 발생
      ⓑ 펌프의 토출량, 양정, 효율성 감소
      ⓒ 임펠러(Impeller)의 침식 발생
   ㉢ 대책
      ⓐ 펌프 내 포화증기압 이하로 발생하지 않게 압력을 높이도록 조치하고 회전수를 낮춘다.
      ⓑ 펌프의 위치는 가능한 낮게 설치한다.
      ⓒ 수온이 30℃ 이상 상승하지 않도록 릴리프밸브를 설치한다.
      ⓓ 펌프의 유량과 배관길이를 짧게 하고, 관경을 크게 하여 마찰손실을 적게 한다.

⑤ 수격현상(water hammering)
   관 속에서 유체가 꽉 찬 상태로 흐를 때 밸브를 차단하게 되면 유체의 유속이 변하여 유체의 압력 변화가 생겨 충격과 진동이 생기는 현상
   ㉠ 원인
      ⓐ 정전 등으로 갑자기 펌프가 정지할 경우
      ⓑ 밸브를 급히 개폐할 경우
      ⓒ 펌프의 정상 운전 시 유체의 압력변동이 있는 경우
   ㉡ 증상
      ⓐ 소음과 진동이 발생하고 깃에 대한 침식이 발생
      ⓑ 압력상승에 의해 펌프, 밸브, 플랜지, 관로 등 여러 기기들이 파손
      ⓒ 압력강하에 의해 관로가 압괴, 혹은 수주분리가 생겨 재결합 시에 발생하는 격심한 충격파에 의해 관로가 파손
      ⓓ 주기적인 압력변동 때문에 자동제어기기들이 오작동
   ㉢ 대책
      ⓐ 관경을 굵게 하고 유속을 낮춘다.
      ⓑ 펌프 토출 측 체크밸브는 스모렌스키 체크밸브를 사용한다.
      ⓒ 펌프 회전축에 플라이 휠(fly wheel)을 설치하여 펌프의 급격한 속도 변화를 방지한다.
      ⓓ 펌프 토출 측에 조압수조(surge tank) 또는 수격방지기(water hammer cusion)를 설치한다.
      ⓔ 유량조절밸브를 펌프 토출 측 바로 뒤 설치한다.

⑥ 서징(맥동)현상(surging) : 유체의 유량변화에 따라 관로에 압력이 주기적으로 변하여 펌프의 입구 및 출구에 진동과 소음이 생기는 현상
   ㉠ 원인
      ⓐ 펌프의 토출관로가 길고, 배관 중간에 수조 또는 공기가 괴어있는 부분이 있을 때
      ⓑ 운전 중인 펌프를 정지시킬 때
   ㉡ 증상
      ⓐ 흡입·토출 배관의 주기적인 진동과 소음 발생
      ⓑ 한 번 서징현상이 발생하면 그 발생 주기는 비교적 일정하고, 이때 송출밸브를 조작하여 운전상태를 바꾸지 않으면 이 상태가 지속됨
   ㉢ 대책
      ⓐ 회전차나 안내 깃의 형상 치수를 바꾸

어 그 특성을 변화시킨다.
ⓑ 배관 중간에 수조 또는 기체 상태인 부분이 존재하지 않도록 시공한다.
ⓒ 유량조절밸브를 펌프 토출 측 바로 뒤에 설치한다.
ⓓ 불필요한 공기탱크나 잔류공기를 제어하고, 관로의 단면적, 유속, 저항 등을 바꾸어준다.

Point 예제

1. 캐비테이션(공동현상)의 방지대책으로 틀린 것은? [2014년 5회]
㉮ 펌프의 흡입양정을 짧게 한다.
㉯ 펌프의 회전수를 적게 한다.
㉰ 양흡입 펌프를 단흡입 펌프로 바꾼다.
㉱ 흡입관경은 크게 하며 굽힘을 적게 한다.

➕ 해설
단흡입 펌프보다 양흡입 펌프가 방지대책으로 효과적이다.

정답 ㉰

2. 터보형 펌프의 종류에 해당되지 않는 것은? [2014년 2회]
㉮ 벌류트 펌프 ㉯ 터빈 펌프
㉰ 축류 펌프 ㉱ 수격 펌프

➕ 해설
수격 펌프는 특수 펌프에 속한다.

정답 ㉱

3. 펌프에 관한 설명 중 부적당한 것은? [2012년 5회]
㉮ 양수량은 회전수에 비례한다.
㉯ 양정은 회전수의 제곱에 비례한다.
㉰ 축동력은 회전수의 3승에 비례한다.
㉱ 토출 속도는 회전수의 4승에 비례한다.

➕ 해설
- 유량(양수량) $Q_2 = Q_1 \times \dfrac{N_1}{N_2} \times \left(\dfrac{D_2}{D_1}\right)^3$
- 전양정 $H_2 = H_1 \times \left(\dfrac{N_2}{N_1}\right)^2 \times \left(\dfrac{D_2}{D_1}\right)^2$
- 동력(축동력) $P_2 = P_1 \times \left(\dfrac{N_2}{N_1}\right)^3 \times \left(\dfrac{D_2}{D1}\right)^5$

정답 ㉱

4. 다음 중 펌프의 종류에서 작동부분이 왕복운동을 하는 왕복식 펌프는? [2008년 1회]
㉮ 벌류트 펌프 ㉯ 기어 펌프
㉰ 플런저 펌프 ㉱ 베인 펌프

➕ 해설
왕복식 펌프 : 플런저형, 버킷형, 피스톤형이 있다.

정답 ㉰

5. 다음 중 펌프 중에서 비속도가 가장 작은 펌프는? [2008년 5회]
㉮ 축류 펌프 ㉯ 사류 펌프
㉰ 벌류트 펌프 ㉱ 터빈 펌프

➕ 해설
터빈 펌프 : 비속도가 작다.

정답 ㉱

6. 펌프에서 흡입양정이 크거나 회전수가 고속일 경우 흡입관의 마찰저항 증가에 따른 압력강하로 수중에 다수의 기포가 발생되고 소음 및 진동이 일어나는 현상은? [2008년 5회]
㉮ 플라이밍 현상 ㉯ 캐비테이션 현상
㉰ 수격 현상 ㉱ 포밍 현상

➕ 해설
캐비테이션 현상의 원인
- 임펠러 속도가 클 때
- 압력이 포화 증기압 이하로 내려갈 때
- 유체가 고온일 때

정답 ㉯

06 가습·감습장치 및 기타

1) 가습 및 감습장치
① 가습기
㉠ 분무식 : 물 또는 온수를 직접 공기 중에 분무한다.
㉡ 증기분무식 : 수증기를 직접 분무한다. 가습효율은 좋으나 소음 및 화상우려가 있다.
㉢ 증발식(가습팬) : 증기코일, 및 전열히터로 물을 가열하여 증발시키는 방식이다. 응답성이 빠르고, 제어가 쉬우며, 미생물 번식이 없고, 효율이 낮다.

② 감습기
㉠ 흡수식 : 액체 흡수제를 이용한다(에틸렌글리콜 등).

ⓒ 흡착식 : 고체 흡착제를 이용한다(실리카겔, 활성 알루미나 등).
ⓒ 압축식 : 공기를 압축하여 수분을 응축하는 방법이다.
ⓔ 냉각 감습식 : 냉각코일 및 공기세정제를 이용한다.

2) 덕트

공기 운송을 위해 금속판을 네모나게 만든 공기 통로이다. HVAC시스템에서 온냉의 공기를 운반하여 그릴을 통해 급기하며, 공조설비에서는 아연철판, 스테인레스, 알루미늄, 염화비닐, 글라스울 등이 사용된다.

① 덕트의 종류
  ㉠ 급기덕트 : 공조에서 조화된 공기를 필요한 공간으로 보내는 덕트
  ㉡ 외기취입덕트 : 외부공기를 공조기로 흡입하는 덕트
  ㉢ 환기덕트 : 실내공기를 공조기로 보내는 덕트
  ㉣ 배기덕트 : 실내공기를 외부로 보내는 덕트

② 덕트의 공기 저항

$$\Delta R = \lambda \cdot \frac{l}{d} \cdot \frac{v^2}{2g} \cdot \gamma$$

여기서, ΔR : 마찰 저항(mmH₂O), λ : 마찰 계수
l : 덕트 길이(m), d : 덕트의 직경(m),
v : 공기평균속도(m/s), γ : 공기평균비중

③ 덕트의 치수 결정법
  ㉠ 등속법 : 덕트 내의 풍속이 일정하도록 마찰 저항과 덕트의 직경을 구한다.
  ㉡ 등마찰 저항법(정압법) : 덕트의 단위길이당 마찰저항이 일정하도록 치수를 정한다.
  ㉢ 정압채취법 : 덕트의 직경을 취출구 및 분기점 직전의 정압으로 일정하게 하여 바람의 속도가 등속으로 되도록 치수를 정한다.
  ㉣ 고속덕트법 : 덕트의 공기의 속도가 20m/sec 이상, 마찰저항은 1mmAq/m로 정한다.
  ㉤ 저속덕트법 : 덕트의 공기의 속도가 15m/sec 이하, 마찰저항은 0.3mmAq/m로 정한다.

3) 댐퍼(damper)

덕트 내에서 공기의 흐름과 풍량을 조절하는 역할

① 풍량 조절 댐퍼
  ㉠ 버터플라이 댐퍼 : 소형 덕트 개폐
  ㉡ 루버 댐퍼 : 대형 덕트 개폐, 평형 날개형
  ㉢ 베인 댐퍼 : 송풍기 흡입구에 설치
  ㉣ 스프릿 댐퍼 : 덕트 분기점에 설치
  ㉤ 방화 댐퍼 : 화염이 덕트 내에 침입 시 방화

Point 예제

1. 공기조화에서 덕트 외면을 단열 시공하는 이유가 아닌 것은? [2009년 4회]
  ㉮ 외부로부터의 열침입방지
  ㉯ 외부로부터의 소음 차단
  ㉰ 외부로부터의 습기 차단
  ㉱ 외부로부터의 충격 차단

해설
단열시공의 목적 : 열침입방지, 소음 차단, 습기 차단
정답 ㉱

2. 덕트 설계 시 고려사항으로 거리가 먼 것은? [2013년 2회]
  ㉮ 송풍량
  ㉯ 덕트방식과 경로
  ㉰ 덕트 내 공기의 엔탈피
  ㉱ 취출구 및 흡입구 수량

해설
설계 시 고려사항 : 송풍량, 공기 흐름방향 및 수량
정답 ㉰

3. 다음 중 풍량 조절용 댐퍼가 아닌 것은? [2013년 2회]
  ㉮ 버터 플라이 댐퍼   ㉯ 베인 댐퍼
  ㉰ 루버 댐퍼   ㉱ 릴리프 댐퍼

해설
풍량조절용 댐퍼 : 버터플라이, 베인, 루버, 스프릿
정답 ㉱

07 취출구

조화공기를 덕트에서 실내로 반출하기 위한 개구부이다. 취부 위치는 천장이나 벽·창틀·마룻바닥 등이며, 기류방향과 형태에 의해 구분한다.

축류 취출구와 복류 취출구로 구분하며 전자에는 노즐, 우목판 격자 취출구, 슬롯 취출구, 다공판 취출구가 있고, 후자에는 판형 취출구, 천장 디퓨저가 있다.

1) 축류형 취출구
   ① 노즐형 : 도달거리가 길고, 구조가 간단하며, 소음이 적다.
   ② 펑커 루버형 : 선박 환기용으로 목을 움직여 방향을 바꿀 수 있고, 풍량도 조절 가능하다.
   ③ 베인 격자형 : 몸체에 날개를 달아 풍향을 바꿀 수 있다.
   ④ 슬롯형 : 평면으로 기류를 토출하고, 조명기구와 조합해서 설치한다.
   ⑤ 다공판형 : 천장에 설치하여 작은 구멍을 10% 정도 뚫어서 토출구를 만든다.

2) 복류형 취출구
   ① 팬형 : 개구단 아래에 판을 달아 흐름방향을 바꾸는 형식이다.
   ② 아네모스탯 형 : 팬형의 확산반경을 크게 한다.

3) 흡입구
   ① 격자형(고정베인형) : 벽, 천장에 설치한다.
   ② 머시룸형 : 바닥에 설치하여 바닥면의 오염공기를 흡수한다.

Point 예제

공기조화용 취출구 종류 중 관에 일정한 크기의 구멍을 뚫어 토출구를 만들었으며 천정설치용으로 적당하며, 확산효과가 크기 때문에 도달거리가 짧은 것은? [2011년 2회]
㉮ 아네모스렛(annemoslat)형
㉯ 라인(line)형
㉰ 팬(pan)형
㉱ 다공판(multi vent)형

정답 ㉱

08 난방

1) 난방의 분류
   ① 개별난방식 : 각 사무실이나 주택에 열원(히터)을 설치하여 대류 및 복사열을 이용하는 방식(연료 : 가스, 석탄, 석유, 전기 등)
   ② 중앙난방식 : 일정한 장소에 열원(보일러)을 설치하여 각 실로 열을 공급하는 방식. 효율이 좋음
      ㉠ 직접난방 : 실내열원으로 증기발열기, 온수발열기, 팬코일유닛을 사용함
      ㉡ 간접난방 : 실외 열원으로 덕트를 통한 온풍기, 공조기 내 가열코일을 사용함
      ㉢ 복사난방 : 바닥패널, 벽패널, 천장패널을 설치 복사열을 활용함
   ③ 지역난방식 : 특정한 장소에 열원을 두고 일정한 지역에 열을 공급하는 방식

2) 난방의 종류
   (1) 증기난방 : 증기를 열원으로 난방하는 방식(라디에이터, 컨벡터 등 방열기)
      − 저압증기 : $0.15 \sim 0.35 \text{kg/cm}^2$ 일반 건물, 주철제 방열
      − 고압증기 : 1kg/cm^2 이상, 공장용, 대형건물
      ① 장점
         ㉠ 예열시간이 짧고, 순환이 빠르다.
         ㉡ 열 운반능력이 좋다.
         ㉢ 설비비와 운영비가 저렴하다.
         ㉣ 보일러의 연소율 조정으로 부분난방이 가능하다.
      ② 단점
         ㉠ 표면온도가 높아 화상위험이 있다.
         ㉡ 스팀소음이 있다.
         ㉢ 배관수두손실이 커서 배관저항이 증가한다.
         ㉣ 환수관이 부식된다.
      ③ 증기난방의 종류
         ㉠ 중력 환수식 : 소규모 난방이며, 응축수 자체무게로 환수되도록 활용한다.
            ⓐ 단관형 : 급기와 환기를 동일한 관에 사용한다.

ⓑ 복관형 : 급기와 환기를 다른 관에 사용한다.
ⓒ 진공환수식 : 대규모 난방이며, 환수관 끝에서 진공컴프레서를 사용한다(진공도 : 100~250mmHg).
ⓓ 건식환수식 : 환수주관을 보일러 수면보다 위에 설치하여 응축수가 배관 아래쪽으로 흐르도록 한다.
ⓔ 습식환수식 : 환수주관이 보일러 수면보다 아래에 있도록 설치해 응축수가 배관 위쪽으로 흐르도록 한다.

(2) **온수난방** : 온수를 방열기로 순환시켜 난방
 - 고온수 : 밀폐식으로 100~150°C
 - 저온수 : 개방식으로 85~90°C
 ① 장점
  ㉠ 변동에 따른 온도조절이 가능하다.
  ㉡ 쾌감도가 높으며, 실온 변동이 적다.
  ㉢ 표면온도가 낮아 냄새가 덜 난다.
  ㉣ 배관과 방열기를 냉방용으로 사용가능하다.
  ㉤ 소음이 없어 정숙하다.
 ② 단점
  ㉠ 관지름이 커서 설비비가 비싸다.
  ㉡ 예열시간이 길다.
  ㉢ 열용량이 커서 순환시간이 길다.
  ㉣ 허용수두가 50mH$_2$O 이하이므로 고층에서 사용이 불가하다.
 ③ 팽창탱크의 온수 팽창량

$$팽창량(\Delta v) = \left(\frac{1}{\rho_2} - \frac{1}{\rho_1}\right) \times v[L]$$

여기서, Δv : 온수의 팽창량(L),
 ρ_1 = 가열전의 온수밀도(kg/L)
 ρ_2 = 가열후의 온수밀도(kg/L),
 v : 난방기 내의 전수량(L)

(3) **복사난방** : 바닥패널, 벽패널, 천장패널을 설치하여 복사열을 활용한다.
 ① 장점
  ㉠ 온도 분포도가 높아 쾌적하다.
  ㉡ 실내공기 대류가 적어 오염도가 적다.
  ㉢ 손실열량이 적다.
  ㉣ 난방효과가 좋다.
  ㉤ 천장이 높아도 난방이 좋다.
 ② 단점
  ㉠ 일시적인 난방에는 비경제적이다.
  ㉡ 시공 및 설비비가 비싸다.
  ㉢ 매설배관이므로 수리가 복잡하다.
  ㉣ 패널 반대쪽의 열손실로 단열시공이 필요하다.

(4) **지역난방** : 특정한 장소에 열원을 두고 일정한 지역에 열을 공급하는 방식이다.
 ① 장점
  ㉠ 열효율이 좋고, 연료비가 절감된다.
  ㉡ 장소 면에서 건물 활용도가 좋다.
  ㉢ 대기오염이 적다.
  ㉣ 난방효과가 좋다.
 ② 단점
  ㉠ 예열 부하손실이 크다.
  ㉡ 파이프 저항손실이 크다.
  ㉢ 보수 및 관리비가 많이 든다.
  ㉣ 온수의 급열량에 대한 계량이 어렵다.
  ㉤ 온수의 환수관이 필요하다.

(5) **방열기(radiator)** : 증기나 온수의 열공급을 받아 복사, 대류 등에 의해 열을 발산하는 난방장치
 ① 종류 : 주물로 만든 주형 방열기, 벽걸이형, 길드형, 대류형 등이 있다.
 ② 표준 방열량
  ㉠ 증기 방열량 : 열매온도 102°C, 실내온도 18.5°C일 때의 방열량 650kcal/m^2·h
  ㉡ 온수 방열량 : 열매온도 80°C, 실내온도 18.5°C일 때의 방열량 450kcal/m^2·h
  ㉢ 방열면적

$$방열면적 = \frac{난방무하}{방열기 방열량}$$

Point 예제

1. 복사난방에 대한 설명 중 옳은 것은? [2007년 1회]
   ㉮ 복사난방의 공간 이용도는 낮다.
   ㉯ 복사난방은 방열기가 필요하다.
   ㉰ 복사난방은 쾌감도가 좋다.
   ㉱ 복사난방은 환기에 의한 손실열량이 크다.

   해설
   복사난방의 장점
   – 온도 분포도가 높아 쾌적하다.
   – 실내공기 대류가 적어 오염도가 적다.
   – 손실열량이 적다.
   – 난방효과가 좋다.
   – 천장이 높아도 난방이 좋다.
   정답 ㉰

2. 코일, 팬, 필터를 내장하는 유닛으로서, 여름에는 코일에 냉수를 통과시켜 공기를 냉각 감습하고, 겨울에는 온수를 통과시켜 공기를 가열하는 공기조화 방식은? [2007년 1회]
   ㉮ 각층 유닛방식
   ㉯ 덕트 병용 패키지 공조기방식
   ㉰ 유인 유닛방식
   ㉱ 팬 코일 유닛방식
   정답 ㉱

3. 고온수 난방의 특징으로 적당하지 않은 것은?
   ㉮ 고온수 난방은 증기난방에 비하여 연료절약이 된다.
   ㉯ 고온수 난방방식의 설계는 일반적인 온수난방방식보다 쉽다.
   ㉰ 공급과 환수의 온도차를 크게 할 수 있으므로 열 수송량이 크다.
   ㉱ 장거리 열수송에 고온수일수록 배관경이 작아진다.

   해설
   고온수방식 : 일반식보다 고온이므로 설계가 어렵다.
   정답 ㉯

4. 어느 실내온도가 25°C이고, 온수방열기의 방열면적이 10m² EDR인 실내의 방열량은 얼마인가? [2012년 2회]
   ㉮ 1,250kcal/h   ㉯ 2,500kcal/h
   ㉰ 4,500kcal/h   ㉱ 6,000kcal/h

   해설
   실내 방열량 = 면적 × 온수방열량
   $= 10m^2 \times 450kcal/m^2 \cdot h$
   $= 4,500kcal/h$
   정답 ㉰

5. 난방부하가 3,600kcal/h인 실에 온수를 열매로 하는 방열기를 설치하는 경우 소요방열 면적은 몇 m²인가?(단, 방열기의 방열량은 표준방열량[kcal/m²·h]을 기준으로 한다) [2012년 1회]
   ㉮ 2.0   ㉯ 4.0
   ㉰ 6.0   ㉱ 8.0

   해설
   방열면적 = $\dfrac{난방부하}{방열기 방열량}$
   온수방열량 : 450kcal/m²·h
   $= \dfrac{3,600}{450} = 8$
   정답 ㉱

6. 복사난방의 특징이 아닌 것은? [2013년 4회]
   ㉮ 외기온도의 급 변화에 따른 온도조절이 곤란하다.
   ㉯ 배관시공이나 수리가 비교적 곤란하고 설비비용이 비싸다.
   ㉰ 공기의 대류가 많아 쾌감도가 나쁘다.
   ㉱ 방열기가 불필요하다.

   해설
   복사난방 : 기류가 아래에 있기 때문에 대류가 적어 공기의 쾌감도가 좋다.
   정답 ㉰

09 보일러

밀폐된 용기에 물 또는 열매체를 넣고 가열하여 온수 혹은 증기를 발생시키는 열매, 공급장치

1) 보일러의 3대 구성

① 보일러의 본체 : 통(drum)과 관(tube)으로 되어 있으며, 노내에서 연료의 연소열을 받아 동 내의 수 또는 매체를 가열하여 증기 또는 온수를 발생시키는 부분이다(수관보일러는 수관).
 * 드럼 : 물이 2/3~4/5 정도 채워지는 수부(수실)와 발생 증기가 있는 증기부(증기실)로 구성된다.
 * 수부가 크면 부하변동이 쉽고, 증기부가 작으면 캐리 오버(carry over = 기수공발)가 일어난다.

② 연소장치 : 연료를 연소시키는 장치로 화염 및 고온의 연소가스를 발생시킨다(연소실, 연도, 연돌(굴뚝), 버너, 화격자 등).
③ 부속설비 : 보일러의 효율적인 운전 및 안전 운전을 위한 설비를 말한다(급수장치, 안전장치, 송기장치, 예열회수장치, 통풍장치, 자동제어장치 등).

2) 보일러의 종류

원통형	입형		횡관식, 다관식, 코크란
	횡형	노통	코르시니, 랭커셔
		연관	횡연관식, 기관차
		노통연관	소코치, 하우덴 존슨
수관식	자연 순환식		바브콕, 쓰네기찌, 타꾸마
	강제 순환식		라몬트, 베록스
	관류식		벤슨, 설져, 옛모스, 람진
주철제			주철제 섹셔널 보일러
특수 보일러	특수액체 보일러		열매체 보일러
	특수연료 보일러		버가스(사탕수수찌꺼기), 흑회(도시연료쓰레기), 바크(나무껍질)
	폐열 보일러		리히, 하이네
	간접 가열 보일러		슈미트, 레플러

① 원통형 보일러 : 제작구조가 간단하고 자연순환이 순조로우며, 본체가 큰 통으로 노통, 연소실, 연관 등이 들어있다.
  ㉠ 장점
    ⓐ 구조가 간단하며 취급이 용이하다.
    ⓑ 보유수량이 많아 부하변동이 용이하다.
    ⓒ 청소 및 검사가 용이하다.
    ⓓ 수관식 보일러에 비해 급수처리가 쉽다.
  ㉡ 단점
    ⓐ 고압, 대용량에 부적합하다.
    ⓑ 전열면적이 적어 효율이 낮다.
    ⓒ 증발가열시간이 오래 걸린다.
    ⓓ 보유수량이 많아 파열 시 피해가 크다.
② 수관식 보일러 : 상하부의 드럼이 고압에 견디기 좋은 합금강판으로 제작되어 전열면적을 크게 할 수 있고, 동과 수관의 지름이 작아 증발속도도 빠르며, 고압 대용량의 보일러이다.
  ㉠ 장점
    ⓐ 고온·고압에 잘 견딘다.
    ⓑ 전열면적이 커서 효율이 크다.
    ⓒ 외분식이어서 다양한 연료를 사용하며, 연소상태도 양호하다.
    ⓓ 보유수량이 적어 파열 시 피해가 적다.
  ㉡ 단점
    ⓐ 급수처리가 까다롭다.
    ⓑ 증발속도가 빨라 습증기로 인해 관내 장애가 있다.
    ⓒ 구조가 복잡해서 청소, 검사, 수리가 힘들다.
    ⓓ 제작이 까다롭고, 비용이 많이 든다.
    ⓔ 보유수량이 적어 부하를 바꾸는 것이 쉽지 않다.
③ 주철제 보일러 : 내식성이 우수한 주철로 제작했으며, 5~18개 정도의 섹션 조합용인 저압 소규모 난방용 보일러이다.
  ㉠ 장점
    ⓐ 내식성이 우수하다.
    ⓑ 섹션의 개수에 따라 크기가 결정된다.
    ⓒ 저압이므로 파열 시 피해가 적다.
    ⓓ 조립식이어서 운반 및 설치가 용이하다.
  ㉡ 단점
    ⓐ 주철이어서 인장강도 및 충격에 약하다.
    ⓑ 고압 및 대용량에 부적합하다.
    ⓒ 구조가 복잡해서 청소, 검사, 수리가 힘들다.
    ⓓ 열에 의한 팽창으로 균열이 생기기 쉽다.
    ⓔ 효율이 낮다.
④ 특수 보일러
  ㉠ 특수 열매체 보일러 : 물보다 낮은 비열의 부동액체(다우섬, 모빌섬, 카네크롤)로 낮은 압력 하에서도 고온을 얻을 수 있는 보일러이다.
    * 특수 유체이므로 오염 가능성이 있어서 밀폐형으로 만들거나 안전하게 사용할 수 있도록 하는 장치가 필요하다.
  ㉡ 간접가열 보일러 : 보일러의 물 속의 불순물이 관 벽에 붙어 굳어지는 현상인 스케일이 발생하지 않도록 개발한 간접 가열식 보일러이다.
  ㉢ 특수연료 보일러 : 연료로서 가치가 없는 바크, 버케이스, 흑핵 등을 사용하는 보일러이다.

ⓔ 폐열 보일러 : 용광로, 제강로, 가스터빈 등에서 발생한 배기연소가스의 열을 이용한 보일러를 말하며, 폐열을 이용하기 때문에 가스 및 분진 등에 대한 대책이 필요하다.

3) 보일러의 성능

① 상당 증발량(G_v) : 표준기압하에서 100°C의 포화수를 같은 온도의 포화증기로 1시간 동안 변화시키는 증발량

$$G_v = \frac{G_r(h_2 - h_1)}{539} \text{ (kg/h)}$$

여기서, G_r : 실제 증발량(kg/h),
h_1 : 급수 엔탈피(kcal/kg),
h_2 : 발생증기 엔탈피(kcal/kg)

② 전열면 증발률 : 전열면 $1m^2$당 1시간 동안의 증발량(kg)

$$증발률 = \frac{매시\ 실제\ 증발량(kg/h)}{전열면적(m^2)} \text{ (kg/m}^2 \cdot \text{h)}$$

③ 보일러 전열효율

$$전열효율 = \frac{열출력(발생증기가\ 보유한\ 열량)}{실제\ 발생한\ 열량} \times 100\%$$
$$= \frac{매시\ 증발량(h_2 - h_1)}{실제\ 발생한\ 열량} \times 100\%$$

④ 연소효율

$$연소효율 = \frac{실제\ 발생한\ 열량}{매시\ 연료\ 사용량 \times 연료의\ 저위\ 발열량} \times 100\%$$

⑤ 보일러효율

$$보일러효율 = 연소효율 \times 전열효율$$
$$\eta = \frac{매시\ 실제\ 증발량(h_2 - h_1)}{G_t \times H_1} \times 100\%$$

여기서, G_t : 매시 연료 사용량(kg/h)
H_1 : 연료의 저위 발열량(kcal/kg)

Point 예제

1. 어떤 보일러에서 발생되는 실제증발량을 1,000 kg/h, 발생 증기의 엔탈피를 614kcal/kg, 급수의 온도를 20°C라 할 때, 상당증발량은 얼마인가?(단, 증발잠열은 540kcal/kg으로 한다)
[2013년 4회]
㉮ 847kg/h ㉯ 1,100kg/h
㉰ 1,250kg/h ㉱ 1,450kg/h

⊕ 해설

상당증발량 : $G_v = \frac{G_r(h_2 - h_1)}{539}$
$= \frac{1,000(614-20)}{540}$
$= 1,100\text{kg/h}$

[정답] ㉯

2. 공기조화기의 열원장치에 사용되는 온수보일러의 개방형 팽창탱크에 설치되지 않는 부속설비는?
[2013년 3회]
㉮ 통기관 ㉯ 수위계
㉰ 팽창관 ㉱ 배수관

⊕ 해설
팽창탱크 부속설비 : 통기관, 팽창관, 배수관

[정답] ㉯

3. 증기난방의 환수관 배관 방식에서 환수주관을 보일러의 수면보다 높은 위치에 배관하는 것은?
[2013년 2회]
㉮ 진공 환수식 ㉯ 강제 환수식
㉰ 습식 환수식 ㉱ 건식 환수식

⊕ 해설
환수주관이 보일러의 수면보다 높으면 건식, 낮으면 습식

[정답] ㉱

4. 보일러에서의 상용출력이란? [2013년 2회]
㉮ 난방부하
㉯ 난방부하 + 급탕부하
㉰ 난방부하 + 급탕부하 + 배관부하
㉱ 난방부하 + 급탕부하 + 배관부하 + 예열부하

[정답] ㉰

10 보일러 배관

1) 강관(steel pipe)

㉠ 백관 : 증기, 기름, 가스, 공기 등에 사용한다.

ⓒ 흑관 : 수도용에는 아연 도금관을 사용한다.
① 특징
  ㉠ 인장강도가 크다.
  ㉡ 용접작업이 용이하다.
  ㉢ 밴딩이 쉽고, 충격에 강하다.
  ㉣ 가격이 저렴하다.
  ㉤ 주철관이나 연관에 비해 가볍다.
  * 배관용 파이프의 두께를 나타내는 번호

$$\text{스케쥴 번호(schedule No)} = 10 \times \frac{P}{S}$$

여기서, P : 사용압력(kgf/cm^2),
S : 허용응력(kgf/mm^2)

② 강관의 종류

	종류	기호	용도
배관용	배관용 탄소강관	SPP	증기, 물, 기름, 가스
	압력배관용 탄소강관	SPPS	350℃ 이하, 호칭지름 : 6~500A
	고압배관용 탄소강관	SPPH	350℃ 이하, 호칭지름 : 6~168mm
	고온배관용 탄소강관	SPHT	350℃ 이상, 호칭지름 : 6~500A
	배관용 아크 용접탄소강관	SPPY (SPW)	증기, 물, 기름, 가스 사용압력10kg/cm^2
	배관용 합금강관	SPA	고온용, 호칭지름 : 6~500A
	배관용 스테인레스강관	STS×TP	내식, 내열, 고온, 저온용, 호칭지름 : 6~300A
	저온 배관용 강관	SPLT	저온영하용, 호칭지름 : 6~500A
열전달용	보일러·열교환기용 탄소강관	STH	보일러의 수관, 연관, 과열관, 공기 예열관, 화학석유공업의 열교환용. 가열로관에 사용
	보일러·열교환기용 합금강관	STHA	
	보일러·열교환기용 스테인레스강관	STS×TB	
	저온열교환기용 강관	STLT	빙점이하의 관외사용. 열교환관, 콘덴서관 등

2) 비철금속관
철금속이 아닌 구리, 황동, 청동, 아연, 알루미늄 등의 금속으로 만든 관
① 동관(cooper pipe) : 공조냉동기기, 열교환기, 화학공업, 급수, 급탕, 가스관, 전기용에 사용되며, 전기 및 열전도율, 내식성이 뛰어나고, 전성과 연성이 좋아 가공이 쉽다.

  ㉠ 내식성, 내충격성이 뛰어나다.
  ㉡ 열전도율이 좋다.
  ㉢ 전성과 연성이 좋아 가공이 쉽다.
  ㉣ 알칼리에 강하지만 산성에 약하다.
  ㉤ 가격이 비싸다.
  ㉥ 내면에 마찰손실이 적다.
② 황동관 : 구리(60~70%)+아연(40~30%)의 합금으로 열교환기 튜브 및 증류수에 사용된다.
③ 연관(lead pipe) : 가스배관, 화학 배관용 등에 사용된다.
  ㉠ 내산성이 좋다.
  ㉡ 신축 및 굴곡에 용이하다.
  ㉢ 중량이 크며, 가격이 비싸다.
  ㉣ 산성에 강하지만 알칼리성에 약하다.
④ 알루미늄관(aluminum pipe)
  ㉠ 합금인 두랄루민은 기계적 성질이 좋아 인장강도가 크며, 항공기에 많이 쓰인다.
  ㉡ 열전도율, 연성, 전성, 가공성이 좋다.
  ㉢ 공기, 물, 증기에 강하고 알칼리에 약하다.
  ㉣ 산성에 강하지만 알칼리성에 약하다.

Point 예제

1. 배관의 부식방지를 위해 사용하는 도료가 아닌 것은? [2012년 2회]
  ㉮ 광명단   ㉯ 연산칼슘
  ㉰ 크롬산아연 ㉱ 탄산마그네슘

해설
탄산마그네슘 : 도료가 아니라 단열재이다.

정답 ㉱

2. 동관작업에 필요하지 않는 공구는? [2013년 3회]
  ㉮ 튜브밴더   ㉯ 사이징 툴
  ㉰ 플레어링 툴 ㉱ 클립

해설
클립 : 주철관의 턱걸이이음에서 납 용액을 넣어 가락지를 만드는 장치

정답 ㉱

11 보일러 자동제어

1) 보일러 자동제어의 목적
① 일정한 온도, 압력의 증기를 생산
② 경제적이며 고효율적인 증기 생산
③ 보일러의 안전운전
④ 인건비의 절감

2) 자동연소제어
연소의 양을 자동으로 제어하여 증기의 압력 및 온수의 온도가 일정한 값을 갖도록 하는 장치
① 온수온도 제어
② 증기압력 제어
③ 노내압 제어

3) 급수제어
급수의 양을 자동으로 보충, 조절, 제어하는 장치
① 단요소식(수위만 검출)
② 2요소식(수위와 증기량 검출)
③ 3요소식(수위, 증기량, 급수량 검출)

4) 증기온도제어
과열 증기온도를 일정하게 자동으로 제어하는 장치

5) 로칼제어
부속장치 등 기타 설비를 자동으로 조작 가능하게 제어하는 장치

자동제어	제어량	조작량
자동연소제어	증기압력	연료량, 공기량
	공연비	연료량, 공기량
	노내압력	송풍량, 배기가스량
급수제어	드럼수위	급수량
증기온도제어	과열증기온도	과열 저감기의 주수량, 전열량

6) 인터록
운전 중 다음 단계를 넘어가기 전에 불합리한 동작을 중지시키는 제어방식
① 압력초과 인터록
② 저수위 인터록
③ 저연소 인터록
④ 프리퍼지 인터록
⑤ 불착화 인터록

Point 예제

1. 냉동장치에서 자동제어를 위해 사용되는 전자밸브(Solenoide valve)의 역할로 가장 거리가 먼 것은? [2014년 4회]
   ㉮ 액압축방지
   ㉯ 냉매 및 브라인 흐름 제어
   ㉰ 용량 및 액면 제어
   ㉱ 고수위 경보

⊕ 해설
전자밸브 : 압력초과 인터록, 저수위 인터록, 불착화 인터록

정답 ㉱

공·조·냉·동·기·계·기·능·사

One-Pass

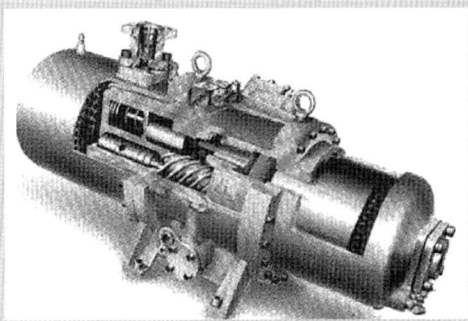

Part 2

과년도 기출문제 &
2017년 CBT 복원문제

2012년 과년도 기출문제
2013년 과년도 기출문제
2014년 과년도 기출문제
2015년 과년도 기출문제
2016년 과년도 기출문제
2017년 CBT 복원문제

2012년 2월 12일 시행(1회)

1과목 공조냉동 안전관리

01 작업자의 신체를 보호하기 위한 보호구의 구비조건으로 가장 거리가 먼 것은?
㉮ 착용이 간편할 것
㉯ 방호성능이 충분할 것
㉰ 정비가 간단하고 점검, 검사가 용이할 것
㉱ 견고하고 값비싼 고급 품질일 것

●해설
보호구의 구비조건
- 착용에 간편할 것
- 작업에 방해를 주지 않을 것
- 외관상 보기가 좋을 것
- 재료의 품질이 우수할 것
- 방호 성능이 충분한 것일 것

02 가스용접 작업 시 유의사항이다. 적절하지 못한 것은?
㉮ 산소병은 60℃ 이하 온도에서 보관하고 직사광선을 피해야 한다.
㉯ 작업자의 눈을 보호하기 위해 차광안경을 착용해야 한다.
㉰ 가스누설의 점검을 수시로 해야 하며 점검은 비눗물로 한다.
㉱ 가스용접장치는 화기로부터 5m 이상 떨어진 곳에 설치해야 한다.

●해설
가스용기는 40℃ 이하이며, 외기와 통풍이 원활한 곳에 보관한다.

03 안전사고 예방의 사고예방원리 5단계를 단계별로 바르게 나타낸 것은?
㉮ 사실의 발견→평가분석→시정책의 선정→조직→시정책의 적용
㉯ 조직→사실의 발견→평가분석→시정책의 선정→시정책의 적용
㉰ 사실의 발견→시정책의 선정→평가분석→시정책의 적용→조직
㉱ 조직→사실의 발견→시정책의 선정→시정책의 적용→평가분석

●해설
재해예방 5단계
조직→사실의 발견→평가분석→시정책의 선정→시정책의 적용

04 드릴링 작업을 할 때의 안전수칙을 설명한 것으로 바른 것은?
㉮ 옷소매가 긴 작업복이나 장갑을 착용한다.
㉯ 드릴의 착탈은 회전이 완전히 멈춘 다음 행한다.
㉰ 드릴작업을 하면서 칩을 가끔 손으로 제거한다.
㉱ 드릴작업 시에는 보안경을 착용해서는 안 된다.

●해설
드릴작업 시 주의 사항
- 회전하는 주축이나 드릴에 손을 대거나 머리를 가까이 하지 않는다. 휩쓸려 사고가 나기 때문이다.
- 드릴의 착탈은 회전이 완전히 멈춘 후에 작업한다.
- 드릴이나 소켓을 뽑을 때는 공구를 사용하고 해머 등으로 두들기지 않는다.

정답 1. ㉱ 2. ㉮ 3. ㉯ 4. ㉯

- 드릴작업 시 칩이 같이 회전하므로 보호 안경을 반드시 착용해야 한다.
- 작은 공작물은 바이스를 사용하여 고정하고 직접 손으로 잡고 작업하지 않는다.
- 옷소매가 긴 작업복이나 장갑을 착용하지 않는다.

05 도수율(빈도율)이 30인 사업장의 연천인율은 얼마인가?

㉮ 24 ㉯ 36
㉰ 72 ㉱ 96

해설
연천인율=도수율×2.4=30×2.4=72

06 소화효과의 원리가 아닌 것은?

㉮ 질식효과 ㉯ 제거효과
㉰ 냉각효과 ㉱ 단열효과

해설
소화효과 : 질식효과, 제거효과, 냉각효과, 부촉매효과 등

07 냉동제조 시설기준에 대한 설명 중 틀린 것은?

㉮ 냉매설비에는 상용압력을 초과하는 경우 즉시 그 압력을 상용압력 이하로 되돌릴 수 있는 안전장치를 설치할 것
㉯ 암모니아 냉동설비의 전기설비는 반드시 방폭 성능을 가지는 것일 것
㉰ 냉매설비에는 긴급사태가 발생하는 것을 방지하기 위해 자동제어장치를 설치할 것
㉱ 가연성가스 또는 독성가스 냉매설비의 배관에서 냉매가스가 누출될 경우 그 가스가 체류하지 않도록 필요한 조치를 할 것

해설
암모니아와 브롬화 메탄은 폭발하한값이 높기 때문에 방폭성능을 가지지 않아도 된다.

08 안전관리의 목적을 가장 올바르게 설명한 것은?

㉮ 기능향상을 도모한다.
㉯ 경영의 혁신을 도모한다.
㉰ 기업의 시설투자를 확대한다.
㉱ 근로자의 안전과 능률을 향상시킨다.

해설
안전관리의 목적 : 인명의 존중, 사회복지 증진, 생산성 향상, 경제성 향상

09 공조설비에 사용되는 NH_3 냉매가 눈에 들어간 경우 조치방법으로 적당한 것은?

㉮ 레몬주스 또는 20%의 식초를 바른다.
㉯ 2%의 붕산액으로 세척하고 유동파라핀을 점안한다.
㉰ 차아황산나트륨 포화용액으로 씻어낸다.
㉱ 암모니아수로 씻는다.

해설
- 프레온계 냉매가 눈에 들어갔을 경우 2%의 붕산액으로 세척하고 유동파라핀을 점안한다.
- 프레온계 냉매가 피부에 묻었을 경우 물로 세척 후 피크린산용액을 바른다.

10 보일러에 스케일 부착으로 인한 영향으로 틀린 것은?

㉮ 전열량 증가
㉯ 연료소비량 증가
㉰ 과열로 인한 파열사고위험 발생
㉱ 보일러효율 저하

해설
스케일로 인한 영향
- 열전도 저하, 연료소비량 증가
- 전열면 국부 과열, 팽출 및 압괴
- 증발이 느려 열효율 저하
- 수관 내에 붙어 물순환 저하
- 계측기에 붙어 압력계 및 수면계의 기능 저하

정답 5. ㉰ 6. ㉱ 7. ㉯ 8. ㉱ 9. ㉯ 10. ㉮

11 안전·보건표지의 색채에서 바탕은 파란색, 관련 그림은 흰색으로 된 표지로 맞는 것은?

㉮ 금지표지　　㉯ 경고표지
㉰ 지시표지　　㉱ 안내표지

> **해설**
> - **녹색과 흰색** : 안내표지
> - **노랑색과 흑색** : 경고표지
> - **청색과 흰색** : 지시표지

12 토출압력이 너무 낮은 경우의 원인으로 적절하지 못한 것은?

㉮ 냉매 충전량 과다
㉯ 토출밸브에서의 누설
㉰ 냉각수 수온이 너무 낮아서
㉱ 냉각수량이 너무 많아서

> **해설**
> - 냉매 충전량이 많으면 토출압력이 상승한다.
> - **토출압력이 낮은 원인**
>   - 수온이 낮거나 냉각수량이 많을 경우
>   - 공랭식에서 공기량이 과다하거나 온도가 낮을 경우
>   - 냉매 충전량이 부족하거나 토출밸브에서 누설될 경우
>   - 증발기에서 압축기로 액체 냉매 혼입될 경우

13 전기기계 기구에서 절연상태를 측정하는 계기로 옳은 것은?

㉮ 검류계　　㉯ 전류계
㉰ 절연 저항계　　㉱ 접지 저항계

> **해설**
> - **절연저항계** : 절연상태 측정
> - **검류계** : 미소전류 측정
> - **전류계** : 전류 측정
> - **전압계** : 전압 측정
> - **접지테스터** : 접지저항 측정
> - **절연저항계** : 누전여부 측정
> - **오실로스코프** : 펄스 측정

14 전기 용접작업을 할 때 옳지 않은 것은?

㉮ 비오는 날 옥외에서 작업하지 않는다.
㉯ 소화기를 준비한다.
㉰ 가스관에 접지한다.
㉱ 화상에 주의한다.

> **해설**
> 전기용접 시 가스관 및 수도관 등의 배관은 접지로 사용하지 않도록 한다.

15 정 작업 시 안전작업수칙으로 옳지 않은 것은?

㉮ 정의 머리가 둥글게 된 것은 사용하지 말 것
㉯ 처음에는 가볍게 때리고 점차 타격을 가할 것
㉰ 철재를 절단할 때에는 철편이 날아 튀는 것에 주의할 것
㉱ 표면이 단단한 열처리 부분은 정으로 가공할 것

> **해설**
> **정 작업 시 안전수칙**
> - 표면이 단단한 열처리 부분은 정으로 깎지 않는다.
> - 정 작업을 할 때 시선은 항상 공작물을 향해야 타격 시 안전하게 작업할 수 있다.
> - 정 작업을 할 때는 보호안경을 끼고 한다.
> - 정을 잡고 작업할 때 힘을 주지 않는다.
> - 처음과 끝부분은 약하게 쳐서 작업한다.

2과목　냉동기계

16 다음 설명 중 틀린 것은?

㉮ 유압 보호 스위치의 종류는 바이메탈식과 가스통식이 있다.
㉯ 단수 릴레이는 수랭식 응축기에서 브라인이나 냉각수가 단수 또는 감수 시 압축기를 정지시키는 스위치다.

정답 11. ㉰　12. ㉮　13. ㉰　14. ㉰　15. ㉱

㉰ 가용전은 토출가스의 영향을 직접 받지 않는 곳에 설치한다.
㉱ 파열판은 일단 동작된 후 내부 압력이 낮아지면 가스의 방출이 정지되며, 다시 사용할 수 있다.

> **해설**
> 파열판은 1회용으로서 한 번 작동되면 새것으로 교환해야 한다.

17 내식성이 우수하고 열전도율이 비교적 크며 굽힘성 등이 좋아 냉난방관, 급수관 등에 널리 이용되는 관은?

㉮ 구리관 ㉯ 납관
㉰ 합성수지관 ㉱ 합금강 강관

> **해설**
> **동관의 특징**
> - 내식성이 우수하나, 산성(초산, 황산 등)에는 부식이 심하며 암모니아에도 부식된다.
> - 전기 및 열전율이 좋고, 가공성이 우수하다.

18 열용량에 대한 설명으로 맞는 것은?

㉮ 어떤 물질 1kg의 온도를 10℃ 올리는 데 필요한 열량을 뜻한다.
㉯ 어떤 물질의 온도를 1℃ 올리는 데 필요한 열량을 뜻한다.
㉰ 물 1kg의 온도를 0.1℃ 올리는 데 필요한 열량을 뜻한다.
㉱ 물 1lb의 온도를 1℉ 올리는 데 필요한 열량을 뜻한다.

> **해설**
> **열용량** : 어떤 물질을 1℃ 올리는 데 필요한 열량이며, 단위는 kcal/℃이다.
> $Q = m \times C$
> 여기서, m : 질량, C : 비열

19 브라인 냉매에 관한 설명 중 틀린 것은?

㉮ 무기질 브라인 중 염화나트륨이 염화칼슘보다 부식성이 더 크다.
㉯ 염화칼슘 브라인은 공정점이 낮아 제빙, 냉장 등으로 사용된다.
㉰ 브라인 냉매의 pH값은 7.5~8.2(약알칼리)로 유지하는 것이 좋다.
㉱ 브라인은 유기질과 무기질로 구분되며 유기질 브라인의 부식성이 더 크다.

> **해설**
> - 무기질 브라인이 유기질 브라인보다 부식성이 크다.
> - 유기질 브라인은 탄소를 포함한 것이며, 금속 부식력이 작고, 가격이 비싸다.

20 주기가 0.002S일 때 주파수는 몇 Hz인가?

㉮ 400 ㉯ 450
㉰ 500 ㉱ 550

> **해설**
> 주파수 $f = \dfrac{1}{T} = \dfrac{1}{0.002} = 500\text{Hz}$

21 액 순환식 증발기에 대한 설명 중 맞는 것은?

㉮ 오일이 체류할 우려가 크고 제상 자동화가 어렵다.
㉯ 냉매량이 적게 소요되며 액펌프, 저압수액기 등 설비가 간단하다.
㉰ 증발기 출구에서 액은 80% 정도이고 기체는 20% 정도 차지한다.
㉱ 증발기가 하나라도 여러 개의 팽창밸브가 필요하다.

> **해설**
> **액순환식 증발기**
> - 증발기 출구에서 냉매액이 80%, 가스가 20% 정도 차지한다.
> - 펌프를 이용한 강제순환식으로 냉매액을 4~6배 강제 순환시킨다.
> - 다른 증발기보다 냉매의 순환량이 많아서 전열이 우수하다.

정답 16. ㉱ 17. ㉮ 18. ㉯ 19. ㉱ 20. ㉰ 21. ㉰

- 냉매소요량이 많고, 액펌프, 저압수액기 등 설비가 복잡하다.
- 증발기가 몇 개가 되더라도 한 개의 팽창밸브로 충분하다.

22 배관시공 시 진동 및 충격을 완화시키기 위하여 설치하는 기기는?
㉮ 행거 ㉯ 서포트
㉰ 브레이스 ㉱ 레스트레인트

🔵 해설
- **브레이스**: 펌프, 압축기 등에서 발생하는 서징, 수격, 지진, 진동을 억제하는 데 사용하는 충격완충기
- **서포트**: 무거운 배관을 밑에서 지지하는 지지대
- **행거**: 배관을 위에서 매달아서 지지
- **레스트레인트**: 열팽창으로부터의 변화를 제한하는 지지대

23 냉동기유의 구비조건 중 옳지 않은 것은?
㉮ 응고점과 유동점이 높을 것
㉯ 인화점이 높을 것
㉰ 점도가 적당할 것
㉱ 전기절연 내력이 클 것

🔵 해설
냉동기유의 구비조건
- 응고점과 유동점이 낮을 것
- 전기 절연성이 클 것
- 냉매가스 흡수성이 적으며, 흡수하여도 용적증기가 적을 것
- 방청성과 오일포밍에서의 소포성이 좋을 것

24 2단 압축 냉동장치에서 저압측(흡입압력)이 0kgf/cm²g, 고압측(토출압력)이 15kgf/cm²g이었다. 이때 중간압력은 약 몇 kgf/cm²g인가?
㉮ 2.03 ㉯ 3.03
㉰ 4.03 ㉱ 5.03

🔵 해설
중간압력
$= \sqrt{고압의 절대압력 \times 저압의 절대압력}$
$= \sqrt{(0+1.0332) \times (15+1.0332)}$
$= 4.07 - 1.0332$
$= 3.03 kgf/cm^2 \cdot g$

25 터보 냉동기 윤활 사이클에서 마그네틱 플러그가 하는 역할은?
㉮ 오일 쿨러의 냉각수 온도를 일정하게 유지하는 역할
㉯ 오일 중의 수분을 제거하는 역할
㉰ 윤활 사이클로 공급되는 유압을 일정하게 해주는 역할
㉱ 윤활 사이클로 공급되는 철분을 제거하여 장치의 마모를 방지하는 역할

🔵 해설
마그네틱 플러그: 오일 중에 포함되어 있는 철분을 제거하는 역할을 한다.

26 수액기에 부착되지 않는 것은?
㉮ 액면계 ㉯ 안전밸브
㉰ 전자밸브 ㉱ 오일드레인밸브

🔵 해설
고압수액기에 부착하는 부속품: 액면계, 안전밸브, 자기유지밸브, 드레인밸브, 균압관

27 두 가지 금속으로 폐회로를 만들었을 때 접합점에 온도 차이를 주면 열기전력이 발생하는 현상은?
㉮ 평형효과 ㉯ 톰슨효과
㉰ 열전효과 ㉱ 펠티어효과

🔵 해설
열전효과(제백효과)
서로 다른 금속을 접합하여 전기회로를 구성했을 때, 두 접합점에 온도 차가 있으면 열기전력이 발생하는 현상

정답 22. ㉰ 23. ㉮ 24. ㉯ 25. ㉱ 26. ㉰ 27. ㉰

28 흡입배관에서 압력손실이 발생하면 나타나는 현상이 아닌 것은?

㉮ 흡입압력의 저하
㉯ 토출가스 온도의 상승
㉰ 비체적 감소
㉱ 체적효율 저하

⊕ 해설
흡입배관에서 압력손실이 발생하면 흡입압력의 저하로 비체적과 압축비, 토출가스온도가 상승한다.

29 유니언 나사이음의 도시기호로 맞는 것은?

㉮ 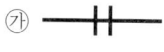 ㉯ ─┼─
㉰  ㉱ ─╳─

⊕ 해설
㉮ 플랜지 이음 ㉯ 나사이음
㉰ 유니언 이음 ㉱ 용접접합

30 가열원이 필요하며 압축기가 필요 없는 냉동기는?

㉮ 터보 냉동기   ㉯ 흡수식 냉동기
㉰ 회전식 냉동기   ㉱ 왕복동식 냉동기

⊕ 해설
흡수식 냉동기
- 압축식에 비해 소음과 진동이 적다.
- 증기, 온수 등 배열을 이용할 수 있다.
- 압축식에 비해 설치 면적 및 중량이 크다.
- 흡수식 냉동기는 열적인 압축방식이며, 증기압축식 냉동기는 기계적 냉매 압축식이다.

31 옴의 법칙에 대한 설명 중 옳은 것은?

㉮ 전류는 전압에 비례한다.
㉯ 전류는 저항에 비례한다.
㉰ 전류는 전압의 2승에 비례한다.
㉱ 전류는 저항의 2승에 비례한다.

⊕ 해설
오옴의 법칙
$V = I \times R$
여기서, V : 전압, I : 전류, R : 저항

32 주철관을 절단할 때 사용하는 공구는?

㉮ 원판 그라인더
㉯ 링크형 파이프커터
㉰ 오스터
㉱ 체인블럭

⊕ 해설
공구사용법
- **링크형 파이프커터** : 주철관 절단용
- **오스터** : 파이프에 나사 모양의 홈을 내는 공구
- **사이징툴** : 동관 접합 시 정확한 원형으로 세팅할 때 사용
- **원판 그라인더** : 파이프를 절단할 때 사용
- **체인블럭** : 무거운 공작물을 들어 올릴 때 사용

33 냉동기의 스크류 압축기(Screw Compressor)에 대한 특징 설명 중 잘못된 것은?

㉮ 암, 수 2개 나선형 로터의 맞물림에 의해 냉매가스를 압축한다.
㉯ 액격 및 유격이 적다.
㉰ 왕복동시고가 비교하여 동일 냉동능력일 때 압축기 체적이 크다.
㉱ 흡입, 토출밸브가 없다.

⊕ 해설
- 스크루 압축기는 왕복동식과 비교하여 동일 냉동능력일 때 압축기 체적이 작다.
- **장점**
  - 1단 압축비를 크게 취할 수 있다.
  - 흡입, 토출밸브가 없어 마모가 없으며, 고장률이 적고 냉매의 압력손실이 없어서 효율이 좋다.
  - 체적효율이 크며 무단계 용량제어가 연속적으로 가능하다.
- **단점**
  - 3,500rpm정도의 고속회전이어서 소음이 크다.
  - 오일펌프가 필요하며, 윤활유 소모가 크다.

정답 28. ㉰ 29. ㉰ 30. ㉯ 31. ㉮ 32. ㉯ 33. ㉰

- 경부하 시 동력이 크며, 운전 유지비가 비싸다.
- 분해조립 등 정비에 특별한 기술이 필요하다.

34 만액식 증발기에 사용되는 팽창밸브는?
㉮ 저압식 플로트밸브
㉯ 온도식 자동 팽창밸브
㉰ 정압식 자동 팽창밸브
㉱ 모세관 팽창밸브

⊕ 해설
플로트 팽창밸브(저압식) : 증발기 본체, 집주기, 저압수액기 등의 냉매측 액면을 제어하면서 냉매액을 감압한다.

35 다음의 역 카르노 사이클에서 냉동장치의 각 기기에 해당되는 구간이 바르게 연결된 것은?

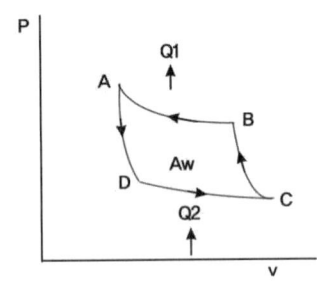

㉮ B→A 응축기, C→B 팽창변, D→C 증발기, A→D 압축기
㉯ B→A 증발기, C→B 압축기, D→C 응축기, A→D 팽창변
㉰ B→A 응축기, C→B 압축기, D→C 증발기, A→D 팽창변
㉱ B→A 압축기, C→B 응축기, D→C 증발기, A→D 팽창변

⊕ 해설
역 카르노 사이클
B→A 응축기, C→B 압축기, D→C 증발기, A→D 팽창변

36 다음 용어의 설명 중 맞지 않는 것은?
㉮ 냉각 : 식품을 얼리지 않는 범위 내에서 온도를 낮추는 것
㉯ 제빙 : 물을 동결하여 얼음을 생산하는 것
㉰ 동결 : 어떤 물체를 가열하여 얼리는 것
㉱ 저빙 : 생산된 얼음을 저장하는 것

⊕ 해설
동결 : -15℃ 이하로 낮추어 저온으로 얼리는 것

37 냉매의 건조도가 가장 큰 상태는?
㉮ 과냉액   ㉯ 습포화 증기
㉰ 포화액   ㉱ 건조포화 증기

⊕ 해설
과냉각액<포화액<습포화 증기<건포화 증기

38 안전사용 최고온도가 가장 높은 배관 보온재는?
㉮ 우모펠트   ㉯ 폼 폴리스티렌
㉰ 규산칼슘   ㉱ 탄산마그네슘

⊕ 해설
단열재의 종류
- 무기질 보온재 : 300~800℃ 범위
  탄산마그네슘(250℃), 규산칼슘(650℃), 석면(500℃)
- 유기질 보온재 : 100~200℃ 범위
  폼폴리스티렌(70℃), 펠트류(100℃), 텍스류(120℃)

39 어떤 냉동기의 냉동능력이 4,300kJ/h, 성적계수 6, 냉동효과 7.1kJ/kg, 응축기 방열량 8.36kJ/kg일 경우 냉매 순환량은 약 얼마인가?
㉮ 450kg/h   ㉯ 505kg/h
㉰ 550kg/h   ㉱ 605kg/h

정답 34. ㉮ 35. ㉰ 36. ㉰ 37. ㉱ 38. ㉰ 39. ㉱

🔵 해설

냉매 순환량
= 냉동능력/냉동효과 = 4,300/7.1 = 605.6 kg/h

40 냉동능력이 45냉동톤인 냉동장치의 수직형 쉘 엔드 튜브응축기에 필요한 냉각수량은 약 얼마인가?(단, 응축기 입구 온도는 23°C이며, 응축기 출구 온도는 28°C이다)

㉮ 38,844(L/h)　㉯ 43,200(L/h)
㉰ 51,870(L/h)　㉱ 60,250(L/h)

🔵 해설

냉매 순환량 = (냉동능력 × 방열계수)/(비열 × 온도차)
= (45 × 3,320 × 1.3)/(1 × (28−23))
= 38,844(L/h)

41 다음 p−h 선도는 NH₃를 냉매로 하는 냉동장치의 운전 상태를 냉동 사이클로 표시한 것이다. 이 냉동장치의 부하가 50,000 kcal/h일 때 이 응축기에서 제거해야 할 열량은 약 얼마인가?

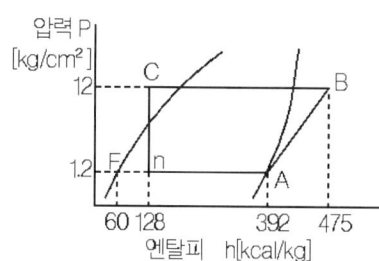

㉮ 209,032kcal/h
㉯ 41,813kcal/h
㉰ 65,720kcal/h
㉱ 52,258kcal/h

🔵 해설

응축기 발열량 = 냉매 순환량 × 냉동효과
$Q = \left(\frac{50,000}{392-128}\right) \times (475-128) = 65,720 \text{ kcal/h}$

42 냉동장치의 능력을 나타내는 단위로서 냉동톤(RT)이 있다. 1냉동톤을 설명한 것으로 옳은 것은?

㉮ 0°C의 물 1kg을 24시간에 0°C의 얼음으로 만드는 데 필요한 열량
㉯ 0°C의 물 1ton을 24시간에 0°C의 얼음으로 만드는 데 필요한 열량
㉰ 0°C의 물 1kg을 1시간에 0°C의 얼음으로 만드는 데 필요한 열량
㉱ 0°C의 물 1ton을 1시간에 0°C의 얼음으로 만드는 데 필요한 열량

🔵 해설

1냉동톤(RT) : 0°C 물 1ton을 24시간에 0°C의 얼음으로 만드는 데 필요한 열량

43 공정점이 −55°C로 얼음제조에 사용되는 무기질 브라인으로 가장 일반적으로 쓰이는 것은?

㉮ 염화칼슘 수용액
㉯ 염화마그네슘 수용액
㉰ 에틸렌글리콜
㉱ 프로필렌글리콜

🔵 해설

• 무기질 브라인(공정점) : 염화나트륨(−21.2°C) : 식품저장용〉염화마그네슘(−33.6°C) : 염화칼슘대용〉염화칼슘(−55°C) : 제빙용
• 유기질 브라인(공정점)
 − 에틸알코올(−100°C) : 식품초저온 동결
 − 에틸렌글리콜 : 점성이 크고 단맛이 있는 무색의 액체
 − 프로필렌글리콜 : 분무식 식품동결용

44 왕복 압축기에서 이론적 피스톤 압출량(m³/h)의 산출식으로 옳은 것은?(단, 기통수 N, 실린더내경 D[m], 회전수 R[rpm], 피스톤행정 L[m]이다)

㉮ $V = D \times L \times R \times N \times 60$

㉯ $V = \dfrac{\pi}{4} D \times L \times R \times N$

㉰ $V = \dfrac{\pi}{4} D \times L \times R \times N \times 60$

㉱ $V = \dfrac{\pi}{4} D^2 \times L \times N \times R \times 60$

➕ 해설
피스톤 압출량
$V = \dfrac{\pi D^2}{4} \times L \times N \times R \times 60$

45 용접 접합을 나사 접합에 비교한 것 중 옳지 않은 것은?

㉮ 누수의 우려가 적다.
㉯ 유체의 마찰 손실이 많다.
㉰ 배관상으로 공간효율이 좋다.
㉱ 접합부의 강도가 크다.

➕ 해설
용접 접합
- 나사이음에 비해 유체 마찰 손실이 적다.
- 기밀성 및 수밀성이 좋다.
- 중량이 경감되며, 작업효율이 좋고 강도가 좋다.
- 용접 부위에 변형이 생길 수 있다.

3과목 공기조화

46 보일러의 종류 중 원통형 보일러에 해당하지 않는 것은?

㉮ 입형 보일러　　㉯ 노통 보일러
㉰ 관류 보일러　　㉱ 연관 보일러

➕ 해설

원통형	입형	횡관식, 다관식, 코크란
	횡형	노통	코르시니, 랭커셔
		연관	횡연관식, 기관차
		노톤연관	소코치, 하우덴 존슨

47 공기조화기에 사용되는 공기가열 코일이 아닌 것은?

㉮ 직접 팽창코일　㉯ 온수코일
㉰ 증기코일　　　㉱ 전열코일

➕ 해설
공기가열코일 : 온수코일, 증기코일, 전열코일

48 공기를 가습하는 방법으로 적당하지 않은 것은?

㉮ 직접 팽창코일의 이용
㉯ 공기세정기의 이용
㉰ 증기의 직접 분무
㉱ 온수의 직접 분무

➕ 해설
직접 팽창코일 : 냉각 및 감습용 코일

49 급기, 배기 모두 기계를 이용한 환기법으로 보일러실 등에 사용되는 것은?

㉮ 제1종 기계 환기법
㉯ 제2종 기계 환기법
㉰ 제3종 기계 환기법
㉱ 제4종 기계 환기법

➕ 해설
기계 환기법
• 제1종 기계 환기법 : 급기 → 송풍기, 배기 → 송풍기
• 제2종 기계 환기법 : 급기 → 송풍기, 배기 → 자연풍
• 제3종 기계 환기법 : 급기 → 자연풍, 배기 → 송풍기

50 상대습도에 대한 설명 중 맞는 것은?

㉮ 습공기에 포함되는 수증기의 양과 건조공기 양과의 중량비
㉯ 습공기의 수증기압과 동일 온도에 있어서 포화공기의 수증기압과의 비

정답　44. ㉱　45. ㉯　46. ㉰　47. ㉮　48. ㉮　49. ㉮

㉰ 포화상태의 수증기의 분량과의 비
㉱ 습공기의 절대습도와 그와 동일 온도의 포화 습공기의 절대습도의 비

➕ 해설
상대습도
$\dfrac{습공기\ 수증기\ 분압}{동일온도의\ 포화수증기\ 분압} \times 100[\%]$

51 원심송풍기의 풍량 제어방법으로 적당하지 않은 것은?
㉮ 온·오프제어 ㉯ 회전수제어
㉰ 흡입베인제어 ㉱ 댐퍼제어

➕ 해설
원심송풍기의 풍량 제어방법
- 모타의 회전수 컨트롤
- 흡입베인제어
- 흡입 및 토출 댐퍼제어

52 캐비테이션(공동현상)의 방지대책이 아닌 것은?
㉮ 펌프의 흡입양정을 짧게 한다.
㉯ 펌프의 회전수를 적게 한다.
㉰ 양흡입 펌프를 단흡입 펌프로 바꾼다.
㉱ 흡입관경은 크게 하며 굽힘을 적게 한다.

➕ 해설
공동현상(cavitation)방지대책
- 펌프 내 포화증기압 이하로 발생하지 않도록 조치하고 회전수를 낮춘다.
- 펌프의 위치는 가능한 낮게 설치한다.
- 수온을 30℃ 이상 상승하지 않도록 릴리프 밸브를 설치한다.
- 펌프의 유량과 배관길이를 짧게 하고, 관경을 크게 하여 마찰손실을 적게 한다.

53 다음의 그림은 열흐름을 나타낸 것이다. 열흐름에 대한 용어로 틀린 것은?

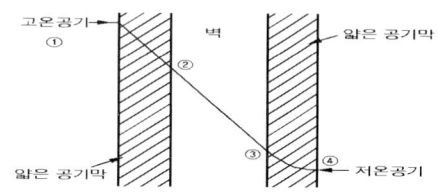

㉮ ① → ② : 열전달
㉯ ② → ③ : 열관류
㉰ ③ → ④ : 열전달
㉱ ① → ④ : 열통과

➕ 해설
② → ③ : 열전도(고체에서의 열의 이동)

54 보건용 공기조화에서 쾌적한 상태를 제공하여 주는 4가지 주요한 요소에 해당되지 않는 것은?
㉮ 온도 ㉯ 습도
㉰ 기류 ㉱ 음향

➕ 해설
공기조화의 4가지 요소 : 온도, 습도, 기류, 청정도

55 공조방식 중 각 층 유닛방식의 장점으로 틀린 것은?
㉮ 각 층의 공조기 설치로 소음과 진동의 발생이 없다.
㉯ 각 층별로 부분 부하운전이 가능하다.
㉰ 중앙기계실의 면적을 적게 차지하고 송풍기 동력도 적게 든다.
㉱ 각 층 슬래브의 관통 덕트가 없게 되므로 방재상 유리하다.

➕ 해설
유닛방식은 각 층에 공조기를 설치하는 것으로 소음과 진동이 발생한다.

56 난방부하가 3,600kcal/h인 실에 온수를 열매로 하는 방열기를 설치하는 경우 소요방열 면적은 몇 m²인가?(단, 방열기의 방열량은 표준방열량[kcal/m²·h]을 기준으로 한다)

㉮ 2.0　　㉯ 4.0
㉰ 6.0　　㉱ 8.0

해설
온수의 표준 방열량 : 450kcal/m³·h
방열 면적 = $\dfrac{\text{난방부하}}{\text{방열기의 표준방열량}} = \dfrac{3,600}{450} = 8\,m^2$

57 공조되는 인접실과 5°C의 온도 차가 나는 경우에 벽체를 통한 관류열량은?(단, 벽체의 열관류율은 0.5kcal/m²h°C이며, 인접실과 접한 벽체의 면적은 300m²이다)

㉮ 215kcal/h
㉯ 325kcal/h
㉰ 750kcal/h
㉱ 1,500kcal/h

해설
벽체를 통한 관류열량
$Q_p = k \cdot A \cdot \Delta t = 0.5 \times 300 \times 5 = 750\,kcal/h$

58 공조용 저속 덕트를 등마찰법으로 설계할 때 사용하는 단위마찰저항으로 맞는 것은?

㉮ 0.08~0.15mmAg/m
㉯ 0.8~1.5mmAg/m
㉰ 8~15mmAg/m
㉱ 80~150mmAg/m

해설
저속 덕트법
0.1mmAg/m 가량으로 대유량인 경우에도 주덕트 풍속은 15m/s 이하, 마찰저항은 0.3mmAg/m 이하로 결정한다.

59 온풍난방의 장점이 아닌 것은?

㉮ 예열시간이 짧아 비교적 연료소비량이 적다.
㉯ 온도의 자동제어가 용이하다.
㉰ 필터를 채택하므로 깨끗한 공기를 유지할 수 있다.
㉱ 실내온도 분포가 균등하다.

해설
온풍난방 특징
- 온풍난방은 실내온도 분포가 불균일하다.
- 예열시간이 짧아 비교적 연료소비량이 적다.
- 온도의 자동제어가 용이하다.
- 설치가 간단하며 설비비가 저렴하다.
- 송풍온도가 높아 소형으로 해도 가능하지만, 연도 화재우려가 있다.

60 보일러로부터의 증기 또는 온수나, 냉동기로부터의 냉수를 객실에 있는 유닛으로 공급시켜 냉·난방을 하는 것으로 덕트 스페이스가 필요 없고, 각 실의 제어가 쉬워서 주택, 여관 등과 같이 재실 인원이 적은 방에 적절한 방식은?

㉮ 전공기 방식　　㉯ 전수 방식
㉰ 공기-수 방식　　㉱ 냉매 방식

해설
- **전수 방식** : 증기나 온수, 냉수를 실내 유닛을 통해 공급하여 냉난방하는 시스템. 덕트가 필요 없으며 각실 제어가 가능함
- **전공기 방식** : 중앙공기조화기로부터 온풍과 냉풍을 만들어 덕트를 통해 각 실로 보내는 시스템
- **공기-수 방식** : 실내에 있는 공조기에 물과 공기를 보내어 냉난방하는 시스템
- **냉매 방식** : 냉동기의 냉동 사이클에서 냉매를 압축, 응축, 팽창, 증발과정을 거쳐 냉방하는 시스템

정답 56. ㉱　57. ㉰　58. ㉮　59. ㉱　60. ㉯

2012년 4월 8일 시행(2회)

1과목 공조냉동 안전관리

01 냉동기의 메인 스위치를 차단하고 전기시설을 점검하던 중 감전사고가 있었다면 어떤 전기부품 때문인가?
㉮ 콘덴서   ㉯ 마그네트
㉰ 릴레이   ㉱ 타이머

해설
- 콘덴서는 전기를 충전하는 부품이어서, 전원을 차단하고 나면 충전된 전기가 방출하기 때문에 전기시설을 점검하던 중 감전사고의 위험성이 있다.
- 감전방지대책
  - 충전부에 방호망 또는 절연 덮개 설치
  - 발전소, 변전소 등에는 근무자 외 출입금지
  - 작업장소를 절연 시에는 도전성 금속 및 작업장 바닥도 절연물로 처리해야 한다.
  - 누전이 발생해도 안전전압(30V) 이하로 하여 감전 사고를 유발시키지 않는다.
  - 감전위험 설비에는 접지를 하되 접지저항은 가능한 작은 것이 좋다.
  - 접지저항과 장비의 과전류 차단 값과의 곱이 안전전압(30V) 이내이면 안전하다.

02 작업복에 대한 설명 중 옳지 않은 것은?
㉮ 작업복의 스타일은 착용자의 연령, 성별 등을 고려할 필요가 없다.
㉯ 화기사용 작업자는 방염성, 불연성의 작업복을 착용한다.
㉰ 작업복은 항상 깨끗이 하여야 한다.
㉱ 작업복은 몸에 맞고 동작이 편하며, 상의 끝이나 바지자락 등이 기계에 말려 들어갈 위험이 없도록 한다.

해설
- 작업복의 스타일은 착용자의 연령, 성별 등을 고려하여 착용토록 한다.
- 작업복
  - 기계작업 시 위험하므로 소매가 좁은 스타일을 착용한다.
  - 정전기가 발생하기 쉬운 옷은 착용을 피한다.
  - 화학약품에 강한 것을 착용한다.
  - 가급적 주머니가 많지 않은 것을 착용한다.
  - 색깔을 보고 작업자를 구분할 수 있도록 한다.
  - 세탁을 자주하여 위생적이어야 한다.

03 재해율 중 연천인율을 구하는 식으로 옳은 것은?
㉮ 연천인율=(연간 재해자 수/연평균 근로자 수)×1,000
㉯ 연천인율=(연평균 근로자 수/재해 발생 건수)×1,000
㉰ 연천인율=(재해 발생 건수/근로 총시간 수)×1,000
㉱ 연천인율=(근로 총시간 수/재해 발생 건수)×1,000

해설
연천인율
$= \dfrac{\text{연간 재해자 수}}{\text{연평균 근로자 수}} \times 1{,}000 = \text{빈도율} \times 2.4$
(1년간 근로자 1,000명 중에 몇 명이 재해를 입었는지 계산하는 통계)

04 가스용접토치가 과열되었을 때 가장 적절한 조치사항은?
㉮ 아세틸렌가스를 멈추고 산소가스만을 분출시킨 상태로 물속에서 냉각시킨다.
㉯ 산소가스를 멈추고 아세틸렌가스만을 분출시킨 상태로 물속에서 냉각시킨다.
㉰ 아세틸렌산소가스를 분출시킨 상태로

정답 1. ㉮ 2. ㉮ 3. ㉮

물속에서 냉각시킨다.
㉣ 아세틸렌가스만을 분출시킨 상태로 팁 클리너를 사용하여 팁을 소제하고 공기 중에서 냉각시킨다.

➕ 해설
산소, 아세틸렌가스 용접 시 토치가 과열되었을 때는 아세틸렌가스를 잠그고 산소가스만 열어 차가운 물속에서 냉각시킨다.

05 보호 장구는 필요할 때 언제라도 착용할 수 있도록 청결하고 성능이 유지된 상태에서 보관되어야 한다. 보관방법으로 틀린 것은?

㉮ 광선을 피하고 통풍이 잘되는 장소에 보관할 것
㉯ 부식성, 유해성, 인화성 액체 등과 혼합하여 보관하지 말 것
㉰ 모래, 진흙 등이 묻은 경우는 깨끗이 씻고 햇빛에서 말릴 것
㉱ 발열성 물질을 보관하는 주변에 가까이 두지 말 것

➕ 해설
• 보호구 : 깨끗이 씻어서 통풍이 잘 되는 그늘에서 말린다.
• 보호장구 보관
 – 부식성 액체, 유기용제, 기름, 화학약품 등과 혼합해서 보관하지 않는다.
 – 진흙이나 모래가 묻었을 경우 깨끗이 씻어서 그늘에 말려 보관한다.
 – 발열성 물질 주변에 보관하지 않는다.

06 다음 중 불안전한 상태라 볼 수 없는 것은?

㉮ 환기 불량
㉯ 위험물의 방치
㉰ 안전교육의 미참여
㉱ 기계기구의 정비 불량

➕ 해설
• 물적 원인(불안정적인 상태) : 보호구, 작업장소의 결함, 생산공정 및 설비의 결함, 안전장치 및 방호장치 결함
• 인적 원인(불안전한 행동)
 – 안전장치의 기능제거, 기계, 보호구 등의 사용 미숙
 – 불안전한 상태 방치, 위험물 취급부주의, 불안전한 자세

07 냉동제조설비 안전관리자의 인원에 대한 설명 중 올바른 것은?

㉮ 냉동능력 300톤 초과(냉매가 프레온일 경우는 600톤 초과)인 경우 안전관리원은 3명 이상이어야 한다.
㉯ 냉동능력이 100톤 초과 300톤 이하(냉매가 프레온일 경우는 200톤 초과 600톤 이하)인 경우 안전관리원은 1명 이상이어야 한다.
㉰ 냉동능력 50톤 초과 100톤 이하(냉매가 프레온인 경우 100톤 초과 200톤 이하)인 경우 안전관리 총괄자는 없어도 상관없다.
㉱ 냉동능력 50톤 이하(냉매가 프레온인 경우 100톤 이하)인 경우 안전관리 책임자는 없어도 상관없다.

➕ 해설
냉동제조 안전관리자의 인원

냉동제조 설비(냉동톤)	안전관리자 인원
50톤 이하 (프레온 냉매시 : 100톤 이상)	안전관리총괄자 1명, 안전관리책임자 1명, 안전관리원 2명
50~100톤 (프레온 냉매시 : 100~200톤)	안전관리총괄자 1명, 안전관리책임자 1명, 안전관리원 1명
100~300톤 (프레온 냉매시 : 200~600톤)	안전관리총괄자 1명, 안전관리책임자 1명, 안전관리원 1명
300톤 이상 (프레온 냉매시 : 600톤 이상)	안전관리총괄자 1명, 안전관리책임자 1명, 안전관리원 1명

정답 4. ㉮ 5. ㉰ 6. ㉰ 7. ㉯

08 보일러 파열사고의 원인으로 적절하지 못한 것은?
㉮ 압력 초과 ㉯ 취급 불량
㉰ 수위 유지 ㉱ 과열

➕해설
보일러의 수위가 저수위일 때 파열될 수 있기 때문에 정상수위가 중요하다.

09 수공구 안전에 대한 일반적인 유의사항으로 잘못된 것은?
㉮ 사용 전에 이상 유무를 반드시 점검한다.
㉯ 작업에 적합한 공구가 없을 경우 대용으로 유사한 것을 사용한다.
㉰ 수공구 사용 시에는 필요한 보호구를 착용한다.
㉱ 수공구 사용 전에 충분한 사용법을 숙지하고 익히도록 한다.

➕해설
작업에 적합한 수공구를 사용해야 하며 대용으로 다른 공구는 사용하지 않는다.

10 응축기에서 응축 액화된 냉매가 수액기로 원활히 흐르지 못하는 가장 큰 원인은?
㉮ 액 유입관경이 크다.
㉯ 액 유출관경이 크다.
㉰ 안전밸브의 구경이 적다.
㉱ 균압관의 관경이 적다.

➕해설
균압관 : 응축기와 수액기 사이에 냉매가 잘 흐르도록 설치하여 압력을 정상으로 해주는 역할

11 전기화재 발생 시 가장 좋은 소화기는?
㉮ 산·알칼리 소화기
㉯ 포말 소화기
㉰ 모래
㉱ 분말 소화기

➕해설
전기화재(C급) 소화약제 : 분말소화기, CO_2 소화제, 할로겐소화제

12 산소용접 중 역화현상이 일어났을 때 조치방법으로 가장 적합한 것은?
㉮ 아세틸렌밸브를 즉시 닫는다.
㉯ 토치 속의 공기를 배출한다.
㉰ 아세틸렌압력을 높인다.
㉱ 산소압력을 용접조건에 맞춘다.

➕해설
역화가 일어나면 아세틸렌밸브, 산소밸브를 즉시 닫는다.

13 고압선과 저압 가공선이 병가된 경우 접촉으로 인해 발생하는 것과 변압기의 1, 2차 코일의 절연파괴로 인하여 발생하는 현상과 관계있는 것은?
㉮ 단락 ㉯ 지락
㉰ 혼촉 ㉱ 누전

➕해설
- **단락** : 2개 이상의 전선이 접촉하여 많은 전류가 흐르는 현상
- **지락** : 누전전류의 일부가 대지로 흐르는 현상
- **혼촉** : 고압선과 저압 가공선이 분리설치된 경우 접촉으로 인해 발생하는 것과 변압기의 1, 2차 코일의 절연파괴로 인하여 발생하는 현상(고압과 저압의 접촉)
- **누전** : 전류가 다른 곳으로 흐르는 현상

14 양중기의 종류 중 동력을 사용하여 중량물을 매달아 상하 및 좌우로 운반하는 기계장치는?
㉮ 크레인 ㉯ 리프트
㉰ 곤돌라 ㉱ 승강기

정답 8. ㉰ 9. ㉯ 10. ㉱ 11. ㉱ 12. ㉮ 13. ㉰ 14. ㉮

해설
양중기의 종류
- **크레인** : 중량물을 들어 올려서 상하좌우로 운반하는 기계장치
- **리프트** : 동력으로 사람이나 화물을 운반하는 장치
- **곤돌라** : 달기 강판이나 케이지를 전용 승강장치에 의해 와이어로프 또는 달기 강선으로 운반하는 장치
- **승강기** : 동력을 사용하여 사람을 운반하며, 가드레일을 따라 가동하는 장치

15 사업주는 보일러의 안전한 운전을 위하여 근로자에게 보일러의 운전방법을 교육하여 안전사고를 방지하여야 한다. 다음 중 교육내용에 해당하지 않는 것은?
㉮ 보일러의 각종 부속장치의 누설상태를 점검할 것
㉯ 압력방출장치·압력제한스위치·화염검출기의 설치 및 정상 작동여부를 점검할 것
㉰ 압력방출장치의 개방된 상태를 확인할 것
㉱ 고저수위조절장치와 급수펌프와의 상호 기능상태를 점검할 것

해설
압력방출장치는 비상시에 작동하는 것으로 항상 닫혀있는 상태를 확인해야 한다.

2과목 냉동기계

16 다음 용어 설명 중 잘못된 것은?
㉮ 냉각(cooling) : 상온보다 낮은 온도로 열을 제거하는 것
㉯ 동결(freezing) : 냉각작용에 의해 물질을 응고점 이하까지 열을 제거하여 고체 상태로 만든 것
㉰ 냉장(storage) : 냉각장치를 이용, 0℃ 이상의 온도에서 식품이나 공기 등을 상변화 없이 저장하는 것
㉱ 냉방(air conditioning) : 실내공기에 열을 가하여 주위 온도보다 높게 하는 방법

해설
냉방 : 실내의 열을 빼앗아 주위온도보다 낮게 하는 방법

17 윤활유의 사용목적으로 거리가 먼 것은?
㉮ 운동면에 윤활작용으로 마모방지
㉯ 기계적 효율 향상과 소손방지
㉰ 패킹재료를 보호하여 냉각작용을 억제
㉱ 유막형성으로 냉매가스 누설방지

해설
윤활유의 사용목적
- 마모방지작용
- 기계효율 상승 및 소손방지
- 냉각작용으로 패킹재료 보호하여 냉각작용을 촉진
- 유막형성으로 냉매가스 누설방지

18 팽창밸브 선정 시 고려할 사항 중 관계없는 것은?
㉮ 관의 두께
㉯ 냉동기의 냉동능력
㉰ 사용냉매의 종류
㉱ 증발기의 형식 및 크기

해설
팽창밸브 선정 시 고려사항
- 냉동능력
- 사용냉매의 종류
- 증발기의 형식 및 크기
- 고압과 저압의 압력 차

정답 15. ㉰ 16. ㉱ 17. ㉰ 18. ㉮

19 다음 그림과 같이 20A 강관을 45° 엘보에 나사 연결할 때 관의 실제 소요길이는 약 얼마인가?(단, 엘보중심 길이 25mm, 나사물림 길이 13mm이다)

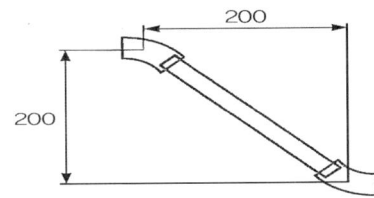

㉮ 255.8mm ㉯ 258.8mm
㉰ 274.8mm ㉱ 282.8mm

해설
배관의 실제 소요길이(l)
$l = L - 2(A-a)$
$= (\sqrt{2} \times 200) - 2(25-13)$
$= 258.8$mm

20 2단 압축 1단 팽창 냉동장치에 대한 설명 중 옳은 것은?

㉮ 단단 압축시스템에서 압축비가 작을 때 사용된다.
㉯ 냉동부하가 감소하면 중간 냉각기는 필요 없다.
㉰ 단단 압축시스템보다 응축능력을 크게 하기 위해 사용된다.
㉱ -30℃ 이하의 비교적 낮은 증발온도를 요하는 곳에 주로 사용된다.

해설
2단 압축 1단 팽창 냉동장치
- 중간 냉각기(인터쿨러)가 반드시 필요하다.
- -30℃ 이하의 비교적 낮은 증발온도가 필요한 곳에 사용된다.
- 압축비가 크면 토출가스온도가 상승하여 효율이 나빠진다.

21 2중 효용 흡수식 냉동기에 대한 설명 중 옳지 않은 것은?

㉮ 단중 효용 흡수식 냉동기에 비해 효율이 높다.
㉯ 2개의 재생기가 있다.
㉰ 2개의 증발기가 있다.
㉱ 2개의 열교환기를 가지고 있다.

해설
- 2중 효용 흡수식 냉동기는 1개의 증발기를 갖는다.
- 1중 효용 흡수식냉동기에 재생기를 한 개 더 설치하여 저온재생기와 고온재생기로 구분한다. 고온재생기에서 발생한 냉매증기의 응축열은 저온재생기에서 리튬브로마이드 수용액을 농축시키기 위한 열로 사용하며, 응축기에서 나온 응축열은 유효하게 활용하여 효율을 상승시킨다.

22 아래와 같은 배관의 도시기호는 어느 이음인가?

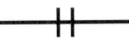

㉮ 나사식 이음   ㉯ 플랜지식 이음
㉰ 용접식 이음   ㉱ 턱걸이식 이음

해설
플랜지 이음을 나타낸 것이다.

23 영국의 마력 1[HP]를 열량으로 환산할 때 맞는 것은?

㉮ 102[kcal/h]   ㉯ 632[kcal/h]
㉰ 860[kcal/h]   ㉱ 641[kcal/h]

해설
- 1HP=641kcal/h=76kgm/s
- 1PS=632kcal/h=75kgm/s
- 1kW=860kcal/h=102kgm/s

24 저항 3Ω과 유도 리액턴스 4Ω이 직렬로 접속된 회로의 역률은?

㉮ 0.4   ㉯ 0.5
㉰ 0.6   ㉱ 0.8

정답 19. ㉯ 20. ㉱ 21. ㉰ 22. ㉯ 23. ㉱ 24. ㉰

해설

역률 : $\cos\theta = \dfrac{R}{Z} = \dfrac{R}{\sqrt{R^2+X_L^2}}$

$= \dfrac{3}{\sqrt{3^2+4^2}} = 0.6$

25 동결장치 상부에 냉각코일을 집중적으로 설치하고, 공기를 유동시켜 피 냉각물체를 동결시키는 장치는?

㉮ 송풍 동결장치 ㉯ 공기 동결장치
㉰ 접촉 동결장치 ㉱ 브라인 동결장치

해설

송풍 동결장치 : 동결장치 상부에 냉각코일을 집중적으로 설치하고 송풍기를 이용하여 공기를 유동시켜 피냉각물체를 동결시키는 장치

26 다음은 NH_3 표준 냉동 사이클의 P-h선도이다. 플래시 가스열량은 얼마인가?

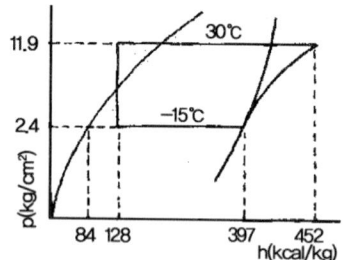

㉮ 44kcal/kg   ㉯ 55kcal/kg
㉰ 313kcal/kg ㉱ 368kcal/kg

해설

플래시(flash) 가스 : 증발기에서 액체냉매가 증발해야 하는데 팽창밸브를 지나면서 미리 기체화된 냉매이다. 총 기화 냉매가스 열량(313 kcal/h=397-84) 중에서 팽창밸브를 지나온 후의 플래시가스 열량은 128-84=44kcal/h이다.

27 지열을 이용하는 열펌프(Heat Pump)의 종류가 아닌 것은?

㉮ 엔진구동 열펌프
㉯ 지하수 이용 열펌프
㉰ 지표수 이용 열펌프
㉱ 지중열 이용 열펌프

해설

지열원 열펌프(GSHP : Ground Source Heat Pump)의 종류
- 지하수 이용 열펌프(GWHP)
- 지표수 이용 열펌프(SWHP)
- 지중열 이용 열펌프(GCHP)
- 복합지열원 이용 열펌프(HGSHP)

28 냉동장치의 배관의 있어서 유의할 사항으로 틀린 것은?

㉮ 관의 강도가 적합한 규격이어야 한다.
㉯ 냉매의 종류에 따라 관의 재질을 선택해야 한다.
㉰ 관내부의 유체압력손실이 커야 한다.
㉱ 관의 온도 변화에 의한 신축을 고려해야 한다.

해설

관 내부의 유체압력손실이 작아야 한다.

29 제빙용으로 브라인(brine)의 냉각에 적당한 증발기는?

㉮ 관코일 증발기 ㉯ 헤링본 증발기
㉰ 원통형 증발기 ㉱ 평판상 증발기

해설

헤링본 증발기 : 제빙용으로 브라인의 냉각에 알맞다.

30 전자냉동은 어떠한 원리를 이용한 것인가?

㉮ 제백효과   ㉯ 안티효과
㉰ 펠티에효과 ㉱ 증발효과

해설

펠티에효과 : 서로 다른 금속을 연결하여 전류를 통해주면 한쪽은 흡열하여 저온이 되고, 또 다른 쪽은 발열하여 고온이 되는 원리이다.

정답 25. ㉮ 26. ㉮ 27. ㉮ 28. ㉰ 29. ㉯ 30. ㉰

31 증발기의 성에부착을 제거하기 위한 제상 방법이 아닌 것은?

㉮ 전열제상   ㉯ 핫 가스제상
㉰ 산 살포제상   ㉱ 부동액 살포제상

해설
제상 방법
- **전열제상** : 전열코일을 설치하여 제상
- **핫 가스제상** : 압축기에서 생산되는 고온의 냉매를 응축기를 거치지 않고 증발기로 보내서 제상
- **부동액 살포제상** : 얼지 않는 부동액을 살포하여 제상

32 증발온도가 낮을 때 미치는 영향 중 틀린 것은?

㉮ 냉동능력 감소
㉯ 소요동력 감소
㉰ 압축비 증대로 인한 실린더 과열
㉱ 성적계수 저하

해설
증발온도가 낮을 때 미치는 영향
- 증발온도가 낮으면 소요동력이 증가
- 압축비의 증가로 실린더 과열
- 토출가스 온도 상승
- 냉동효과 및 성능계수 감소
- 비체적증가로 인한 냉매 순환량 감소

33 온도가 다른 두 물체를 접촉시키면 열은 고온에서 저온의 물체로 이동한다. 이것은 어떤 법칙인가?

㉮ 줄의 법칙   ㉯ 열역학 제2법칙
㉰ 헤스의 법칙   ㉱ 열역학 제1법칙

해설
- **줄(Joule)의 법칙** : $H = I^2 Rt$ [J], 저항선에 전류를 흐르게 하면 도체 내에 단위시간당 소비되는 에너지는 모두 열로 전환된다는 법칙
- **열역학 제2법칙** : 열은 고온에서 저온으로 이동한다.
- **헤스의 법칙** : 화학 반응에서 반응열은 그 반응 시작과 끝 상태만으로 결정되며 도중의 경로에는 관계하지 않는다.
- **열역학 제1법칙** : 에너지는 형태가 변할 수 있을 뿐 새로 만들어지거나 없어질 수 없다.

34 배관의 부식방지를 위해 사용하는 도료가 아닌 것은?

㉮ 광명단   ㉯ 연산칼슘
㉰ 크롬산아연   ㉱ 탄산마그네슘

해설
탄산마그네슘은 무기질 보온재에 해당된다.

35 암모니아 냉매의 특성에 대한 것으로 틀린 것은?

㉮ 동 및 동합금, 아연을 부식시킨다.
㉯ 철 및 강을 부식시킨다.
㉰ 물에 잘 용해되지만 윤활유에는 잘 녹지 않는다.
㉱ 염산이나 유황의 불꽃과 반응하여 흰 연기를 발생시킨다.

해설
암모니아는 철 및 강을 부식시키지 않아서 냉매관의 강관으로 사용한다.

36 강관용 이음쇠를 이음방법에 따라 분류한 것이 아닌 것은?

㉮ 용접식   ㉯ 압축식
㉰ 플랜지식   ㉱ 나사식

해설
압축식 이음(플레어 이음) : 동관이음(20mm 이하) 방법이다.

37 회전식 압축기의 설명 중 틀린 것은?

㉮ 흡입밸브가 없다.
㉯ 압축이 연속적이다.
㉰ 회전수가 200rpm 정도로 매우 적다.
㉱ 왕복동에 비해 구조가 간단하다.

정답 31. ㉰   32. ㉯   33. ㉯   34. ㉱   35. ㉯   36. ㉯   37. ㉰

해설
회전식(Rotary) 압축기의 특징
- 압축이 연속적인 고속회전으로 이루어지므로 흡입과 토출밸브가 필요가 없어 구조가 간단하다.
- 고속회전에도 소음과 진동이 적다.
- 잔류가스의 재팽창에 의한 체적효율 감소가 적다.
- 고진공을 얻을 수 있으므로 진공펌프에 사용한다.
- 가동 시 무부하 가동이 가능하여 전력소모가 적다.

38 냉매가 팽창밸브(expansion valve)를 통과할 때 변하는 것은?(단, 이론상의 표준 냉동 사이클)

㉮ 엔탈피와 압력 ㉯ 온도와 엔탈피
㉰ 압력과 온도   ㉱ 엔탈피와 비체적

해설
팽창밸브는 줄-톰슨효과에 따라 미세한 틈새를 통과하면 압력과 온도는 내려가지만 엔탈피는 변하지 않는다.

39 임계점에 대한 설명으로 맞는 것은?

㉮ 어느 압력 이상에서 포화액의 증발이 시작됨과 동시에 건포화 증기로 변하게 되는데, 포화액선과 건포화 증기선이 만나는 점
㉯ 포화온도 하에서 증발이 시작되어 모두 증발하기까지의 온도
㉰ 물이 어느 온도에 도달하면 온도는 더 이상 상승하지 않고 증발이 시작하는 온도
㉱ 일정한 압력하에서 물체의 온도가 변화하지 않고 상(相)이 변화하는 점

해설
임계점: 어느 압력 이상에서 포화액의 증발이 시작됨과 동시에 건포화증기로 변하게 되는데, 이때 포화액선과 건포화 증기선이 만나는 점을 말한다.

40 다음 중 계전기 b접점을 나타낸 것은?

해설
- b접점: 항상 닫혀있는 접점으로, 작대기가 왼쪽에 있다.
- a접점: 항상 열려있는 접점으로, 작대기가 오른쪽에 있다.
  ㉮ 타이머 b접점(오프 딜레이 타이머)
  ㉯ a접점(온 딜레이 타이머)
  ㉰ 릴레이(계전기) a접점
  ㉱ 릴레이(계전기) b접점

41 냉동장치의 냉매계통 중에 수분이 침입하였을 때 일어나는 현상을 열거한 것 중 잘못된 것은?

㉮ 유리된 수분이 물방울이 되어 프레온 냉매계통을 순환하다가 팽창밸브에서 동결한다.
㉯ 침입한 수분이 냉매나 금속과 화학반응을 일으켜 냉매계통에 부식, 윤활유의 열화 등을 일으킨다.
㉰ 암모니아는 물에 잘 녹으므로 침입한 수분이 동결하는 장애가 적은 편이다.
㉱ R-12는 R-22보다 많은 수분을 용해하므로, 팽창밸브 등에서의 수분동결의 현상이 적게 일어난다.

해설
- R-22는 R-12보다 물에 대한 용해도가 커서 팽창밸브에서 수분에 의한 동결현상이 높다.
- **수분의 용해도와 영향**
  - R-22는 용해도가 높고, R-12는 용해도가 낮다.
  - 팽창밸브에서 동결이 생겨 동작불능이 될 수 있다.

정답 38. ㉰ 39. ㉮ 40. ㉱ 41. ㉱

- 동 부착 현상이 발생한다.
- 용해도가 낮아 한도를 넘으면 악영향을 끼친다.

42 증발식 응축기에 관한 설명으로 옳은 것은?

㉮ 일반적으로 물의 소비량이 수랭식 응축기보다 현저하게 적다.
㉯ 대기의 습구온도가 낮아지면 응축온도가 높아진다.
㉰ 송풍량이 적어지면 응축능력이 증가한다.
㉱ 냉각작용 3가지(수랭, 공랭, 증발) 중 1가지(증발)에 의해서만 응축이 된다.

⊕ 해설
- 증발식 응축기는 증발잠열을 이용하므로 수냉식보다 물의 소비가 적다.
- 증발식 응축기의 특징
  - 응축기 중에서 응축압력이 제일 좋다.
  - 외기 습구 온도에 따라 효율이 좌우된다.
  - 냉각수를 재활용하여 물의 증발잠열을 이용하므로 소비량이 적다.
  - 응축기 내부의 압력강하와 소비동력이 크다.
  - 팬, 노즐, 펌프 등 부속기기가 많이 사용된다.

43 순저항(R)만으로 구성된 회로에 흐르는 전류와 전압과의 위상 관계는?

㉮ 90° 앞선다. ㉯ 90° 뒤진다.
㉰ 180° 앞선다. ㉱ 동위상이다.

⊕ 해설
- 순저항만으로 구성된 회로는 전류와 전압이 동위상이다.
- 리액턴스(L)만의 회로는 전류가 90° 늦는다.
- 인덕턴스(C)만의 회로는 전류가 90° 앞선다.

44 냉동장치의 고압 측에 안전장치로 사용되는 것 중 옳지 않은 것은?

㉮ 스프링식 안전밸브
㉯ 플로우트 스위치
㉰ 고압차단 스위치
㉱ 가용전

⊕ 해설
- 고압측 안전장치 : 가용전, 안전밸브, 고압차단스위치, 안전헤드
- 액면 제어장치 : 프로우트 스위치

45 보기의 내용 중 브라인의 구비조건으로 적절한 것만 골라놓은 것은?

보기
① 비열과 열전도율이 클 것
② 끓는점이 높고, 불연성일 것
③ 동결의 온도가 높을 것
④ 점성이 크고 부식성이 클 것

㉮ ①, ② ㉯ ①, ③
㉰ ②, ③ ㉱ ①, ④

⊕ 해설
브라인의 구비조건
- 비열이 커야 한다(비열이 작으면 펌프 용량 및 동력이 증가한다).
- 열전도율이 커야 한다(냉각기의 성능이 좋고 냉각시간이 단축된다).
- 점성이 적어야 한다(온도가 저하되면 점도가 증가하면서 유동성이 약화되고 전열장해와 동력손실이 증가한다).
- 동결온도가 낮아야 한다(겨울철 동결의 위험에서 벗어나야 한다).
- 부식성이 없고 안정성이 높아야 한다.
- 불연성이어야 한다.
- 악취, 쓴맛, 특히 독성이 없어야 한다.

3과목 공기조화

46 다음 중 개별 공기조화방식은?

㉮ 패키지 유닛방식
㉯ 단일 덕트방식
㉰ 팬코일 유닛방식
㉱ 멀티존방식

정답 42. ㉮ 43. ㉱ 44. ㉯ 45. ㉮ 46. ㉮

> **해설**
> **개별 냉매방식** : 가정용 에어컨, 패키지방식, 멀티 유닛방식

47 다음 중 배연방식이 아닌 것은?
㉮ 자연 배연방식
㉯ 국소 배연방식
㉰ 스모크 타워방식
㉱ 기계 배연방식

> **해설**
> **배연방식의 종류** : 자연 배연방식, 기계 배연방식, 스모크 타워방식

48 공기조화의 개념을 가장 올바르게 설명한 것은?
㉮ 실내 공기의 청정도를 적합하도록 조절하는 것
㉯ 실내 공기의 온도를 적합하도록 조절하는 것
㉰ 실내 공기의 습도를 적합하도록 조절하는 것
㉱ 실내 또는 특정한 장소의 공기의 기류속도, 습도, 청정도 등을 사용 목적에 적합하도록 조절하는 것

> **해설**
> **공기조화의 4가지 요소** : 온도, 습도, 청정도, 기류속도

49 그림과 같이 공기가 상태변화를 하였을 때 바르게 설명한 것은?

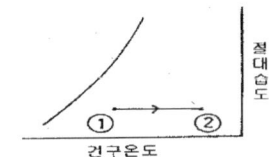

㉮ 절대습도 증가
㉯ 상대습도 증가
㉰ 수증기분압 감소
㉱ 현열량 감소

> **해설**
> • ①→② : 가열, 상대습도가 감소하는 과정
> • **상태도** : 절대습도 일정, 상대습도 감소, 수증기 분압 일정, 현열량 증가

50 시간당 5,000m³의 공기가 지름 80cm의 원형 덕트 내를 흐를 때 풍속은 약 몇 m/s인가?
㉮ 1.81
㉯ 2.32
㉰ 2.76
㉱ 3.25

> **해설**
> 유량(Q) : $Q = A \times V$
> $V = \dfrac{Q}{A} = \dfrac{4Q}{\pi D^2} = \dfrac{4 \times 5,000}{\pi \times 0.8^2 \times 3,600} = 2.76\,\text{m/s}$

51 다음 중 부하의 양이 가장 큰 것은?
㉮ 실내부하
㉯ 냉각코일부하
㉰ 냉동기부하
㉱ 외기부하

> **해설**
> • **냉방부하 및 기타부하**
> - 냉각코일부하 = 송풍량 결정부하 + 재열부하 + 외기부하
> - 냉동기부하 = 냉각코일부하 + 냉수펌프 및 배관부하
> - 송풍량결정부하 = 실내취득부하 + 기기취득부하

52 온풍난방의 특징에 대한 설명 중 맞는 것은?
㉮ 예열부하가 작아 예열시간이 짧다.
㉯ 송풍기의 전력소비가 작다.
㉰ 송풍덕트의 스페이스가 필요 없다.
㉱ 실온과 동시에 실내의 습도와 기류의 조정이 어렵다.

> **해설**
> • 온풍난방은 예열부하(공기의 비열 : 0.24kcal/kg·°C)가 작아서 예열시간이 짧다.

정답 47. ㉯ 48. ㉱ 49. ㉯ 50. ㉰ 51. ㉰ 52. ㉯

- 온풍난방의 특징
  - 열효율이 좋아 연료비가 적게 든다.
  - 설비비가 저렴하다.
  - 그을음과 소음이 발생하며, 실내 온도분포도가 나빠 쾌적도가 낮다.

53 신축곡관이라고도 하며 관의 구부림을 이용하여 신축을 흡수하는 신축이음장치는?

㉮ 슬리브형 신축이음
㉯ 벨로스형 신축이음
㉰ 루프형 신축이음
㉱ 스위블형 신축이음

해설
루프형(만곡형) : 고온, 고압이어서 옥외에 설치한다.

54 기계배기와 적당한 자연급기에 의한 환기방식으로서 화장실, 탕비실, 소규모 조리장의 환기 설비에 적당한 환기법은?

㉮ 제1종 환기법 ㉯ 제2종 환기법
㉰ 제3종 환기법 ㉱ 제4종 환기법

해설
기계환기법
- 제1종 기계 환기법 : 급기→송풍기, 배기→송풍기
- 제2종 기계 환기법 : 급기→송풍기, 배기→자연풍
- 제3종 기계 환기법 : 급기→자연풍, 배기→송풍기

55 감습장치에 대한 내용 중 옳지 않은 것은?

㉮ 압축 감습장치는 동력소비가 적다.
㉯ 냉각 감습장치는 노점 온도 이하로 감습한다.
㉰ 흡수식 감습장치는 흡수성이 큰 용액을 이용한다.
㉱ 흡착식 감습장치는 고체 흡수제를 이용한다.

해설
감습장치
- **압축 감습장치** : 공기를 압축하여 수분을 얻어 감습하므로 동력소비가 크다.
- **냉각 감습장치** : 냉각코일이나 공기세정기를 사용하므로 동력이 소모된다.
- **흡수식 감습장치** : 염화리튬, 트리에틸렌글리콜 등의 흡수제를 사용하여 공기를 분무상태의 흡수제로 통과시켜 감습한다.
- **흡착식 감습장치** : 실리카겔, 활성알루미나, 생석회 등의 흡착제를 사용하여 감습하지만, 재생 시 대량의 열량이 필요하므로 동력소비가 있으며 건조실 등에 사용된다.

56 공기조화설비의 구성요소 중에서 열원장치에 속하는 것은?

㉮ 송풍기 ㉯ 덕트
㉰ 자동제어장치 ㉱ 흡수식 냉온수기

해설
열원장치 : 공기가열 및 냉각을 위한 열원을 생산하는 장치(보일러, 냉동기, 냉온수기, 냉각탑 등)

57 어느 실내온도가 25°C이고, 온수방열기의 방열면적이 $10m^2$ EDR인 실내의 방열량은 얼마인가?

㉮ 1,250kcal/h ㉯ 2,500kcal/h
㉰ 4,500kcal/h ㉱ 6,000kcal/h

해설
- 실내방열량=방열면적×방열기 방열량
  =10×450=4,500kcal/h
- 온수 표준방열량=450kcal/m^2·h
- 증기 표준방열량=650kcal/m^2·h

58 다음 공기조화방식 중에서 덕트방식이 아닌 것은?

㉮ 팬코일 유닛방식
㉯ 유인 유닛방식
㉰ 각층 유닛방식
㉱ 전공기 방식

정답 53. ㉰ 54. ㉰ 55. ㉮ 56. ㉱ 57. ㉰ 58. ㉮

해설

팬코일 유닛방식 : 송풍기·코일·에어 필터가 하나의 캐비닛에 들어있는 팬코일 유닛을 방에 설치하고 거기에 냉·온수를 송출 공조하는 방식이다.

59 송풍기의 크기가 정수일 때 풍량은 회전속도에 비례하며, 압력은 회전속도비의 2제곱에 비례하고, 동력은 회전속도비의 3제곱에 비례한다는 법칙으로 맞는 것은?

㉮ 상압의 법칙 ㉯ 상속의 법칙
㉰ 상사의 법칙 ㉱ 상동의 법칙

해설

- **상사 법칙** : 풍량과 동력, 압력이 회전속도와 관계가 있으므로 여기에 관련된 법칙을 만든 것이다.
- 풍량 : $\dfrac{Q_1}{Q_2} = \left(\dfrac{N_1}{N_2}\right)$
- 동력 : $\dfrac{D_1}{D_2} = \left(\dfrac{N_1}{N_2}\right)^3$
- 압력 : $\dfrac{P_1}{P_2} = \left(\dfrac{N_1}{N_2}\right)^2$

60 실내공기의 흡입구 중 펀칭메탈형 흡입구의 자유면적비는 펀칭메탈의 관통된 구멍의 총면적과 무엇의 비율인가?

㉮ 전체면적 ㉯ 디퓨저의 수
㉰ 격자의 수 ㉱ 자유면적

해설

펀칭메탈형의 흡입구 자유면적비
$= \dfrac{\text{펀칭메탈의 관통된 구멍의 총면적}}{\text{전체면적}}$

정답 59. ㉰ 60. ㉮

2012년 7월 22일 시행(3회)

1과목 공조냉동 안전관리

01 중량물을 운반하기 위하여 크레인을 사용하고자 한다. 크레인의 안전한 사용을 위해 지정거리에서 권상을 정지시키는 방호장치는?
㉮ 과부하방지장치
㉯ 권과방지장치
㉰ 비상정지장치
㉱ 해지장치

⊕ 해설
크레인 안전장치
- **과부하방지장치** : 크레인에 있어서 정격하중 이상의 하중이 부하되었을 때 자동적으로 상승이 정지되면서 경보음이 발생하는 장치
- **권과방지장치** : 권과방지를 위해 동력을 자동 차단하고, 작동을 멈추게 하는 장치
- **비상정지장치** : 이동 중 이상상태 발생 시 급정지시킬 수 있는 장치
- **후크해지장치** : 후크에서 와이어로프의 이탈을 방지하는 장치

02 냉동기계 설치 시 각 기기의 위치를 정하기 위한 설명으로 옳지 않은 것은?
㉮ 운전상 작업의 용이성을 고려할 것
㉯ 실내의 기계 상태를 일부분만 볼 수 있게 하고 제어가 쉽도록 할 것
㉰ 실내의 조명과 환기를 고려할 것
㉱ 현장의 상황에 맞는가를 조사할 것

⊕ 해설
실내의 기계가동상태를 전체가 보이도록 하여 관리가 쉽도록 할 것

03 안전화의 구비조건에 대한 설명으로 틀린 것은?
㉮ 정전화는 인체에 대전된 정전기를 구두바닥을 통하여 땅으로 누전시킬 수 있는 재료를 사용할 것
㉯ 가죽제 안전화는 가능한 한 무거울 것
㉰ 착용감이 좋고 작업에 편리할 것
㉱ 앞발가락 끝부분에 선심을 넣어 압박 및 충격에 대하여 착용자의 발가락을 보호할 수 있을 것

⊕ 해설
안전화는 걷는 데 편하고 견고하게 제작되어야 한다.

04 누전 및 지락의 방지대책으로 적절하지 못한 것은?
㉮ 절연 열화의 방지
㉯ 퓨즈, 누전차단기 설치
㉰ 과열, 습기, 부식의 방지
㉱ 대전체 사용

⊕ 해설
누전과 지락의 방지대책
- 절연열화방지
- 과열, 습기, 부식 방지
- 퓨즈 및 누전차단기 설치
- 접지

05 보일러 취급 부주의에 의한 사고 원인이 아닌 것은?
㉮ 이상 감수(減水) ㉯ 압력 초과
㉰ 수처리 불량 ㉱ 용접 불량

정답 1. ㉯ 2. ㉯ 3. ㉯ 4. ㉱ 5. ㉱

해설
보일러 사고원인
- **취급상의 원인** : 압력 초과, 폭발, 급수처리 불량, 노내 부식, 과열, 저수위 등
- **제작상의 원인** : 강도 부족, 구조 및 설계 불량, 용접 불량, 재료 불량 등

06 연소에 관한 설명이 잘못된 것은?
㉮ 온도가 높을수록 연소속도가 빨라진다.
㉯ 입자가 작을수록 연소속도가 빨라진다.
㉰ 촉매가 작용하면 연소속도가 빨라진다.
㉱ 산화되기 어려운 물질일수록 연소속도가 빨라진다.

해설
산화되기 쉬운 물질일수록 연소속도가 빠르다.

07 전기용접 작업의 안전사항에 해당되지 않는 것은?
㉮ 용접 작업 시 보호구를 착용토록 한다.
㉯ 홀더나 용접봉은 맨손으로 취급하지 않는다.
㉰ 작업 전에 소화기 및 방화사를 준비한다.
㉱ 용접이 끝나면 용접봉은 홀더에서 빼지 않는다.

해설
용접을 마치면 용접봉은 홀더에서 분리시켜 놓는다. 아크발생 및 화재의 우려가 있기 때문이다.

08 안전장치에 관한 사항으로 옳지 않은 것은?
㉮ 해당설비에 적합한 안전장치를 사용한다.
㉯ 안전장치는 수시로 점검한다.
㉰ 안전장치는 결함이 있을 때에는 즉시 조치한 후 작업한다.
㉱ 안전장치는 작업형편상 부득이한 경우에는 일시적으로 제거하여도 좋다.

해설
안전장치는 폐기 전까지는 제거하면 안 된다.

09 위험물 취급 및 저장 시의 안전조치사항 중 틀린 것은?
㉮ 위험물은 작업장과 별도의 장소에 보관하여야 한다.
㉯ 위험물을 취급하는 작업장에는 너비 0.3m 이상, 높이 2m 이상의 비상구를 설치하여야 한다.
㉰ 작업장 내부에는 작업에 필요한 양만큼만 두어야 한다.
㉱ 위험물을 취급하는 작업장에는 출입구와 같은 방향에 있지 아니하고, 출입구로부터 3m 이상 떨어진 곳에 비상구를 설치하여야 한다.

해설
비상구 높이는 1.5m 이상, 너비는 0.75m 이상으로 할 것

10 산소-아세틸렌 가스용접 시 역화현상이 발생하였을 때 조치사항으로 적절하지 못한 것은?
㉮ 산소의 공급압력을 최대로 높인다.
㉯ 팁 구멍의 이물질제거 등 토치의 기능을 점검한다.
㉰ 팁을 물로 냉각한다.
㉱ 아세틸렌을 차단한다.

해설
산소의 압력을 더 높이면 아세틸렌용기로 역화가 더 빨라진다.

정답 6. ㉱ 7. ㉱ 8. ㉱ 9. ㉯ 10. ㉮

11 수공구 사용 시 주의사항으로 적당하지 않은 것은?

㉮ 작업대 위의 공구는 작업 중에도 정리한다.
㉯ 스패너 자루에 파이프를 끼어 사용해서는 안 된다.
㉰ 서피스 게이지의 바늘 끝은 위쪽으로 향하게 둔다.
㉱ 사용 전에 이상 유무를 반드시 점검한다.

해설
서피스 게이지의 바늘 끝은 아래로 향하도록 한다.

12 사업주는 그 작업조건에 적합한 보호구를 동시에 작업하는 근로자의 수 이상으로 지급하고 이를 착용하도록 하여야 한다. 이때 적합한 보호구 지급에 해당되지 않는 것은?

㉮ 보안경 : 물체가 날아 흩어질 위험이 있는 작업
㉯ 보안면 : 용접 시 불꽃 또는 물체가 날아 흩어질 위험이 있는 작업
㉰ 안전대 : 감전의 위험이 있는 작업
㉱ 방열복 : 고열에 의한 화상 등의 위험이 있는 작업

해설
안전벨트(안전대) : 추락의 위험을 방지하기 위해 로프, 고리 급정지기구를 작업자의 몸에 묶는 것들을 말한다.

13 냉동설비의 설치공사 완료 후 시운전 또는 기밀시험을 실시할 때 사용할 수 없는 것은?

㉮ 헬륨 ㉯ 산소
㉰ 질소 ㉱ 탄산가스

해설
시운전 및 기밀시험에는 산소가스를 사용해서는 안 된다.

14 다음 보기의 설명에 해당되는 것은?

[보기]
• 실린더에 상이 붙는다.
• 토출가스온도가 낮아진다.
• 냉동능력이 감소한다.
• 압축기의 손상이 우려된다.

㉮ 액 해머
㉯ 커퍼 플레이팅
㉰ 냉매 과소충전
㉱ 플래시 가스 발생

해설
액 해머 : 냉동부하가 감소하거나 냉매순환량이 증가할 때 또는 냉매액체가 압축기로 유입되면서 실린더에 서리가 생기고 압축기로 넘어가 냉매액을 압축할 때에는 비압축성이므로 실린더헤드에서 충격음이 발생한다.

15 추락을 방지하기 위해 작업발판을 설치해야 하는 높이는 몇 m 이상인가?

㉮ 2 ㉯ 3
㉰ 4 ㉱ 5

해설
작업자의 위치가 높이 2m 이상인 경우 작업발판을 설치하고 안전벨트를 착용해야 한다.

2과목 냉동기계

16 그림과 같은 회로에서 6[Ω]에 흐르는 전류[A]는 얼마인가?

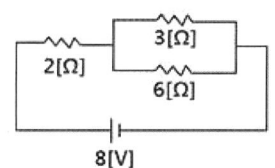

정답 11. ㉰ 12. ㉰ 13. ㉯ 14. ㉮ 15. ㉮

㉮ 1/3[A]   ㉯ 2/3[A]
㉰ 1/2[A]   ㉱ 3/2[A]

해설

R_1과 R_2가 병렬이므로

$$\frac{1}{R_{12}} = \frac{1}{R_1} + \frac{1}{R_2} = \frac{R_1 \times R_2}{R_1 + R_2} = \frac{3 \times 6}{3+6} = 2\Omega$$

$R_{12} + R_3 = 2 + 2 = 4\Omega$

$\therefore I = \frac{V}{R} = \frac{8}{4} = 2A$

$I_6 = \frac{3}{3+6} = \frac{2}{3}A$

17 이상기체의 엔탈피가 변하지 않는 과정은?

㉮ 가역 단열과정
㉯ 등온과정
㉰ 비가역 압축과정
㉱ 교축과정

해설

등엔탈피 과정은 교축과정(팽창과정)이다.

18 다음 중 열펌프(Heat Pump)의 열원이 아닌 것은?

㉮ 대기   ㉯ 지열
㉰ 태양열   ㉱ 빙축열

해설

- **열펌프** : 저온의 열을 고온으로 가져가 방출하는 것으로 겨울철 대기, 지열, 빙축열 등이 있다.
- **빙축열** : 심야시간에 얼음을 얼렸다가 낮에 녹여서 건물을 냉방하는 방식이다.

19 수동나사 절삭방법 중 잘못된 것은?

㉮ 관을 파이프 바이스에서 약 150mm 정도 나오게 하고, 관이 찌그러지지 않게 주의하면서 단단히 물린다.
㉯ 관 끝은 절삭날이 쉽게 들어갈 수 있도록 약간의 모따기를 한다.
㉰ 나사 절삭기를 관에 끼우고 래칫을 조정한 다음 약 30°씩 회전시킨다.
㉱ 나사가 완성되면 편심 핸들을 급히 풀고 절삭기를 뺀다.

해설

나사가 완성되면 핸들을 천천히 풀어 나사산이 망가지지 않도록 한다.

20 원심력을 이용하여 냉매를 압축하는 형식으로 터보압축기라고도 하며, 흡입하는 냉매증기의 체적은 크지만 압축압력을 크게 하기 곤란한 압축기는?

㉮ 원심식 압축기   ㉯ 스크류 압축기
㉰ 회전식 압축기   ㉱ 왕복동식 압축기

해설

원심식 압축기 : 고속으로 회전하는 임펠러로 유체에 속도를 주고, 이 속도를 압력으로 바꾸어 압축하는 것이다.

21 액을 수액기로 유입시키는 냉매 회수장치의 구성요소가 아닌 것은?

㉮ 3방밸브   ㉯ 고압압력 스위치
㉰ 체크밸브   ㉱ 플로우트 스위치

해설

고압압력 스위치 : 고압측의 안전을 위한 스위치이고, 냉매회수장치의 구성요소는 아니다.

22 열역학 제1법칙을 설명한 것 중 옳은 것은?

㉮ 열평형에 관한 법칙이다.
㉯ 이론적으로 유도 가능하여 엔트로피의 뜻을 잘 설명한다.
㉰ 이상 기체에만 적용되는 열량 법칙이다.
㉱ 에너지 보존의 법칙 중 열과 일의 관계를 설명한 것이다.

해설

열역학 제1법칙 : 열은 일로, 일은 열로 변할 수 있다는 것을 설명한 법칙이다(에너지 보존의 법칙).

정답   16. ㉯   17. ㉱   18. ㉱   19. ㉱   20. ㉮   21. ㉯   22. ㉱

23 프레온 냉동장치에서 필요 없는 것은?
㉮ 워터 자켓 ㉯ 드라이어
㉰ 액분리기 ㉱ 유분리기

⊕ 해설
워터 자켓(물주머니) : 암모니아 냉매는 비열비가 크고 토출가스온도가 높으므로, 압축기의 실린더 헤드 커버를 워터 자켓으로 만들어 냉각수를 통수시킴으로써 토출가스를 냉각시키는 역할을 한다.

24 고체냉각식 동결장치의 종류에 속하지 않는 것은?
㉮ 스파이럴식 동결장치
㉯ 배치식 콘택트 프리저 동결장치
㉰ 연속식 싱글스틸벨트 프리저 동결장치
㉱ 드럼 프리저 동결장치

⊕ 해설
- 고체냉각식 동결장치 : 배치식 콘택트 프리저, 연속식 싱글 스틸 벨트 프리저, 연속식 더블 콘택트 프리저, 드럼 프리저
- 공기냉각식 동결장치 : 송풍 동결장치, 반송풍 동결장치, 공기 동결장치, 컨베이어식 동결장치, 유동 동결장치
- 브라인 동결장치 : 염화칼슘 브라인 동결장치, 염화나트륨 브라인 동결장치, 프로필렌 글리콜 동결장치, 에탄 올침지 동결장치

25 압축식 냉동장치를 운전하였더니 다음 그림과 같은 사이클이 형성되었다. 이 장치의 성적계수는 약 얼마인가?(단, 각 점의 엔탈피는 a : 115, b : 143, c : 154 kcal/kg이다)

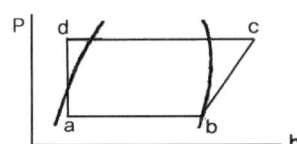

㉮ 4.55 ㉯ 3.55
㉰ 2.55 ㉱ 1.55

⊕ 해설
성적계수(COP)
$= \dfrac{Q}{A_w} = \dfrac{h_b - h_a}{h_c - h_b} = \dfrac{143 - 115}{154 - 143} = 2.55$

26 다음 중 배관의 부식방지용 도료가 아닌 것은?
㉮ 광명단
㉯ 산화철
㉰ 규조토
㉱ 타르 및 아스팔트

⊕ 해설
규조토는 무기질 보온재이다.

27 증기압축식 냉동기와 흡수식 냉동기에 대한 설명 중 잘못된 것은?
㉮ 증기를 값싸게 얻을 수 있는 장소에서는 흡수식이 경제적으로 유리하다.
㉯ 냉매를 압축하기 위해 압축식에서는 기계적 에너지를 흡수식에서는 화학적 에너지를 이용한다.
㉰ 흡수식에 비해 압축식이 열효율이 높다.
㉱ 동일한 냉동능력을 갖기 위해서 흡수식은 압축식에 비해 장치가 커진다.

⊕ 해설
흡수식 냉동기 : 물리적인 원리로서 흡습, 분리에 의해 냉매를 순환시키는 시스템이다.

28 다음 전기에 대한 설명 중 틀린 것은?
㉮ 전기가 흐르기 어려운 정도를 컨덕턴스라 한다.
㉯ 일정시간 동안 전기에너지가 한 일의 양을 전력량이라 한다.
㉰ 일정한 도체에 가한 전압을 증가시키면 전류도 커진다.
㉱ 기전력은 전위차를 유지시켜 전류를 흘리는 원동력이 된다.

정답 23. ㉮ 24. ㉮ 25. ㉰ 26. ㉰ 27. ㉯ 28. ㉮

해설
- 저항 : 전기가 흐르기 힘든 정도이다.
- 컨덕턴스 : 저항의 역수로서 전기가 얼마나 잘 흐르는가를 나타낸다.

29 냉동장치에서 디스트리뷰터(distributor)의 역할로 가장 적합한 것은?

㉮ 냉매의 분배 ㉯ 토출가스 과열
㉰ 증발온도 저하 ㉱ 플래시가스 발생

해설
디스트리뷰터(distributor, 분배기)
냉매를 여러 계통의 증발관으로 보낼 경우 냉매를 균일하게 분배해주기 위한 부속장치이다.

30 다음 그림은 무슨 냉동 사이클이라고 하는가?

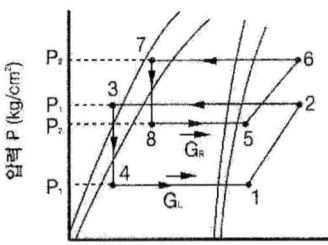

엔탈피 h(kcal/kg)

㉮ 2단 압축 1단 팽창 냉동 사이클
㉯ 2단 압축 2단 팽창 냉동 사이클
㉰ 2원 냉동 사이클
㉱ 강제 순환식 2단 사이클

해설
2원 냉동 사이클 : -70℃ 이하의 초저온장치가 되면 다단압축방식으로는 초저온의 실현이 안 된다. 그래서 냉동장치의 업그레이드로서 다원 방식이 개발됐다.

31 1psi는 약 몇 gf/cm²인가?

㉮ 64.5 ㉯ 70.3
㉰ 82.5 ㉱ 98.1

해설
$1atm = 14.7psi = 1,0332kg/cm^2$
$\qquad = 1,0332g/cm^2$
$1psi = \dfrac{1,0332g/cm^2}{14.7} = 70.3g/cm^3$

32 브라인에 암모니아 냉매가 누설되었을 때, 적합한 누설검사방법은?

㉮ 비눗물 등의 발포액을 발라 검사한다.
㉯ 누설 검지기로 검사한다.
㉰ 헬라이드 토치로 검사한다.
㉱ 네슬러 시약으로 검사한다.

해설
암모니아 누설검사
- 냄새로 알 수 있다.
- 적색리트머스 시험지가 청색으로 변한다.
- 유황초에 불을 붙여 누설개소에 대면 백색 연기를 낸다.
- 페놀프탈렌 시험지를 물에 적셔 누설개소에 가까이 대면 황색으로 변한다.
- 물 또는 브라인에 암모니아가 누설될 때 물이나 브라인을 조금 떠서 네슬러시약을 투입하면 소량 누설 시 황색, 다량 누설 시에는 자색으로 변한다.

33 각종 밸브의 종류와 용도와의 관계를 설명한 것이다. 잘못된 것은?

㉮ 글로브밸브 : 유량 조절용
㉯ 체크밸브 : 역류방지용
㉰ 안전밸브 : 이상 압력 조정용
㉱ 콕 : 0~180° 사이의 회전으로 유로의 느린 개폐용

해설
콕은 90° 사이의 회전으로 유로를 신속히 개폐 작동한다.

정답 29. ㉮ 30. ㉰ 31. ㉯ 32. ㉱ 33. ㉱

34 다음 중 냉매의 성질로 옳은 것은?

㉮ 암모니아는 강을 부식시키므로 구리나 아연을 사용한다.
㉯ 프레온은 절연내력이 크므로 밀폐형에는 부적합하고 개방형에 사용된다.
㉰ 암모니아는 인조고무를 부식시키고 프레온은 천연고무를 부식시킨다.
㉱ 프레온은 수분과 분리가 잘되므로 드라이어를 설치할 필요는 없다.

⊕ 해설
암모니아의 특성
- 암모니아는 구리 및 구리합금을 부식시키므로 강관을 사용한다.
- 프레온은 절연성이 있어서 밀폐형과 개방형 모두 가능하다.
- 암모니아는 천연고무를 부식시키고, 프레온은 인조고무를 부식시킨다.
- 네슬러 시약을 투입하면 소량누설 시 황색, 다량누설 시 자색을 띤다.
- 프레온은 수분과 분리가 잘되므로 팽창밸브에서의 응고될 염려 때문에 드라이어를 설치해야 한다.

35 2단 압축 냉동 사이클에서 저압측 증발압력이 $3kg_f/cm^2g$이고, 고압측 응축압력이 $18kg_f/cm^2g$일 때 중간압력은 약 얼마인가?(단, 대기압은 $1kg_f/cm^2a$이다)

㉮ $6.7kg_f/cm^2a$ ㉯ $7.8kg_f/cm^2a$
㉰ $8.7kg_f/cm^2a$ ㉱ $9.5kg_f/cm^2a$

⊕ 해설
$$\frac{P_m}{P_1}=\frac{P_2}{P_m} \quad P_m^2 = P_1 \times P_2$$
여기서, P_1 : 흡입압력(저압측),
P_2 : 최종압력(고압측)
P_m, P_1, P_2는 절대압력이므로 대기압+게이지 압력이다.
∴ 중간압력 $P_m = \sqrt{P_1 \times P_2}$
$= \sqrt{(3+1) \times (18+1)}$
$= 8.72 kg/cm^2 \cdot a$

36 브라인 동결방지의 목적으로 사용되는 기기가 아닌 것은?

㉮ 서모스탯
㉯ 단수 릴레이
㉰ 흡입압력 조정밸브
㉱ 증발압력 조정밸브

⊕ 해설
- 증발기의 온도가 너무 내려가면 브라인이 동결되므로 동결방지 목적으로 사용되는 부품
- 서모스탯(온도감지센서), 단수릴레이, 증발압력 조정밸브

37 왕복동 압축기의 기계효율(ηm)에 대한 설명으로 옳은 것은?(단, 지시 동력은 가스를 압축하기 위한 압축기의 실제 필요 동력이고, 축 동력은 실제 압축기를 운전하는데 필요한 동력이며, 이론적 동력은 압축기의 이론상 필요한 동력을 말한다)

㉮ 지시동력/축동력
㉯ 이론적동력/지시동력
㉰ 지시동력/이론적동력
㉱ (축동력×지시동력)/이론적동력

⊕ 해설
- 압축효율 $= \dfrac{\text{이론적 동력}}{\text{지시동력}}$
- 기계효율 $= \dfrac{\text{지시동력}}{\text{축동력}}$

38 자연적인 냉동방법 중 얼음을 이용하는 냉각법과 가장 관계가 많은 것은?

㉮ 융해열   ㉯ 증발열
㉰ 승화열   ㉱ 응고열

⊕ 해설
융해열 : 얼음이 물이 되면서 흡수되는 열

정답 34. ㉰ 35. ㉰ 36. ㉰ 37. ㉮ 38. ㉮

39 2단 압축장치의 중간 냉각기 역할이 아닌 것은?

㉮ 압축기로 흡입되는 액냉매를 방지하기 위함이다.
㉯ 고압응축액을 냉각시켜 냉동능력을 증대시킨다.
㉰ 저단측 압축기 토출가스의 과열을 제거한다.
㉱ 냉매액을 냉각하여 그 중에 포함되어 있는 수분을 동결시킨다.

💠 해설
중간냉각기(인터쿨러)의 역할
- 저단측 압축기 토출가스의 과열을 제거하여 고단측 압축기의 과열상태를 방지한다.
- 고단 압축기의 흡입가스 중의 액을 분리시켜 액유입을 방지한다.
- 증발기에 공급되는 고압응축액을 과냉각시켜 냉동 및 냉동능력을 증대시킨다.

40 역 카르노 사이클은 어떤 상태변화 과정으로 이루어져 있는가?

㉮ 2개의 등온과정, 1개의 등압과정
㉯ 2개의 등압과정, 2개의 교축작용
㉰ 2개의 단열과정, 1개의 교축과정
㉱ 2개의 단열과정, 2개의 등온과정

💠 해설
역 카르노 사이클은 카르노 사이클을 역으로 순환하는 이상적인 냉동 사이클로서 단열과정 2개, 등온과정 2개로 이루어져 있다.

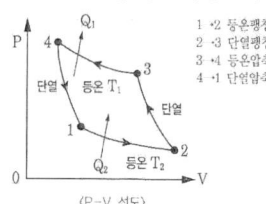
⟨P-V 선도⟩

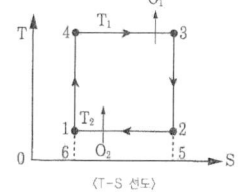
⟨T-S 선도⟩

41 터보 압축기의 특징으로 맞지 않는 것은?

㉮ 임펠러에 의한 원심력을 이용하여 압축한다.
㉯ 응축기에서 가스가 응축하지 않을 경우 이상고압이 발생된다.
㉰ 부하가 감소하면 서징을 일으킨다.
㉱ 진동이 적고, 1대로도 대용량이 가능하다.

💠 해설
터보 압축기는 불응축 가스가 발생하면 불응축 가스퍼저를 자동으로 방출시켜 고압상승을 방지하도록 되어 있다.

42 강제급유식에 기어펌프를 많이 사용하는 이유로 가장 적합한 것은?

㉮ 유체의 마찰저항이 크기 때문에
㉯ 저속으로도 일정한 압력을 얻을 수 있기 때문에
㉰ 구조가 복잡하기 때문에
㉱ 대형으로만 높은 압력을 얻을 수 있기 때문에

💠 해설
기어펌프를 많이 사용하는 이유
- 저속으로도 일정한 압력을 얻을 수 있다.
- 유체의 마찰저항이 적다.
- 구조가 간단하여 고장이 적다.
- 소형으로도 고압을 얻을 수 있다.

43 압축기 및 응축기에서 심한 온도 상승을 방지하기 위한 대책이 아닌 것은?

㉮ 불응축 가스를 제거한다.
㉯ 규정된 냉매량보다 적은 냉매를 충전한다.
㉰ 충분한 냉각수를 보낸다.
㉱ 냉각수 배관을 청소한다.

정답 39. ㉱ 40. ㉱ 41. ㉯ 42. ㉯ 43. ㉯

> **해설**
> **압축기 및 응축기에서의 심한 온도상승방지대책**
> - 냉매량이 적으면 온도가 상승하므로 충분한 냉매량과 응축부하를 점검한다.
> - 장치 내 불응축 가스를 가스퍼저를 통해 배출시킨다.
> - 적정량의 냉각수와 냉각수 배관계통의 막힘 등을 점검한다.
> - 냉각관 청소 및 오일을 배출시켜 준다.

44 관의 끝부분의 표시방법에서 종류별 그림기호를 나타낸 것으로 틀린 것은?

㉮ 용접식 캡 : ⎯⎯D
㉯ 체크포인트 : ⎯⎯✕
㉰ 블라인더 플랜지 : ⎯⎯‖
㉱ 나사박음식 캡 : ⎯⎯⊐

> **해설**
> 체크포인트 : ⎯⎯⊐

45 냉동장치에서 압력과 온도를 낮추고 동시에 증발기로 유입되는 냉매량을 조절해 주는 곳은?

㉮ 수액기　　㉯ 압축기
㉰ 응축기　　㉱ 팽창밸브

> **해설**
> • 팽창밸브는 고온·고압냉매액이 증발기에서 증발이 잘 되도록 교축작용에 의해 단열팽창시켜 저온·저압으로 낮춰주는 역할을 한다. 또한 냉동부하의 변동을 대비해 냉매량을 조절한다.
> • **팽창밸브 종류** : 수동밸브, 자동밸브(압력식, 온도식, 플로트식, 전자식 등)

3과목　공기조화

46 가습효율이 100%에 가까우며 무균이면서 응답성이 좋아 정밀한 습도제어가 가능한 가습기는?

㉮ 물분무식 가습기
㉯ 증발팬 가습기
㉰ 증기 가습기
㉱ 소형 초음파 가습기

> **해설**
> **증기 가습기** : 가습효율이 100%에 가까우며 무균이면서 부하에 대한 응답성이 양호해 정밀한 습도제어가 가능하다.

47 송풍기의 종류 중 전곡형과 후곡형 날개 형태가 있으며, 다익송풍기, 터보송풍기 등으로 분류되는 송풍기는?

㉮ 원심 송풍기　　㉯ 축류 송풍기
㉰ 사류 송풍기　　㉱ 관류 송풍기

> **해설**
> **송풍기의 종류**
> • **원심형** : 터보형, 방사형, 다익형, 익형, 관류형
> • **축류형** : 프로펠러형, 튜브형, 베인형
> • 사류형 및 횡류형

48 개별 공조방식의 특징이 아닌 것은?

㉮ 국소적인 운전이 자유롭다.
㉯ 중앙방식에 비해 소음과 진동이 크다.
㉰ 외기 냉방을 할 수 있다.
㉱ 취급이 간단하다.

> **해설**
> **개별 공조방식의 특징**
> - 외기 냉방을 할 수 없다.
> - 국소운전이 가능하여 에너지를 절약할 수 있다.
> - 유닛이 여러 장소에 분산되어 있어서 관리가 힘들다.
> - 실내에 유닛이 있어서 소음과 진동이 크다.

정답　44. ㉯　45. ㉱　46. ㉰　47. ㉮　48. ㉰

49 증기배관의 말단이나 방열기 환수구에 설치하여 증기관이나 방열기에서 발생한 응축수 및 공기를 배출시키는 장치는?

㉮ 공기빼기밸브 ㉯ 신축이음
㉰ 증기트랩   ㉱ 팽창탱크

해설
증기트랩 : 증기배관의 끝이나 방열기 환수구에 설치하여 증기 열교환기에서 배출되어 나오는 응축수를 자동으로 환수관측 등으로 배출시키는 기구

50 조화된 공기를 덕트에서 실내로 공급하기 위한 개구부는?

㉮ 취출구   ㉯ 흡입구
㉰ 펀칭메탈 ㉱ 그릴

해설
취출구(디퓨저) : 공조된 공기를 덕트에서 실내로 반출하기 위한 개구부

51 공기조화기에 있어 바이패스 팩터(bypass factor)가 작아지는 경우에 해당되는 것이 아닌 것은?

㉮ 전열면적이 클 때
㉯ 코일의 열수가 많을 때
㉰ 송풍량이 클 경우
㉱ 핀 간격이 좁을 때

해설
- **바이패스 팩터(BF)** : 코일을 접촉하지 않고 그냥 지나간 공기(by-pass)와 코일을 통과한 전공기와의 비율
- **바이패스 팩터가 작아지는 원인**
  - 송풍량이 적을 때
  - 코일 표면적(전열면적)이 클 때
  - 코일튜브 간격이 감소할 때
  - 코일의 열수가 많을 때
  - 냉수량이 적을 때

52 온수난방방식에서 방열량이 2,500kcal/h 인 방열기에 공급되어야 할 온수량은 약 얼마인가?(단, 방열기 입구 온도는 80°C, 평균온도에 있어서 70°C, 물의 비열은 1.0kcal/kg°C, 평균온도에 있어서 물의 밀도는 977.5kg/m³이다)

㉮ 0.135m³/h ㉯ 0.255m³/h
㉰ 0.345m³/h ㉱ 0.465m³/h

해설
온수량(G)
$= \dfrac{Q}{\rho \cdot C \cdot \Delta t} = \dfrac{2,500}{977.5 \times 1 \times (80-70)} ≒ 0.255 \, m^3/h$

* ρ : 단위변환을 위해 곱해주는 것이다.

53 쉘 튜브(shell &tube)형 열교환기에 관한 설명으로 옳은 것은?

㉮ 전열관 내 유속은 내식성이나 내마모성을 고려하여 1.8m/s 이하가 되도록 하는 것이 바람직하다.
㉯ 동관을 전열관으로 사용할 경우 유체 온도가 200°C 이상이 좋다.
㉰ 증기와 온수의 흐름은 열 교환 측면에서 병행류가 바람직하다.
㉱ 열 관류율은 재료와 유체의 종류에 상관없이 거의 일정하다.

해설
쉘 앤드 튜브(Shell & Tube)형 열교환기 : 전열관 내 유속은 내식성을 고려해서 1.8m/s이하가 되도록 하는 것이 좋다.

54 환기방법 중 제1종 환기법으로 맞는 것은?

㉮ 강제급기와 강제배기
㉯ 강제급기와 자연배기
㉰ 자연급기와 강제배기
㉱ 자연급기와 자연배기

● 해설

기계환기법
- 제1종 기계 환기법 : 급기→송풍기, 배기→송풍기
- 제2종 기계 환기법 : 급기→송풍기, 배기→자연풍
- 제3종 기계 환기법 : 급기→자연풍, 배기→송풍기

55 공기조화방식 중에서 중앙식의 전공기 방식에 속하는 것은?

㉮ 패키지 유닛방식
㉯ 복사 냉난방식
㉰ 팬코일 유닛방식
㉱ 2중 덕트방식

● 해설

분류	방식		
중앙식	전공기방식	단일 덕트방식	정풍량
			변풍량
		2중 덕트방식	멀티존방식
			정풍량
			변풍량
			각층유닛
중앙식	공기·수방식	팬코일 유닛방식	
		유인 유닛방식	
		복사냉난방식	
	수방식	팬코일 유닛방식	
개별식	냉매방식	패키지방식	
		룸쿨러방식	
		멀티 유닛방식	
		열펌프 유닛방식(수열원)	

56 틈새바람에 의한 부하를 계산하는 방법에 속하지 않는 것은?

㉮ 창 면적법   ㉯ 크랙(crack)법
㉰ 환기 횟수법 ㉱ 바닥 면적법

● 해설

틈새바람(극간)에 의한 부하 계산법
- 환기 계산법
- 창문 면적법
- 극간길이(Crack)법

57 상당증발량이 3,000kg/h이고 급수온도가 30℃, 발생증기 엔탈피가 635.2kcal/kg일 때 실제 증발량은 약 얼마인가?

㉮ 2,048kg/h   ㉯ 2,200kg/h
㉰ 2,472kg/h   ㉱ 2,672kg/h

● 해설

상당증발량

$$= \frac{\text{실제증발량} \times (\text{증기엔탈피} - \text{급수엔탈피})}{539}$$

$$3,000 = \frac{x \times (635.2 - 30)}{539}$$

$$x = \frac{3,000 \times 539}{635.2 - 30} = 2.672 \text{kg/h}$$

58 원통보일러의 장점에 속하지 않는 것은?

㉮ 부하변동에 따른 압력변동이 적다.
㉯ 구조가 간단하다.
㉰ 고장이 적으며 수명이 길다.
㉱ 보유수량이 적어 파열사고 발생 시 위험성이 적다.

● 해설

원통보일러의 특징
- 장점
  ⓐ 구조가 간단하며 취급이 용이하다.
  ⓑ 보유수량이 많아 부하변동이 용이하다.
  ⓒ 청소 및 검사가 용이하다.
  ⓓ 수관식 보일러에 비해 급수처리가 쉽다.
- 단점
  ⓐ 보유수량이 많아 파열 시 피해가 크다.
  ⓑ 전열면적이 적어 효율이 낮다.
  ⓒ 증발가열시간이 오래 걸린다.
  ⓓ 고압, 대용량에 부적합하다.

59 공기의 설명 중 틀린 것은?

㉮ 공기 중의 수분이 불포화 상태에서는 건구온도가 습구온도보다 높게 나타난다.
㉯ 공기에 가습, 강습이 없어도 온도가 변하면 상대습도는 변한다.

㉰ 건공기는 수분을 전혀 함유하지 않은 공기이며, 습공기란 건조공기 중에 수분을 함유한 공기이다.
㉱ 공기 중의 수증기 일부가 응축하여 물방울이 맺히기 시작하는 점을 비등점이라 한다.

해설
노점 : 공기 중의 수증기 일부가 응축하여 물방울이 맺히기 시작하는 점

60 실내의 사람이 쾌적하게 생활할 수 있도록 조절해 주어야 할 사항으로 거리가 먼 것은?

㉮ 공기의 온도　㉯ 공기의 습도
㉰ 공기의 압력　㉱ 공기의 속도

해설
실내 공기의 쾌적한 상태의 4요소 : 온도, 습도, 기류, 복사열

정답 59. ㉱　60. ㉰

2012년 10월 20일 시행(4회)

1과목 공조냉동 안전관리

01 렌치 사용 시 유의사항으로 적절하지 못한 것은?
㉮ 항상 자기 몸 바깥 쪽으로 밀면서 작업한다.
㉯ 렌치에 파이프 등을 끼워서 사용해서는 안 된다.
㉰ 볼트를 죌 때에는 나사가 일그러질 정도로 과도하게 조이지 않아야 한다.
㉱ 사용한 렌치는 깨끗하게 닦아서 건조한 곳에 보관한다.

해설
렌치는 안전사고를 대비하여 항상 몸 쪽으로 당기면서 작업한다.

02 아크 용접작업 시 사망재해의 주원인은?
㉮ 아크광선에 의한 재해
㉯ 전격에 의한 재해
㉰ 가스 중독에 의한 재해
㉱ 가스폭발에 의한 재해

해설
아크작업 시 사망재해는 전기에 의한 감전 즉, 전격에 의한 것이다.

03 고압가스 운반 시 안전기준으로 적합하지 않은 것은?
㉮ 충전용기를 차량에 적재하여 운반할 때에는 적재함에 세워서 운반할 것
㉯ 독성가스 중 가연성 가스와 조연성 가스는 같은 차량의 적재함으로 운반하지 않을 것
㉰ 질량 500kg 이상의 암모니아 운반 시는 운반 책임자를 동승시킨다.
㉱ 운반 중인 충전용기는 항상 40℃ 이하를 유지할 것

해설
독성가스 1,000kg 이상 운반 시에는 운반책임자를 동승시킨다.

04 고압가스안전관리법 시행규칙에 의거 원심식 압축기의 냉동설비 중 그 압축기의 원동기 냉동능력 산정기준으로 맞는 것은?
㉮ 정격출력 1.0kW를 1일의 냉동능력 1톤으로 본다.
㉯ 정격출력 1.2kW를 1일의 냉동능력 1톤으로 본다.
㉰ 정격출력 1.5kW를 1일의 냉동능력 1톤으로 본다.
㉱ 정격출력 2.0kW를 1일의 냉동능력 1톤으로 본다.

해설
냉동능력 산정기준
- **원심식 압축기** : 압축기의 원동기 정격출력 1.2kW를 1일의 냉동능력 1톤으로 본다.
- **흡수식 냉동기의 발생기** : 발생기를 가열하는 1시간의 입열량 6,640kcal를 1일의 냉동능력 1톤으로 본다.

05 보일러 파열사고 원인 중 구조물의 강도 부족에 의한 원인이 아닌 것은?
㉮ 용접불량
㉯ 재료불량
㉰ 동체의 구조불량
㉱ 용수관리의 불량

정답 1. ㉮ 2. ㉯ 3. ㉰ 4. ㉯ 5. ㉱

⊕ **해설**

보일러의 사고원인
- **제작상의 원인** : 용접불량, 재료불량, 강도부족, 구조 및 설계불량 등
- **취급상의 원인** : 용수관리, 압력초과, 미연소가스에 의한 노내 폭발, 부식, 과열 등

06 공조실에서 용접작업 시 안전사항으로 적당하지 않은 것은?
㉮ 전극 크램프 부분에는 작업 중 먼지가 많아도 그냥 두고 접속 부분의 접촉 저항만 크게 하면 된다.
㉯ 용접기의 리드 단자와 케이블의 접속은 절연물로 보호한다.
㉰ 용접작업이 끝났을 경우 전원 스위치를 내린다.
㉱ 홀더나 용접봉은 맨손으로 취급하지 않는다.

⊕ **해설**
전극 클램프에 먼지가 많이 끼면 스파크 발생 시 화재의 우려가 있다.

07 공구를 취급할 때 지켜야 될 사항에 해당되지 않는 것은?
㉮ 공구는 떨어지기 쉬운 곳에는 놓지 않는다.
㉯ 공구는 손으로 넘겨주거나 때에 따라서 던져서 주어도 무방하다.
㉰ 공구는 항상 일정한 장소에 놓고 사용한다.
㉱ 불량공구는 함부로 수리하지 않는다.

⊕ **해설**
공구를 넘겨줄 때는 항상 던지지 말고 손에서 손으로 넘겨주어야 한다.

08 안전장치의 취급에 관한 사항 중 틀린 것은?
㉮ 안전장치는 반드시 작업 전에 점검한다.
㉯ 안전장치는 구조상의 결함유무를 항상 점검한다.
㉰ 안전장치가 불량할 때에는 즉시 수정한 다음 작업한다.
㉱ 안전장치는 작업 형편상 부득이한 경우에는 일시 제거해도 좋다.

⊕ **해설**
안전장치는 비상시를 대비한 것으로 폐기처분 교체 이외에는 제거하면 안 된다.

09 안전사고 발생 시 위험도에 영향을 주는 것과 관계없는 것은?
㉮ 통전전류의 크기
㉯ 통전시간과 전격의 위상
㉰ 사용기기의 크기와 모양
㉱ 전원(직류 또는 교류)의 종류

⊕ **해설**
감전에 영향을 주는 요인
- 통전전류의 크기
- 통전경로
- 통전시간
- 전원의 종류(직류보다 교류가 더 위험)

10 도수율(빈도율)이 20인 사업장의 연천인율은 얼마인가?
㉮ 24 ㉯ 48
㉰ 72 ㉱ 96

⊕ **해설**
연천인율=도수율×2.4=20×2.4=48

11 전기화재의 원인으로 거리가 먼 것은?
㉮ 누전 ㉯ 합선
㉰ 접지 ㉱ 과전류

⊕ **해설**
전기화재 원인 : 누전, 지락, 단락(합선), 전기스파크, 접속부분 과열, 절연부분의 발열, 정전기 스파크, 낙뢰, 과전류 등

정답 6. ㉮ 7. ㉯ 8. ㉱ 9. ㉰ 10. ㉯ 11. ㉰

12 냉동기 운전 전 점검사항으로 잘못된 것은?

㉮ 냉매량 확인
㉯ 압축기 유면 점검
㉰ 전자밸브 작동 확인
㉱ 모든 밸브의 닫힘을 확인

⊕ 해설
밸브의 특성에 따라 열려있음과 닫혀있음이 다르다.

13 안전보호구 사용 시 주의할 점으로 잘못된 것은?

㉮ 규정된 장갑, 앞치마, 발 덮개를 사용한다.
㉯ 보호구나 장갑 등은 사용하기 전에 결함이 있는지 확인한다.
㉰ 독극물을 취급하는 작업 시 입었던 보호구는 다음 작업 시에도 계속 입고 작업한다.
㉱ 보안경은 차광도에 맞게 사용하고 작업에 임한다.

⊕ 해설
독극물 취급 시 입었던 보호구는 재사용하지 않고 폐기처분한다.

14 재해를 일으키는 원인 중 물적 원인(불안전한 상태)이라 볼 수 없는 것은?

㉮ 불충분한 경보시스템
㉯ 작업장소의 조명 및 환기불량
㉰ 안전수칙 및 지시의 불이행
㉱ 결함이 있는 기계나 기구의 배치

⊕ 해설
• 물적 원인(불안정적인 상태) : 보호구, 작업장소의 결함, 생산공정 및 설비의 결함, 안전장치 및 방호장치 결함
• 인적 원인(불안전한 행동)
안전장치의 기능제거, 기계, 보호구 등의 사용 미숙, 불안전한 상태 방치, 위험물 취급 부주의, 불안전한 자세

15 안전관리의 주된 목적을 바르게 설명한 것은?

㉮ 사고 후 처리 ㉯ 사상자의 치료
㉰ 생산가의 절감 ㉱ 사고의 미연방지

⊕ 해설
안전관리의 가장 중요한 목적은 산업재해를 미연에 방지하는 것이다.

2과목　냉동기계

16 강관의 명칭과 KS규격기호가 잘못된 것은?

㉮ 배관용 합금강관 : SPA
㉯ 고압 배관용 탄소강관 : SPW
㉰ 고온 배관용 탄소강관 : SPHT
㉱ 압력 배관용 탄소강관 : SPPS

⊕ 해설
배관용 아크용접 탄소강관 : SPW

17 그림과 같이 25A×25A×25A의 티에 20A 관을 직접 A부에 연결하고자 할 때 필요한 이음쇠는?

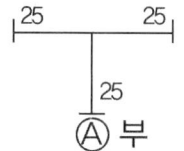

㉮ 유니언 ㉯ 캡
㉰ 부싱 ㉱ 플러그

⊕ 해설
부싱 : 티 혹은 엘보에 끼워 지름이 다른 파이프를 연결하는 것이다.

18 작동전에는 열려 있고, 조작할 때 닫히는 접점은 무엇이라고 하는가?

㉮ 브레이크 접점 ㉯ 메이크 접점

정답　12. ㉱　13. ㉰　14. ㉰　15. ㉱　16. ㉯　17. ㉰

㉰ 보조 접점 ㉱ b접점

해설
- **b접점** : 항상 닫혀있는 접점으로, 작대기가 왼쪽에 있다.
- **a접점** : 항상 열려있는 접점으로, 작대기가 오른쪽에 있다.
- **c접점** : 전환 접점으로 평상시에는 a접점상태 이다가 작동하면 b접점으로 바뀌는 접점이다.

19 어떤 증발기의 열통과율이 500kcal/m²h℃ 이고, 대수평균 온도 차가 7.5℃, 냉각능력이 15RT일 때, 이 증발기의 전열면적은 약 얼마인가?

㉮ 13.3m² ㉯ 16.6m²
㉰ 18.2m² ㉱ 24.4m²

해설
전열면적 $(Q) = K \cdot A \cdot LMTD$
$A = \dfrac{Q}{K \cdot LMTD} = \dfrac{15 \times 3,320}{500 \times 7.5} = 13.3\,\text{m}^2$

20 단수 릴레이의 종류에 속하지 않는 것은?

㉮ 단압식 릴레이 ㉯ 차압식 릴레이
㉰ 수류식 릴레이 ㉱ 비례식 릴레이

해설
단수 릴레이 : 단압식, 차압식, 수류식이 있으며, 물의 흐름을 감지하여 물이 흐르지 않을 때 전기적인 신호를 보낸다.

21 열전도가 좋아 급유관이나 냉각, 가열관으로 사용되나 고온에서 강도가 떨어지는 관은?

㉮ 강관 ㉯ 플라스틱관
㉰ 주철관 ㉱ 동관

해설
- **동관** : 열전도가 양호하여 가열관으로 많이 쓰이지만 고온에서는 용융점이 가까워져서 강도가 떨어진다.
- **강관** : 선박급수, 공장급수, 급탕, 냉난방, 증기, 가스배관, 압축공기관, 유압배관 등 강도가 크기 때문에 다양하게 사용된다.
- **플라스틱관** : 석유제품에서 얻어지는 에틸렌, 프로필렌, 벤젠, 아세틸렌 등으로 만들어진다.
- **주철관** : 탄소량이 2% 이상 함유된 철로 내압성, 내마모성, 내식성이 좋아 수도파이프, 가스 공급관, 광산용 양수관, 화학 공업배관 등 다양하게 사용되고 있다.

22 냉동장치에서 가스 퍼저(purger)를 설치할 경우, 가스의 인입선은 어디에 설치해야 하는가?

㉮ 응축기와 수액기의 균압관에 한다.
㉯ 수액기와 팽창밸브 사이에 한다.
㉰ 압축기의 토출관으로부터 응축기의 3/4 되는 곳에 한다.
㉱ 응축기와 증발기 사이에 한다.

해설
불응축 가스 퍼저이기 때문에 불응축 가스가 잘 모이는 응축기 상부 혹은 균압관에 설치한다.

23 한쪽에는 구동원으로 바이메탈과 과열기가 조립된 바이메탈 부분과 다른 한쪽은 니들밸브가 조립되어 있는 밸브 본체 부분으로 구성되어 있는 팽창밸브로 맞는 것은?

㉮ 온도식 자동 팽창밸브
㉯ 정압식 자동 팽창밸브
㉰ 열전식 팽창밸브
㉱ 플로토식 팽창밸브

해설
팽창밸브의 종류
- **열전식 팽창밸브** : 한쪽에는 구동원으로 바이메탈과 전열기가 조립된 바이메탈, 다른 쪽은 니들밸브가 조립되어 있는 밸브 본체 부분으로 구성된다.
- **전자식 팽창밸브** : 증발기 입구 냉각관 벽과 증발기 출구 냉각관 벽에 온도센서를 설치하여 이 양쪽 센서의 검출 온도 차에 의해 증발기 출구 냉매가스의 과열도를 측정한다. 또한 이 신호에 따라 밸브를 개폐하며, 증발기에

정답 18. ㉯ 19. ㉮ 20. ㉱ 21. ㉱ 22. ㉮ 23. ㉰

들어오는 냉매유량을 피드백으로 제어한다.
- **정압식 자동 팽창밸브** : 증발기 내의 압력으로 밸브를 작동시켜서 압력을 일정하게 유지하여 간접적으로 증발온도를 균일하게 해준다.
- **온도식 자동 팽창밸브** : 증발기 출구의 과열도에 의해 자동으로 작동되는 밸브로서 냉매의 감압과 유량을 비례적으로 제어하는 역할을 한다.
- **플로트식 팽창밸브** : 액면의 위치에 따라 플로트(float)를 상하로 움직이는 것을 이용하여 밸브를 개폐시키는 형식

24 SI 단위에서 비체적의 설명으로 맞는 것은?
㉮ 단위 엔트로피당 체적이다.
㉯ 단위 체적당 중량이다.
㉰ 단위 체적당 엔탈피이다.
㉱ 단위 질량당 체적이다.

해설
- SI 단위에서의 비체적 : 단위 질량당 체적
- 비중량 : 단위 체적당 중량

25 냉매의 명칭과 표기방법이 잘못된 것은?
㉮ 아황산가스 : R-764
㉯ 물 : R-718
㉰ 암모니아 : R-717
㉱ 이산화탄소 : R-746

해설
이산화탄소의 냉매번호 : R-744

26 관 용접작업 시 지켜야 할 안전에 대한 사항으로 옳지 않은 것은?
㉮ 실내나 지하실 등에서는 통기가 잘 되도록 조치한다.
㉯ 인화성 물질이나 전기 배선으로부터 충분히 떨어지도록 한다.
㉰ 관내에 남아있는 잔류 기름이나 약품 따위를 가스토치로 태운 후 작업한다.
㉱ 자신뿐만 아니라 옆 사람의 안전에도 최대한 주의한다.

해설
관 내에 남아있는 잔류기름이나 약품 등을 가스토치로 가열하면 폭발의 위험이 있다.

27 제빙장치 중 결빙한 얼음을 제빙관에서 떼어낼 때 관내의 얼음 표면을 녹이기 위해 사용하는 기기는?
㉮ 주수조   ㉯ 양빙기
㉰ 저빙고   ㉱ 용빙조

해설
제빙관에서 얼음을 꺼낼 때, 얼음 표면을 녹이기 위해 상온수 및 온수로 따뜻하게 하여 탈빙하기 쉽게 하는 기능

28 펌프의 캐비테이션 방지책으로 잘못된 것은?
㉮ 양흡입 펌프를 사용한다.
㉯ 흡인관의 손실을 줄이기 위해 관지름을 굵게, 굽힘을 적게 한다.
㉰ 펌프의 설치 위치를 낮춘다.
㉱ 펌프 회전수를 빠르게 한다.

해설
- **공동현상(cavitation)** : 수중에 용입되어 있던 공기가 낮은 압력으로 인하여 기포가 발생하는 것으로 물이 펌프로 유입되지 못하는 현상을 말한다.
- **방지대책**
  - 펌프 내 포화증기압 이하로 발생하지 않도록 조치하고 회전수를 낮춘다.
  - 펌프의 위치는 가능한 낮게 설치한다.
  - 수온이 30°C 이상 상승하지 않도록 릴리프밸브를 설치한다.
  - 펌프의 유량과 배관길이를 짧게 하고, 관경을 크게 하여 마찰손실을 적게 한다.

정답 24. ㉱ 25. ㉱ 26. ㉰ 27. ㉱ 28. ㉱

29 브라인 부식방지처리에 관한 설명으로 틀린 것은?

㉮ 공기와 접촉하면 부식성이 증대하므로 가능한 공기와 접촉하지 않도록 한다.
㉯ 염화칼슘 브라인 1L에는 중크롬산소다 1.6g을 첨가하고 중크롬산소다 100g마다 가성소다 27g씩 첨가한다.
㉰ 브라인은 산성을 띠게 되면 부식성이 커지므로 pH7.5-8.2로 유지되도록 한다.
㉱ NaCl 브라인 1L에 대하여 중크롬산소다 0.9g을 첨가하고 중크롬산소다 100kg마다 가성소다 1.3g씩 첨가한다.

⊕ 해설
브라인의 부식방지 처리방법
- **NaCl 수용액** : 브라인 1L에 대해 중크롬산소다를 3.2g씩 첨가하고 중크롬산소다는 100g마다 가성소다 27g씩 첨가한다.
- **CaCl₂ 수용액** : 브라인 1L에 대해 중크롬산소다 1.6g씩 첨가하고 중크롬산소다 100g마다 가성소다 27g씩 첨가한다.

30 0℃의 얼음 3.5kg을 용해 시 필요한 잠열은 약 몇 kcal인가?

㉮ 245 ㉯ 280
㉰ 326 ㉱ 630

⊕ 해설
융해잠열(Q) = $G \times \gamma$,
(γ : 융해잠열 - 79.68kcal/kg)
∴ $Q = 3.5 \times 79.68 = 280$ kcal/kg

31 수랭식 응축기의 응축압력에 관한 설명 중 옳은 것은?

㉮ 수온이 일정한 경우 유막 물때가 두껍게 부착하여도 수량을 증가하면 응축압력에는 영향이 없다.
㉯ 응축부하가 크게 증가하면 응축압력 상승에 영향을 준다.
㉰ 냉각수량이 풍부한 경우에는 불응축가스의 혼입 영향이 없다.
㉱ 냉각수량이 일정한 경우에는 수온에 의한 영향은 없다.

⊕ 해설
수랭식 응축기의 응축압력이 높아지는 원인
- 불응축 가스가 발생하여 장치 내에 혼입되고, 응축부하가 증가할 때
- 냉각수량이 부족하거나 수온이 상승할 때
- 응축 냉각관에 스케일이 끼었을 때
- 냉매의 과충전 또는 응축부하 증가할 때

32 프레온 응축기에 대하여 맞는 것은?

㉮ 냉각관 내의 유속을 빠르게 하면 할수록 열전달이 잘 되므로 빠를수록 좋다.
㉯ 냉각수가 오염되어도 응축온도는 상승하지 않는다.
㉰ 냉매 중에 공기가 혼입되면 응축압력이 상승하고 부식의 원인이 된다.
㉱ 냉각 수량이 부족하면 응축온도는 상승하고 응축압력은 하강한다.

⊕ 해설
냉매 중에 공기가 혼입되면 응축압력은 상승하고, 공기 중에 함유된 극성물질인 수분이 냉매와 반응하여 부식의 원인이 된다.

33 흡수식 냉동기의 설명으로 잘못된 것은?

㉮ 운전 시의 소음 및 진동이 거의 없다.
㉯ 증기, 온수 등 배열을 이용할 수 있다.
㉰ 압축식에 비해서 설치면적 및 중량이 크다.
㉱ 흡수식은 냉매를 기계적으로 압축하는 방식이며 열적(烈蹟)으로 압축하는 방식은 증기압축식이다.

⊕ 해설
흡수식 냉동기의 원리는 물리적인 원리, 즉 흡습과 분리를 통해서 냉매를 순환시키는 과정이다.

정답 29. ㉱ 30. ㉯ 31. ㉯ 32. ㉰ 33. ㉱

34 다음은 R-22 표준 냉동 사이클의 P-h선도이다. 건조도는 약 얼마인가?

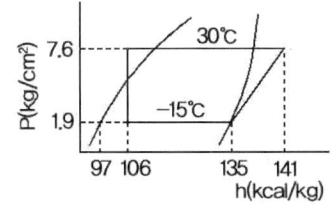

㉮ 0.8
㉯ 0.21
㉰ 0.24
㉱ 0.36

🔹 해설
건조도
= 증발가스/증발잠열 = (106-97)/(135-97) ≒ 0.24

35 팽창밸브에서 냉매액이 팽창할 때 냉매의 상태변화에 관한 사항으로 옳은 것은?

㉮ 압력과 온도는 내려가나 엔탈피는 변하지 않는다.
㉯ 압력은 내려가나 온도와 엔탈피는 변하지 않는다.
㉰ 온도는 변하지 않으나 압력과 엔탈피가 감소한다.
㉱ 엔탈피만 감소하고 압력과 온도는 변하지 않는다.

🔹 해설
팽창밸브에서 냉매액이 팽창하면 압력과 온도는 내려가지만 엔탈피는 변화가 없다.

36 증기분사 냉동법의 설명으로 가장 옳은 것은?

㉮ 융해열을 이용하는 방법
㉯ 승화열을 이용하는 방법
㉰ 증발열을 이용하는 방법
㉱ 펠티에효과를 이용하는 방법

🔹 해설
증기분사 냉동법 : 증발열을 이용하는 방법으로 냉매인 물을 스팀 이젝터를 통해 분사하면 증발기 내부의 압력을 저하시켜서 수분을 증발시키고 나머지 물은 증발열이 빼앗겨서 냉각이 되는 방법이다.

37 다음 그림에서 전류 I값은 몇(A)인가?

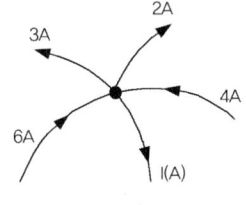

㉮ 5
㉯ 10
㉰ 15
㉱ 20

🔹 해설
키르히호프의 법칙 : 한 지점으로 들어오고 나가는 전류의 합은 0이다. ΣIn=ΣOut
$6A + 4A = 3A + 2A + iA$
$iA = 10A - 5A = 5A$

38 단열압축, 등온압축, 폴리트로픽압축에 관한 사항 중 틀린 것은?

㉮ 압축 일량은 단열압축이 제일 크다.
㉯ 압축 일량은 등온압축이 제일 작다.
㉰ 실제 냉동기의 압축방식은 폴리트로픽압축이다.
㉱ 압축가스온도는 폴리트로픽압축이 제일 높다.

🔹 해설
가스 압축 일량의 크기 순서
단열압축 〉폴리트로픽압축 〉등온압축

39 금속패킹의 재료로 적당치 않은 것은?

㉮ 납
㉯ 구리
㉰ 연강
㉱ 탄산마그네슘

🔹 해설
• 탄산마그네슘 : 금속패킹재료가 아니라 무기질보온재이다.
• 금속패킹 : 납, 구리, 연강, 스테인레스 등

40 단상 유도 전동기 중 기동토크가 가장 큰 것은?
㉮ 콘덴서기동형 ㉯ 분상기동형
㉰ 반발기동형 ㉱ 세이딩코일형

⊕ 해설
반발 기동형 〉 반발 유도형 〉 콘덴서 기동형 〉 분상 기동형 〉 세이딩 코일형

41 냉동기 계통 내에 스트레이너가 필요 없는 것은?
㉮ 압축기의 토출구
㉯ 압축기의 흡입구
㉰ 팽창변 입구
㉱ 크랭크케이스 내의 저유통

⊕ 해설
스트레이너는 이물질을 걸러내는 장치로서 압축기의 흡입측에 설치한다.

42 가스 용접에서 용제를 사용하는 이유는?
㉮ 모재의 용융 온도를 낮게 하기 위하여
㉯ 용접 중 산화물 등의 유해물을 제거하기 위하여
㉰ 침탄이나 질화작용을 돕기 위하여
㉱ 용접봉의 용융속도를 느리게 하기 위하여

⊕ 해설
가스용접 시 용제 : 용접 중에 발생하는 산화물질이나 유해물질을 제거하여 용접부의 결함을 없게 하고 외관을 깨끗하게 해준다.

43 다음 그림 기호의 밸브 종류는?

㉮ 볼밸브 ㉯ 게이트밸브
㉰ 풋밸브 ㉱ 안전밸브

⊕ 해설

게이트 밸브	─▷◁─
볼 밸브	─▷◁─
안전 밸브	─▷◁─(스프링식) ─▷◁─(추식)

44 2단 압축 냉동 사이클에 대한 설명으로 틀린 것은?
㉮ 2단 압축이랑 증발기에서 증발한 냉매 가스를 저단 압축기와 고단 압축기로 구성되는 2대의 압축기를 사용하여 압축하는 방식이다.
㉯ NH_3 냉동장치에서 증발온도가 -35℃ 정도 이하가 되면 2단 압축을 하는 것이 유리하다.
㉰ 압축비가 16 이상이 되는 냉동장치인 경우에만 2단 압축을 해야 한다.
㉱ 최근에는 1대의 압축기가 2대의 압축기 역할을 할 수 있는 콤파운드 압축기를 사용하기도 한다.

⊕ 해설
2단 압축의 채용
• **압축비** : 암모니아는 6 이상이며, 프레온은 9 이상일 때 채택한다.
• **증발온도** : 암모니아는 35℃, 프레온 -50℃ 이하일 때 사용한다.

45 표준 냉동 사이클에서 토출가스온도가 제일 높은 냉매는?
㉮ R-11 ㉯ R-22
㉰ NH_3 ㉱ CH_3Cl

⊕ 해설
NH_3(암모니아)가 비열비가 커서 냉매 중에는 압축 후의 토출가스온도가 가장 높다.
NH_3(98℃) 〉 CH_3Cl(77.8℃) 〉 R-22(55℃) 〉 R-11(37.8℃)

정답 40. ㉰ 41. ㉮ 42. ㉯ 43. ㉯ 44. ㉰ 45. ㉰

3과목 공기조화

46 다음 중 환기의 목적이 아닌 것은?
㉮ 연소가스의 도입
㉯ 신선한 외기 도입
㉰ 실내의 사람에 대한 건강과 작업 능률을 유지
㉱ 공기환경의 악화로부터 제품과 주변 기기의 손상방지

해설
연소가스의 실내 도입은 질식위험이 있다.

47 다음 공조방식 중 개별식 공기조화 방식은?
㉮ 팬코일유닛 방식
㉯ 정풍량 단일덕트방식
㉰ 패키지 유닛방식
㉱ 유인 유닛방식

해설
개별식 냉매방식 : 패키지 방식, 룸 쿨러방식, 멀티 유닛방식

48 전 공기방식에 비해 반송동력이 적고, 유닛 1대로서 조운을 구성하므로 조우닝이 용이하며, 개별제어가 가능한 장점이 있어 사무실, 호텔, 병원 등의 고층 건물에 적합한 공기조화방식은?
㉮ 단일 덕트방식
㉯ 유인 유닛방식
㉰ 이중 덕트방식
㉱ 재열방식

해설
유인 유닛방식
- 사무실, 호텔, 고층건물에 적용하며 덕트 면적도 절감
- 중앙공조로부터 공조된 1차 공기를 고속 덕트를 통해 각 실의 유닛으로 송풍되며 1차 공기가 유닛의 노즐을 통과할 때 실내 2차 공기를 유인하여 취출되는 방식

49 공기조화설비 중에서 열원장치의 구성 요소가 아닌 것은?
㉮ 냉각탑   ㉯ 냉동기
㉰ 보일러   ㉱ 덕트

해설
- **열원장치** : 보일러, 냉동기, 냉각탑 등
- **공조기** : 필터, 제습기, 공기가열기, 가습기, 댐퍼 등
- **열운반장치** : 덕트, 배관, 펌프, 송풍기 등
- **자동제어장치** : 습도 및 온도 제어장치

50 물과 공기의 접촉면적을 크게 하기 위해 증발포를 사용하여 수분을 자연스럽게 증발시키는 가습방식은?
㉮ 초음파식   ㉯ 가열식
㉰ 원심분리식   ㉱ 기화식

해설
가습방식
- **기화식** : 물과 공기의 접촉면적을 크게 하기 위하여 증발포를 사용하여 수분을 자연스럽게 증발시키는 가습방식
- **초음파식** : 초음파로 물을 무화시키는 방식
- **가열식** : 물을 끓여서 수증기를 방출하는 방식
- **원분무식** : 물을 표면장력 이상의 원심력으로 회전시켜 작은 입자로 만드는 방식, 소음이 큼

51 펌프에 관한 설명 중 부적당한 것은?
㉮ 양수량은 회전수에 비례한다.
㉯ 양정은 회전수의 제곱에 비례한다.
㉰ 축동력은 회전수의 3승에 비례한다.
㉱ 토출속도는 회전수의 4승에 비례한다.

해설
상사법칙 : 풍량과 동력, 압력이 회전속도와 관계가 있으므로 여기에 관련된 법칙을 만든 것이다.

정답 46. ㉮ 47. ㉰ 48. ㉯ 49. ㉱ 50. ㉱ 51. ㉱

- 유량 : $\dfrac{Q_1}{Q_2} = \left(\dfrac{N_1}{N_2}\right)^1 \times \left(\dfrac{D_2}{D_1}\right)^3$
- 전양정 : $\dfrac{H_1}{H_2} = \left(\dfrac{N_1}{N_2}\right)^2 \times \left(\dfrac{D_2}{D_1}\right)^2$
- 동력 : $\dfrac{P_1}{P_2} = \left(\dfrac{N_1}{N_2}\right)^3 \times \left(\dfrac{D_1}{D_2}\right)^5$

여기서, N : 회전수(rpm), D : 내경(mm)

52 보일러의 열 출력이 150,000kcal/h, 연료소비율이 20kg/h이며, 연료의 저위 발열량이 10,000kcal/kg이라면 보일러의 효율은 얼마인가?

㉮ 65%   ㉯ 70%
㉰ 75%   ㉱ 80%

● 해설
보일러효율(η)
$= \dfrac{\text{유효출력}}{\text{입열}} = \dfrac{150{,}000}{20 \times 10{,}000} = 0.75\%$

53 온수난방에 대한 설명으로 잘못된 것은?

㉮ 예열부하가 증기난방에 비해 작다.
㉯ 한랭지에서는 동결의 위험성이 있다.
㉰ 온수온도에 의해 보통온수식과 고온수식으로 구분한다.
㉱ 난방부하에 따라 온도조절이 용이하다.

● 해설
- **온수난방** : 현열에 의한 것으로 서서히 예열된다. 즉, 예열부하가 크다.
- **증기난방** : 잠열에 의한 것이므로 빨리 예열된다. 즉, 예열부하가 온수난방에 비해 적다.

54 주철제 방열기의 종류가 아닌 것은?

㉮ 2주형   ㉯ 3주형
㉰ 4세주형 ㉱ 5세주형

● 해설
주형 방열기(column radiator)의 종류
- **주형** : 2주형(Ⅱ), 3주형(Ⅲ)
- **세주형** : 3세주형(3), 5세주형(5)
- **벽걸이형** : 수평(W-H), 수직(W-V)

55 공기조화용 취출구 종류 중 1차 공기에 의한 2차 공기의 유인성능이 좋고, 확산반경이 크고 도달거리가 짧기 때문에 천장 취출구로 많이 사용하는 것은?

㉮ 팬(pan)형
㉯ 라이(line)형
㉰ 아네모스탯(annemostat)형
㉱ 그릴(grille)형

● 해설
- **팬(fan)형** : 도달길이가 길며, 유인성능은 아네모스탯보다 떨어진다.
- **라인(line)형** : 추출구의 폭이 큰 것은 도달거리를 크게 할 수 있어서 천장이 높은 취출구로 적합하며 엘리베이터 홀, 입구 홀 등에 쓰인다.
- **아네모스탯(annemostat)형** : 확산형의 일종이며 여러 개의 콘이 있어 1차 공기에 의한 2차 공기의 내부유인 성능이 좋은 취출구이다. 확산반경이 크고 도달거리도 짧아 천장 취출구로 많이 사용한다.
- **그릴(grille)형** : 풍량조절이 불가능하며 저속의 환기용 취출구나 흡입구에 사용한다.

56 공기조화기 구성 요소가 아닌 것은?

㉮ 댐퍼   ㉯ 필터
㉰ 펌프   ㉱ 가습기

● 해설
공기조화기 구성요소 : 공기여과기(필터), 공기냉각기(냉각기), 공기가열기(가열기), 송풍기, 댐퍼 등

57 결로를 방지하기 위한 방법이 아닌 것은?

㉮ 벽면의 온도를 올려준다.
㉯ 다습한 외기를 도입한다.
㉰ 벽면을 단열시킨다.
㉱ 강제로 온풍을 해준다.

● 해설
다습한 외기도입은 결로를 더 심하게 한다.

정답 52. ㉰ 53. ㉮ 54. ㉰ 55. ㉰ 56. ㉰ 57. ㉯

58 클린룸(병원 수술실 등)의 공기조화 시 가장 중요시해야 할 사항은?

㉮ 공기의 청정도 ㉯ 공기 소음
㉰ 기류속도   ㉱ 공기 압력

해설
클린룸의 목적은 공기의 청정도에 있으며, 반도체 설비에 있어서의 공기청정도의 허용치는 $1m^3$ 중에 먼지 1~2개 정도이다.

59 외기온도 -5°C, 실내온도 18°C, 벽면적 $15m^2$인 벽체를 통한 손실 열량은 몇 kcal/h인가?(단, 벽체의 열통과율은 $1.30kcal/m^2h°C$이며, 방위계수는 무시한다)

㉮ 448.5   ㉯ 529
㉰ 645   ㉱ 756.5

해설
손실열량
$Q = K \times A \times \Delta t = 1.3 \times 15 \times (18-(-5))$
$= 448.5 kcal/h$

60 공기조화기에서 송풍기를 배출압력에 따라 분류할 때 블로어(blower)의 일반적인 압력범위는?

㉮ $0.1 kg_f/cm^2$ 미만
㉯ $0.1 kg_f/cm^2 \sim 1 kg_f/cm^2$
㉰ $1 kg_f/cm^2 \sim 2 kg_f/cm^2$
㉱ $2 kg_f/cm^2$ 이상

해설
- 블로어(송풍기)의 일반적인 입력범위 : $0.1 \sim 1 kgf/cm^2$
- **팬** : $0.1 kgf/cm^2$ 미만
- **압축기** : $1 kgf/cm^2$ 이상

정답 58. ㉮ 59. ㉮ 60. ㉯

2013년 1월 27일 시행(1회)

1과목 공조냉동 안전관리

01 냉동장치에서 안전상 운전 중에 점검해야 할 중요 사항에 해당되지 않는 것은?
㉮ 냉매의 각부 압력 및 온도
㉯ 윤활유의 압력과 온도
㉰ 냉각수 온도
㉱ 전동기의 회전방향

해설
전동기의 회전방향은 운전하기 전에 점검해야 한다.

02 가스보일러 정화 시 주의사항 중 맞지 않는 것은?
㉮ 연소실 내의 용적 4배 이상의 공기로 충분히 환기를 행할 것
㉯ 점화는 3~4회로 착화될 수 있도록 할 것
㉰ 착화 실패나 갑작스런 실화 시에는 연료공급을 중단하고 환기 후 그 원인을 조사할 것
㉱ 점화버너의 스파크 상태가 정상인가 확인할 것

해설
점화는 1회에 즉시 착화가 이루어져야 한다.

03 재해의 직접적 원인이 아닌 것은?
㉮ 보호구의 잘못 사용
㉯ 불안전한 조작
㉰ 안전지식 부족
㉱ 안전장치의 기능 제거

해설
직접적인 원인
• 인적인 원인(불안전한 행동)
 - 안전장치의 기능 제거, 기계, 보호구 등의 사용 미숙
 - 불안전한 상태 방치, 위험물 취급부주의, 불안전한 자세
• 물적인 원인(불안정적인 상태) : 보호구, 작업장소의 결함, 생산공정 및 설비의 결함, 안전장치 및 방호장치 결함

04 근로자가 보호구를 선택 및 사용하기 위해 알아두어야 할 사항으로 거리가 먼 것은?
㉮ 올바른 관리 및 보관방법
㉯ 보호구의 가격과 구입방법
㉰ 보호구의 종류와 성능
㉱ 올바른 사용(착용)방법

해설
보호구 선정 시 유의사항
 - 사용목적에 적합할 것
 - 작업에 방해가 되지 않을 것
 - 착용이 쉬우며 편리할 것
 - 인증 검정에서 합격한 물품일 것

05 전기용접기 사용 시 준수사항으로 적합하지 않은 것은?
㉮ 용접기 설치장소는 습기나 먼지 등이 많은 곳은 피하고 환기가 잘 되는 곳을 선택한다.
㉯ 용접기의 1차 측에는 용접기 근처에 규정 값보다 1.5배 큰 퓨즈(fuse)를 붙인 안전스위치를 설치한다.
㉰ 2차 측 단자의 한 쪽과 용접기 케이스는 접지(earth)를 확실히 해둔다.

정답 1. ㉱ 2. ㉯ 3. ㉰ 4. ㉯

㉣ 용접 케이블 등의 파손된 부분은 즉시 절연테이프로 감아야 한다.

해설
용접기의 1차 측에는 용접기 근처에 규정용량보다 큰 퓨즈나 구리선 같은 것을 안전스위치에 사용해서는 안 된다.

06 보안경을 사용하는 이유로 적합하지 않은 것은?

㉮ 중량물의 낙하 시 얼굴을 보호하기 위해서
㉯ 유해약물로부터 눈을 보호하기 위해서
㉰ 칩의 비산으로부터 눈을 보호하기 위해서
㉱ 유해 광선으로부터 눈을 보호하기 위해서

해설
중량물의 낙하 시에 얼굴을 보호하기 위해서는 보안경을 착용해야 한다.

07 일반 공구 사용 시 주의사항으로 적합하지 않은 것은?

㉮ 공구는 사용 전보다 사용 후에 점검한다.
㉯ 본래의 용도 이외에는 절대로 사용하지 않는다.
㉰ 항상 작업 주위 환경에 주의를 기울이면서 작업한다.
㉱ 공구는 항상 일정한 장소에 비치하여 놓는다.

해설
공구는 사용하기 전과 후에 반드시 점검한다.

08 가연성 가스의 화재, 폭발을 방지하기 위한 대책으로 틀린 것은?

㉮ 가연성 가스를 사용하는 장치를 청소하고자 할 때는 가연성 가스로 한다.
㉯ 가스가 발생하거나 누출될 우려가 있는 실내에서는 환기를 충분히 시킨다.
㉰ 가연성 가스가 존재할 우려가 있는 장소에서는 화기를 엄금한다.
㉱ 가스를 연료로 하는 연소설비에서는 점화하기 전에 누출유무를 반드시 확인한다.

해설
가연성 가스를 사용하는 장치를 청소할 때 사용하는 가스는 불연성인 가스로 청소해야 화재 및 폭발이 일어나지 않는다.

09 고압가스 안전관리법에서 규정한 용어를 바르게 설명한 것은?

㉮ "저장소"라 함은 지식경제부령이 정하는 일정량 이상의 고압가스를 용기나 저장탱크로 저장하는 일정한 장소를 말한다.
㉯ "용기"라 함은 고압가스를 운반하기 위한 것(부속품을 포함하지 않음)으로서 이동할 수 있는 것을 말한다.
㉰ "냉동기"라 함은 고압가스를 사용하여 냉동을 하기 위한 모든 기기를 말한다.
㉱ "특정설비"라 함은 저장탱크와 모든 고압가스 관계 설비를 말한다.

해설
고압가스를 충전하기 위한 것(부속품 포함)으로서 이동이 가능한 것
- **저장탱크** : 고압가스를 저장하기 위한 것으로 일정한 위치에 고정설치한다.
- **냉동기** : 고압가스를 사용하여 냉동을 하기 위한 기기로서 산업통상자원부령으로 정하는 냉동능력보다 이상인 것을 말한다.
- **특정설비** : 저장탱크와 산업통상자원부령으로 정하는 고압가스 관련 설비를 말한다.

정답 5. ㉯ 6. ㉮ 7. ㉮ 8. ㉮ 9. ㉮

10 공기조화용으로 사용되는 교류 3상 220V의 전동기가 있다. 전동기의 외함 및 철대에 제3종 접지 공사를 하는 목적에 해당되지 않는 것은?

㉮ 감전 사고의 방지
㉯ 성능을 좋게 하기 위해서
㉰ 누전 화재의 방지
㉱ 기기, 배관 등의 파괴방지

⊕ 해설
접지 공사의 목적 : 화재방지, 감전방지, 기기손상방지

11 압축기 토출압력이 정상보다 너무 높게 나타나는 경우 그 원인에 해당하지 않는 것은?

㉮ 냉각수량이 부족한 경우
㉯ 냉매 계통에 공기가 혼합되어 있는 경우
㉰ 냉각수 온도가 낮은 경우
㉱ 응축기 수 배관에 물때가 낀 경우

⊕ 해설
토출압력이 높은 이유
- 냉각수 온도가 높을 경우
- 공기가 냉매계통에 혼입될 경우
- 냉매의 과잉 충전으로 응축기의 냉각관이 냉매액에 잠겨 유효 전열면적이 감소할 경우
- 응축기 물 배관에 물때가 끼인 경우
- 냉각수량이 적을 경우

12 보일러에서 폭발구(방폭문)를 설치하는 이유는?

㉮ 연소의 촉진을 도모하기 위하여
㉯ 연료의 절약을 위하여
㉰ 연소실의 화염을 검출하기 위하여
㉱ 폭발가스의 외부배기를 위하여

⊕ 해설
방폭문 : 보일러 내부에서 폭발이 생길 경우 보일러 파손의 우려가 있으므로 압력이 일정수준보다 커지게 되면 방폭문을 통해 압력을 방출하여 보일러의 파손을 방지한다.

13 전기로 인한 화재발생 시의 소화제로서 가장 알맞은 것은?

㉮ 모래
㉯ 포말
㉰ 불안전한 조작
㉱ 탄산가스

⊕ 해설
전기화재 소화약제 : 분말소화기, 탄산가스, 할로겐가스

14 가스용접에서 토치의 취급상 주의사항으로서 적합하지 않는 것은?

㉮ 토치나 팁은 작업장 바닥이나 흙 속에 방치하지 않는다.
㉯ 팁을 바꿀 때에는 반드시 가스밸브를 잠그고 한다.
㉰ 토치를 망치 등 다른 용도로 사용해서는 안 된다.
㉱ 토치에 기름이나 그리스를 주입하여 관리한다.

⊕ 해설
가스용접토치에 기름이나 그리스를 주입하면 화재나 폭발을 우려가 있다.

15 재해예방의 4가지 기본원칙에 해당되지 않는 것은?

㉮ 대책선정의 원칙
㉯ 손실우연의 원칙
㉰ 예방가능의 원칙
㉱ 재해통계의 원칙

⊕ 해설
재해예방의 4가지 원칙
• **대책선정의 원칙** : 원인을 규명하여 대책을 선정, 실시해야 한다.
• **손실우연의 원칙** : 사고발생 시의 조건과 상황

정답 10. ㉯ 11. ㉰ 12. ㉱ 13. ㉱ 14. ㉱ 15. ㉱

에 따라 손실의 크기가 다르기 때문에 손실은 우연성에 의해 결정된다.
- **예방가능의 원칙** : 원인을 제거하면 예방할 수 있다.
- **원인연계의 원칙** : 여러 요소들의 복합적인 작용에 의해 재해가 유발되므로 원인을 파악, 제거하는 것이 중요하다.

2과목 냉동기계

16 냉동의 원리에 이용되는 열의 종류가 아닌 것은?

㉮ 증발열   ㉯ 승화열
㉰ 융해열   ㉱ 전기 저항열

⊕ 해설
냉동방법
- 얼음의 융해잠열을 이용한 냉동방법
- 승화열을 이용한 냉동방법
- 증발열을 이용한 냉동방법
- 기한제를 이용한 냉동방법

17 압축기에 관한 설명으로 옳은 것은?

㉮ 토출가스 온도는 압축기의 흡입가스가 클수록 높아진다.
㉯ 프레온12를 사용하는 압축기에는 토출온도가 낮아 워터자켓(water jacket)을 부착한다.
㉰ 톱 클리어런스(top clearance)가 클수록 체적효율이 커진다.
㉱ 토출가스온도가 상승하여도 체적 효율은 변하지 않는다.

⊕ 해설
- **워터자켓** : 비열비가 큰 암모니아냉동기에만 사용한다.
- 톱 클리어런스나 사이드 클리어런스가 커지면 체적효율이 감소한다.
- 토출가스온도가 상승하면 실린더의 과열로 이어져서 체적효율이 감소한다.

18 증발식 응축기의 엘리미네이트에 대한 설명으로 맞는 것은?

㉮ 물의 증발을 양호하게 한다.
㉯ 공기를 흡수하는 장치다.
㉰ 물이 과냉각되는 것을 방지한다.
㉱ 냉각관에 분사되는 냉각수가 대기 중에 비산되는 것을 막아주는 장치다.

⊕ 해설
일리미네이트 : 냉각탑상부에 설치하여 냉각수가 대기 중으로 비산되는 것을 방지한다.

19 다음 설명 중 내용이 맞는 것은?

㉮ 1[BTU]는 물 1[lb]를 1[℃] 높이는 데 필요한 열량이다.
㉯ 절대압력은 대기압의 상태인 0으로 기준하여 측정한 압력이다.
㉰ 이상기체를 단열팽창시켰을 때 온도는 내려간다.
㉱ 보일-샬의 법칙이란 기체의 부피는 절대압력에 비례하고 절대온도에 반비례한다.

⊕ 해설
- **1BTU** : 물 1lb를 1℃ 높이는 데 필요한 열량 (미국, 영국)
- **절대압력** : 완전진공 0으로 하여 측정한 압력
- **보일-샬의 법칙** : 기체의 부피는 절대압력에 반비례하고, 절대온도에 비례한다.

20 정현파 교류전류에서 크기를 나타내는 실효치를 바르게 나타낸 것은?(단, I_m은 전류의 최대치이다)

㉮ $I_m \sin \omega t$ ㉯ $0.636 I_m$
㉰ $\sqrt{2}$ ㉱ $0.707 I_m$

⊕ 해설
- 실효 전류 $I = \dfrac{1}{\sqrt{2}} I_m = 0.707 I_m$
- 평균 전류 $I_a = \dfrac{2}{\pi} I_m = 0.637 I_m$

정답 16. ㉱   17. ㉮   18. ㉱   19. ㉰   20. ㉱

21 흡수식 냉동장치의 적용대상이 아닌 것은?

㉮ 백화점 공조용   ㉯ 산업 공조용
㉰ 제빙공장용   ㉱ 냉난방장치용

⊕해설
흡수식 냉동장치는 제빙용으로 사용하지 않고, 냉난방 및 공조용으로 사용한다.

22 다음 그림의 기호가 나타내는 밸브로 맞는 것은?

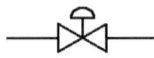

㉮ 슬루스밸브
㉯ 글로브밸브
㉰ 다이어프램밸브
㉱ 감압밸브

⊕해설

슬루스밸브	글로브밸브	감압밸브
⋈	⋈	(그림)

23 탄성이 부족하여 석면, 고무, 금속 등과 조합하여 사용되며 내열 범위는 −260°C ~260°C 정도로 기름에 침식되지 않는 패킹은?

㉮ 고무 패킹   ㉯ 석면 조인트 시트
㉰ 합성수지 패킹   ㉱ 오일시트 패킹

⊕해설
- **고무 패킹**: 탄성이 좋고 흡수성이 없다.
- **석면 조인트 시트**: 450°C까지의 고온배관에도 사용되며 광물질의 미세한 섬유로 되어있다.
- **합성수지 패킹**: 탄성이 부족해 석면, 고무, 금속 등과 조합하여 사용되며, 내열범위는 −260°C~260°C 정도로 기름에 침식되지 않는다.
- **오일시트 패킹**: 펌프나 기어박스에 사용되며 한지를 일정한 두께로 겹쳐서 내유가공한 것으로, 내열도가 낮은 단점이 있다.

24 증발기에 대한 제상방식이 아닌 것은?

㉮ 전열 제상   ㉯ 핫 가스 제상
㉰ 살수 제상   ㉱ 피냉제거 제상

⊕해설
- **제상**: 증발기 등에 발생한 성에를 제거하는 작업을 말한다.
- **전열 제상**: 전열코일을 설치하여 제상한다.
- **핫 가스 제상**: 압축기에서 나오는 고온의 냉매를 바로 증발기로 보내 제상한다.
- **부동액 살포제상**: 부동액을 뿌려 제상한다.

25 사용압력이 비교적 낮은(10kg$_f$/cm^2 이하) 증기, 물, 기름 가스 및 공기 등의 각종 유체를 수송하는 관으로, 일명 가스관이라고도 하는 관은?

㉮ 배관용 탄소 강관
㉯ 압력 배관 탄소 강관
㉰ 고압 배관용 탄소 강관
㉱ 고온 배관용 탄소 강관

⊕해설
- **배관용 탄소 강관**: SPP 10kg$_f$/cm^2 이하의 사용압력, 증기, 물, 가스 등을 수송
- **압력 배관용 탄소 강관**: 350°C 이하, 10~100 kg$_f$/cm^2 사용압력
- **고압 배관용 탄소 강관**: SPPH 100kg$_f$/cm^2 이상 압력배관용, 암모니아 합성공업의 고압배관, 내연기관의 연료분사용
- **고온 배관용 탄소 강관**: SPHT 350~450 kg$_f$/cm^2

26 OR회로를 나타내는 논리기호로 맞는 것은?

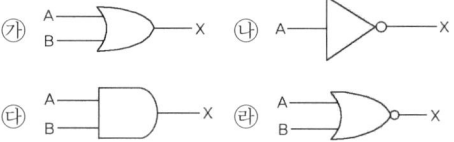

⊕해설
㉮ OR회로   ㉯ BUFFER회로
㉰ AND회로   ㉱ NOR회로

정답 21. ㉰ 22. ㉰ 23. ㉰ 24. ㉱ 25. ㉮ 26. ㉮

27 암모니아 냉동기에 사용되는 수냉 응축기의 전열계수(열통과율)가 800kcal/m²h℃이며, 응축온도와 냉각수 입출구의 평균 온도차가 8℃일 때 1냉동톤당의 응축기 전열면적은 약 얼마인가?(단, 방열계수는 1.3으로 한다)

㉮ 0.52m²　㉯ 0.67m²
㉰ 0.97m²　㉱ 1.7m²

➕ 해설
전열면적
$= \dfrac{방열계수 \times 증발부하}{전열계수 \times 온도차} = \dfrac{1.3 \times 1RT \times 3,320}{800 \times 8}$
$≒ 0.67$

28 2차 냉매의 열전달방법은?

㉮ 상태변화에 의한다.
㉯ 온도변화에 의하지 않는다.
㉰ 잠열로 전달한다.
㉱ 감열로 전달한다.

➕ 해설
- **2차 냉매** : 간접냉매라고 하며, 감열에 의해 전열하고 제빙장치의 브라인, 공조장치의 냉수 등이다.
- **1차 냉매** : 직접냉매라고 하며, 잠열에 의해 전열한다.

29 프레온냉매 중 냉동능력이 가장 좋은 것은?

㉮ R-113　㉯ R-11
㉰ R-12　㉱ R-22

➕ 해설
냉동능력이 좋은 순서
R-22 > R-11 > R-12 > R-113

30 응축온도 및 증발온도가 냉동기의 성능에 미치는 영향에 관한 사항 중 옳은 것은?

㉮ 응축온도가 일정하고 증발온도가 낮아지면 압축비가 증가한다.
㉯ 증발온도가 일정하고 응축온도가 높아지면 압축비는 감소한다.
㉰ 응축온도가 일정하고 증발온도가 높아지면 토출가스 온도는 상승한다.
㉱ 응축온도가 일정하고 증발온도가 낮아지면 냉동능력은 증가한다.

➕ 해설
응축온도가 일정하고 증발온도가 낮아지면 압축비가 증가한다.

31 왕복동 압축기의 용량제어방법으로 적합하지 않은 것은?

㉮ 흡입밸브 조정에 의한 방법
㉯ 회전수 가감법
㉰ 안전스프링의 강도 조정법
㉱ 바이패스방법

➕ 해설
왕복동 압축기의 용량제어방법
- 흡입밸브 조정에 의한 방법
- 회전수 가감법
- 바이패스방법
- 톱 클리어런스에 의한 방법

32 냉동 사이클에서 액관 여과기의 규격은 보통 몇 메쉬(mesh)정도인가?

㉮ 40~60　㉯ 80~100
㉰ 150~220　㉱ 250~350

➕ 해설
- 액관 여과기 규격 : 80~100mesh
- 가스관일 경우 : 40mesh

33 역률에 대한 설명 중 잘못된 것은?

㉮ 유효전력과 피상전력과의 비이다.
㉯ 저항만이 있는 교류회로에서는 1이다.
㉰ 유효전류와 전전류의 비이다.
㉱ 값이 0인 경우는 없다.

정답 27. ㉯ 28. ㉱ 29. ㉱ 30. ㉮ 31. ㉰ 32. ㉯ 33. ㉱

⊕ 해설

역률$(\cos\theta) = \dfrac{유효전력}{피상전력}$ 으로 0~1로 표시

- 순저항만의 회로는 $\cos\theta = 1$이다.
- 코일만의 회로 혹은 콘덴서만의 회로는 $\cos\theta = 0$이다.

34 압력표시에서 1atm과 값이 다른 것은?

㉮ 1.01325bar

㉯ 1.10325MPa

㉰ 760mmHg

㉱ 1.033227kgf/cm²

⊕ 해설

1atm=760mmHg=1.033227kgf/cm²
=1.01325bar
=101,325Pa(=N/m²)=14.7psi

35 2단 압축 2단 팽창 냉동 사이클을 몰리에르 선도에 표시한 것이다. 옳은 것은?

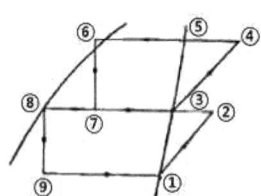

㉮ 중간냉각기의 냉동효과 : ③-⑦

㉯ 증발기의 냉동효과 : ②-⑨

㉰ 팽창변 통과직후의 냉매위치 : ④-⑤

㉱ 응축기의 방출열량 : ⑧-②

⊕ 해설

- 중간냉각기의 냉동효과 : ③-⑦
- 증발기의 냉동효과 : ①-⑨
- 팽창변 통과직후의 냉매위치 : ⑦, ⑨
- 응축기의 방출열량 : ④-⑥

36 터보냉동기의 운전 중에 서징(surging) 현상이 발생하였다. 그 원인으로 맞지 않는 것은?

㉮ 흡입가이드 베인을 너무 조일 때

㉯ 가스 유량이 감소할 때

㉰ 냉각수온이 너무 낮을 때

㉱ 어떤 한계치 이하의 가스유량으로 운전할 때

⊕ 해설

서징(surging)현상의 발생원인
- 냉각수온이 높을 경우와 냉각수량이 감소할 때
- 냉각수 배관에 스케일이 존재할 경우
- 불응축가스가 혼입할 때
- 흡입 베인을 너무 조일 경우
- 운전 중인 펌프를 정지시킬 때

37 회전식 압축기의 피스톤 압출량(V)을 구하는 공식은 어느 것인가?(단, D=실린더 내경(m), d=회전 피스톤의 외경(m), t=실린더의 두께(m), R=회전수(rpm), n=기통수, L=실린더 길이이다)

㉮ $v = 60 \times 0.785 \times (D^2 - d^2)tnR(\text{m}^3/\text{h})$

㉯ $v = 60 \times 0.786 \times D^2 tnR(\text{m}^3/\text{h})$

㉰ $v = 60 \times (\pi D^2)/4 \cdot \text{Ln}R(\text{m}^3/\text{h})$

㉱ $v = (\pi DR)/4(\text{m}^3/\text{h})$

⊕ 해설

$V = 60 \times 0.785 \times (D^2 - d^2) t \times n \times R(\text{m}^3/\text{h})$
$= \dfrac{\pi}{4} \times (D^2 - d^2) \times t \times n \times R \times 60$

38 다음 그림에서 습압축 냉동 사이클은 어느 것인가?

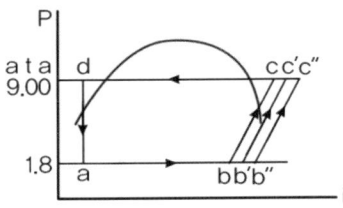

㉮ ab'c'da

㉯ bb"c"cb

㉰ ab"c"da

㉱ abcda

⊕ 해설

b의 위치가 어느 영역에 있느냐가 상태를 결정한다.

정답 34. ㉯ 35. ㉮ 36. ㉰ 37. ㉮ 38. ㉱

- 습압축 냉동 사이클 : abcda
- 건조 포화증기 압축 : ab′c′da
- 과열증기 압축 : ab″c″da

39 어떤 냉동기에서 0°C의 물로 0°C의 얼음 2톤(Ton)을 만드는 데 40kWh의 일이 소요된다면 이 냉동기의 성적계수는 약 얼마인가?(단, 얼음의 융해 잠열은 80kcal/kg이다)

㉮ 2.72 ㉯ 3.04
㉰ 4.04 ㉱ 4.65

● 해설

- 성적계수(COP) = $\dfrac{냉동능력}{압축기소요동력}$ = $\dfrac{Q_c}{L}$
- 냉동능력 Q_c
  = $G \times \gamma$ = 2,000 × 80 = 160,000 kcal
- 압축기소요동력 L = 40 × 860 = 34,400 kcal
  * 1kWH = 860kcal

∴ $COP = \dfrac{160,000}{34,400} = 4.65$

40 동관 굽힘 가공에 대한 설명으로 옳지 않은 것은?

㉮ 열관 굽힘 시 큰 직경으로 관 두께가 두꺼운 경우에는 관내에 모래를 넣어 굽힘한다.
㉯ 열간 굽힘 시 가열온도는 100°C 정도로 한다.
㉰ 굽힘 가공성이 강관에 비해 좋다.
㉱ 연질관은 핸드벤더(hand bender)를 사용하여 쉽게 굽힐 수 있다.

● 해설
열간 가공 시 가열온도
- 동관 : 500~600°C
- 강관 : 800~900°C
- 연관 : 100°C

41 어느 제빙공장의 냉동능력은 6RT이다. 응축기 방열량은 얼마인가?(단, 방열계수는 1.3이다)

㉮ 10,948kcal/h ㉯ 11,248kcal/h
㉰ 15,952kcal/h ㉱ 25,896kcal/h

● 해설

방열계수 = $\dfrac{응축기의\ 방열량}{증발기\ 용량}$

응축기의 방열량 = 방열계수 × 증발기 용량
= 1.3 × 6 × 3,320
= 25,896kcal/h

42 2원 냉동장치 냉매로 많이 사용되는 R-290은 어느 것인가?

㉮ 프로판 ㉯ 에틸렌
㉰ 에탄   ㉱ 부탄

● 해설
프로판(R-290), 에탄(R-134a), 에틸렌, R-13, R-14, R-22

43 P-h 선도상의 각 번호에 대한 명칭 중 맞는 것은?

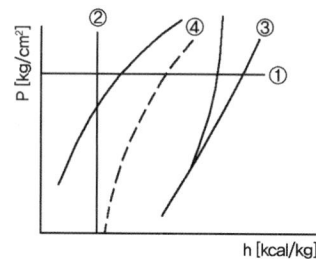

㉮ ① : 등비체적선
㉯ ② : 등엔트로피선
㉰ ③ : 등엔탈피선
㉱ ④ : 등건조도선

● 해설
① 등압선   ② 등엔탈피선
③ 등엔트로피선 ④ 등건조도선

44 분해조립이 필요한 부분에 사용하는 배관연결 부속은?

㉮ 부싱, 티
㉯ 플러그, 캡
㉰ 소켓, 엘보
㉱ 플랜지, 유니온

● 해설
- 분해조립 시 사용하는 부품 : 플랜지, 유니온
- 지름이 다른 관을 연결 : 부싱
- 관을 도중에서 분기할 때 : 티
- 관 끝을 막을 때 : 플러스, 캡

45 인버터 구동 가변 용량형 공기조화장치나 증발온도가 낮은 냉동장치에서는 냉매유량조절의 특성 향상과 유량제어 범위의 확대 등이 중요하다. 이러한 목적으로 사용되는 팽창밸브로 적당한 것은?

㉮ 온도식 자동 팽창밸브
㉯ 정압식 자동 팽창밸브
㉰ 열전식 팽창밸브
㉱ 전자식 팽창밸브

● 해설
- **온도식 자동 팽창밸브** : 증발기의 출구 온도를 검출하여 냉매량을 제어하는 밸브로 냉매의 감압과 유량을 비례적으로 제어한다.
- **정압식 자동 팽창밸브** : 증발기 내의 압력으로 밸브를 작동시켜 압력을 일정하게 유지시켜 증발온도를 간접적으로 일정하게 한다.
- **열전식 팽창밸브** : 팽창밸브 본체에 온도센서와 전자제어부를 설치하여 과열도 제어 및 기타 기능을 발휘할 수 있도록 한다.
- **전자식 팽창밸브** : 인버터 구동 가변 용량형 공기조화 장치나 증발온도가 낮은 냉동장치에서는 냉매유량조절의 특성 향상과 유량제어 범위의 확대할 때 사용한다.

3과목 공기조화

46 온수난방방식의 분류로 적당하지 않은 것은?

㉮ 강제순환식
㉯ 복관식
㉰ 상향공급식
㉱ 진공환수식

● 해설
- **진공환수식** : 증기난방에서의 응축수 환수방법
- **강제순환식** : 온수순환방법
- **복관식** : 배관방법
- **상향공급식** : 온수공급방법

47 공조방식 중 패키지 유닛방식의 특징으로 틀린 것은?

㉮ 공조기로의 외기도입이 용이하다.
㉯ 각 층을 독립적으로 운전할 수 있으므로 에너지 절감효과가 크다.
㉰ 실내에 설치하는 경우 급기를 위한 덕트 샤프트가 필요 없다.
㉱ 송풍기 정압이 낮으므로 제진효율이 떨어진다.

● 해설
패키지 유닛방식 : 실내에 설치하므로 출입 시에만 환기가 되기 때문에 공조기로의 외기 도입이 어렵다.

48 가변풍량 단일덕트 방식의 특징이 아닌 것은?

㉮ 송풍기의 동력을 절약할 수 있다.
㉯ 실내공기의 청정도가 떨어진다.
㉰ 일사량 변화가 심한 존(zone)에 적합하다.
㉱ 각 실이나 존(zone)의 온도를 개별제어하기가 어렵다.

● 해설
가변풍량 단일덕트 : 조화된 공기를 각 실로 공급하는 취출구 풍량을 변풍량 유닛으로 조절하여 내부온도에 의해 조절하므로 각 실의 온도를 개별제어하기 쉽다.

정답 44. ㉱ 45. ㉱ 46. ㉱ 47. ㉮ 48. ㉱

49 송풍기 선정 시 고려해야 할 사항 중 옳은 것은?

㉮ 소요 송풍량과 풍량조절 댐퍼 유무
㉯ 필요 유효정압과 전동기 모양
㉰ 송풍기 크기와 공기 분출 방향
㉱ 소요 송풍량과 필요 정압

➕ 해설

송풍기 소요동력

$$L = \frac{P \times Q}{102 \times \eta \times 60} = \frac{송풍압력 \times 송풍량}{102 \times 효율 \times 60}$$

50 감습장치에 대한 설명이다. 옳은 것은?

㉮ 냉각식 감습장치는 감습만을 목적으로 사용하는 경우 경제적이다.
㉯ 압축식 감습장치는 감습만을 목적으로 하면 소요동력이 커서 비경제적이다.
㉰ 흡착식 감습법은 액체에 의한 감습법보다 효율은 좋으나 낮은 노점까지 감습이 어려워 주로 큰 용량의 것에 적합하다.
㉱ 흡수식 감습장치는 흡착식에 비래 감습효율이 떨어져 소규모 용량에만 적합하다.

➕ 해설

- **냉각식 감습장치** : 냉각과 감습을 동시에 필요로 할 때는 능률적이지만, 비냉각일 때는 재열이 필요하므로 열량이 비효율적으로 소모가 된다.
- **압축식 감습장치** : 감습만을 목적으로 하면 소요동력이 커서 비경제적이다.
- **흡착식 감습장치** : 재생에 대량의 열량을 소모하므로 풍량이 적어도 되는 건조실 등에 쓰인다.
- **흡수식 감습장치** : 냉각식에 비해 공조되어 있는 실내의 현열비가 60% 이하일 때 능률적이다.

51 실내의 취득열량을 구했더니 현열이 28,000 kcal/h, 잠열이 12,000kcal/h였다. 실내를 21°C, 60%(RH)로 유지하기 위해 취출온도 차 10°C로 송풍할 때, 현열비는 얼마인가?

㉮ 0.7 ㉯ 1.8
㉰ 1.4 ㉱ 0.4

➕ 해설

현열비

$$SHF = \frac{q_s}{q_s + q_L} = \frac{28,000}{28,000 + 12,000} = 0.7$$

52 공조용 급기 덕트에서 취출된 공기가 어느 일정 거리만큼 진행했을 때의 기류 중심선과 취출구 중심과의 거리를 무엇이라고 하는가?

㉮ 도달거리
㉯ 1차 공기거리
㉰ 2차 공기거리
㉱ 강하거리

➕ 해설

- **강하거리** : 공조용 급기 덕트에서 취출된 공기가 어느 일정 거리만큼 진행했을 때의 기류 중심선과 취출구 중심과의 거리
- **도달거리** : 분출구에서 분출된 공기가 도달한 어느 지점 또는 일반적으로 0.25m/s의 일정풍속이 되는 곳까지의 수평 이동거리
- **공기거리** : 공기순환기가 최대로 공기를 보낼 수 있는 거리

53 다음 공기의 성질에 대한 설명 중 틀린 것은?

㉮ 최대한도의 수증기를 포함한 공기를 포화공기라 한다.
㉯ 습공기의 온도를 낮추었을 때 물방울이 맺히기 시작하는 온도를 그 공기의 노점온도라고 한다.

정답 49. ㉱ 50. ㉯ 51. ㉮ 52. ㉱

㉰ 건공기 1kg에 혼합된 수증기의 질량 비를 절대습도라 한다.
㉱ 우리 주변에 있는 공기는 대부분의 경우 건공기이다.

해설
지구상에 존재하는 공기는 습공기이며, 공조를 위한 공기를 건공기라 한다.

54 공조부하 계산 시 잠열과 현열을 동시에 발생시키는 요소는?

㉮ 벽체로부터의 취득열량
㉯ 송풍기에 의한 취득열량
㉰ 극간풍에 의한 취득열량
㉱ 유리로부터의 취득열량

해설
잠열과 현열을 동시에 발생시키는 요소
- 극간풍에 의한 열량
- 인체에서 발생하는 열량
- 외기부하 및 실내기구에 의한 열량

55 다익형 송풍기의 임펠러 직경이 600mm일 때 송풍기 번호는 얼마인가?

㉮ No2   ㉯ No3
㉰ No4   ㉱ No6

해설
- 다익형(원심형) 송풍기
  $$No = \frac{날개의\ 직경}{150} = \frac{600}{150} = 4$$
- 축류형 송풍기 $No = \frac{날개의\ 직경}{100}$

56 공연장의 건물에서 관람객이 500명이고 1인당 CO_2 발생량이 0.05m³/h일 때 환기량(m³/h)은 얼마인가?(단, 실내 허용 CO_2 농도는 600ppm, 외기 CO_2 농도는 100ppm이다)

㉮ 30,000   ㉯ 35,000
㉰ 40,000   ㉱ 50,000

해설
환기량
$$= \frac{오염발생량(CO_2\ 발생량)}{실내허용 CO_2농도 - 외기허용 CO_2농도}$$
$$= \frac{0.05 \times 500}{(600-100) \times 10^{-6}} = 50,000 m^3/h$$

57 증기 가열 코일의 설계 시 증기코일의 열수가 적은 점을 고려한 코일의 전면풍속은 어느 정도가 가장 적당한가?

㉮ 0.1m/s   ㉯ 1~2m/s
㉰ 3~5m/s   ㉱ 7~9m/s

해설
증기가열코일 설계
- 증기가열코일의 열수가 적기 때문에 코일 전면풍속은 3~5m/s 정도이다.
- 증기트랩은 최대응축수량의 3배 이상으로 한다.
- 사용증기압은 0.1~2kg/cm² 정도로 한다.

58 난방방식 중 방열체가 필요 없는 것은?

㉮ 온수난방   ㉯ 증기난방
㉰ 복사난방   ㉱ 온풍난방

해설
온풍난방 : 외부에 위치한 열원장치에서 공기를 가열하여 실내로 공급하는 방식이다.

59 중앙식 공조기에서 외기측에 설치되는 기기는?

㉮ 공기예열기   ㉯ 엘리미네이터
㉰ 가습기   ㉱ 송풍기

해설
공기예열기 : 공조기 외기측에 설치하여 도입 외기를 예열하는 장치

정답 53. ㉱ 54. ㉰ 55. ㉰ 56. ㉱ 57. ㉰ 58. ㉱ 59. ㉮

60 보일러에서의 상용출력이란?

㉮ 난방부하

㉯ 난방부하+급탕부하

㉰ 난방부하+급탕부하+배관부하

㉱ 난방부하+급탕부하+배관부하+예열부하

해설
- **보일러의 상용출력**
  =난방부하+급탕부하+배관부하
- **보일러의 용량**
  =난방부하+급탕부하+배관부하+예열부하

정답 60. ㉰

2013년 4월 14일 시행(2회)

1과목 공조냉동 안전관리

01 신규 검사에 합격된 냉동용 특정설비의 각인 사항과 그 기호가 올바르게 연결된 것은?

㉮ 용기의 질량 : TM
㉯ 내용적 : TV
㉰ 최고 사용 압력 : FT
㉱ 내압 시험 압력 : TP

해설
- 용기의 질량 : W
- 용기의 내용적 : V
- 최고 사용 압력 : DP
- 내압 시험 압력 : TP

02 보일러 취급 부주의로 작업자가 화상을 입었을 때 응급처치방법으로 적당하지 않은 것은?

㉮ 냉수를 이용하여 화상부의 화기를 빼 도록 한다.
㉯ 물집이 생겼으면 터뜨리지 말고 그냥 둔다.
㉰ 기계유나 변압기유를 바른다.
㉱ 상처부위를 깨끗이 소독한 다음 상처를 보호한다.

해설
화상을 입었을 때는 화상부위에 기계유나 변압기유를 바르지 말고 냉수에 화상부위를 넣어 화기를 뺀 후, 아연화연고를 바른다.

03 다음 중 보일러의 부식원인과 가장 관계가 적은 것은?

㉮ 온수에 불순물이 포함될 때
㉯ 부적당한 급수처리 시
㉰ 더러운 물을 사용 시
㉱ 증기 발생량이 적을 때

해설
- 증기발생량과는 관련 없다.
- 보일러의 부식원인
  - 보일러 수에 산이나 가스가 포함된 경우
  - 보일러 내부에 전위 차가 생겼을 경우
  - 보일러 수가 pH7 이하가 될 때
  - 보일러 내에서 온도 차에 의한 열전류가 발생했을 경우

04 연삭작업 시의 주의 사항이다. 옳지 않은 것은?

㉮ 숫돌은 장착하기 전에 균열이 없는가를 확인한다.
㉯ 작업 시에는 반드시 보호안경을 착용한다.
㉰ 숫돌은 작업개시 전 1분 이상, 숫돌 교환 후 3분 이상 시 운전한다.
㉱ 소형 숫돌은 측압에 강하므로 측면을 사용하여 연삭한다.

해설
연삭작업 시 숫돌의 측면을 사용하지 말고 정면을 사용한다.

05 안전관리자가 수행하여야 할 직무에 해당되는 내용이 아닌 것은?

㉮ 사업장 생산활동을 위한 노무배치 및 관리
㉯ 사업장 순회점검·지도 및 조치의 건의
㉰ 산업재해 발생의 원인 조사

정답 1. ㉱ 2. ㉰ 3. ㉱ 4. ㉱

㉣ 해당 사업장의 안전교육계획의 수립 및 실시

해설
- 사업장 생산 활동을 위한 노무배치 및 관리는 사업주가 지켜야할 직무이다.
- **안전관리자의 직무**
  - 사업장 안전교육계획 수립 및 실시
  - 사업장 순회점검·지도 및 실시
  - 안전장비 및 기구 구입 시 적격품 선정
  - 산업재해 발생의 원인조사 및 재발방지를 위한 기술적 지도 및 조언
  - 산업재해의 통계유지 및 관리를 위한 지도와 조언

06 줄 작업 시 안전수칙에 대한 내용으로 잘못된 것은?

㉮ 줄 손잡이가 빠졌을 때에는 조심하여 끼운다.
㉯ 줄의 칩은 브러시로 제거한다.
㉰ 줄 작업 시 공작물의 높이는 작업자의 어깨높이 이상으로 하는 것이 좋다.
㉱ 줄은 경도가 높고 취성이 커서 잘 부러지므로 충격을 주지 않는다.

해설
줄작업 시 줄의 높이는 팔꿈치 높이에서 작업한다.

07 전기용접 작업 시 주의사항 중 맞지 않는 것은?

㉮ 눈 및 피부를 노출시키지 말 것
㉯ 우천 시 옥외 작업을 하지 말 것
㉰ 용접이 끝나고 슬래그 제거작업 시 보안경과 장갑은 벗고 작업할 것
㉱ 홀더가 가열되면 자연적으로 열이 제거될 수 있도록 할 것

해설
용접이 끝나고 슬래그 제거작업 시 보안경과 장갑은 착용하고 작업한다. 슬래그가 튀어 눈에 상처를 입을 수 있기 때문이다.

08 재해조사 시 유의할 사항이 아닌 것은?

㉮ 조사자는 주관적이고 공정한 입장을 취한다.
㉯ 조사목적에 무관한 조사는 피한다.
㉰ 목격자나 현장 책임자의 진술을 듣는다.
㉱ 조사는 현장이 변경되기 전에 실시한다.

해설
재해조사 시 유의 사항
- 조사자는 객관적이고 공정한 입장을 취해야 한다.
- 시설의 불안전한 상태 및 작업자의 불안정한 행동에 대하여 유의하여 조사한다.
- 사고현장은 사진이나 도면을 작성하여 보관한다.
- 사고의 목격자 또는 현장의 담당자의 증언과 상황을 확보한다.
- 재해조사는 가능한 조속히 조사한다.

09 물을 소화제로 사용하는 가장 큰 이유는?

㉮ 연소하지 않는다.
㉯ 산소를 잘 흡수한다.
㉰ 기화잠열이 크다.
㉱ 취급하기가 편리하다.

해설
물은 증발잠열이 크기 때문에 소화제로 사용한다.

10 고온액체, 산, 알칼리 화학약품 등의 취급 작업을 할 때 필요 없는 개인 보호구는?

㉮ 모자   ㉯ 토시
㉰ 장갑   ㉱ 귀마개

해설
귀마개는 소음에 대한 보호구이다.

정답 5. ㉮ 6. ㉰ 7. ㉰ 8. ㉮ 9. ㉰ 10. ㉱

11 산소 용접토치 취급법에 대한 설명 중 잘못된 것은?

㉮ 용접 팁을 흙바닥에 놓아서는 안 된다.
㉯ 작업 목적에 따라서 팁을 선정한다.
㉰ 토치는 기름으로 닦아 보관해 두어야 한다.
㉱ 점화 전에 토치의 이상 유무를 검사한다.

⊕ 해설
가스가 관통하는 토치에 기름을 사용하면 화재위험이 있다.

12 진공시험의 목적을 설명한 것으로 옳지 않은 것은?

㉮ 장치의 누설 여부를 확인
㉯ 장치 내 이물질이나 수분 제거
㉰ 냉매를 충전하기 전에 불응축 가스 배출
㉱ 장치 내 냉매의 온도변화 측정

⊕ 해설
진공시험의 목적
• 장치의 누설 여부 확인
• 장치 내 이물질이나 수분 제거
• 냉매를 충전하기 전에 불응축 가스 배출

13 보일러 사고원인 중 취급상의 원인이 아닌 것은?

㉮ 저수위   ㉯ 압력초과
㉰ 구조불량   ㉱ 역화

⊕ 해설
보일러의 사고 원인
• 제작상의 원인 : 구조 및 설계불량, 재료불량, 제작불량, 강도부족, 용접불량, 부속기기 및 설비미비 등
• 취급상의 원인 : 압력초과, 수위조절미스, 미연소가스 미 배출로 인한 폭발, 급수처리 불량, 부식, 과열 등

14 전동공구 작업 시 감전의 위험성을 방지하기 위해 해야 하는 조치는?

㉮ 단전   ㉯ 감지
㉰ 단락   ㉱ 접지

⊕ 해설
접지의 목적
– 인체의 감전사고방지
– 보호계전기의 신속하고 정확한 동작을 위함
– 차단기의 오동작방지
– 이상전압으로부터 정밀기기 보호

15 방진 마스크가 갖추어야 할 조건으로 적당한 것은?

㉮ 안면에 밀착성이 좋아야 한다.
㉯ 여과효율은 불량해야 한다.
㉰ 흡기, 배기 저항이 커야 한다.
㉱ 시야는 가능한 한 좁아야 한다.

⊕ 해설
방진 마스크의 조건
– 안면에 밀착성이 좋아야 한다.
– 여과율이 양호해야 한다.
– 흡기·배기저항이 작아야 한다.
– 시야는 가능한 넓어야 한다.

2과목 냉동기계

16 그랜드 패킹의 종류가 아닌 것은?

㉮ 바운드 패킹   ㉯ 석면 각형 패킹
㉰ 아마존 패킹   ㉱ 몰드 패킹

⊕ 해설
그랜드 패킹의 종류(밸브의 회전부의 기밀유지 기능)
• 석면 각형 패킹 : 석면을 사각형으로 만들어 흑연과 운활유를 첨가 침투시켜 내열 및 내산성을 강화시킨 것으로 대형밸브에도 사용한다.
• 아마존 패킹 : 내열고무 컴파운드와 면포를 사공성형한 것으로 압축기에 사용한다.
• 몰드 패킹 : 석면, 흑연, 수지 등을 배합 성형한 것으로 밸브, 펌프 등에 사용한다.
• 석면 얀 패킹 : 석면을 실로 꼬아서 만든 것으로 소형밸브그랜드로 사용한다.

정답 11. ㉰ 12. ㉱ 13. ㉰ 14. ㉱ 15. ㉮ 16. ㉮

17 공비 혼합 냉매가 아닌 것은?

㉮ 프레온 500 ㉯ 프레온 501
㉰ 프레온 502 ㉱ 프레온 152a

🔵 해설
- **공비 혼합냉매** : 두 가지의 냉매를 중량의 특정비율로 혼합하여 각각 냉매의 특성과는 다른 단일냉매의 특성을 나타내며 액상이나 기상에서도 나타난다.
- **프레온 500** : R-12(73.8%), R-152(26.2%)
- **프레온 501** : R-12(25%), R-152(75%)
- **프레온 502** : R-12(50%), R-152(50%)

18 압축기 보호장치에 해당되는 것은?

㉮ 냉각수 조절밸브
㉯ 유압보호 스위치
㉰ 증발압력 조절밸브
㉱ 응축기용 팬 컨트롤

🔵 해설
압축기 보호장치 : 유압보호 스위치, 안전두, 안전밸브, 고압차단 스위치

19 냉동 사이클에서 응축온도를 일정하게 하고, 압축기 흡입가스의 상태를 건포화증기로 할 때 증발온도를 상승시키면 어떤 결과가 나타나는가?

㉮ 압축비 증가 ㉯ 냉동효과 감소
㉰ 성적계수 상승 ㉱ 압축일량 증가

🔵 해설
증발온도가 상승하면
- 압축비 감소
- 냉동효과 증대
- 성적계수 향상
- 압축일량 감소

20 다음 그림은 냉동용 그림기호(KS B 0063)에서 무엇을 표시하는가?

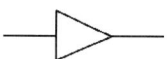

㉮ 리듀서 ㉯ 디스트리뷰터
㉰ 줄임 플랜지 ㉱ 플러그

🔵 해설
그림은 리듀서를 의미한다.

21 압력계의 지침이 9.80cmHgV였다면 절대압력은 약 몇 $kg_f/cm^2 \cdot a$인가?

㉮ 0.9 ㉯ 1.3
㉰ 2.1 ㉱ 3.5

🔵 해설
절대압력 = 대기압력 - 진공압력
$$= 1.0332 - 9.8 \text{cmHg} \times \frac{1.0332}{76}$$
$$≒ 0.9 kg_f/cm^2 \cdot a$$

22 2단 압축방식을 채용하는 이유로 맞지 않는 것은?

㉮ 압축기의 체적효율과 압축효율 증가를 위해
㉯ 압축비를 감소시켜서 냉동능력을 감소하기 위해
㉰ 압축비를 감소시켜서 압축기의 과열을 방지하기 위해
㉱ 냉동기유의 변질과 압축기 수명단축 예방을 위해

🔵 해설
2단 압축 사이클
- 1단 압축을 하면 증발온도가 너무 낮을 경우 증발압력이 저하되며, 압축비가 커지면서 압축기의 토출가스 온도도 상승하고, 체적효율이 감소하면서 냉동능력이 떨어지게 된다. 그리고 소요동력도 소모가 많아진다.
- 2단 압축을 하면 저압냉매를 2단으로 나누어서 저단 압축기는 중간압력까지 상승시키고, 다음 단계에서 이 가스를 중간냉각기로 냉각한 후 고단압축기로 올려주는 역할을 한다.

정답 17. ㉱ 18. ㉯ 19. ㉰ 20. ㉮ 21. ㉮ 22. ㉯

23 100,000kcal의 열로 0°C의 얼음을 약 몇 kg 용해시킬 수 있는가?
㉮ 1,000kg   ㉯ 1,050kg
㉰ 1,150kg   ㉱ 1,250kg

해설
얼음의 양 = $\frac{100,000}{80}$ = 1,250 kg

24 교류 전압계의 일반적인 지시값은?
㉮ 실효값   ㉯ 최대값
㉰ 평균값   ㉱ 순시값

해설
교류전압계에서 지시하는 측정값은 실효값이다.

25 만액식 냉각기에 있어서 냉매측의 열전달률을 좋게 하기 위한 방법이 아닌 것은?
㉮ 냉각관이 액냉매에 접촉하거나 잠겨 있을 것
㉯ 관 간격이 좁을 것
㉰ 유막이 존재하지 않을 것
㉱ 관면이 매끄러울 것

해설
만액식 증발기에서의 냉매측의 전열상승방법
- 관면이 거칠게 하여 접촉 면적을 넓게 할 것
- 냉각관이 냉매액에 잠기게 하거나 접촉할 것
- 관지름이 작거나 서로의 간격이 좁을 것
- 평균 온도 차가 크고 유속이 적당할 것
- 유막이 없을 것

26 몰리에르(Mollier) 선도에서 등온선과 등압선이 서로 평행한 구역은?
㉮ 액체 구역
㉯ 습증기 구역
㉰ 건증기 구역
㉱ 평행인 구역은 없다.

해설
습증기 구역 : 등온선과 등압선이 서로 평행한 구역

27 압축기의 과열원인이 아닌 것은?
㉮ 냉매 부족   ㉯ 밸브 누설
㉰ 윤활 불량   ㉱ 냉각수 과냉

해설
압축기의 과열원인
- 압축기의 수온 상승
- 압축기 냉각수 부족
- 오일쿨러의 냉각 불량
- 고압측 압력의 이상 상승
- 저압측 압력의 이상 저하
- 압축기 작동 불량

28 다음 그림은 8핀 타이머의 내부회로이다. ⑤-⑧ 접점을 옳게 표시한 것은?

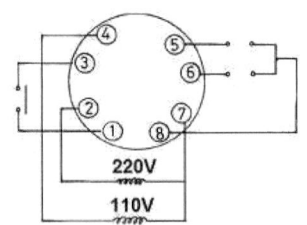

㉮ ⑤——⚬∧——⑧
㉯ ⑤——∧——⑧
㉰ ⑤————⑧
㉱ ⑤——⚬ ⚬——⑧

해설
타이머 회로도
- ⑤와 ⑧ : 한시동작 b접점
- ⑥과 ⑧ : 한시동작 a접점
- ②와 ⑦ : 전원 입력부
- ①과 ③ : 순시a접점

29 냉동 사이클의 변화에서 증발온도가 일정할 때 응축온도가 상승할 경우의 영향으로 맞는 것은?
㉮ 성적계수 증대

정답 23. ㉱ 24. ㉮ 25. ㉱ 26. ㉯ 27. ㉱ 28. ㉮

㉯ 압축일량 감소
㉰ 토출가스 온도 저하
㉱ 플래시(flash)가스 발생량 증가

➕ 해설
증발온도가 일정하고 응축온도가 상승할 때의 영향
- 성적계수의 감소
- 압축일량의 증가
- 토출가스온도의 상승
- 플래시가스 발생량의 증가

30 관의 결합방식 표시방법에서 결합방식의 종류와 그림기호가 틀린 것은?
㉮ 일반 : ─┼─
㉯ 플랜지식 : ─╫─
㉰ 용접식 : ─●─
㉱ 소켓식 : ─┤▷─

➕ 해설
소켓식 : ─▷

31 강관의 전기용접 접합 시의 특징(가스용접에 비해)으로 맞는 것은?
㉮ 유해 광선의 발생이 적다.
㉯ 용접속도가 빠르고 변형이 적다.
㉰ 박판용접에 적당하다.
㉱ 열량조절이 비교적 자유롭다.

➕ 해설
강관의 전기용접 시 특징
- 자외선이 많이 발생하여 눈 건강에 유해하므로 반드시 용접용 보호안경을 착용한다.
- 용접속도가 빠르고 용접부위의 변형이 적다.
- 후판용접이 용이하다.
- 전류값을 정해서 용접이 진행되므로 열량조절이 불가능하다.

32 물-LiBr계 흡수식 냉동기의 순환 과정으로 옳은 것은?
㉮ 발생기 → 응축기 → 흡수기 → 증발기

㉯ 발생기 → 응축기 → 증발기 → 흡수기
㉰ 흡수기 → 응축기 → 증발기 → 발생기
㉱ 흡수기 → 응축기 → 발생기 → 증발기

➕ 해설
발생기 → 응축기 → 증발기 → 흡수기 순으로 계속 반복 작용한다.

33 냉매에 관한 설명 중 올바른 것은?
㉮ 암모니아 냉매는 증발잠열이 크고 냉동효과가 좋으나 구리와 그 합금을 부식시킨다.
㉯ 일반적으로 특정 냉매용으로 설계된 장치에도 다른 냉매를 그대로 사용할 수 있다.
㉰ 프레온 냉매의 누설 시 리트머스 시험지가 청색으로 변한다.
㉱ 암모니아 냉매의 누설검사는 헤라이드 토치를 이용하여 검사한다.

➕ 해설
냉매
- 암모니아 냉매는 증발잠열이 크고 냉동효과가 좋으나 구리와 그 합금을 부식시킨다.
- 일반적으로 특정 냉매용으로 설계된 장치에는 지정 냉매를 사용해야 한다.
- 프레온 냉매의 누설 시 리트머스 시험지가 적색으로 변한다(암모니아는 적색이 청색으로 변한다).
- 프레온 냉매의 누설검사는 헤라이드 토치를 이용하여 검사한다.

34 다음의 몰리에르(Mollier) 선도를 참고로 했을 때 3냉동톤(RT)의 냉동기 냉매 순환량은 약 얼마인가?

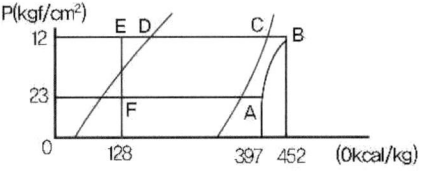

정답 29. ㉱ 30. ㉱ 31. ㉯ 32. ㉯ 33. ㉮

㉮ 37.0kg/h   ㉯ 51.3kg/h
㉰ 49.4kg/h   ㉱ 67.7kg/h

해설

냉매순환량
$= \dfrac{냉동능력}{냉동효과} = \dfrac{3 \times 3,320}{397 - 128} = 37.03\,\text{kg/h}$

35 다음 그림과 같은 회로의 합성저항은 얼마인가?

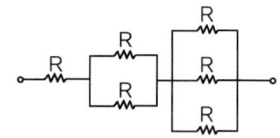

㉮ $6R$ ㉯ $\dfrac{2}{3}R$
㉰ $\dfrac{8}{5}R$ ㉱ $\dfrac{11}{6}R$

해설

$R_T = R + \dfrac{R}{2} + \dfrac{R}{3} = \dfrac{11}{6}R$

36 온도가 일정할 때 가스압력과 체적은 어떤 관계가 있는가?

㉮ 체적은 압력에 반비례한다.
㉯ 체적은 압력에 비례한다.
㉰ 체적은 압력과 무관하다.
㉱ 체적은 압력과 제곱 비례한다.

해설

- 온도가 일정할 때 체적은 가스압력과 서로 반비례한다.
- **보일의 법칙** : 일정온도에서 기체의 압력과 그 부피는 서로 반비례한다.

37 저압수액기와 액펌프의 설치 위치로 가장 적당한 것은?

㉮ 저압수액기 위치를 액펌프보다 약 1.2m 정도 높게 한다.
㉯ 응축기 높이와 일정하게 한다.
㉰ 액펌프와 저압 수액기 위치를 같게 한다.
㉱ 저압 수액기를 액펌프보다 최소한 5m 낮게 한다.

해설

액펌프식 증발기에서 저압 수액기는 액펌프보다 1.2m 정도 높게 설치하고, 냉매액 펌프 입구에서 압력강하를 제거하여 캐비테이션을 방지한다.

38 다음 그림과 같은 강관 이음부(A)에 적합하게 사용될 이음쇠로 맞는 것은?

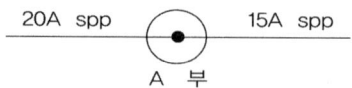

㉮ 동경 소켓   ㉯ 이경 소켓
㉰ 니플   ㉱ 유니언

해설

이경 소켓 : 서로 다른 지름의 관을 연결할 때 사용한다.

39 프레온 냉동장치에서 오일이 압력과 온도에 상당하는 양의 냉매를 용해하고 있다가 압축기 기동 시 오일과 냉매가 급격히 분리되어 크랭크 케이스 내의 유면이 약동하고 심하게 거품이 일어나는 현상은?

㉮ 오일 해머   ㉯ 동 부착
㉰ 에멀전   ㉱ 오일 포밍

해설

- **오일 해머** : 오일 포밍현상이 급격히 일어나면 피스톤 상부로 다량의 오일이 역류하여 오일을 압축하게 되며 이때 이상음이 발생하는 현상
- **오일 포밍** : 프레온 냉동장치에서 오일이 압력과 온도에 의해 상당하는 양의 냉매를 용해하고 있다가 압축기 작동 시 오일과 냉매가 급격히 분리되어 크랭크 케이스 내의 유면이 약동하고 심하게 거품이 일어나는 현상

정답 34. ㉮ 35. ㉱ 36. ㉮ 37. ㉮ 38. ㉯ 39. ㉱

40 자동제어장치의 구성에서 동작신호를 만드는 부분으로 맞는 것은?

㉮ 조절부　　㉯ 조작부
㉰ 검출부　　㉱ 제어부

해설
자동제어의 3가지 구성요소
- **조절부** : 센서에서 측정된 값과 목표값을 비교하여 컨트롤러를 제어한다. 냉동기에는 온도조절기, 전기전자제어기, 디지털제어기가 있다.
- **조작부** : 제어기로부터 나온 제어신호에 따라 제어장치의 조작량을 조절하여 출력을 결정하는 기능이다. 냉동장치에서는 스위치, 모터, 밸브의 개폐 등에 사용된다.
- **검출부** : 물리량(전압, 전류, 온도, 압력 등)을 측정하고, 측정량을 다른 물리량으로 직접 변환하는 최초의 변환기를 센서라고 한다. 냉동장치에는 온도검출기, 습도검출기, 압력검출기가 해당된다.

41 드라이아이스(고체CO_2)는 어떤 열을 이용하여 냉동효과를 얻는가?

㉮ 승화잠열　　㉯ 응축잠열
㉰ 증발잠열　　㉱ 융해잠열

해설
자연냉동법
- **승화잠열 이용** : 드라이아이스는 고체가 기체로 변하는 승화잠열을 이용하여 냉동하는 방법
- **증발잠열 이용** : 뜨거운 물체에 시원한 물을 뿌려 열이 증발하면서 시원하게 하는 방법
- **융해잠열 이용** : 얼음이 녹으면서 주위의 열을 빼앗아 시원하게 하는 방법
- **기한제에 의한 방법** : 눈에 염화칼슘을 뿌려서 결빙점을 -55℃ 정도로 낮추고, 이로 인해 도로의 결빙을 막는 방법

42 브라인의 구비조건으로 틀린 것은?

㉮ 비열이 클 것
㉯ 점성이 클 것
㉰ 전열작용이 좋을 것
㉱ 응고점이 낮을 것

해설
브라인의 구비조건
- 비열이 커야 한다. 비열이 작으면 펌프 용량 및 동력이 증가한다.
- 열전도율이 커야 한다. 냉각기의 성능이 좋고 냉각시간이 단축된다.
- 점성이 적어야 한다. 온도가 저하되면 점도가 증가하면서 유동성이 약화되고 전열장해와 동력손실이 증가한다.
- 동결온도가 낮아야 한다. 겨울철 동결의 위험에서 벗어나야 한다.
- 부식성이 없고 안정성이 높아야 한다.
- 불연성이어야 한다.
- 악취, 쓴맛이 없고, 특히 독성이 없어야 한다.
- 가격이 싸고 구입이 쉬우며 취급이 용이하여야 한다.

43 냉동장치에 관한 설명 중 올바른 것은?

㉮ 응축기에서 방출하는 열량은 증발기에서 흡수하는 열량과 같다.
㉯ 응축기의 냉각수 출구온도는 응축온도보다 낮다.
㉰ 증발기에서 방출하는 열량은 응축기에서 흡수하는 열량보다 크다.
㉱ 증발기의 냉각수 출구온도는 응축온도보다 높다.

해설
응축기에서 방출하는 열량은 증발기에서 흡수하는 열량과 압축열량의 합이다. 응축기의 냉각수 출구 온도는 응축온도보다 낮다.

44 냉동기의 냉동능력이 24,000kcal/h, 압축일이 5kcal/kg, 응축열량이 35kcal/kg일 경우 냉매 순환량은 얼마인가?

㉮ 600kg/h　　㉯ 800kg/h
㉰ 700kg/h　　㉱ 4,000kg/h

해설
냉매순환량
$= \dfrac{냉동능력}{냉동효과} = \dfrac{24,000}{35-5} = 800\text{kcal/h}$

정답 40. ㉮　41. ㉮　42. ㉯　43. ㉯　44. ㉯

45 동관의 분기이음 시 주관에는 지관보다 얼마정도의 큰 구멍을 뚫고 이음하는가?

㉮ 8~9mm ㉯ 6~7mm
㉰ 3~5mm ㉱ 1~2mm

해설
동관의 분기관 접합 시 주관의 구멍의 크기는 지관보다 1~2mm(가장 작은 구경) 정도 크게 뚫는다.

3과목 공기조화

46 밀폐식 수열원 히트 펌프 유닛방식의 설명으로 옳지 않은 것은?

㉮ 유닛마다 제어기구가 있어 개별운전이 가능하다.
㉯ 냉·난방부하를 동시에 발생하는 건물에서 열회수가 용이하다.
㉰ 외기냉방이 가능하다.
㉱ 중앙 기계실에 냉동기가 필요하지 않아 설치면적상 유리하다.

해설
수열을 기본을 하는 시스템으로 외기냉방이 불가능하다.

47 송풍기의 축동력 산출 시 필요한 값이 아닌 것은?

㉮ 송풍량 ㉯ 덕트의 길이
㉰ 전압효율 ㉱ 전압

해설
송풍기의 소요동력 $(N) = \dfrac{P \times Q}{102\eta}$

여기서, N : 소요동력(kW),
η : 효율
P : 송풍압력(kg/m^2),
Q : 송풍량(m^3/sec)

48 환기횟수를 시간당 0.6회로 할 경우에 체적이 2,000m^3인 실의 환기량은 얼마인가?

㉮ 800m^3/h ㉯ 1,000m^3/h
㉰ 1,200m^3/h ㉱ 1,440m^3/h

해설
환기횟수법에 의한 환기량(Q)
Q = 환기횟수(n) × 실내체적(V)
  = $0.6 \times 2{,}000 = 1{,}200 m^3/h$

49 설치가 쉽고 설치 면적도 좁으며 소규모 난방에 많이 사용되는 보일러는?

㉮ 입형 보일러 ㉯ 노통 보일러
㉰ 연관 보일러 ㉱ 수관 보일러

해설
입형 보일러는 설치가 쉽고, 설치 면적도 좁으며, 소규모 난방에 사용한다.

50 수조내의 물이 진동자의 진동에 의해 수면에서 작은 물방울로 되어 가습되는 가습기의 종류는?

㉮ 초음파식 ㉯ 원심식
㉰ 전극식 ㉱ 증발식

해설
가습장치의 종류
- **초음파식** : 수조 내의 물이 진동자의 진동에 의해 수면에서 작은 물방울로 되어 가습이 됨
- **수분무식** : 분무식, 원심식, 초음파식
- **증기식**
  - **증기발생** : 전열방식, 전극식, 적외선식
  - **증기공급식** : 가열 증기 분무식
  - **증발식** : 모세관식, 증발식, 적하식, 에어 워셔식

51 덕트 설계 시 고려사항으로 거리가 먼 것은?

㉮ 송풍량
㉯ 덕트 방식과 경로
㉰ 덕트 내 공기의 엔탈피
㉱ 취출구 및 흡입구 수량

정답 45. ㉱ 46. ㉰ 47. ㉯ 48. ㉰ 49. ㉮ 50. ㉮ 51. ㉰

⊕ 해설
덕트를 설계하는 데 공기의 엔탈피는 고려사항이 아니다.

52 5℃인 350kg/h의 공기를 65℃가 될 때까지 가열하는 경우 필요한 열량은 몇 kcal/h인가?(단, 공기의 비열은 0.24kcal/kg℃이다)

㉮ 4,464 ㉯ 5,040
㉰ 6,564 ㉱ 6,590

⊕ 해설
열량$(Q) = G \times C \times \Delta t$
$= 350 \times 0.24 \times (65-5)$
$= 5,040 \, kcal/h$

53 공조방식을 개별식과 중앙식으로 구분하였을 때 중앙식에 해당되는 것은?

㉮ 패키지 유닛방식
㉯ 멀티 유닛형 룸쿨러방식
㉰ 팬 코일 유닛방식(덕트 병용)
㉱ 룸쿨러방식

⊕ 해설
개별난방식: 룸쿨러식, 패키지 유닛식, 멀티 유닛식

54 공기를 냉각하였을 때 증가되는 것은?

㉮ 습구온도 ㉯ 상대습도
㉰ 건구온도 ㉱ 엔탈피

⊕ 해설
공기를 냉각하면 상대습도는 증가한다. 그러나 건구온도, 습구온도, 엔탈피는 감소한다.

55 온풍난방에 대한 설명으로 옳지 않은 것은?

㉮ 예열시간이 짧고 간헐 운전이 가능하다.
㉯ 실내 온도분포가 균일하여 쾌적성이 좋다.
㉰ 방열기나 배관 등의 시설이 필요 없어 설비비가 비교적 싸다.
㉱ 송풍기로 인한 소음이 발생할 수 있다.

⊕ 해설
온풍난방의 특징
- 그을음과 소음이 발생하며, 실내 온도분포도가 나빠 쾌적도가 낮다.
- 설비비가 저렴하다.
- 열효율이 좋아 연료비가 적게 든다.

56 보건용 공기조화가 적용되는 장소가 아닌 것은?

㉮ 병원 ㉯ 극장
㉰ 전산실 ㉱ 호텔

⊕ 해설
- **보건용**: 인간의 쾌적함을 위한 공조
- **산업용**: 공장에서 생산되는 제품의 질적인 향상을 위한 공조

57 회전식 전열교환기의 특징으로 옳지 않은 것은?

㉮ 로우터의 상부에 외기공기를 통과하고 하부에 실내공기가 통과한다.
㉯ 배기공기는 오염물질이 포함되지 않으므로 필터를 설치할 필요가 없다.
㉰ 일반적으로 효율은 로우터 회전수가 5rpm 이상에서는 대체로 일정하고 10rpm 전후 회전수가 사용된다.
㉱ 로우터를 회전시키면서 실내공기의 배기공기와 외기공기를 열교환한다.

⊕ 해설
회전식 전열교환기: 배기와 외기를 열교환시키는 공기 열교환기로서 온도와 습도도 교환하며, 외기도입 시 반드시 에어필터를 설치해야 한다.

정답 52. ㉯ 53. ㉰ 54. ㉯ 55. ㉯ 56. ㉰ 57. ㉯

58 다음 용어 중 환기를 계획할 때 실내 허용 오염도의 한계를 의미하는 것은?

㉮ 불쾌지수 ㉯ 유효온도
㉰ 쾌감온도 ㉱ 서한도

해설

서한도 : 환기를 계획할 때 실내 허용 오염도의 한계(ppm)를 의미한다.

59 펌프에서 흡입양정이 크거나 회전수가 고속일 경우 흡입관의 마찰저항 증가에 따른 압력강하로 수중에 다수의 기포가 발생되고 소음 및 진동이 일어나는 현상은?

㉮ 플라이밍 현상 ㉯ 캐비테이션 현상
㉰ 수격 현상 ㉱ 포밍 현상

해설

- **캐비테이션(공동 현상)** : 펌프에서 흡입양정이 크거나 회전수가 고속일 경우 흡입관의 마찰저항 증가에 따른 압력강하로 수중에 다수의 기포가 발생되고 소음 및 진동이 일어나는 현상
- **방지대책**
  - 흡입관을 크게 하고 길이를 줄인다.
  - 양흡입펌프를 사용한다.
  - 펌프의 임펠러를 수중에 잠기게 한다.
  - 펌프설치위치를 낮게 하여 흡입양정을 짧게 한다.

60 증기난방의 환수관 배관 방식에서 환수 주관을 보일러의 수면보다 높은 위치에 배관하는 것은?

㉮ 진공 환수식 ㉯ 강제 환수식
㉰ 습식 환수식 ㉱ 건식 환수식

해설

- **습식 환수식** : 증기난방의 환수관 배관 방식에서 환수 주관을 보일러의 수면보다 낮은 위치에 배관하는 것으로 건식보다 관경이 작으며 관말트랩은 불필요하다.
- **건식 환수식** : 증기난방의 환수관 배관 방식에서 환수 주관을 보일러의 수면보다 높은 위치에 배관하는 것으로 열손실을 방지하기 위해 방열기와 관말에 트랩을 설치한다.

정답 58. ㉱ 59. ㉯ 60. ㉱

1과목 공조냉동 안전관리

01 연삭기 숫돌의 파괴 원인에 해당되지 않는 것은?
㉮ 숫돌의 회전속도가 너무 느릴 때
㉯ 숫돌의 측면을 사용하여 작업할 때
㉰ 숫돌의 치수가 부적당할 때
㉱ 숫돌 자체에 균열이 있을 때

⊕ 해설
숫돌의 너무 빠른 회전속도는 파괴원인이 된다.

02 근로자의 안전을 위해 지급되는 보호구를 설명한 것이다. 이 중 작업조건에 맞는 보호구로 올바른 것은?
㉮ 용접 시 불꽃 또는 물체가 날아 흩어질 위험이 있는 작업 : 보안면
㉯ 물체가 떨어지거나 날아올 위험 또는 근로자가 감전되거나 추락할 위험이 있는 작업 : 안전대
㉰ 감전의 위험이 있는 작업 : 보안경
㉱ 고열에 의한 화상 등의 위험이 있는 작업 : 방한복

⊕ 해설
- **안전모** : 물체의 낙하 및 추락에 의한 위험을 방지, 경감할 것 또는 감전의 위험으로부터 근로자를 보호할 것
- **안전대(안전벨트)** : 추락에 의한 위험을 방지하기 위해 로프, 고리, 및 급정지기구로 근로자의 몸을 묶는 띠
- **보안경** : 위험물이나 유해광선에 의한 시력을 보호하기 위한 것

03 방폭 전기설비를 선정할 경우 중요하지 않은 것은?
㉮ 대상가스의 종류
㉯ 방호벽의 종류
㉰ 폭발성 가스의 폭발 등급
㉱ 발화도

⊕ 해설
방폭 전기설비를 선정할 경우 대상가스의 종류, 폭발성 가스의 폭발 등급, 발화도 등을 고려해야 한다.

04 산업안전보건기준에 관한 규칙에서 정한 가스장치실을 설치하는 경우 설치구조에 대한 내용에 해당되지 않는 것은?
㉮ 벽에는 불연성 재료를 사용할 것
㉯ 지붕과 천장에는 가벼운 불연성 재료를 사용할 것
㉰ 가스가 누출된 경우에는 그 가스가 정체되지 않도록 할 것
㉱ 방음장치를 설치할 것

⊕ 해설
가스장치실은 방음장치와 상관없다.

05 산소가 충전되어 있는 용기의 취급상 주의사항으로 틀린 것은?
㉮ 용기밸브는 녹이 생겼을 때 잘 열리지 않으므로 그리스 등 기름을 발라둔다.
㉯ 용기밸브의 개폐는 천천히 하며, 산소누출여부 검사는 비눗물을 사용한다.
㉰ 용기밸브가 얼어서 녹일 경우에는 약

정답 1. ㉮ 2. ㉮ 3. ㉯ 4. ㉱

40°C 정도의 따뜻한 물로 녹여야 한다.
㉣ 산소용기는 눕혀두거나 굴리는 등 충격을 주지 말아야 한다.

➕ **해설**
산소용기의 밸브는 그리스 등 기름으로 인한 화재가 염려되므로 기름을 바르지 않는다.

06 정 작업 시 안전수칙으로 옳지 않은 것은?
㉮ 작업 시 보호구를 착용한다.
㉯ 열처리한 것은 정 작업을 하지 않는다.
㉰ 공구의 사용 전 이상 유무를 반드시 확인한다.
㉱ 정의 머리 부분에는 기름을 칠해 사용한다.

➕ **해설**
정의 머리에 기름을 바르면 타격 시 미끄러져 사고가 생긴다.

07 발화온도가 낮아지는 조건을 나열한 것으로 옳은 것은?
㉮ 발열량이 높을수록
㉯ 압력이 낮을수록
㉰ 산소농도가 낮을수록
㉱ 열전도도가 낮을수록

➕ **해설**
발화온도가 낮아지는 조건
- 발열량이 높을수록
- 압력이 높을수록
- 산소농도가 높을수록
- 분자구조가 복잡할수록

08 안전사고 예방을 위한 기술적 대책이 될 수 없는 것은?
㉮ 안전기준의 설정
㉯ 정신교육의 강화
㉰ 작업공정의 개선
㉱ 환경설비의 개선

➕ **해설**
정신교육의 강화는 교육적 대책이다.

09 사고 발생의 원인 중 정신적 요인에 해당되는 항목으로 맞는 것은?
㉮ 불안과 초조
㉯ 수면부족 및 피로
㉰ 이해부족 및 훈련미숙
㉱ 안전수칙의 미 제정

➕ **해설**
정신적인 원인
- 불안과 초조
- 방심 및 공상
- 판단력 부족
- 주의력 부족

10 안전모를 착용하는 목적과 관계가 없는 것은?
㉮ 감전의 위험방지
㉯ 추락에 위한 위험경감
㉰ 물체의 낙하에 의한 위험방지
㉱ 분진에 의한 재해방지

➕ **해설**
안전모 : 물체의 낙하 및 추락에 의한 위험을 방지, 경감할 것 또는 감전의 위험으로부터 근로자를 보호할 것

11 정전기의 예방대책으로 적합하지 않은 것은?
㉮ 설비 주변에 적외선을 쪼인다.
㉯ 적정 습도를 유지해준다.
㉰ 설비의 금속 부분을 접지한다.
㉱ 대전 방지제를 사용한다.

➕ **해설**
정전기 방지대책
- 상대습도 70% 이상을 유지한다.
- 접지한다.
- 대전 방지제를 사용한다.
- 공기를 이온화한다.

정답 5. ㉮ 6. ㉱ 7. ㉮ 8. ㉯ 9. ㉮ 10. ㉱ 11. ㉮

12 냉동기의 기동 전 유의사항으로 틀린 것은?
㉮ 토출밸브는 완전히 닫고 가동한다.
㉯ 압축기의 유면을 확인한다.
㉰ 액관 중에 있는 전자밸브의 작동을 확인한다.
㉱ 냉각수 펌프의 작동 유·무를 확인한다.

🔸**해설**
냉동기를 가동하기 전에 토출밸브를 열어야 한다.

13 재해 발생 중 사람이 건축물, 비계, 기계, 사다리, 계단 등에서 떨어지는 것을 무엇이라고 하는가?
㉮ 도괴   ㉯ 낙하
㉰ 비래   ㉱ 추락

🔸**해설**
추락 : 사람이 건축물, 비계, 기계, 사다리, 계단 등에서 떨어지는 것

14 보일러 압력계의 최고눈금은 보일러의 최고사용압력의 몇 배 이상 지시할 수 있는 것이어야 하는가?
㉮ 0.5배   ㉯ 0.75배
㉰ 1.0배   ㉱ 1.5배

🔸**해설**
보일러 압력계를 2개 이상 설치하고, 지시범위는 최고사용압력의 1.5~3배까지 나타낼 수 있어야 한다.

15 고압 전선이 단선된 것을 발견하였을 때 어떠한 조치가 가장 안전한 것인가?
㉮ 위험표시를 하고 돌아온다.
㉯ 사고사항을 기록하고 다음 장소의 순찰을 계속한다.
㉰ 발견 즉시 회사로 돌아와 보고한다.
㉱ 통행의 접근을 막는 조치를 한다.

🔸**해설**
안전관리자는 2차 사고방지를 위해 일반인의 접근 및 통행을 막고 주위를 감시해야 한다.

2과목 냉동기계

16 프레온 냉매의 일반적인 특성으로 틀린 것은?
㉮ 누설되어 식품 등과 접촉하면 품질을 떨어뜨린다.
㉯ 화학적으로 안정되고 연소되지 않는다.
㉰ 전기절연성이 양호하다.
㉱ 비열비가 작아 압축기를 공냉식으로 할 수 있다.

🔸**해설**
프레온 냉매는 무색, 무취, 무독성이므로 누설되어 식품과 접촉해도 품질이 떨어지지 않는다.

17 다음 그림과 같은 회로는 무슨 회로인가?

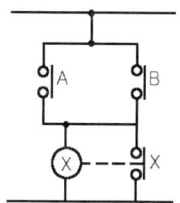

㉮ AND회로   ㉯ OR회로
㉰ NOT회로   ㉱ NAND회로

🔸**해설**
A접점을 붙여 작동시켜도 X릴레이에 통전되어 작동하고, B접점만 붙여 작동시켜도 X릴레이에 통전되어 작동한다.

정답 12. ㉮ 13. ㉱ 14. ㉱ 15. ㉱ 16. ㉮ 17. ㉯

18 흡입관경이 20mm(7/8") 이하일 때 감온통의 부착 위치로 적당한 것은?(단, [보기] 표시가 감온통임)

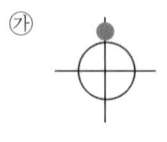 ㉮   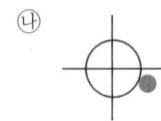 ㉯

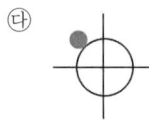 ㉰   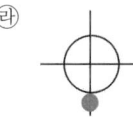 ㉱

🔆 **해설**
증발기 출구측에 감온통 설치 기준
- **흡입관 외경이 20mm 미만일 경우** : 흡입관 상부에 부착
- **흡입관 외경이 20mm 이상일 경우** : 흡입관 수평보다 45° 하부에 부착

19 다음 그림기호 중 정압식 자동 팽창밸브를 나타내는 것은?

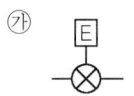 ㉮   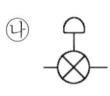 ㉯

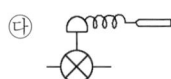 ㉰   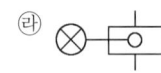 ㉱

🔆 **해설**
㉮ 전자식 팽창밸브
㉯ 정압식 팽창밸브
㉰ 온도자동식 팽창밸브
㉱ 저압측 플로트밸브

20 프레온 냉동장치에서 오일 포밍(oil foaming)현상과 관계없는 것은?
㉮ 오일 해머(oil hammer)의 우려가 있다.
㉯ 응축기, 증발기 등에 오일이 유입되어 전열효과를 증가시킨다.
㉰ 크랭크케이스 내에 오일 부족 현상을 초래한다.
㉱ 오일 포밍을 방지하기 위해 크랭크케이스 내에 히터를 설치한다.

🔆 **해설**
오일 포밍현상
- 냉동장치에서 정지하고 있던 압축기가 다시 작동할 때, 크랭크케이스 안의 프레온 냉매에 용해되어 있던 오일은 갑자기 낮아진 케이스 내의 압력으로 인해 오일과 냉매가 분리되며, 이때 윤활유에 거품이 일어나는 현상을 말한다.
- 오일이 전열기(증발기, 응축기)로 넘어가면 유면에 의해 전열효과가 나빠진다.

21 서로 친화력을 가진 두 물질의 용해 및 유리작용을 이용하여 압축효과를 얻는 냉동법은 어느 것인가?
㉮ 증기압축식 냉동법
㉯ 흡수식 냉동법
㉰ 증기분사식 냉동법
㉱ 전자냉동법

🔆 **해설**
흡수식 냉동기 : 증기압축식 냉동기에서 사용하는 압축기 대신 흡수기, 용액펌프, 발생기를 통해서 저온상태에서는 서로 용해가 잘되고, 고온에서는 분리가 잘되는 냉매와 흡수제를 사용하여 냉매가 실제 냉방하는 방식의 냉동기이다.

22 회전식 압축기에서 회전식 베인형의 베인은 어떻게 회전하는가?
㉮ 무게에 의하여 실린더에 밀착되어 회전한다.
㉯ 고압에 의하여 실린더에 밀착되어 회전한다.
㉰ 스프링 힘에 의하여 실린더에 밀착되어 회전한다.
㉱ 원심력에 의하여 실린더에 밀착되어 회전한다.

🔆 **해설**
회전식 베인형
회전로우터와 함께 블레이드가 원심력에 의해서 실린더 내면 벽에 접촉하면서 회전하여 냉매가스를 압축하는 형식이다.

정답 18. ㉮ 19. ㉯ 20. ㉯ 21. ㉯ 22. ㉱

23 냉동능력이 40냉동톤인 냉동장치의 수직형 쉘 엔드 튜브 응축기에 필요한 냉각수량은 약 얼마인가?(단, 응축기 입구 온도는 23°C이며, 응축기 출구 온도는 28°C이다)

㉮ 51,870(L/h) ㉯ 43,200(L/h)
㉰ 38,844(L/h) ㉱ 34,528(L/h)

해설

방열계수 = $\dfrac{\text{응축부하}(Q_1)}{\text{증발부하}(Q_2)}$

응축부하 = 증발부하 × 방열계수
= 1.3 × 40RT × 3,320 = 172,640

$G = \dfrac{172,640}{1 \times (28-23)} = 34,528 \, \text{kg/h}$

24 동결점이 최저로 되는 용액의 농도를 공융농도라 하고 이때의 온도를 공융온도라 하는데, 다음 브라인 중에서 공융온도가 가장 낮은 것은?

㉮ 염화칼슘 ㉯ 염화나트륨
㉰ 염화마그네슘 ㉱ 에틸렌글리콜

해설
㉮ 염화칼슘 : −55°C
㉯ 염화나트륨 : −21.2°C
㉰ 염화마그네슘 : −33.6°C
㉱ 에틸렌글리콜 : −33°C

25 1대의 압축기를 이용해 저온의 증발 온도를 얻으려 할 경우 여러 문제점이 발생되어 2단 압축 방식을 택한다. 1단 압축으로 발생되는 문제점으로 틀린 것은?

㉮ 압축기의 과열
㉯ 냉동능력 증가
㉰ 체적효율 감소
㉱ 성적계수 저하

해설
2단 압축 1단 팽창
- 냉동능력이 떨어진다.
- 중간 냉각기(인터쿨러)가 반드시 필요하다.
- −30°C 이하의 비교적 낮은 증발온도가 필요한 곳에 쓰인다.
- 압축비가 크면 토출가스온도가 높아져서 체적효율이 떨어진다.

26 할로겐화탄화수소 냉매가 아닌 것은?

㉮ R-114 ㉯ R-115
㉰ R-134a ㉱ R-717

해설
R-717은 분자량이 17이므로 암모니아에 속한다.

27 다음 냉동 사이클에서 이론적 성적계수가 5.0일 때 압축기 토출가스의 엔탈피는 얼마인가?

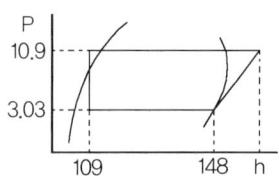

㉮ 17.8kcal/kg ㉯ 138.9kcal/kg
㉰ 19.5kcal/kg ㉱ 155.8kcal/kg

해설

성적계수(COP) = $\dfrac{q}{A_w}$

$5 = \dfrac{148-109}{h-148}$

$h = 155.8 \, \text{kcal/kg}$

28 고속다기통 압축기의 장점으로 틀린 것은?

㉮ 동적(動的)평형이 양호하여 진동이 적고 운전이 정숙하다.
㉯ 압축비가 증가하여도 체적효율이 감소하지 않는다.
㉰ 냉동능력에 비해 압축기가 작아서 설치면적이 작아진다.
㉱ 부품의 교환이 간단하고 수리가 용이하다.

정답 23. ㉱ 24. ㉮ 25. ㉯ 26. ㉱ 27. ㉱ 28. ㉯

> **해설**
> 압축비가 증가하면 체적효율은 감소한다.

29 만액식 증발기의 전열을 좋게 하기 위한 것이 아닌 것은?
㉮ 냉각관이 냉매액에 잠겨있거나 접촉해 있을 것
㉯ 증발기 관에 핀(fin)을 부착할 것
㉰ 평균 온도차가 작고 유속이 빠를 것
㉱ 유막이 없을 것

> **해설**
> 전열을 좋게 하기 위해서는 평균온도차를 크게 하고, 유속을 빠르게 할 것

30 증발기에 대한 설명 중 틀린 것은?
㉮ 건식 증발기는 냉매액의 순환량이 많아 액분리가 필요하다.
㉯ 프레온을 사용하는 만액식 증발기에서 증발기 내 오일이 체류할 수 있으므로 유회수 장치가 필요하다.
㉰ 반만액식 증발기는 냉매액이 건식보다 많아 전열이 양호하다.
㉱ 건식 증발기는 주로 공기냉각용으로 많이 사용한다.

> **해설**
> 건식 증발기는 냉매액의 순환량이 적어서 액 회수장치와 유분리장치가 필요 없다.

31 열펌프에 대한 설명 중 옳은 것은?
㉮ 저온부에서 열을 흡수하여 고온부에서 열을 방출한다.
㉯ 성적계수는 냉동기 성적계수보다 압축소요동력만큼 낮다.
㉰ 제빙용으로 사용이 가능하다.
㉱ 성적계수는 증발온도가 높고, 응축온도가 낮을수록 작다.

> **해설**
> 저온부에서 열을 흡수하여 고온부에서 열을 방출한다.

32 무기질 단열재에 해당되지 않는 것은?
㉮ 코르크   ㉯ 유리섬유
㉰ 암면   ㉱ 규조토

> **해설**
> **단열재의 종류**
> - 무기질 단열재 : 300~800℃의 범위 내에서 보온효과가 있는 것
>   - 탄산마그네슘(250℃) 〈 그라스울(300℃) 〈 석면(500℃) 〈 규조토(500℃) 〈 암면(600℃) 〈 규산칼슘(650℃) 〈 라믹파이버(1,000℃)
> - 유기질 단열재 : 100~200℃의 범위 내에서 보온효과가 있는 것
>   - 펠트류(100℃) 〈 텍스류(120℃) 〈 탄화코르크(130℃) 〈 기포성수지

33 냉동장치에 사용하는 냉동기유의 구비조건으로 잘못된 것은?
㉮ 적당한 점도를 가지며, 유막형성 능력이 뛰어날 것
㉯ 인화점이 충분히 높아 고온에서도 변하지 않을 것
㉰ 밀폐형에서 사용하는 것은 전기절연도가 클 것
㉱ 냉매와 접촉하여도 화학반응을 하지 않고, 냉매와의 분리가 어려운 것

> **해설**
> **냉동기유(윤활유)의 구비조건**
> - 적당한 점도를 가질 것
> - 유성(oiliness)이 좋아 유막형성 능력이 뛰어날 것
> - 응고점이 낮아 저온에서도 유동성이 좋을 것
> - 인화점이 높을 것(열적 안정성이 좋을 것)
> - 냉매와 분리성이 좋고 화학반응을 일으키지 않을 것

정답 29. ㉰ 30. ㉮ 31. ㉮ 32. ㉮ 33. ㉱

- 쉽게 산화하지 않으며, 왁스 성분이 적을 것
- 냉매, 수분이나 공기 등이 쉽게 용해되지 않으며, 항유 화성이 좋을 것
- 밀폐형에 사용되는 것은 전기절연도가 클 것

34 냉동장치의 흡입관 시공 시 흡입관의 입상이 매우 길 때에는 약 몇 m마다 중간에 트랩을 설치하는가?

㉮ 5m ㉯ 10m
㉰ 15m ㉱ 20m

해설
냉동장치의 흡입관이 길 때는 10m마다 중간 트랩을 설치

35 압축기 보호장치 중 고압차단스위치(HPS)의 작동압력은 정상적인 고압에 몇 kg_f/cm^2 정도 높게 설정하는가?

㉮ 1 ㉯ 4
㉰ 10 ㉱ 25

해설
압축기 보호장치 중 기기의 작동압력
- 고압가스차단스위치의 작동압력 : $4kg_f/cm^2$ +정상고압
- 안전두 작동압력 : $3kg_f/cm^2$ +정상토출압력
- 안전밸브 작동압력 : $5kg_f/cm^2$ +정상고압

36 브라인을 사용할 때 금속의 부식방지법으로 맞지 않는 것은?

㉮ 브라인 pH를 7.5~8.2 정도로 유지한다.
㉯ 방청제를 첨가한다.
㉰ 산성이 강하면 가성소다로 중화시킨다.
㉱ 공기와 접촉시키고, 산소를 용입시킨다.

해설
브라인의 구비조건
- 부식성이 없고 안정성이 높아야 한다.
- 열전도율이 커야 한다.
- 점성이 적어야 한다.
- 동결온도가 낮아야 한다.
- 비열이 커야 한다.

37 냉동에 대한 설명으로 잘못된 것은?

㉮ 1Btu란 물 1lb를 1°F 높이는 데 필요한 열량이다.
㉯ 1kcal란 물 1kg를 1°C 높이는 데 필요한 열량이다.
㉰ 1Btu는 3.968kcal에 해당된다.
㉱ 기체에서 정압비열은 정적비열보다 크다.

해설
- 1BTU : 물 1lb를 1°F 높이는 데 필요한 열량
- 1kcal : 물 1kg를 1°C 높이는 데 필요한 열량
- 1kcal=3.968BTU=2.205CHU
  1CHU : 물 1lb를 1°C 높이는 데 필요한 열량
- 기체에서 정압비열(C_p)은 정적비열(C_v)보다 크다.

38 100V 교류 전원에 1kW 배연용 송풍기를 접속하였더니 15A의 전류가 흘렀다. 이 송풍기의 역률은 약 얼마인가?

㉮ 0.57 ㉯ 0.67
㉰ 0.77 ㉱ 0.87

해설
$P = I \cdot V \cdot \cos\theta$
$\cos\theta = \dfrac{P}{V \cdot I} = \dfrac{1,000}{100 \times 15} = 0.67$
여기서, P : 유효전력, $V \cdot I$: 피상전력

39 핀 튜브에 관한 설명 중 틀린 것은?

㉮ 관내에 냉각수, 관외부에 프레온 냉매가 흐를 때 관 외측에 부착한다.
㉯ 증발기에 핀 튜브를 사용하는 것은 전열효과를 크게 하기 위함이다.
㉰ 핀은 열전달이 나쁜 유체 쪽에 부착한다.
㉱ 관내에 냉각수, 관외부에 프레온 냉매가 흐를 때 관 내측에 부착한다.

정답 34. ㉯ 35. ㉯ 36. ㉱ 37. ㉰ 38. ㉯ 39. ㉱

➕ **해설**

핀 튜브는 전열면적을 높이기 위해 전열이 불량한 관외부에 부착한다.

40 냉동 사이클의 구성 순서가 바른 것은?

㉮ 증발 → 응축 → 팽창 → 압축
㉯ 압축 → 응축 → 증발 → 팽창
㉰ 압축 → 응축 → 팽창 → 증발
㉱ 팽창 → 압축 → 증발 → 응축

➕ **해설**
- 냉동 사이클의 작동순서로 계속 순환작동된다.
- 압축 → 응축 → 팽창 → 증발

41 물이 얼음으로 변할 때의 동결잠열은 얼마인가?

㉮ 79.68kJ/kg ㉯ 632kJ/kg
㉰ 333.62kJ/kg ㉱ 0.5kJ/kg

➕ **해설**

동결잠열(응고잠열)
- 물이 0℃에 얼음으로 변하는 잠열(79.68 kcal/kg)
- 1kcal=4.18kJ이므로,
  79.68kcal/kg×4.18kJ/kcal=333.06kJ/kg

42 압축기의 축봉장치에서 슬립 링형 축봉장치의 종류에 속하는 것은?

㉮ 소프트 패킹식 ㉯ 메탈릭 패킹식
㉰ 스터핑 박스식 ㉱ 금속 벨로우즈식

➕ **해설**
- 슬립형 축봉장치 : 금속 벨로우즈식, 고무벨트식
- 축봉장치 : 축과 외부와의 틈새를 통해 오일이 새거나 공기가 들어오지 않도록 해주는 것

43 다음 중 동관작업에 필요하지 않는 공구는?

㉮ 튜브 벤더 ㉯ 사이징 툴
㉰ 플레어링 툴 ㉱ 클립

➕ **해설**
- 튜브 벤더 : 동관을 밴딩할 때 사용
- 사이징 툴 : 동관을 집어 넣는 이음으로 접합할 경우 정확하게 원형으로 끝을 정형하기 위해 사용
- 플레어링 툴 : 관 끝을 나팔 모양으로 벌리기 위해 사용

44 다음 중 냉동능력의 단위로 옳은 것은?

㉮ kcal/kg·m^2 ㉯ kJ/h
㉰ m^3/h ㉱ kcal/kg℃

➕ **해설**
- 냉동능력 단위 : kcal/h, kJ/h
- 1kcal/h=4.18kJ/h

45 냉동기의 정상적인 운전상태를 파악하기 위하여 운전관리상 검토해야 할 사항으로 틀린 것은?

㉮ 윤활유의 압력, 온도 및 청정도
㉯ 냉각수온도 또는 냉각공기온도
㉰ 정지 중의 소음 및 진동
㉱ 압축기용 전동기의 전압 및 전류

➕ **해설**

냉동기를 운전할 때 정지상태를 점검할 필요가 없다.

3과목 공기조화

46 실내에 있는 사람이 느끼는 더위, 추위의 체감에 영향을 미치는 수정 유효온도의 주요 요소는?

㉮ 기온, 습도, 기류, 복사열
㉯ 기온, 기류, 불쾌지수, 복사열
㉰ 기온, 사람의 체온, 기류, 복사열
㉱ 기온, 주위의 벽면온도, 기류, 복사열

➕ **해설**
- 수정유효온도 4가지 요소 : 온도, 습도, 기류, 복사열

정답 40. ㉰ 41. ㉰ 42. ㉱ 43. ㉱ 44. ㉯ 45. ㉰ 46. ㉮

- **유효온도** : 습도가 100%이고, 바람이 없는 환경일 때의 온도와 같은 온도로 느껴지는 기온, 습도, 기류를 조합하여 수치화한 것을 말한다. 예를 들어, 바람이 없고 기온이 20°C, 습도가 100%일 때의 유효온도를 20°C라고 한다.

47 송풍기의 법칙에 대한 내용으로 잘못된 것은?

㉮ 동력은 회전속도비의 2제곱에 비례하여 변화한다.
㉯ 풍량은 회전속도비에 비례하여 변화한다.
㉰ 압력은 회전속도비의 2제곱에 비례하여 변화한다.
㉱ 풍량은 송풍기 크기비의 3제곱에 비례하여 변화한다.

해설
- **상사법칙** : 풍량과 동력, 압력이 회전속도와 관계가 있으므로 여기에 관련된 법칙을 만든 것이므로.
- 유량 : $\frac{Q_1}{Q_2} = \left(\frac{N_1}{N_2}\right)^1 \times \left(\frac{D_2}{D_1}\right)^3$
- 전양정 : $\frac{H_1}{H_2} = \left(\frac{N_1}{N_2}\right)^2 \times \left(\frac{D_2}{D_1}\right)^2$
- 동력 : $\frac{P_1}{P_2} = \left(\frac{N_1}{N_2}\right)^3 \times \left(\frac{D_1}{D_2}\right)^5$

여기서, N : 회전수(rpm), D : 내경(mm)

48 실내 냉방 시 현열부하가 8,000kcal/h인 실내를 26°C로 냉방하는 경우 20°C의 냉풍으로 송풍하면 필요한 송풍량은 약 몇 m³/h인가?(단, 공기의 비열은 0.24kcal/kg°C이며, 비중량은 1.2kg/m³이다)

㉮ 2,893   ㉯ 4,630
㉰ 5,787   ㉱ 9,260

해설
현열부하(q) = $\gamma \cdot Q \cdot C \cdot \Delta t$
$8,000 = 1.2 \times Q \times 0.24 \times C \times (26-20)$
$Q = \frac{8,000}{1.2 \times 0.24 \times 6} = 4,629.63 \text{m}^3/\text{h}$

49 유체의 역류방지용으로 가장 적당한 밸브는?

㉮ 게이트밸브(gate valve)
㉯ 글로브밸브(globe valve)
㉰ 앵글밸브(angle valve)
㉱ 체크밸브(check valve)

해설
체크밸브는 유체의 역류방지용이다.

50 냉방부하를 줄이기 위한 방법으로 적당하지 않은 것은?

㉮ 외벽 부분의 단열화
㉯ 유리창 면적의 증대
㉰ 틈새바람의 차단
㉱ 조명기구 설치 축소

해설
유리창 면적이 증가하면 열전도가 잘되어 열을 빼앗기므로 냉동부하가 증가한다.

51 덕트 시공에 대한 내용으로 잘못된 것은?

㉮ 덕트의 단면적비가 75% 이하의 축소된 부분은 압력손실을 적게 하기 위해 30° 이하(고속덕트에서는 15° 이하)로 한다.
㉯ 덕트의 단면변화 시 정해진 각도를 넘을 경우에는 가이드 베인을 설치한다.
㉰ 덕트의 단면적비가 75% 이하로 확대된 부분은 압력손실을 적게 하기 위해 15° 이하(고속덕트에서는 8° 이하)로 한다.
㉱ 덕트의 경로는 될 수 있는 한 최장거리로 한다.

해설
덕트길이는 짧을수록 압력손실을 적게 할 수 있다.

정답 47. ㉮ 48. ㉯ 49. ㉱ 50. ㉯ 51. ㉱

52 공기조화기의 열원장치에 사용되는 온수 보일러의 개방형 팽창탱크에 설치되지 않는 부속설비는?

㉮ 통기관 ㉯ 수위계
㉰ 팽창관 ㉱ 배수관

해설
개방형 팽창탱크 : 통기관, 팽창관, 배수관이며, 수위계는 설치할 필요가 없다.

53 환기방식 중 환기의 효과가 가장 낮은 환기법은?

㉮ 제1종 환기 ㉯ 제2종 환기
㉰ 제3종 환기 ㉱ 제4종 환기

해설
기계 환기법
• 제1종 기계 환기법 : 급기→송풍기, 배기→송풍기
• 제2종 기계 환기법 : 급기→송풍기, 배기→자연풍
• 제3종 기계 환기법 : 급기→자연풍, 배기→송풍기

54 건구온도 20°C, 절대습도 0.008kg/kg(DA)인 공기의 비엔탈피는 약 얼마인가? (단, 공기의 정압비열(Cp)은 0.24kcal/kg°C, 수증기의 정압비열(Cp)은 0.441 kcal/kg°C이다)

㉮ 7kcal/kg(DA)
㉯ 8.3kcal/kg(DA)
㉰ 9.6kcal/kg(DA)
㉱ 11kcal/kg(DA)

해설
습공기의 비엔탈피(h)
$h = 0.24t + x(597.3 + 0.441t)$
$= 0.24 \times 20 + 0.008(597.5 + 0.441 \times 20)$
$= 9.65 \text{kcal/kg}$

55 개별공조방식의 특징으로 틀린 것은?

㉮ 개별제어가 가능하다.
㉯ 실내유닛이 분리되어 있지 않는 경우는 소음과 진동이 크다.
㉰ 취급이 용이하며, 국소운전이 가능하다.
㉱ 외기냉방이 용이하다.

해설
개별공조방식의 특징
– 실내공기를 순환시켜 공조하므로 외기냉방은 불가능하다.
– 실내유닛의 경우 소음과 진동이 크다.
– 국소운전이 가능하므로 에너지가 절약된다.

56 역 환수(reverse return)방식을 채택하는 이유로 가장 적합한 것은?

㉮ 환수량을 늘리기 위하여
㉯ 배관으로 인한 마찰저항이 균등해지도록 하기 위하여
㉰ 온수 귀환관을 가장 짧은 거리로 배관하기 위하여
㉱ 열손실을 줄이기 위하여

해설
역 환수방식 : 유량이 균일하도록 공급관과 환수관의 마찰저항을 동일하게 한다.

57 보일러의 종류에 따른 전열면적당 증발량으로 틀린 것은?

㉮ 노통보일러 : 45~65(kg$_f$/m^2·h) 정도
㉯ 연관보일러 : 30~65(kg$_f$/m^2·h) 정도
㉰ 입형보일러 : 15~20(kg$_f$/m^2·h) 정도
㉱ 노통연관보일러 : 30~60(kg$_f$/m^2·h) 정도

해설
전열면적당 증발량 순서
수관보일러 > 노통연관보일러 > 연관보일러 > 노통보일러 > 입형보일러

정답 52. ㉯ 53. ㉱ 54. ㉰ 55. ㉱ 56. ㉯ 57. ㉮

58 팬형가습기(증발식)에 대한 설명으로 틀린 것은?

㉮ 팬속의 물을 강제적으로 증발시켜 가습한다.
㉯ 가습장치 중 효율이 가장 우수하며, 가습량을 자유로이 변화시킬 수 있다.
㉰ 가습의 응답속도가 느리다.
㉱ 패키지형의 소형 공조기에 많이 사용한다.

해설
가습기 중 효율이 가장 나쁘며, 응답속도가 느리다. 효율이 가장 좋은 것은 증기분무 가습기이다.

59 공기 가열코일의 종류에 해당되지 않는 것은?

㉮ 전열 코일
㉯ 습 코일
㉰ 증기 코일
㉱ 온수 코일

해설
- **공기 가열기의 종류** : 온수 코일, 증기 코일, 전열 코일
- **냉각용 증발기 코일** : 습 코일

60 이중 덕트 공기조화방식의 특징이라고 할 수 없는 것은?

㉮ 열매체가 공기이므로 실온의 응답이 빠르다.
㉯ 혼합으로 인한 에너지 손실이 없으므로 운전비가 적게 든다.
㉰ 실내습도의 제어가 어렵다.
㉱ 실내부하에 따라 개별제어가 가능하다.

해설
이중 덕트방식 : 냉기와 온기가 혼합되어 공급하며 온도센서에 의해 온도 조절을 하는 장치를 말한다. 온기와 냉기의 혼합으로 에너지 손실이 크다.

정답 58. ㉯ 59. ㉯ 60. ㉯

2013년 10월 12일 시행(4회)

1과목 공조냉동 안전관리

01 산업재해 원인분류 중 직접원인에 해당 되지 않는 것은?
㉮ 불안전한 행동
㉯ 안전보호장치 결함
㉰ 작업자의 사기의욕 저하
㉱ 불안전한 환경

● 해설
직접적인 원인
- 인적 원인(불안전한 행동)
  - 안전장치의 기능 제거, 기계, 보호구 등의 사용 미숙
  - 불안전한 상태 방치, 위험물 취급부주의, 불안전한 자세
- 물적 원인(불안정적인 상태)
  - 보호구, 작업장소의 결함, 생산공정 및 설비의 결함, 안전장치 및 방호장치 결함
- 간접적인 원인
  기술적인 원인, 교육적인 원인, 신체적인 원인, 정신적인 원인, 관리적인 원인

02 전기화재의 소화에 사용하기에 부적당한 것은?
㉮ 분말 소화기 ㉯ 포말 소화기
㉰ CO_2 소화기 ㉱ 할로겐 소화기

● 해설
전기화재 소화약제 : 분말 소화기, CO_2 소화기, 할로겐 소화기

03 전기설비의 방폭성능 기준 중 용기 내부에 보호구조를 압입하여 내부압력을 유지함으로써 가연성 가스가 용기 내부로 유입되지 아니하도록 한 구조를 말하는 것은?

㉮ 내압방폭구조
㉯ 유입방폭구조
㉰ 압력방폭구조
㉱ 안전증방폭구조

● 해설
- **내압방폭구조** : 내부폭발에 용기가 충분히 견디는 구조
- **유입방폭구조** : 아크 또는 고온발생부분을 기름에 넣어 폭발성가스나 증기로부터 인화되지 않는 구조
- **압력방폭구조** : 용기 내부에 보호구조를 압입하여 내부압력을 유지함으로써 가연성 가스가 용기 내부로 유입되지 아니하도록 한 구조
- **안전증방폭구조** : 정상운전 중에 점화원이 발생하지 않도록 기계적, 전기적 구조상 온도상승에 대한 안전구조

04 산업현장에서 위험이 잠재한 곳이나 현존하는 곳에 안전표지를 부착하는 목적으로 적당한 것은?
㉮ 작업자의 생산능률을 저하시키기 위함
㉯ 예상되는 재해를 방지하기 위함
㉰ 작업장의 환경미화를 위함
㉱ 작업자의 피로를 경감시키기 위함

● 해설
산업안전표지의 사용 목적 : 예상되는 재해를 사전예방을 위해 기계, 자재, 기구 등의 위험성을 표시하는 것

05 산업재해의 발생 원인별 순서로 맞는 것은?
㉮ 불안전한 상태 > 불안전한 행동 > 불가항력
㉯ 불안전한 행동 > 불가항력 > 불안전한 상태
㉰ 불안전한 상태 > 불가항력 > 불안전한 행동
㉱ 불안전한 행동 > 불안전한 상태 > 불가항력

정답 1. ㉰ 2. ㉯ 3. ㉰ 4. ㉯ 5. ㉱

해설
산업재해의 발생원인 순서 : 불안전한 행동 > 불안전한 상태 > 불가항력

06 전기의 접지 목적에 해당되지 않는 것은?
㉮ 화재방지 ㉯ 설비증설방지
㉰ 감전방지 ㉱ 기기손상방지

해설
접지의 목적 : 화재방지, 감전방지, 기기손상방지

07 냉동제조의 시설 및 기술기준으로 적당하지 못한 것은?
㉮ 냉매설비에는 긴급 상태가 발생하는 것을 방지하기 위하여 자동제어장치를 설치할 것
㉯ 압축기 최종단에 설치한 안전장치는 3년에 1회 이상 압력 시험을 할 것
㉰ 제조설비는 진동, 충격, 부식 등으로 냉매 가스가 누설되지 않을 것
㉱ 가연성 가스의 냉동설비 부근에는 작업에 필요한 양 이상의 연소하기 쉬운 물질을 두지 않을 것

해설
압축기 최종단에 설치한 안전장치는 1년에 1회 이상 압력 시험을 할 것

08 산업안전보건기준에 관한 규칙에 의거 사다리식 통로 등을 설치하는 경우에 대한 내용으로 잘못된 것은?
㉮ 견고한 구조로 할 것
㉯ 발판과 벽과의 사이는 15cm 이상의 간격을 유지할 것
㉰ 폭은 55cm 이상으로 할 것
㉱ 발판의 간격은 일정하게 할 것

해설
사다리 통로의 폭은 30cm 이상으로 하고, 사다리 통로의 길이가 10미터 이상인 경우에는 5미터마다 계단참을 설치한다.

09 냉동장치의 운전관리에서 운전준비사항으로 잘못된 것은?
㉮ 압축기의 유면을 점검한다.
㉯ 응축기의 냉매량을 확인한다.
㉰ 응축기, 압축기의 흡입측 밸브를 닫는다.
㉱ 전기결선, 조작회로를 점검하고, 절연저항을 측정한다.

해설
응축기, 압축기의 흡입측 밸브를 열어 놓는다.

10 드라이버 작업 시 유의사항으로 올바른 것은?
㉮ 드라이버를 정이나 지렛대 대용으로 사용한다.
㉯ 작은 공작물은 바이스에 물리지 말고 손으로 잡고 사용한다.
㉰ 드라이버의 날 끝이 홈의 폭, 길이가 같은 것을 사용한다.
㉱ 전기작업 시 금속부분이 자루 밖으로 나와 있어 전기가 잘 통하는 드라이버를 사용한다.

해설
드라이버 날끝이 용도와 맞는 것을 사용한다.(+, -의 용도와 크기에 주의)

11 안전모가 내전압성을 가졌다는 말은 최대 몇 볼트의 전압에 견디는 것을 말하는가?
㉮ 600V ㉯ 720V
㉰ 1,000V ㉱ 7,000V

정답 6. ㉯ 7. ㉯ 8. ㉰ 9. ㉰ 10. ㉰ 11. ㉱

해설
- 안전모의 내전압 : 7,000V
- 안전모의 적정무게 : 0.44kg

12 수공구에 의한 재해를 방지하기 위한 내용 중 적당하지 않은 것은?

㉮ 결함이 없는 공구를 사용할 것
㉯ 작업에 꼭 알맞은 공구가 없을 시에는 유사한 것을 대용할 것
㉰ 사용 전에 사용법을 충분히 숙지하고 익히도록 할 것
㉱ 공구는 사용 후 일정한 장소에 정비·보관할 것

해설
수공구는 적합한 것을 사용해야 하고 다른 대용품을 사용해서는 안 된다.

13 다음 보기의 괄호 안에 알맞은 것은?

보기
사업주는 아세틸렌 용접장치를 사용하여 금속의 용접·용단 또는 가열작업을 하는 경우에는 게이지 압력이 (   )킬로 파스칼을 초과하는 압력의 아세틸렌을 발생시켜 사용해서는 아니된다.

㉮ 12.7   ㉯ 20.5
㉰ 127   ㉱ 205

해설
사업주는 아세틸렌 용접장치를 사용하여 금속의 용접·용단 또는 가열작업을 하는 경우에는 게이지 압력이 127kPa을 초과하는 압력의 아세틸렌을 발생시켜 사용해서는 안 된다.

14 압축가스의 저장탱크에는 그 저장탱크 내용적의 몇 %를 초과하여 충전하면 안 되는가?(관련 규정 개정으로 정답이 없습니다. 여기서는 ㉮번이 정답 처리)

㉮ 90%   ㉯ 80%
㉰ 75%   ㉱ 60%

해설
압축가스를 충전할 때는 안전공간으로 10%를 두고 90% 이하로 충전해야 한다.

15 보일러의 사고 원인을 열거하였다. 이 중 취급자의 부주의로 인한 것은?

㉮ 구조의 불량
㉯ 판 두께의 부족
㉰ 보일러수의 부족
㉱ 재료의 강도 부족

해설
보일러의 사고원인
- **취급상의 원인** : 보일러수의 부족, 압력초과, 미연소가스로 인한 노내폭발, 부식, 과열 등
- **제작상의 원인** : 강도 부족, 재료 불량, 구조 및 설계 불량, 용접 불량, 기타 부속 불량 등

2과목 냉동기계

16 암모니아 냉동기에서 일반적으로 압축비가 얼마 이상일 때 2단 압축을 하는가?

㉮ 2   ㉯ 3
㉰ 4   ㉱ 6

해설
2단 압축의 채용
압축비가 암모니아(NH_3)=6 이상, 프레온=9 이상일 때 채용

17 공정점이 −55°C이고 저온용 브라인으로서 일반적으로 제빙, 냉장 및 공업용으로 많이 사용되고 있는 것은?

㉮ 염화칼슘   ㉯ 염화나트륨
㉰ 염화마그네슘   ㉱ 프로필렌글리콜

해설
- 무기질 브라인 : 염화칼슘(−55°C : 제빙용) < 염화나트륨(−21.2°C : 식품저장용) < 염화마그네슘(−33.6°C : 염화칼슘 대용)

정답 12. ㉯ 13. ㉰ 14. ㉮ 15. ㉰ 16. ㉱ 17. ㉮

- 유기질 브라인
  - 에틸알코올 : 식품 초저온 동결용(-100°C)
  - 에틸렌글리콜 : 점도가 크고 단맛, 무색의 액체
  - 프로필렌글리콜 : 분무식 식품동결용

18 다음 중 자연적인 냉동방법이 아닌 것은?

㉮ 증기분사식을 이용하는 방법
㉯ 융해열을 이용하는 방법
㉰ 증발잠열을 이용하는 방법
㉱ 승화열을 이용하는 방법

해설
자연적 냉동법
- 얼음의 융해잠열을 이용하는 방법
- 액체의 기화잠열을 이용하는 방법
- 고체의 승화열을 이용하는 방법
- 기한제를 이용하는 방법

19 프레온 냉동장치에서 오일 포밍 현상이 일어나면 실린더 내로 다량의 오일이 올라가 오일을 압축하여 실린더 헤드부에서 이상음이 발생하게 되는 현상은?

㉮ 에멀전 현상
㉯ 동부착 현상
㉰ 오일 포밍 현상
㉱ 오일 해머 현상

해설
- **에멀전 현상** : 오일과 물이 섞이면 오일의 색깔이 변하는 현상이다.
- **동부착 현상** : 프레온 냉동기에서 수분과 프레온이 작용하여 생성된 산이 침입한 공기 중의 산소와 화합하여 동에 반응한 다음 압축기의 실린더·피스톤 등 온도가 높은 곳의 금속 중에 도금을 일으키는 것이다.
- **오일 포밍 현상** : 냉동장치에서 정지하고 있던 압축기가 다시 작동할 때, 크랭크케이스 안의 프레온 냉매에 용해되어 있던 오일은 갑자기 낮아진 케이스 내의 압력으로 인해 오일과 냉매가 분리되며, 이때 윤활유에 거품이 일어나는 현상을 말한다.
- **오일 해머 현상** : 오일이 실린더 내로 들어가 비압축성인 액체에 압력이 가해지면 실린더 헤드에 충격음을 발생하는 것이다.

20 정상적으로 운전되고 있는 증발기에 있어서, 냉매 상태의 변화에 관한 사항 중 옳은 것은?(단, 증발기는 건식증발기이다)

㉮ 증기의 건조도가 감소한다.
㉯ 증기의 건조도가 증대한다.
㉰ 포화액이 과냉각액으로 된다.
㉱ 과냉각액이 포화액으로 된다.

해설
- 증발기에서는 건조도가 증가한다.
- **건조도** : 냉매가 어느 정도 기체화되었느냐의 정도이다.

21 구조에 따라 증발기를 분류하여 그 명칭들과 동시에 그들의 주 용도를 나타내었다. 틀린 것은?

㉮ 핀 튜브형 : 주로 0°C 이상의 물 냉각용
㉯ 탱크식 : 제빙용 브라인 냉각용
㉰ 판냉각형 : 가정용 냉장고의 냉각용
㉱ 보데로(Baudelot)식 : 우유, 각종 기름류 등의 냉각용

해설
핀튜브형 : 공기냉각용 증발기이다.

22 실린더 내경 20cm, 피스톤 행정 20cm, 기통수 2개, 회전수 300rpm인 압축기의 피스톤 배출량은 약 얼마인가?

㉮ $182m^3/h$
㉯ $201m^3/h$
㉰ $226m^3/h$
㉱ $263m^3/h$

해설
왕복동식 압축기 피스톤의 압출량

$$V = \frac{\pi d^2}{4} \times L \times R \times N \times 60 \, (m^3/h)$$

$$= \frac{\pi \times 0.2^2}{4} \times 0.2 \times 300 \times 2 \times 60$$

$$= 226 \, m^3/h$$

정답 18. ㉮ 19. ㉱ 20. ㉯ 21. ㉮ 22. ㉰

23 저장품을 동결하기 위한 동결부하 계산에 속하지 않는 것은?

㉮ 동결 전 부하 ㉯ 동결 후 부하
㉰ 동결 잠열 ㉱ 환기 부하

◎ 해설
동결부하의 종류
- 동결 전 부하
- 동결 후 부하
- 동결 잠열
- 동결구의 침입부하
- 조명 및 진동송풍기의 열부하

24 관을 절단할 때 사용하는 공구는?

㉮ 파이프 리머 ㉯ 파이프 커터
㉰ 오스터 ㉱ 드레서

◎ 해설
- **파이프 리머** : 관 둘레 거스러미 제거
- **파이프 커터** : 관 절단
- **오스터** : 관에 나사절삭 작업
- **드레서** : 연관의 피막 제거

25 다음 중 입력신호가 모두 1일 때만 출력신호가 0인 논리게이트는?

㉮ AND 게이트 ㉯ OR 게이트
㉰ NOR 게이트 ㉱ NAND 게이트

◎ 해설
NAND 게이트 : AND회로와 NOT회로의 합으로 AND회로의 출력을 부정하는 회로이다.

26 냉동기유의 구비조건으로 맞지 않는 것은?

㉮ 냉매와 접하여도 화학적 작용을 하지 않을 것
㉯ 왁스 성분이 많을 것
㉰ 유성이 좋을 것
㉱ 인화점이 높을 것

◎ 해설
윤활유의 구비조건
- 왁스 성분이 적을 것
- 유성(oiliness)이 좋아 유막형성능력이 뛰어날 것
- 응고점이 낮아 저온에서도 유동성이 좋을 것
- 인화점이 높을 것(열적 안정성이 좋을 것)
- 냉매와 분리성이 좋고 화학반응을 일으키지 않을 것
- 냉매, 수분이나 공기 등이 쉽게 용해되지 않으며, 항유 화성이 좋을 것

27 압축기에서 보통 안전밸브의 작동압력으로 옳은 것은?

㉮ 저압 차단 스위치 작동압력과 같게 한다.
㉯ 고압 차단 스위치 작동압력보다 다소 높게 한다.
㉰ 유압 보호 스위치 작동압력과 같게 한다.
㉱ 고·저압 차단 스위치 작동압력보다 낮게 한다.

◎ 해설
압축기 보호장치 중 기기의 작동압력
- **고압가스차단스위치의 작동압력** : $4kg_f/cm^2$+정상고압
- **안전두 작동압력** : $3kg_f/cm^2$+정상토출압력
- **안전밸브 작동압력** : $5kg_f/cm^2$+정상고압

28 다음 몰리에르 선도에서의 성적계수는 약 얼마인가?

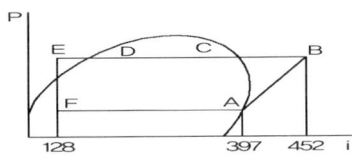

㉮ 2.4 ㉯ 4.9
㉰ 5.4 ㉱ 6.3

◎ 해설
성적계수(COP)$= \dfrac{Q}{A_w} = \dfrac{397-128}{452-397} ≒ 4.9$

정답 23. ㉱ 24. ㉯ 25. ㉱ 26. ㉯ 27. ㉯ 28. ㉯

29 다음 기호 중 콕의 도시기호는?

㉮ ─▷│─   ㉯ ─▷◁─
㉰ ─▷─   ㉱ ─◇─

> **해설**
> ㉮ 체크밸브   ㉯ 게이트밸브
> ㉰ 후트밸브   ㉱ 콕

30 흡수식냉동기에서 냉매순환과정을 바르게 나타낸 것은?

㉮ 재생(발생)기 → 응축기 → 냉각(증발)기 → 흡수기
㉯ 재생(발생)기 → 냉각(증발)기 → 흡수기 → 응축기
㉰ 응축기 → 재생(발생)기 → 냉각(증발)기 → 흡수기
㉱ 냉각(증발)기 → 응축기 → 흡수기 → 재생(발생)기

> **해설**
> 흡수식 냉동기의 냉매순환과정
> 재생(발생)기 → 응축기 → 냉각(증발)기 → 흡수기

31 온도 자동 팽창밸브에서 감온통의 부착 위치는?

㉮ 팽창밸브 출구   ㉯ 증발기 입구
㉰ 증발기 출구   ㉱ 수액기 출구

> **해설**
> 증발기 출구 측에 감온통을 설치한다.

32 응축기 중 외기습도가 응축기 능력을 좌우하는 것은?

㉮ 횡형 쉘엔 튜브식 응축기
㉯ 이중관식 응축기
㉰ 7통로식 응축기
㉱ 증발식 응축기

> **해설**
> 증발식 응축기
> - 물의 증발 잠열을 이용하여 냉매를 응축시킨다.
> - 외기습구온도가 높으면 증발이 잘 안되어 온도는 많이 내려가지 못하고, 낮으면 증발이 잘 되어 온도가 많이 내려간다.

33 관 또는 용기 안의 압력을 항상 일정한 수준으로 유지하여 주는 밸브는?

㉮ 릴리프밸브   ㉯ 체크밸브
㉰ 온도조정밸브 ㉱ 감압밸브

> **해설**
> **릴리프밸브** : 관 또는 용기 안의 압력을 항상 일정한 수준으로 유지하여 주는 밸브

34 시트 모양에 따라 삽입형, 홈꼴형, 랩형 등으로 구분되는 배관의 이용방법은?

㉮ 나사 이음   ㉯ 플레어 이음
㉰ 플랜지 이음 ㉱ 납땜 이음

> **해설**
> **플랜지 이음의 종류** : 삽입형, 홈꼴형, 유압형, 전면 등

35 불응축가스의 침입을 방지하기 위해 액순환식 증발기와 액펌프 사이에 부착하는 것은?

㉮ 감압밸브   ㉯ 여과기
㉰ 역지밸브   ㉱ 건조기

> **해설**
> **역지밸브** : 액순환식 증발기와 액펌프 사이에 부착

36 어떤 물질의 산성, 알칼리성 여부를 측정하는 단위는?

㉮ CHU   ㉯ RT
㉰ pH   ㉱ B.T.U

정답 29. ㉱ 30. ㉮ 31. ㉰ 32. ㉱ 33. ㉮ 34. ㉰ 35. ㉰ 36. ㉰

⊕ 해설

pH : 산, 염기의 정도를 나타내는 척도

37 0°C의 물 1kg을 0°C의 얼음으로 만드는 데 필요한 응고잠열은 대략 얼마 정도인가?
㉮ 80kcal/kg ㉯ 540kcal/kg
㉰ 100kcal/kg ㉱ 50kcal/kg

⊕ 해설

물의 응고 잠열 : 80kcal/kg

38 냉동장치의 온도 관계에 대한 사항 중 올바르게 표현한 것은?(단, 표준냉동 사이클을 기준으로 할 것)
㉮ 응축온도는 냉각수온도보다 낮다.
㉯ 응축온도는 압축기 토출가스온도와 같다.
㉰ 팽창밸브 직후의 냉매온도는 증발온도보다 낮다.
㉱ 압축기 흡입가스온도는 증발온도와 같다.

⊕ 해설

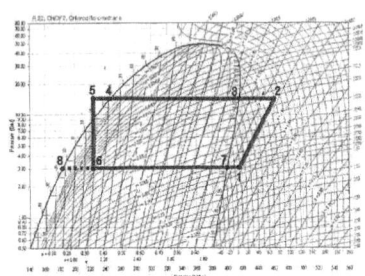

6→7과정은 온도와 압력이 일정하므로 증발기 출구와 압축기의 입구는 온도가 일정하다.

39 아래 보기에서 설명하고 있는 법칙으로 맞는 것은?

보기
회로 내의 임의의 점에서 들어오는 전류와 나가는 전류의 총합은 0이다.

㉮ 키르히호프의 제1법칙
㉯ 키르히호프의 제2법칙
㉰ 줄의 법칙
㉱ 앙페르의 오른나사법칙

⊕ 해설

• 키르히호프의 제1법칙(전류의 법칙) : 회로 내의 임의의 점에서 들어오는 전류와 나가는 전류의 총합은 0이다(들어오는 전류의 합=나가는 전류의 합).
• 키르히호프의 제2법칙(전압의 법칙) : 폐회로를 따라 1회전하며 취한 전압대수의 합은 그 폐회로의 저항에 생기는 전압강하의 대수의 합과 같다(기전력의 대수합=전압강하의 대수합).

40 옴의 법칙에 대한 설명으로 적절한 것은?
㉮ 도체에 흐르는 전류(I)는 전압(V)에 비례한다.
㉯ 도체에 흐르는 전류(I)는 저항(R)에 비례한다.
㉰ 도체에 흐르는 전압(V)은 저항(R)의 값과는 상관없다.
㉱ 도체에 흐르는 전류는 $I=R/V$[A]이다.

⊕ 해설

오옴의 법칙 : $V=I \times R$

41 용적형 압축기에 대한 설명으로 맞지 않는 것은?
㉮ 압축실 내의 체적을 감소시켜 냉매의 압력을 증가시킨다.
㉯ 압축기의 성능은 냉동능력, 소비동력, 소음, 진동값 및 수명 등 종합적인 평가가 요구된다.
㉰ 압축기의 성능을 측정하는 데 유용한 두 가지 방법은 성능계수와 단위 냉동능력당 소비동력을 측정하는 것이다.

정답 37. ㉮ 38. ㉱ 39. ㉮ 40. ㉮

㉰ 개방형 압축기의 성능계수는 전동기와 압축기의 운전효율을 포함하는 반면, 밀폐형 압축기의 성능계수에는 전동기효율이 포함되지 않는다.

해설
압축기의 성적계수는 개방형이나 밀폐형이나 모두 전동기효율과 운전효율을 포함시켜야 한다.

42 터보 냉동기의 구조에서 불응축 가스 퍼어지, 진공작업, 냉매 재생 등의 기능을 갖추고 있는 장치는?

㉮ 플로우트챔버장치
㉯ 추기회수장치
㉰ 엘리미네이터장치
㉱ 전동장치

해설
추기회수장치 : 터보 압축기에서 불응축가스가 발생할 경우 자동으로 방출시켜 고압의 상승을 방지하는 장치

43 고체에서 기체로 상태가 변화할 때 필요로 하는 열을 무엇이라 하는가?

㉮ 증발열   ㉯ 융해열
㉰ 기화열   ㉱ 승화열

해설
승화열 : 고체에서 기체로 상태가 변할 때 필요로 하는 열

44 스윙(swing)형 체크밸브에 관한 설명으로 틀린 것은?

㉮ 호칭치수가 큰 관에 사용된다.
㉯ 유체의 저항이 리프트(lift)형보다 적다.
㉰ 수평배관에만 사용할 수 있다.
㉱ 핀을 축으로 하여 회전시켜 개폐한다.

해설
• **체크밸브** : 유체의 역류현상을 방지하는 역할
• **스윙형 밸브** : 수직·수평배관에 모두 사용
• **리프트형 밸브** : 수평배관에만 사용

45 냉동장치 내에 냉매가 부족할 때 일어나는 현상으로 옳은 것은?

㉮ 흡입관에 서리가 보다 많이 붙는다.
㉯ 토출압력이 높아진다.
㉰ 냉동능력이 증가한다.
㉱ 흡입압력이 낮아진다.

해설
냉매가 부족하면 토출압력과 흡입압력 두 가지 모두 낮게 나타나며, 흡입가스가 과열된다.

3과목 공기조화

46 온풍난방의 특징을 바르게 설명한 것은?

㉮ 예열시간이 짧다.
㉯ 조작이 복잡하다.
㉰ 설비비가 많이 든다.
㉱ 소음이 생기지 않는다.

해설
온풍난방의 특징
- 예열시간이 짧고, 열용량이 적다.
- 설비비가 적게 들고, 설치면적이 작다.
- 열효율이 높고 연료비가 적게 든다.
- 소형이며, 자동운전이 가능하다.
- 집진과 가습도 가능하다.

47 겨울철 창면을 따라서 존재하는 냉기에 의해 외기와 접한 창면에 접해있는 사람은 더욱 추위를 느끼게 되는 현상을 콜드 드래프트라 한다. 이 콜드 드래프트의 원인으로 볼 수 없는 것은?

㉮ 인체 주위의 온도가 너무 낮을 때
㉯ 주위벽면의 온도가 너무 낮을 때
㉰ 창문의 틈새가 많을 때
㉱ 인체 주위 기류속도가 너무 느릴 때

해설
콜드 드래프트의 원인
- 인체주위의 공기온도가 너무 낮을 때

정답 41. ㉱ 42. ㉯ 43. ㉱ 44. ㉰ 45. ㉱ 46. ㉮ 47. ㉱

- 벽면 온도가 너무 낮을 때
- 창문 틈새의 극간 풍이 많을 때
- 기류속도가 너무 빠를 때

48 일반적으로 덕트의 종횡비(aspect ratio)는 얼마를 표준으로 하는가?

㉮ 2 : 1 ㉯ 6 : 1
㉰ 8 : 1 ㉱ 10 : 1

🔵 해설
덕트의 종횡비(aspect ratio)는 장변과 단변의 비이며 2 : 1이 표준이고 가능한 한 4 : 1 이하로 하며, 최대 8 : 1 이상이 되지 않도록 한다.

49 복사난방의 특징이 아닌 것은?

㉮ 외기온도의 급 변화에 따른 온도조절이 곤란하다.
㉯ 배관시공이나 수리가 비교적 곤란하고 설비비용이 비싸다.
㉰ 공기의 대류가 많아 쾌감도가 나쁘다.
㉱ 방열기가 불필요하다.

🔵 해설
복사난방의 특징
- 부하변동에 따른 온도조절이 늦다.
- 매립된 배관 때문에 고장발견이 힘들고 수리가 힘들다.
- 공기의 대류가 적어 쾌감도가 좋다.
- 실내온도 분포가 가장 균일한 난방이다.
- 실내의 평균 온도가 낮다.

50 공기조화방식의 중앙식 공조방식에서 수-공기방식에 해당되지 않는 것은?

㉮ 이중 덕트방식
㉯ 팬코일 유닛방식(덕트 병용)
㉰ 유인 유닛방식
㉱ 복사 냉난방식(덕트 병용)

🔵 해설

분류			방식
중앙식	전공기방식	단일 덕트방식	정풍량
			변풍량
		2중 덕트방식	멀티존방식
			정풍량
			변풍량
			각층유닛
	공기·수방식		팬코일 유닛방식
			유인 유닛방식
			복사 냉난방식
	수방식		팬코일 유닛방식
개별식	냉매방식		패키지방식
			룸쿨러방식
			멀티 유닛방식
			열펌프 유닛방식(수열원)

51 다음 난방방식에 대한 설명으로 틀린 것은?

㉮ 온풍난방은 습도를 가습 또는 감습할 수 있는 장치를 설치할 수 있다.
㉯ 증기난방의 응축수환수관 연결 방식은 습식과 건식이 있다.
㉰ 온수난방의 배관에는 팽창탱크를 설치하여야 하며 밀폐식과 개방식이 있다.
㉱ 복사난방은 천정이 높은 실(室)에는 부적합하다.

🔵 해설
복사난방 : 바닥패널, 벽패널, 천정패널을 설치하며 천정이 높은 방에도 적합하다.

52 공기상태에 관한 내용 중 틀린 것은?

㉮ 포화습공기의 상대습도는 100%이며 건조공기의 상대습도는 0%가 된다.
㉯ 공기를 가습, 감습하지 않으면 노점온도 이하가 되어도 절대습도는 변함이 없다.
㉰ 습공기 중의 수분 중량과 포화습공기 중의 수분의 비를 상대습도라 한다.

정답 48. ㉮ 49. ㉰ 50. ㉮ 51. ㉱

㉣ 공기 중의 수증기가 분리되어 물방울이 되기 시작하는 온도를 노점온도라 한다.

해설
공기 상태가 노점 이하로 내려가면 절대습도는 내려간다.

53 수조내의 물에 초음파를 가하여 작은 물방울을 발생시켜 가습을 행하는 초음파 가습장치는 어떤 방식에 해당되는가?
㉮ 수분무식 ㉯ 증기 발생식
㉰ 증발식 ㉱ 에어와셔식

해설
가습장치의 종류
- **수분무식** : 원심식, 초음파식, 분무식
- **증기식** : 초음파식(수조의 물에 초음파를 가하면 진동자가 진동하여 수면으로 작은 물방울이 발생하여 가습하는 방식)

54 개별식 공기조화방식으로 볼 수 있는 것은?
㉮ 사무실 내에 패키지형 공조기를 설치하고, 여기에서 조화된 공기는 패키지 상부에 있는 취출구로 실내에 송풍한다.
㉯ 사무실 내에 유인유닛형 공조기를 설치하고, 외부의 공기조화기로부터 유인유닛에 공기를 공급한다.
㉰ 사무실 내에 팬코일 유닛형 공조기를 설치하고, 외부의 열원기기로부터 팬코일 유닛에 냉·온수를 공급한다.
㉱ 사무실 내에는 덕트만 설치하고, 외부의 공기조화기로부터 덕트 내에 공기를 공급한다.

해설
개별 방식(냉매방식) : 패키지 에어컨, 룸에어컨, 멀티유닛

55 유체의 속도가 20m/s일 때 이 유체의 속도수두는 얼마인가?
㉮ 5.1m ㉯ 10.2m
㉰ 15.5m ㉱ 20.4m

해설
유속$(V) = \sqrt{2gh}$
$20 = \sqrt{2 \times 9.8 \times x}$
$\therefore x ≒ 20.4\,m$

56 어떤 보일러에서 발생되는 실제증발량을 1,000kg/h, 발생 증기의 엔탈피를 614 kcal/kg, 급수의 온도를 20℃라 할 때, 상당증발량은 얼마인가?(단, 증발잠열은 540kcal/kg으로 한다)
㉮ 847kg/h ㉯ 1,100kg/h
㉰ 1,250kg/h ㉱ 1,450kg/h

해설
상당증발량
$= \dfrac{실제증발량(h_2 - h_1)}{540} = 1,100\,kg/h$

57 풍량 조절용으로 사용되지 않는 댐퍼는?
㉮ 방화 댐퍼 ㉯ 버터플라이 댐퍼
㉰ 루버 댐퍼 ㉱ 스플릿 댐퍼

해설
- **댐퍼** : 덕트 안에 흐르는 풍량 조정기구
- **풍량 조절용 댐퍼**
  - 버터플라이 댐퍼
  - 루버댐퍼 : 평형 날개형, 대형날개형
  - 베인 댐퍼
- **풍량 분배용 댐퍼(스플릿 댐퍼)**

58 열이 이동되는 3가지 기본현상(형식)이 아닌 것은?
㉮ 전도 ㉯ 관류
㉰ 대류 ㉱ 복사

해설
열전달의 3가지 방식 : 전도, 대류, 복사

정답 52. ㉯ 53. ㉮ 54. ㉮ 55. ㉱ 56. ㉯ 57. ㉮ 58. ㉯

59 실내 필요 환기량을 결정하는 조건과 거리가 먼 것은?

㉮ 실의 종류
㉯ 실의 위치
㉰ 재실자의 수
㉱ 실내에서 발생하는 오염물질 정도

🔵 해설
실의 위치 : 환기량과는 관계가 없지만, 부하 산출 및 조닝제어의 경우에는 고려해야 할 요소이다.

60 송풍기의 특성곡선에 나타나 있지 않는 것은?

㉮ 효율
㉯ 축동력
㉰ 전압
㉱ 풍속

🔵 해설
송풍기의 특성곡선에서 다루고 있는 요소는 압력, 효율, 소요동력, 풍량 등으로 전압곡선과 정압곡선을 통해 압력과 효율의 변화를 나타낸 것이다.

정답 59. ㉯ 60. ㉱

2014년 1월 26일 시행(1회)

1과목 공조냉동 안전관리

01 보일러 점화 직전 운전원이 반드시 제일 먼저 점검해야 할 사항은?
㉮ 공기온도 측정
㉯ 보일러 수위 확인
㉰ 연료의 발열량 측정
㉱ 연소실의 잔류가스 측정

해설
보일러 가동 전 점검사항
- 우선적으로 보일러 수위 확인
- 압력계 점검(0점 위치)
- 밸브 및 콕의 기능 및 누수 점검 확인
- 댐퍼를 열고 노내 환기
- 연료 및 급수 계통 점검

02 소화효과의 원리가 아닌 것은?
㉮ 질식효과   ㉯ 제거효과
㉰ 희석효과   ㉱ 단열효과

해설
소화효과 : 냉각효과, 질식효과, 제거효과, 부촉매효과 등

03 드릴작업 시 주의사항으로 틀린 것은?
㉮ 드릴회전 중에는 칩을 입으로 불어서는 안 된다.
㉯ 작업에 임할 때는 복장을 단정히 한다.
㉰ 가공 중 드릴 끝이 마모되어 이상한 소리가 나면 즉시 바꾸어 사용한다.
㉱ 이송레버에 파이프를 끼워 걸고 재빨리 돌린다.

해설
드릴작업 시 주의사항
- 이송레버에 파이프를 끼워서 힘을 더 가해 작업하면 안 된다.
- 소매가 긴 옷을 입거나 긴머리를 한 채로 작업하지 않는다.
- 장갑을 끼고 작업하지 않는다.
- 회전 중에 칩을 입으로 불어내지 않는다.
- 드릴을 끼운 후 반드시 드릴 척을 분리한다.

04 안전관리 감독자의 업무가 아닌 것은?
㉮ 안전작업에 관한 교육훈련
㉯ 작업 전·후 안전점검 실시
㉰ 작업의 감독 및 지시
㉱ 재해 보고서 작성

해설
안전관리 감독자의 직무
- 기계설비의 안전 및 보건점검에 대한 이상 유무 확인
- 작업자의 보호구 및 복장, 방호장치 사용과 점검에 대한 교육
- 작업장에서 발생한 안전사고에 관한 보고 및 응급조치
- 작업장의 안전통로 확보 및 정리정돈 확인 감독
- 사업장의 산업보건의 안전관리자 및 보건관리자의 지도조건에 대한 협조

05 물체가 떨어지거나 날아올 위험 또는 근로자가 추락할 위험이 있는 작업 시에 착용할 보호구로 적당한 것은?
㉮ 안전모   ㉯ 안전벨트
㉰ 방열복   ㉱ 보안면

해설
안전모 : 물체가 떨어지거나 날아올 위험 또는 근로자가 추락할 위험이 있는 작업 시에 착용할 보호구

정답 1. ㉯ 2. ㉱ 3. ㉱ 4. ㉯ 5. ㉮

06 전기 사고 중 감전의 위험 인자에 대한 설명으로 옳지 않은 것은?

㉮ 전류량이 클수록 위험하다.
㉯ 통전시간이 길수록 위험하다.
㉰ 심장에 가까운 곳에서 통전되면 위험하다.
㉱ 인체에 습기가 없으면 저항이 감소하여 위험하다.

해설
감전사고의 위험 요소
- 인체의 습기
- 통전전류의 크기
- 통전경로
- 전원의 종류(교류, 직류)

07 산소 용기 취급 시 주의사항으로 옳지 않은 것은?

㉮ 용기를 운반 시 밸브를 닫고 캡을 씌워서 이동할 것
㉯ 용기는 전도, 충돌, 충격을 주지 말 것
㉰ 용기는 통풍이 안 되고 직사광선이 드는 곳에 보관할 것
㉱ 용기는 기름이 묻은 손으로 취급하지 말 것

해설
모든 가스용기는 통풍이 잘되고 직사광선을 피해 보관한다.

08 용기의 파열사고 원인에 해당되지 않는 것은?

㉮ 용기의 용접불량
㉯ 용기 내부압력의 상승
㉰ 용기 내에서 폭발성 혼합가스에 의한 발화
㉱ 안전밸브의 작동

해설
안전밸브가 작동한 것은 용기가 안전하다는 것을 의미한다.

09 냉동시스템에서 액 해머링 원인이 아닌 것은?

㉮ 부하가 감소했을 때
㉯ 팽창밸브의 열림이 너무 적을 때
㉰ 만액식 증발기의 경우 부하변동이 심할 때
㉱ 증발기 코일에 유막이나 서리(霜)가 끼었을 때

해설
팽창밸브를 과다하게 열면 증발기에서 냉매가 일부만 증발하고 나머지는 압축기로 들어가 액 해머링 현상이 일어난다.

10 냉동설비의 설치공사 후 기밀시험 시 사용되는 가스로 적합하지 않은 것은?

㉮ 공기   ㉯ 산소
㉰ 질소   ㉱ 아르곤

해설
기밀시험용 가스
- 가연성가스 및 조연성 가스(산소)를 사용하면 안 된다.
- 불연성가스를 사용한다(질소, 헬륨, 이산화탄소 등).

11 교류 용접기의 규격란에 AW200이라고 표시되어 있을 때 200이 나타내는 값은?

㉮ 정격 1차 전류값
㉯ 정격 2차 전류값
㉰ 1차 전류 최댓값
㉱ 2차 전류 최댓값

해설
AW200 : 정격 2차 전류값

정답 6. ㉱ 7. ㉰ 8. ㉱ 9. ㉯ 10. ㉯ 11. ㉯

12 가스용접작업 중에 발생되는 재해가 아닌 것은?

㉮ 전격 ㉯ 화재
㉰ 가스폭발 ㉱ 가스중독

> **해설**
> 전격은 전기용접 시 감전에 의한 사고이다.

13 크레인(crane)의 방호장치에 해당되지 않는 것은?

㉮ 권과방지장치 ㉯ 과부하방지장치
㉰ 비상정지장치 ㉱ 과속방지장치

> **해설**
> 크레인 방호장치
> • **권과방지장치** : 권과방지를 위해 동력을 자동 차단하고, 작동을 멈추게 하는 장치
> • **과부하방지장치** : 크레인에 있어서 정격하중 이상의 하중이 부하되었을 때 자동적으로 상승이 정지되면서 경보음이 발생하는 장치
> • **비상정지장치** : 이동 중 이상상태 발생 시 급정지시킬 수 있는 장치
> • **후크해지장치** : 후크에서 와이어 로프의 이탈을 방지하는 장치

14 해머작업 시 지켜야 할 사항 중 적절하지 못한 것은?

㉮ 녹슨 것을 때릴 때 주의하도록 한다.
㉯ 해머는 처음부터 힘을 주어 때리도록 한다.
㉰ 작업 시에는 타격하려는 곳에 눈을 집중시킨다.
㉱ 열처리된 것은 해머로 때리지 않도록 한다.

> **해설**
> 해머작업 시 처음에는 초점을 맞추어 서서히 타격한다.

15 산소가 결핍되어 있는 장소에서 사용되는 마스크는?

㉮ 송기마스크
㉯ 방진마스크
㉰ 방독마스크
㉱ 전안면 방독마스크

2과목 냉동기계

16 다음 그림이 나타내는 관의 결합방식으로 맞는 것은?

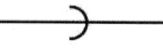

㉮ 용접식 ㉯ 플랜지식
㉰ 소켓식 ㉱ 유니언식

> **해설**
> 그림의 표시는 소켓식(턱걸이 이음)을 의미한다.

17 냉매와 화학 분자식이 옳게 짝지어진 것은?

㉮ R113 : CCl_3F_3
㉯ R114 : CCl_2F_4
㉰ R500 : $CCl_2F_2 + CH_2CHF_2$
㉱ R502 : $CHClF_2 + C_2ClF_5$

> **해설**
> • **100번대 냉매** : C가 2개임
> • **R-500** : $CCl_2F_2(R-12)+C_2H_4F_2(R-152)$
> • **R-502** : $CHClF_2(R-22)+C_2ClF_5(R-115)$

18 탄산마그네슘 보온재에 대한 설명으로 옳지 않은 것은?

㉮ 열전도율이 적고 300~320°C 정도에서 열분해한다.
㉯ 방습 가공한 것은 습기가 많은 옥외 배관에 적합하다.
㉰ 250°C 이하의 파이프, 탱크의 보냉용으로 사용된다.
㉱ 유기질 보온재의 일종이다.

정답 12. ㉮ 13. ㉱ 14. ㉯ 15. ㉮ 16. ㉰ 17. ㉱ 18. ㉱

해설
- 탄산마그네슘 보온재 : 무기질 보온재
- 사용온도 : 300~800°C의 범위 내 보온효과가 있다.

19 냉매 R-22의 분자식으로 옳은 것은?
㉮ CCl_4 ㉯ CCl_3F
㉰ $CHCl_2F$ ㉱ $CHClF_2$

해설
- R-22 : $CHClF_2$, • R-12 : CCl_2F_2
- R-00 : 메탄계 탄화수소
- R-000 : 에탄계 탄화수소

20 다음 중 브라인(brine)의 구비조건으로 옳지 않은 것은?
㉮ 응고점이 낮을 것
㉯ 전열이 좋을 것
㉰ 열용량이 작을 것
㉱ 점성이 작을 것

해설
브라인의 구비조건
- 부식성이 없을 것
- 응고점이 낮을 것
- 열용량이 클 것
- 점성이 작을 것
- 독성이 없을 것

21 암모니아 냉매의 성질에서 압력이 상승할 때 성질변화에 대한 것으로 맞는 것은?
㉮ 증발잠열은 커지고 증기의 비체적은 작아진다.
㉯ 증발잠열은 작아지고 증기의 비체적은 커진다.
㉰ 증발잠열은 작아지고 증기의 비체적은 작아진다.
㉱ 증발잠열은 커지고 증기의 비체적은 커진다.

해설
압력이 상승하면 온도가 상승하면서 증발잠열 및 비체적도 작아진다.

22 동력나사 절삭기의 종류가 아닌 것은?
㉮ 오스터식 ㉯ 다이 헤드식
㉰ 로터리식 ㉱ 호브(hob)식

해설
동력나사 절삭기의 종류 : 오스터식, 다이 헤드식, 호브(hob)식 등

23 저온을 얻기 위해 2단 압축을 했을 때의 장점은?
㉮ 성적계수가 향상된다.
㉯ 설비비가 적게 된다.
㉰ 체적효율이 저하한다.
㉱ 증발압력이 높아진다.

해설
2단 압축 사이클의 장점
- 압축비가 작게 되어 체적효율의 저하를 막을 수 있어서 성적계수가 향상된다.
- 1차 압축후의 토출가스를 냉각하여 다시 압축하여 토출가스온도를 낮게 할 수 있다.

24 지수식 응축기라고도 하며 나선 모양의 관에 냉매를 통과시키고 이 나선관을 구형 또는 원형의 수조에 담고 순환시켜 냉매를 응축시키는 응축기는?
㉮ 쉘 앤 코일식 응축기
㉯ 증발식 응축기
㉰ 공랭식 응축기
㉱ 대기식 응축기

해설
쉘 앤 코일식 응축기 : 나선 모양의 관에 냉매를 통과시키고 이 나선관을 구형 또는 원형의 수조에 담고 순환시켜 냉매를 응축시키는 응축기

정답 19. ㉱ 20. ㉰ 21. ㉰ 22. ㉰ 23. ㉮ 24. ㉮

25 유분리기의 종류에 해당되지 않는 것은?

㉮ 배풀형   ㉯ 어큐뮬레이터형
㉰ 원심분리형 ㉱ 철망형

🔵 해설
유분리기의 종류 : 원심분리형, 배플형, 금속망형, 서미스터형

26 기체의 비열에 관한 설명 중 옳지 않은 것은?

㉮ 비열은 보통 압력에 따라 다르다.
㉯ 비열이 큰 물질일수록 가열이나 냉각하기가 어렵다.
㉰ 일반적으로 기체의 정적비열은 정압비열보다 크다.
㉱ 비열에 따라 물체를 가열, 냉각하는 데 필요한 열량을 계산할 수 있다.

🔵 해설
일반적으로 기체의 정적비열(C_v)은 정압비열(C_p)보다 크다.

27 다음 냉매 중 대기압 하에서 냉동력이 가장 큰 냉매는?

㉮ R-11   ㉯ R-12
㉰ R-21   ㉱ R-717

🔵 해설
기존 냉동 사이클에서 냉동효과 냉매
R-717(269) > R-21(50.94) > R-11(38.57) > R-12(29.52)

28 냉동장치 배관 설치 시 주의사항으로 틀린 것은?

㉮ 냉매의 종류, 온도 등에 따라 배관재료를 선택한다.
㉯ 온도변화에 의한 배관의 신축을 고려한다.
㉰ 기기 조작, 보수, 점검에 지장이 없도록 한다.
㉱ 굴곡부는 가능한 적게 하고 곡률 반경은 작게 한다.

🔵 해설
배관작업 시 굴곡부는 적게 하고 곡률반경은 되도록 크게 하여 유체의 흐름을 원활하도록 한다.

29 1초 동안 76kg$_f$·m의 일을 할 경우 시간당 발생하는 열량은 약 몇 kcal/h 인가?

㉮ 641kcal/h   ㉯ 658kcal/h
㉰ 673kcal/h   ㉱ 685kcal/h

🔵 해설
- 1Hp=76kg·m/s=641 kcal/h
- 1PS(미터마력, 1HP : 국제마력)=75kg$_f$·m/s
  =0.735kW
  =632kcal/h
- 1kW=1.36 PS=102kg$_f$·m/s=860kcal/h

30 증기를 단열압축할 때 엔트로피의 변화는?

㉮ 감소한다.
㉯ 증가한다.
㉰ 일정하다.
㉱ 감소하다가 증가한다.

🔵 해설
증기를 단열압축하는 것은 등엔트로피의 과정이며 엔탈피는 증가한다.

31 냉동장치의 계통도에서 팽창밸브에 대한 설명으로 옳은 것은?

㉮ 압축증대장치로 압력을 높이고 냉각시킨다.
㉯ 액봉이 쉽게 일어나고 있는 곳이다.
㉰ 냉동부하에 따른 냉매액의 유량을 조절한다.
㉱ 플래시 가스가 발생하지 않는 곳이며, 일명 냉각장치라 부른다.

정답 25. ㉯ 26. ㉰ 27. ㉱ 28. ㉱ 29. ㉮ 30. ㉯ 31. ㉰

⊕ 해설

응축기에서 공급되는 고온고압의 과냉각 냉매액을 저온 저압 포화액이나 습증기로 감압하고, 증발기 내 냉매량을 조절하는 것이다.

32 브롬화 리튬(LiBr) 수용액이 필요한 냉동장치는?

㉮ 증기 압축식 냉동장치
㉯ 흡수식 냉동장치
㉰ 증기 분사식 냉동장치
㉱ 전자 냉동장치

⊕ 해설

흡수식 냉동장치에서의 냉매와 흡수제

냉매	물(H_2O)		암모니아(NH_3)
흡수제	LiBr	LiCl	물(H_2O)

33 표준 사이클을 유지하고 암모니아의 순환량을 186[kg/h]로 운전했을 때의 소요동력(kW)은 약 얼마인가?(단, NH_3 1kg을 압축하는 데 필요한 열량은 몰리에르 선도상에서는 56kcal/kg이라 한다)

㉮ 12.1   ㉯ 24.2
㉰ 28.6   ㉱ 36.4

⊕ 해설

소요동력(kW)

$$= \frac{G \times A_w}{860} = \frac{186 \times 56}{860} = 12.1 \text{kW}$$

여기서, G : 순환량(kg/h)
A_w : 일의 열당량(kcla/kg)
1kW : 860kcal/h

34 강관의 이음에서 지름이 서로 다른 관을 연결하는 데 사용하는 이음쇠는?

㉮ 캡(cap)
㉯ 유니언(union)
㉰ 리듀서(reducer)
㉱ 플러그(plug)

⊕ 해설

- 캡(cap) : 관의 끝부분을 마감하는 부품
- 유니언(union) : 관이나 밸브를 분해 조립할 때 사용하는 이음쇠
- 리듀서(reducer) : 강관의 이음에서 지름이 서로 다른 관을 연결하는 데 사용하는 이음쇠
- 플러그(plug) : 관이나 파이프 이음 시 마감하는 부품

35 압축기의 흡입 및 토출밸브의 구비조건으로 적당하지 않은 것은?

㉮ 밸브의 작동이 확실하고, 개폐하는 데 큰 압력이 필요하지 않을 것
㉯ 밸브의 관성력이 크고, 냉매의 유동에 저항을 많이 주는 구조일 것
㉰ 밸브가 닫혔을 때 냉매의 누설이 없을 것
㉱ 밸브가 마모와 파손에 강할 것

⊕ 해설

압축기의 흡입 및 토출밸브는 관성력이 작고, 냉매의 흐름에 저항을 적게 주는 구조이어야 한다.

36 전자밸브에 대한 설명 중 틀린 것은?

㉮ 전자코일에 전류가 흐르면 밸브는 닫힌다.
㉯ 밸브의 전자코일을 사부로 하고 수직으로 설치한다.
㉰ 일반적으로 소용량에는 직동식, 대용량에는 파일롯트 전자밸브를 사용한다.
㉱ 전압과 용량에 맞게 설치한다.

⊕ 해설

전자석의 원리로 작동되며 전기가 통하면 전자코일이 여자되어 열리고, 전기가 단락되면 전자코일이 소자되어 플런저가 내려가서 닫힌다.

정답 32. ㉯ 33. ㉮ 34. ㉰ 35. ㉯ 36. ㉮

37 온수난방의 배관 시공 시 적당한 구배로 맞는 것은?

㉮ 1/100 이상　　㉯ 1/150 이상
㉰ 1/200 이상　　㉱ 1/250 이상

🔎 해설
온수난방 배관은 팽창밸브를 향해 상향구배로 하며 보통 1/250 이상 비교적 완만한 구배를 갖는다.

38 냉동장치에 사용하는 브라인(Brine)의 산성도(pH)로 가장 적당한 것은?

㉮ 9.2~9.5　　㉯ 7.5~8.2
㉰ 6.5~7.0　　㉱ 5.5~6.0

🔎 해설
브라인의 산성도(pH) : 7.5~8.2 정도로 유지한다.

39 가용전(fusible plug)에 대한 설명으로 틀린 것은?

㉮ 불의의 사고(화재 등)시 일정온도에서 녹아 냉동장치의 파손을 방지하는 역할을 한다.
㉯ 용융점은 냉동기에서 68~75°C 이하로 한다.
㉰ 구성 성분은 주석, 구리, 납으로 되어 있다.
㉱ 토출가스의 영향을 직접 받지 않는 곳에 설치해야 한다.

🔎 해설
• **가용전의 성분** : 주석, 카드뮴, 비스무스, 납, 안티몬 등
• 구리는 강도가 커서 안전하지 못해 절대 사용하지 않는다.

40 압축기 용량제어의 목적이 아닌 것은?

㉮ 경제적 운전을 하기 위하여
㉯ 일정한 증발온도를 유지하기 위하여
㉰ 경부하 운전을 하기 위하여
㉱ 응축압력을 일정하게 유지하기 위하여

🔎 해설
압축기의 용량제어 목적
- 부하변동으로 인한 용량제어로 경제적인 운전을 위해
- 안정적인 압력 부하유지로 장치의 내구성 연장
- 일정한 증발로 냉장온도 유지

41 전력의 단위로 맞는 것은?

㉮ C　　㉯ A
㉰ V　　㉱ W

🔎 해설
㉮ C : 전하량
㉯ A : 전류
㉰ V : 전압
㉱ W : 전력

42 증발온도가 낮을 때 미치는 영향 중 틀린 것은?

㉮ 냉동능력 감소
㉯ 소요동력 증대
㉰ 압축기 증대로 인한 실린더 과열
㉱ 성적계수 증가

🔎 해설
증발온도가 낮으면 성적계수가 감소한다.

43 1분간에 25°C의 순수한 물 100L를 3°C로 냉각하기 위하여 필요한 냉동기의 냉동톤은 약 얼마인가?

㉮ 0.66RT　　㉯ 39.76RT
㉰ 37.67RT　　㉱ 45.18RT

🔎 해설
$Q = G \times C \times \Delta t$ 　 ※ $1RT = 3,320 \text{kcal/h}$
$= 100 \times 60 \times 1 \times (25-3)$
$= 132,000 \text{kcal/h}$
$RT = \dfrac{132,000}{3,320} ≒ 39.76$

정답 37. ㉱　38. ㉯　39. ㉰　40. ㉱　41. ㉱　42. ㉱　43. ㉯

44 다음 P-h 선도는 NH₃를 냉매로 하는 냉동장치의 운전 상태를 냉동 사이클로 표시한 것이다. 이 냉동장치의 부하가 45,000 kcal/h일 때 NH₃의 냉매 순환량은 약 얼마인가?

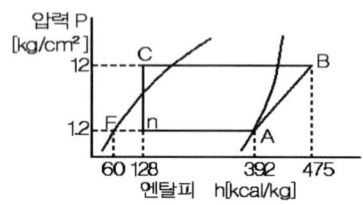

㉮ 189.4kg/h ㉯ 602.4kg/h
㉰ 170.5kg/h ㉱ 120.5kg/h

해설
냉매 순환량
$$G = \frac{냉동능력}{냉동효과} = \frac{45,000}{392-128} = 170.5 \text{kg/h}$$

45 냉동부속장치 중 응축기와 팽창밸브 사이의 고압관에 설치하며 증발기의 부하 변동에 대응하여 냉매 공급을 원활하게 하는 것은?

㉮ 유분리기 ㉯ 수액기
㉰ 액분리기 ㉱ 중간 냉각기

해설
수액기 : 응축기와 팽창밸브 사이의 고압관에 설치하며 증발기의 부하 변동에 대응하여 냉매 공급을 원활하게 하는 것

3과목 공기조화

46 다음 중 개별제어방식이 아닌 것은?

㉮ 유인 유닛방식
㉯ 패키지 유닛방식
㉰ 단일덕트 정풍량방식
㉱ 단일덕트 변풍량방식

해설
- **개별방식 중 냉매방식** : 각 실을 별도로 온습도를 제어하는 냉매방식
- 패키지 유닛방식, 유인 유닛방식, 단일덕트 변풍량방식

47 공조방식의 분류에서 2중 덕트방식은 어느 방식에 속하는가?

㉮ 물-공기 방식 ㉯ 전수 방식
㉰ 전공기 방식 ㉱ 냉매 방식

해설

분류		방식	
중앙식	전공기방식	단일 덕트방식	정풍량
			변풍량
		2중 덕트방식	멀티존방식
			정풍량
			변풍량
			각층유닛
	공기·수방식	팬코일 유닛방식	
		유인 유닛방식	
		복사 냉난방식	
	수방식	팬코일 유닛방식	
개별식	냉매방식	패키지방식	
		룸쿨러방식	
		멀티 유닛방식	
		열펌프 유닛방식(수열원)	

48 공기가 노점온도보다 낮은 냉각코일을 통과하였을 때의 상태를 기술한 것 중 틀린 것은?

㉮ 상대습도 감소 ㉯ 절대습도 감소
㉰ 비체적 감소 ㉱ 건구온도 저하

해설
공기가 노점온도보다 낮은 냉각코일을 통과하면 상대습도는 감소한다.

정답 44. ㉰ 45. ㉯ 46. ㉰ 47. ㉰ 48. ㉮

49 덕트 설계 시 주의사항으로 올바르지 않은 것은?

㉮ 고속 덕트를 이용하여 소음을 줄인다.
㉯ 덕트 재료는 가능하면 압력손실이 적은 것을 사용한다.
㉰ 덕트 단면은 장방형이 좋으나 그것이 어려울 경우 공기 이동이 원활하고 덕트 재료도 적게 들도록 한다.
㉱ 각 덕트가 분기되는 지점에 댐퍼를 설치하여 압력이 평형을 유지할 수 있도록 한다.

🔎 **해설**
고속 덕트를 사용하면 소음이 더 커진다.

50 난방부하에서 손실열량의 요인으로 볼 수 없는 것은?

㉮ 조명기구의 발열
㉯ 벽 및 천장의 전도열
㉰ 문틈의 틈새바람
㉱ 환기용 도입외기

🔎 **해설**
조명기구의 발열은 냉방부하에 해당된다.

51 공기조화설비의 구성요소 중에서 열원장치에 속하지 않는 것은?

㉮ 보일러　　㉯ 냉동기
㉰ 공기 여과기　㉱ 열펌프

🔎 **해설**
열원장치 : 보일러, 냉동기, 냉각탑 등이 있다.

52 실내 냉방부하 중에서 현열부하가 2,500 kcal/h, 잠열부하가 500kcal/h일 때 현열비는 약 얼마인가?

㉮ 0.21　　㉯ 0.83
㉰ 1.2　　　㉱ 1.85

🔎 **해설**
현열비(SHF)
$$= \frac{q_s}{q_s + q_L} = \frac{2,500}{2,500+500} = 0.83$$
여기서, q_s : 현열량, q_L : 잠열량

53 송풍기의 풍량을 증가시키기 위해 회전 속도를 변화시킬 때 송풍기의 법칙에 대한 설명 중 옳은 것은?

㉮ 축동력은 회전수의 제곱에 반비례하여 변화한다.
㉯ 축동력은 회전수의 3제곱에 비례하여 변화한다.
㉰ 압력은 회전수의 3제곱에 비례하여 변화한다.
㉱ 압력은 회전수의 제곱에 반비례하여 변화한다.

🔎 **해설**
• **상사법칙** : 풍량과 동력, 압력이 회전속도와 관계가 있으므로 여기에 관련된 법칙을 만든 것이다.
• 유량 : $\dfrac{Q_1}{Q_2} = \left(\dfrac{N_1}{N_2}\right)^1 \times \left(\dfrac{D_2}{D_1}\right)^3$
• 전양정 : $\dfrac{H_1}{H_2} = \left(\dfrac{N_1}{N_2}\right)^2 \times \left(\dfrac{D_2}{D_1}\right)^2$
• 동력 : $\dfrac{P_1}{P_2} = \left(\dfrac{N_1}{N_2}\right)^3 \times \left(\dfrac{D_1}{D_2}\right)^5$
여기서, N : 회전수(rpm), D : 내경(mm)

54 1보일러 마력은 약 몇 kcal/h의 증발량에 상당하는가?

㉮ 7,205kcal/h　㉯ 8,435kcal/h
㉰ 9,600kcal/h　㉱ 10,800kcal/h

🔎 **해설**
1보일러 마력의 상당증발량 : 15.65kg/h
1보일러 마력=15.65kg/h×539kcal/kg
　　　　　＝8,435kcal/h

정답 49. ㉮　50. ㉮　51. ㉰　52. ㉯　53. ㉯　54. ㉯

55 겨울철 창문의 창면을 따라서 존재하는 냉기가 토출기류에 의하여 밀려 내려와서 바닥을 따라 거주구역으로 흘러 들어와 인체의 과도한 차가움을 느끼는 현상을 무엇이라 하는가?

㉮ 쇼크 현상 ㉯ 콜드 드래프트
㉰ 도달 거리 ㉱ 확산 반경

💬 **해설**
콜드 드래프트 : 겨울철 창문의 창면을 따라서 존재하는 냉기가 토출기류에 의하여 밀려 내려와서 바닥을 따라 거주구역으로 흘러 들어와 인체에 과도한 차가움을 느끼게 하는 현상

56 증기배관 설계 시 고려사항으로 잘못된 것은?

㉮ 증기의 압력은 기기에서 요구되는 온도조건에 따라 결정하도록 한다.
㉯ 배관관경, 부속기기는 부분부하나 예열 부하시의 과열부하도 고려해야 한다.
㉰ 배관에는 적당한 구배를 주어 응축수가 고이지 않도록 해야 한다.
㉱ 증기배관은 가동 시나 정지 시 온도차이가 없으므로 온도변화에 따른 열응력을 고려할 필요가 없다.

💬 **해설**
증기배관은 가동 시나 정지 시 온도차이가 있으므로 온도변화에 따른 열응력을 고려할 필요가 있다.

57 팬코일 유닛방식의 특징으로 옳지 않은 것은?

㉮ 외기 송풍량을 크게 할 수 없다.
㉯ 수 배관으로 인한 누수의 염려가 있다.
㉰ 유닛별로 단독운전이 불가능하므로 개별 제어도 불가능하다.
㉱ 부분적인 팬코일 유닛만의 운전으로 에너지 소비가 적은 운전이 가능하다.

💬 **해설**
팬코일유닛 : 각 실에 설치되어 있으므로 개별 제어가 가능하다.

58 보일러의 부속장치에서 댐퍼의 설치목적으로 틀린 것은?

㉮ 통풍력을 조절한다.
㉯ 연료의 분무를 조절한다.
㉰ 주연도와 부연도가 있을 경우 가스흐름을 전환한다.
㉱ 배기가스의 흐름을 조절한다.

💬 **해설**
댐퍼
– 덕트 안에 흐르는 통풍량을 조절한다.
– 주연도와 부연도가 있을 경우 가스흐름을 전환한다.
– 배기가스의 흐름을 조절한다.

59 코일의 열수 계산 시 계산항목에 해당되지 않는 것은?

㉮ 코일의 열관류율
㉯ 코일의 정면면적
㉰ 대수 평균온도차
㉱ 코일 내를 흐르는 유체의 유속

💬 **해설**
코일의 열수 계산에서는 유체의 유속을 계산하지 않는다.

60 방열기의 EDR이란 무엇을 뜻하는가?

㉮ 최대방열면적   ㉯ 표준방열면적
㉰ 상당방열면적   ㉱ 최소방열면적

💬 **해설**
EDR : 상당방열면적을 의미한다.

정답 55. ㉯ 56. ㉱ 57. ㉰ 58. ㉯ 59. ㉱ 60. ㉰

2014년 4월 6일 시행(2회)

1과목 공조냉동 안전관리

01 수공구인 망치(hammer)의 안전작업수칙으로 올바르지 못한 것은?
㉮ 작업 중 해머 상태를 확인할 것
㉯ 담금질한 것은 처음부터 힘을 주어 두들길 것
㉰ 장갑이나 기름 묻은 손으로 자루를 잡지 않을 것
㉱ 해머로 공동 작업 시에는 서로 호흡을 맞출 것

해설
열처리(담금질)를 한 것은 단단하기 때문에 처음부터 힘을 주어 타격을 하면 깨지거나 튕겨서 안전사고가 날 수 있다.

02 산소의 저장설비 주위 몇 m 이내에는 화기를 취급해서는 안 되는가?
㉮ 5m ㉯ 6m
㉰ 7m ㉱ 8m

해설
산소의 저장창고 주위 8m 이내에는 화기를 취급해서는 안 된다.

03 안전사고 발생의 심리적 요인에 해당되는 것은?
㉮ 감정
㉯ 극도의 피로감
㉰ 육체적 능력의 초과
㉱ 신경계통의 이상

해설
정신적인 요인에 의한 안전사고 : 감정, 안전지식 및 주의력 부족, 방심 및 공상, 판단력 부족

04 아세틸렌 용접기에서 가스가 새어 나올 경우 적당한 검사방법은?
㉮ 촛불로 검사한다.
㉯ 기름을 칠해본다.
㉰ 성냥불로 검사한다.
㉱ 비눗물을 칠해 검사한다.

해설
아세틸렌 용접기에서 가스가 새어 나올 경우 비눗물로 누설을 확인한다.

05 안전사고 예방을 위하여 신는 작업용 안전화의 설명으로 틀린 것은?
㉮ 중량물을 취급하는 작업장에서는 앞발가락 부분이 고무로 된 신발을 착용한다.
㉯ 용접공은 구두창에 쇠붙이가 없는 부도체의 안전화를 신어야 한다.
㉰ 부식성 약품 사용 시에는 고무제품 장화를 착용한다.
㉱ 작거나 헐거운 안전화는 신지 말아야 한다.

해설
안전화 : 앞부분이 철금속으로 제작된 안전화를 신어야 한다.

정답 1. ㉯ 2. ㉱ 3. ㉮ 4. ㉱ 5. ㉮

06 다음 중 C급 화재에 적합한 소화기는?

㉮ 건조사
㉯ 포말 소화기
㉰ 물 소화기
㉱ 분말 소화기와 CO_2 소화기

해설
C급 화재 : 전기화재로서 분말, 이산화탄소 소화기, 할로겐 소화기 등으로 소화한다.

07 보일러 휴지 시 보존방법에 관한 내용 중 틀린 것은?

㉮ 휴지기간이 6개월 이상인 경우에는 건조보존법을 택한다.
㉯ 휴지기간이 3개월 이상인 경우에는 만수보존법을 택한다.
㉰ 만수보존 시의 pH 값은 4~5 정도로 유지하는 것이 좋다.
㉱ 건조보존 시에는 보일러를 청소하고 완전히 건조시킨다.

해설
• 만수보존 시 pH는 12 정도로 유지해야 한다.
• **첨가제** : 가성소다, 아황산소다, 탄산소다, 암모니아 등

08 연삭기의 받침대와 숫돌차의 중심 높이에 대한 내용으로 적합한 것은?

㉮ 서로 같게 한다.
㉯ 받침대를 높게 한다.
㉰ 받침대를 낮게 한다.
㉱ 받침대가 높던 낮던 관계없다.

해설
연삭기의 받침대와 숫돌차의 중심 높이는 서로 같게 한다.

09 와이어로프를 양중기에 사용해서는 안 되는 기준으로 잘못된 것은?

㉮ 열과 전기충격에 의해 손상된 것
㉯ 지름의 감소가 공칭지름의 7%를 초과하는 것
㉰ 심하게 변형 또는 부식된 것
㉱ 이음매가 없는 것

해설
와이어로프를 양중기에 사용해서는 안 되는 기준
- 이음매가 있는 것
- 열과 전기충격에 의해 손상된 것
- 심하게 변형 또는 부식된 것
- 지름의 감소가 공칭지름의 7%를 초과하는 것
- 꼬인 것과 꼬임에서 끊어진 소선의 수가 10% 이상인 것

10 전기기계·기구의 퓨즈 사용 목적으로 가장 적합한 것은?

㉮ 기동전류 차단   ㉯ 과전류 차단
㉰ 과전압 차단   ㉱ 누설전류 차단

해설
전기기계, 기구의 퓨즈사용 목적은 과전류를 차단하기 위한 것이다.

11 응축압력이 높을 때의 대책이라 볼 수 없는 것은?

㉮ 가스퍼저(gas purger)를 점검하고 불응축가스를 배출시킬 것
㉯ 설계 수량을 검토하고 막힌 곳이 없는가를 조사 후 수리할 것
㉰ 냉매를 과충전하여 부하를 감소시킬 것
㉱ 냉각면적에 대한 설계계산을 검토하여 냉각면적을 추가할 것

해설
응축압력이 높을 때 냉매를 과충전하면 부하를 상승시킨다.

정답 6. ㉱ 7. ㉰ 8. ㉮ 9. ㉱ 10. ㉯ 11. ㉰

12 안전표시를 하는 목적이 아닌 것은?

㉮ 작업환경을 통제하여 예상되는 재해를 사전에 예방함
㉯ 시각적 자극으로 주의력을 키움
㉰ 불안전한 행동을 배제하고 재해를 예방함
㉱ 사업장의 경계를 구분하기 위해 실시함

해설
안전표시의 목적
- 작업환경을 통제하여 예상되는 재해를 사전에 예방함
- 시각적 자극으로 주의력을 키움
- 불안전한 행동을 배제하고 재해를 예방함
- 위험을 표시하고 경고함

13 상용주파수(60Hz)에서 전류의 흐름을 느낄 수 있는 최소전류 값으로 옳은 것은?

㉮ 1mA ㉯ 5mA
㉰ 10mA ㉱ 20mA

해설
최소감전전류 : 1~2mA

14 동력에 의해 운전되는 컨베이어 등에 근로자의 신체의 일부가 말려드는 등 근로자에게 위험을 미칠 우려가 있을 때 설치해야 할 장치는 무엇인가?

㉮ 권과방지장치
㉯ 비상정지장치
㉰ 해지장치
㉱ 이탈 및 역주행 방지장치

해설
비상정지장치 : 동력으로 컨베이어 위의 물체를 운반 중 사람이나 기타 비상상태 발생 시 급정지시킬 수 있는 장치

15 보일러에 사용하는 안전밸브의 필요조건이 아닌 것은?

㉮ 분출압력에 대한 작동이 정확할 것
㉯ 안전밸브의 크기는 보일러의 정격용량 이상을 분출할 것
㉰ 밸브의 개폐동작이 완만할 것
㉱ 분출 전·후에 증기가 새지 않을 것

해설
안전밸브의 작동은 신속하게 개폐를 해서 위험상태를 빨리 해결해야 한다.

2과목 냉동기계

16 15°C의 1ton의 물을 0°C의 얼음으로 만드는 데 제거해야 할 열량은?(단, 물의 비열 4.2kJ/kg·K, 응고잠열 334kJ/kg이다)

㉮ 63,000kJ ㉯ 271,600kJ
㉰ 334,000kJ ㉱ 397,000kJ

해설
과정 : 15°C 물 → 0°C 물 → 0°C 얼음
① $Q_1 = G \times C \times \Delta t = 1,000 \times 4.2 \times (15-0)$
  $= 63,000$kJ
② $Q_2 = G \times \gamma = 1,000 \times 334 = 334,000$kJ
∴ $Q = Q_1 + Q_2 = 63,000 + 80,000 = 397,000$kJ/h

17 최댓값이 I_m인 사인파 교류전류가 있다. 이 전류의 파고율은?

㉮ 1.11 ㉯ 1.414
㉰ 1.71 ㉱ 3.14

해설
파고율 = $\dfrac{\text{최대값}}{\text{실효값}} = \dfrac{I_m}{\dfrac{I_m}{\sqrt{2}}} = \sqrt{2} = 1.414$

18 다음 중 브라인의 동파방지책으로 옳지 않은 것은?

㉮ 부동액을 첨가한다.
㉯ 단수릴레이를 설치한다.
㉰ 흡입압력조절밸브를 설치한다.
㉱ 브라인 순환펌프와 압축기 모터를 인터록한다.

해설
- 브라인의 동파방지책
  - 증발압력 조절밸브 설치
  - 부동액 첨가
  - 단수릴레이 설치
  - 동파방지용 온도 조절기 설치
  - 순환펌프압축기 모터를 인터록시킴
- **단수 릴레이**: 냉동기의 냉각수가 줄어들면 운전을 중지하는 릴레이

19 냉매에 관한 설명으로 옳은 것은?

㉮ 비열비가 큰 것이 유리하다.
㉯ 응고온도가 낮을수록 유리하다.
㉰ 임계온도가 낮을수록 유리하다.
㉱ 증발온도에서의 압력은 대기압보다 약간 낮은 것이 유리하다.

해설
냉매
- 증발압력이 대기압보다 높을 것
- 응고점이 낮을 것
- 임계온도가 상온보다 상당히 높을 것
- 응축압력이 낮을 것
- 증발잠열이 크고, 액체의 비열이 작을 것
- 비체적·점도·표면장력이 작을 것
- 열전도율 및 열전달율의 성능이 양호할 것
- 누설 발견이 용이할 것
- 절연이 좋고, 절연물을 침식시키지 않을 것
- 수분이 냉매 중에 흡입되어도 냉매나 장치에 악영향이 없을 것
- 비열비가 작을 것

20 동관을 용접 이음하려고 한다. 다음 중 가장 적당한 것은?

㉮ 가스 용접　㉯ 스폿 용접
㉰ 테르밋 용접　㉱ 프라즈마 용접

해설
동관 용접은 가스 용접으로 한다. 왜냐하면 불꽃을 조절하면서 작업해야 하기 때문이다.

21 다음 중 수소, 염소, 불소, 탄소로 구성된 냉매계열은?

㉮ HFC 계　㉯ HCFC 계
㉰ CFC 계　㉱ 할론 계

해설
HCFC 계 : 수소, 염소, 불소, 탄소로 구성된 냉매계열

22 냉동기 오일에 관한 설명으로 옳지 않은 것은?

㉮ 윤활 방식에는 비말식과 강제급유식이 있다.
㉯ 사용 오일은 응고점이 높고 인화점이 낮아야 한다.
㉰ 수분의 함유량이 적고 장기간 사용하여도 변질이 적어야 한다.
㉱ 일반적으로 고속다기통 압축기의 경우 윤활유의 온도는 50~60°C 정도이다.

해설
윤활유(냉동기유)의 구비조건
- 적당한 점도를 가지며, 유막형성 능력이 뛰어날 것
- 응고점이 낮아 저온에서도 유동성이 좋을 것
- 수분은 부식의 원인이 되므로 수분함유량은 0.01% 이하일 것
- 인화점이 높을 것(열적 안정성이 좋을 것)
- 냉매와 분리성이 좋고 화학반응을 일으키지 않을 것
- 냉매, 수분이나 공기 등이 쉽게 용해되지 않으며, 항유화성이 좋을 것

정답 18. ㉰　19. ㉯　20. ㉮　21. ㉯　22. ㉯

23 다음 그림(p-h 선도)에서 응축부하를 구하는 식으로 맞는 것은?

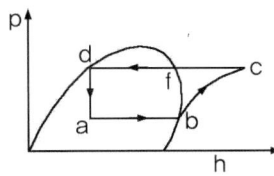

㉮ hc-hd ㉯ hc-hb
㉰ hb-ha ㉱ hd-ha

해설
응축과정 : c→d이므로 응축 부하는 hc-hd 이다.

24 절대압력과 게이지압력과의 관계식으로 옳은 것은?

㉮ 절대압력=대기압력+게이지압력
㉯ 절대압력=대기압력-게이지압력
㉰ 절대압력=대기압력×게이지압력
㉱ 절대압력=대기압력÷게이지압력

해설
- 절대압력 : 완전진공의 상태를 0으로 측정한 압력
  - 단위 : $kg/cm^2 \cdot a$, $kg/m^2 \cdot a$, $1lb/in^2 \cdot a$
- 절대압력($kg/cm^2 \cdot a$)=계기압력(kg/cm^2)+대기압($1.033kg/cm^2$)
- 절대압력=대기압-진공압

25 회로망 중 한 점에서의 전류의 흐름이 그림과 같을 때 전류(I)는 얼마인가?

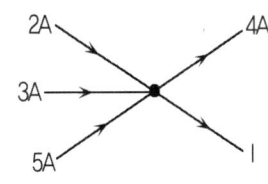

㉮ 2A ㉯ 4A
㉰ 6A ㉱ 8A

해설
- 2+3+5=4+I, I=6A

- **키르히호프의 제1법칙** : 임의의 점으로 흘러 들어오는 전류의 합은 나가는 전류의 합과 같다.

26 제빙장치에서 브라인의 온도가 -10°C이고, 결빙소요시간이 48시간일 때 얼음의 두께는 약 몇 mm인가?(단, 결빙계수는 0.56이다)

㉮ 253mm ㉯ 273mm
㉰ 293mm ㉱ 313mm

해설
결빙시간(T) = $\dfrac{0.56t \times t^2}{t_b}$

여기서, t : 얼음두께, t_b : 브라인의 온도

$t = \dfrac{\sqrt{T \times (-t_b)}}{0.56}$

$= \dfrac{\sqrt{48 \times (-10)}}{0.56}$

$= 29.3cm = 293mm$

27 냉동기의 보수계획을 세우기 전에 실행하여야 할 사항으로 옳지 않은 것은?

㉮ 인사기록철의 완비
㉯ 설비 운전기록의 완비
㉰ 보수용 부품 명세의 기록 완비
㉱ 설비 인·허가에 관한 서류 및 기록 등의 보존

해설
냉동기 보수계획은 인사기록과 전혀 무관하다.

28 2단 압축장치의 구성 기기에 속하지 않는 것은?

㉮ 증발기
㉯ 팽창밸브
㉰ 고단 압축기
㉱ 캐스케이드 응축기

정답 23. ㉮ 24. ㉮ 25. ㉰ 26. ㉰ 27. ㉮ 28. ㉱

⊕ 해설

캐스케이드 응축기: 2원 장치 사이클의 저온측 응축기 열을 효과적으로 제거해서 응축액화를 촉진시키기 위해 저온응축기와 고온측 증발기를 합해서 조합한 응축기다.

29 2원 냉동장치에 사용하는 저온측 냉매로서 옳은 것은?

㉮ R-717   ㉯ R-718
㉰ R-14   ㉱ R-22

⊕ 해설

2원 냉동 장치의 저온측 냉매
비등점이 낮은 냉매: R-13, R-14, 에틸렌(R-1150), 에탄(R-170), 메탄(R-50), 프로판(R-290) 등

30 온도식 자동 팽창밸브에 관한 설명으로 옳은 것은?

㉮ 냉매의 유량은 증발기 입구의 냉매가스 과열도에 의해 제어된다.
㉯ R-12에 사용하는 팽창밸브를 R-22 냉동기에 그대로 사용해도 된다.
㉰ 팽창밸브가 지나치게 적으면 압축기 흡입가스의 과열도는 크게 된다.
㉱ 증발기가 너무 길어 증발기의 출구에서 압력 강하가 커지는 경우에는 내부균압형을 사용한다.

⊕ 해설

온도식 자동 팽창밸브: 소형 냉동공조장치의 냉매유량제어에 일반적으로 사용되며 냉매의 온도와 압력을 검출하여 과열도를 산정해서 과열도가 증가하면 열리고, 감소하면 닫히는 기능을 담당한다.

31 수증기를 열원으로 하여 냉방에 적용시킬 수 있는 냉동기는?

㉮ 원심식 냉동기   ㉯ 왕복식 냉동기
㉰ 흡수식 냉동기   ㉱ 터보식 냉동기

⊕ 해설

흡수식 냉동기: 냉매를 물로 사용하는 냉동기로서 물이 들어있는 증발기의 압력을 낮추면 저온에서도 물이 증발하게 되며, 물이 증발하면서 주변으로부터 열을 빼앗아 냉각되는 원리이다. 증발기, 흡수기, 발생기, 응축기 등의 장치로 구성되어 있다.

32 15A 강관을 45°로 구부릴 때 곡관부의 길이(mm)는?(단, 굽힘 반지름은 100mm이다)

㉮ 78.5   ㉯ 90.5
㉰ 157   ㉱ 209

⊕ 해설

곡관의 길이$(l) = 2\pi r \dfrac{\theta}{360}$

$= 2 \times 3.14 \times 100 \times \dfrac{45}{360}$

$= 78.5 mm$

33 다음의 역 카르노 사이클에서 냉동장치의 각 기기에 해당되는 구간이 바르게 연결된 것은?

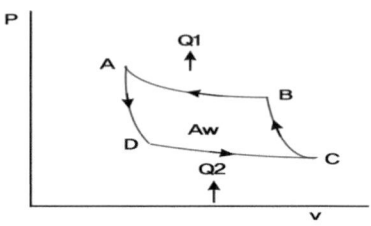

㉮ B→A 응축기, C→B 팽창변, D→C 증발기, A→D 압축기
㉯ B→A 증발기, C→B 압축기, D→C 응축기, A→D 팽창변
㉰ B→A 응축기, C→B 압축기, D→C 증발기, A→D 팽창변
㉱ B→A 압축기, C→B 응축기, D→C 증발기, A→D 팽창변

정답   29. ㉰   30. ㉰   31. ㉰   32. ㉮   33. ㉰

🔵 해설

카르노 사이클이 역회전이 되는 사이클이며, 이상적인 냉동 사이클에 적용되며, 단열과정 2개, 등온과정 2개로 구성된다.

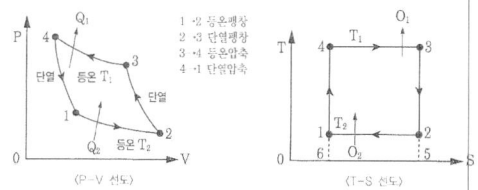

역 카르노 사이클

34 다음 중 냉동장치에서 전자밸브의 사용 목적과 가장 거리가 먼 것은?

㉮ 온도 제어
㉯ 습도 제어
㉰ 냉매, 브라인의 흐름 제어
㉱ 리키드 백(Liquid back)방지

🔵 해설

전자밸브 사용목적 : 냉매의 흐름 제어, 온도 제어, 액압축 방지, 공조에서의 습도 조절

35 증발열을 이용한 냉동법이 아닌 것은?

㉮ 증기분사식 냉동법
㉯ 압축 기체 팽창 냉동법
㉰ 흡수식 냉동법
㉱ 증기 압축식 냉동법

🔵 해설

압축 기체 팽창 냉동법 : 압축기에서 고온·고압으로 압축한 공기를 냉각기에서 냉각시켜 팽창장치로 보내 압력과 온도를 저하시키며, 이러한 방법으로 얻은 저온의 공기를 이용하여 냉동하는 방식

36 수평배관을 서로 직선 연결할 때 사용되는 이음쇠는?

㉮ 캡
㉯ 티
㉰ 유니온
㉱ 엘보

🔵 해설

유니온 : 수평배관을 직선 연결할 때 사용하는 이음쇠 부품

37 다음 중 입력신호가 0이면 출력이 1이 되고 반대로 입력이 1이면 출력이 0이 되는 회로는?

㉮ NAND회로
㉯ OR회로
㉰ NOR회로
㉱ NOT회로

🔵 해설

NOT회로 : 서로 반대가 나오는 회로이다. 입력신호가 0이면 출력은 1, 입력신호가 1이면 출력신호는 0이다.

38 증발식 응축기 설계 시 1RT당 전열면적은?(단, 응축온도는 43°C로 한다)

㉮ $1.2m^2/RT$
㉯ $3.5m^2/RT$
㉰ $6.5m^2/RT$
㉱ $7.5m^2/RT$

🔵 해설

증발식 응축기 43°C 온도에서 1RT당 102 m^2/RT로 설계한다.

39 유니언 나사이음의 도시기호로 옳은 것은?

㉮ ─┤├─
㉯ ─┼─
㉰ ─┤├─
㉱ ─✕─

🔵 해설

㉮ 플랜지이음
㉯ 나사이음
㉰ 유니언
㉱ 용접이음

40 냉동 효과의 증대 및 플래시(flash)가스 방지에 적당한 사이클은?

㉮ 건조 압축 사이클
㉯ 과열 압축 사이클
㉰ 습압축 사이클
㉱ 과냉각 사이클

정답 34. ㉯ 35. ㉯ 36. ㉰ 37. ㉱ 38. ㉮ 39. ㉰ 40. ㉱

⊕ 해설
과냉각 사이클 : 플래시가스 발생을 방지하며 냉동효과도 증대된다.

41 압축방식에 의한 분류 중 체적 압축식 압축기에 속하지 않는 것은?
㉮ 왕복동식 압축기
㉯ 회전식 압축기
㉰ 스크류식 압축기
㉱ 흡수식 압축기

⊕ 해설
- **체적 압축식** : 왕복동식, 나사식, 회전식
- **비체적 압축식** : 터보식, 흡수식

42 탱크형 증발기에 관한 설명으로 옳지 않은 것은?
㉮ 만액식에 속한다.
㉯ 주로 암모니아용으로 제빙용에 사용된다.
㉰ 상부에는 가스헤드, 하부에는 액헤드가 존재한다.
㉱ 브라인의 유동속도가 늦어도 능력에는 변화가 없다.

⊕ 해설
탱크형 증발기는 브라인의 유동속도에 영향을 받는다. 유동속도가 느리면 열전달능력이 저하되어 냉동능력이 감소한다.

43 회전식과 비교한 왕복동식 압축기의 특징으로 옳지 않은 것은?
㉮ 진동이 크다.
㉯ 압축능력이 적다.
㉰ 압축이 단속적이다.
㉱ 크랭크 케이스 내부압력이 저압이다.

⊕ 해설
왕복동식 압축기는 압축능력이 매우 우수하다.

44 4방밸브를 이용하여 겨울에는 고온부 방출열로 난방을 행하고 여름에는 저온부로 열을 흡수하여 냉방을 행하는 장치는?
㉮ 열펌프
㉯ 열전 냉동기
㉰ 증기분사 냉동기
㉱ 공기사이클 냉동기

⊕ 해설
열펌프 : 저열원의 열을 고열원으로 보내는 방식으로, 겨울에는 고온부 방출열로 난방을 행하고 여름에는 저온부로 열을 흡수하여 냉방을 행하는 장치

45 수액기 취급 시 주의 사항으로 옳은 것은?
㉮ 직사광선을 받아도 무방하다.
㉯ 안전밸브를 설치할 필요가 없다.
㉰ 균압관은 지름이 작은 것을 사용한다.
㉱ 저장 냉매액을 3/4 이상 채우지 말아야 한다.

⊕ 해설
수액기 취급 시 주의사항
- 안전밸브를 설치해야 한다.
- 직사광선을 피한다.
- 균압관은 지름이 큰 것을 사용한다.
- 저장 냉매액을 3/4 이상 채우지 말아야 한다.
- 응축기보다 낮은 위치에 설치한다.

3과목 공기조화

46 송풍기의 정압에 대한 내용으로 옳은 것은?
㉮ 정압=정압×전압
㉯ 정압=정압÷전압
㉰ 정압=전압-동압
㉱ 정압=정압+전압

⊕ 해설
정압=전압-동압

정답 41. ㉱ 42. ㉱ 43. ㉯ 44. ㉮ 45. ㉱ 46. ㉰

47 공기조화기용 코일의 배열방식에 따른 분류에 해당되지 않는 것은?

㉮ 풀 서킷 코일
㉯ 더블 서킷 코일
㉰ 슬릿 핀 서킷 코일
㉱ 하프 서킷 코일

해설
공조용 코일의 배열방식
- 풀 서킷 코일
- 더블 서킷 코일
- 하프 서킷 코일

48 보일러의 증발량이 20ton/h이고 본체 전열면적이 400m²일 때, 이 보일러의 증발률은 얼마인가?

㉮ $30kg/m^2h$
㉯ $40kg/m^2h$
㉰ $50kg/m^2h$
㉱ $60kg/m^2h$

해설
전열면 증발률
$$= \frac{실제증발량}{전열면적} = \frac{20 \times 10^3}{400} = 50 kg/m^2 \cdot h$$

49 공기조화설비의 구성은 열원장치, 공기조화기, 열 운반장치 등으로 구분하는데, 이 중 공기조화기에 해당되지 않는 것은?

㉮ 여과기
㉯ 제습기
㉰ 가열기
㉱ 송풍기

해설
공기조화 구성 요소 : 공기 여과기, 냉각코일, 가열코일, 공기청정기

50 온도, 습도, 기류를 1개의 지수로 나타낸 것으로 상대습도 100%, 풍속 0m/s인 경우의 온도는?

㉮ 복사온도
㉯ 유효온도
㉰ 불쾌온도
㉱ 효과온도

해설
유효온도(실효온도, 감각온도) : 기류가 정지된 상태에서 상대습도가 100%인 공기의 온도로서 사람이 느끼는 쾌적온도를 말한다.

51 적당한 위치에 배기구를 설치하고 송풍기에 의하여 외기를 강제적으로 도입하여 배기는 배기구에서 자연적으로 환기되도록 하는 환기법은?

㉮ 제1종 환기
㉯ 제2종 환기
㉰ 제3종 환기
㉱ 제4종 환기

해설
기계환기법
- 제1종 기계 환기법 : 급기 → 송풍기, 배기 → 송풍기
- 제2종 기계 환기법 : 급기 → 송풍기, 배기 → 자연풍
- 제3종 기계 환기법 : 급기 → 자연풍, 배기 → 송풍기

52 독립계통으로 운전이 자유롭고 냉수 배관이나 복잡한 덕트 등이 없기 때문에 소규모 상점이나 사무실 등에서 사용되는 경제적인 공조방식은?

㉮ 중앙식 공조방식
㉯ 복사 냉난방공조방식
㉰ 유인 유닛공조방식
㉱ 패키지 유닛공조방식

해설
패키지 유닛방식
- 냉각코일에 냉매를 사용하며, 각 사무실 내에 패키지형 공조기를 설치하고, 여기에서 조화된 공기는 패키지 상부에 있는 취출구로 실내에 송풍한다.
- 설치가 간단하고 자동조작이 가능하다.

정답 47. ㉰ 48. ㉰ 49. ㉱ 50. ㉯ 51. ㉯ 52. ㉱

53 온풍난방의 특징에 대한 설명으로 옳은 것은?
㉮ 예열시간이 짧아 간헐운전이 가능하다.
㉯ 온·습도 조정을 할 수 없다.
㉰ 실내 상하온도차가 적어 쾌적성이 좋다.
㉱ 공기를 공급하므로 소음발생이 적다.

해설
온풍난방의 특징
- 예열시간이 짧아 간헐운전이 가능하다.
- 실내 온도분포가 균등하지 못하다.
- 설비비가 저렴하고, 설치면적이 적다.
- 가습도 가능하고 자동운전이 가능하다.

54 터보형 펌프의 종류에 해당되지 않는 것은?
㉮ 볼류트 펌프   ㉯ 터빈 펌프
㉰ 축류 펌프   ㉱ 수격 펌프

해설
수격 펌프는 특수 펌프에 속한다.

55 수-공기 방식인 팬 코일 유닛(fan coil unit)방식의 장점으로 옳지 않은 것은?
㉮ 개별제어가 가능하다.
㉯ 부하변경에 따른 증설이 비교적 간단하다.
㉰ 전공기 방식에 비해 이송동력이 적다.
㉱ 부분 부하 시 도입 외기량이 많아 실내공기의 오염이 적다.

해설
팬코일 유닛방식은 각 공간에 설치되어 있어서 도입 외기량이 적고 실내공기의 오염이 심함

56 벌집모양의 로터를 회전시키면서 윗부분으로는 외기를, 아래쪽으로는 실내배기를 통과시키면서 외기와 배기의 온도 및 습도를 교환하는 열교환기는?

㉮ 고정식 전열교환기
㉯ 현열교환기
㉰ 히트 파이프
㉱ 회전식 전열교환기

57 습공기 선도에서 표시되어 있지 않은 값은?
㉮ 건구온도   ㉯ 습구온도
㉰ 엔탈피   ㉱ 엔트로피

해설
엔트로피는 습공기 선도에서는 표시되어 있지 않다.

58 냉방부하 계산 시 현열부하에만 속하는 것은?
㉮ 인체에서의 발생열
㉯ 실내 기구에서의 발생열
㉰ 송풍기의 동력열
㉱ 틈새바람에 의한 열

해설
- 송풍기의 동력열 : 현열
- 인체에서의 발생열 : 현열+잠열
- 실내 기구에서의 발생열 : 현열+잠열
- 틈새바람에 의한 열 : 현열+잠열

59 콜드 드래프트(cold draft)현상의 원인에 해당되지 않는 것은?
㉮ 주위 벽면의 온도가 낮을 때
㉯ 동절기 창문의 극간풍이 없을 때
㉰ 기류의 속도가 클 때
㉱ 주위 공기의 습도가 낮을 때

해설
콜드드래프트 현상의 원인
- 인체주위의 공기온도가 너무 낮을 때
- 기류속도가 너무 빠를 때
- 극간풍량이 많을 때
- 주위 벽면의 온도가 너무 낮을 때

정답 53. ㉮ 54. ㉱ 55. ㉱ 56. ㉱ 57. ㉱ 58. ㉰ 59. ㉯

60 다익형 송풍기의 임펠러 지름이 450mm인 경우 이 송풍기의 번호는 몇 번인가?

㉮ NO 2
㉯ NO 3
㉰ NO 4
㉱ NO 5

해설

- 송풍기 번호(No.) $= \dfrac{450}{150} = 3$
- 다익형 송풍기 번호(No.) $= \dfrac{임펠러\ 지름(mm)}{150}$
- 축류형 송풍기(No.) $= \dfrac{임펠러\ 지름(mm)}{100}$

정답 60. ㉯

2014년 7월 20일 시행(3회)

1과목 공조냉동 안전관리

01 고압가스 냉동제조시설에서 압축기의 최종단에 설치한 안전장치의 작동 점검기준으로 옳은 것은?(단, 액체의 열팽창으로 인한 배관의 파열방지용 안전밸브는 제외한다)

㉮ 3개월에 1회 이상
㉯ 6개월에 1회 이상
㉰ 1년에 1회 이상
㉱ 2년에 1회 이상

해설
압축기의 최종단에 설치한 안전장치는 1년에 1회 이상 압력점검을 해야 한다.

02 산업재해의 직접적인 원인에 해당되지 않는 것은?

㉮ 안전장치의 기능 상실
㉯ 불안전한 자세와 동작
㉰ 위험물의 취급 부주의
㉱ 기계장치 등의 설계 불량

해설
직접적인 원인
- 인적 원인(불안전한 행동)
  - 안전장치의 기능 제거, 기계, 보호구 등의 사용 미숙
  - 불안전한 상태 방치, 위험물 취급 부주의, 불안전한 자세
- 물적 원인(불안정적인 상태)
  - 보호구, 작업장소의 결함, 생산공정 및 설비의 결함, 안전장치 및 방호장치 결함

03 작업조건에 따라 착용하여야 하는 보호구의 연결로 틀린 것은?

㉮ 고열에 의한 화상 등의 위험이 있는 작업-안전대
㉯ 근로자가 추락할 위험이 있는 작업-안전모
㉰ 물체가 흩날릴 위험이 있는 작업-보안경
㉱ 감전의 위험이 있는 작업-절연용 보호구

해설
안전대 : 추락에 의한 위험을 방지하기 위해 로프, 고리, 급정지기구, 근로자의 몸에 묶는 띠 및 그 부속품으로 구성된다.

04 피로의 원인 중 외부인자로 볼 수 있는 것은?

㉮ 경험   ㉯ 책임감
㉰ 생활조건   ㉱ 신체적 특성

해설
피로의 원인 중 내부인자 : 경험, 책임감, 신체적 특성

05 전기용접작업할 때 안전관리 사항 중 적합하지 않은 것은?

㉮ 피 용접물은 완전히 접지시킨다.
㉯ 우천 시에는 옥외작업을 하지 않는다.
㉰ 용접봉은 홀더로부터 빠지지 않도록 정확히 끼운다.
㉱ 옥외용접 시에는 헬멧이나 핸드실드를 사용하지 않는다.

정답 1. ㉰ 2. ㉱ 3. ㉮ 4. ㉰ 5. ㉱

> **해설**
> 전기용접 시는 항상 헬멧 또는 핸드실드를 사용해야 한다.

06 압축기 운전 중 이상음이 발생하는 원인으로 가장 거리가 먼 것은?
㉮ 기초 볼트의 이완
㉯ 피스톤 하부에 오일이 고임
㉰ 토출밸브, 흡입밸브의 파손
㉱ 크랭크 샤프트 및 피스톤 핀의 마모

> **해설**
> 피스톤 하부에 오일이 고여 윤활을 원활하게 하도록 한다.

07 보일러 파열사고의 원인으로 가장 거리가 먼 것은?
㉮ 역화의 발생   ㉯ 강도 부족
㉰ 취급 불량   ㉱ 계기류의 고장

> **해설**
> 역화로 인해서 파열되지 않는다.

08 작업장에서 계단을 설치할 때 계단의 폭은 최소 얼마 이상으로 하여야 하는가? (단, 급유용·보수용·비상용 계단 및 나선형 계단이 아닌 경우)
㉮ 0.5m   ㉯ 1m
㉰ 2m   ㉱ 5m

> **해설**
> 작업장 계단설치 시 폭은 1m 이상으로 한다.

09 다음의 안전·보건표지가 의미하는 것은?

㉮ 사용금지   ㉯ 보행금지
㉰ 탑승금지   ㉱ 출입금지

> **해설**
> 그림의 안전표시는 사용금지를 의미한다.

10 가스용접 작업의 안전사항으로 틀린 것은?
㉮ 기름 묻은 옷은 인화의 위험이 있으므로 입지 않도록 한다.
㉯ 역화하였을 때에는 산소밸브를 조금 더 연다.
㉰ 역화의 위험을 방지하기 위하여 역화방지기를 사용하도록 한다.
㉱ 밸브를 열 때는 용기 앞에서 몸을 피하도록 한다.

> **해설**
> 역화했을 때에는 산소밸브를 먼저 잠근다.

11 드릴로 뚫어진 구멍의 내벽이나 절단한 관의 내벽을 다듬어서 구멍의 치수를 정확하게 하고, 구멍 내면을 다듬는 구멍 수정용 공구는?
㉮ 평줄   ㉯ 리머
㉰ 드릴   ㉱ 렌치

> **해설**
> 리머 : 드릴작업으로 뚫어진 구멍 내부를 다듬어 정밀도를 높이는 절삭공구

12 드릴링 머신의 작업 시 일감의 고정방법에 관한 설명으로 틀린 것은?
㉮ 일감이 작을 때-바이스로 고정
㉯ 일감이 클 때-볼트와 고정구(클램프) 사용
㉰ 일감이 복잡할 때-볼트와 고정구(클램프) 사용
㉱ 대량 생산과 정밀도를 요구할 때-이동식 바이스 사용

정답 6. ㉯ 7. ㉮ 8. ㉯ 9. ㉮ 10. ㉯ 11. ㉯ 12. ㉱

해설
대량 생산과 정밀도를 요구할 때-고정식 바이스 사용

13 목재 화재 시에는 물을 소화제로 이용하는데, 주된 소화효과는?
㉮ 제거효과 ㉯ 질식효과
㉰ 냉각효과 ㉱ 억제효과

해설
물을 소화제로 사용하는 주된 요인은 물의 증발잠열의 냉각효과가 크기 때문이다.

14 냉동장치 내에 공기가 유입되었을 경우 나타나는 현상으로 가장 거리가 먼 것은?
㉮ 응축압력이 높아진다.
㉯ 압축비가 높게 되어 체적효율이 증가된다.
㉰ 냉매와 증발관과의 열전달을 방해하여 냉동능력이 감소된다.
㉱ 공기침입 시 수분도 혼입되어 프레온 냉동장치에서 부식이 일어난다.

해설
냉동장치 내에 공기가 유입되면 압력이 상승하고 체적효율은 감소한다.

15 보호구 사용 시 유의사항으로 틀린 것은?
㉮ 작업에 적절한 보호구를 선정한다.
㉯ 작업장에는 필요한 수량의 보호구를 비치한다.
㉰ 보호구는 사용하는 데 불편이 없도록 관리를 철저히 한다.
㉱ 작업을 할 때 개인에 따라 보호구는 사용 안 해도 된다.

해설
보호구는 모든 작업자들이 반드시 착용해야 한다.

2과목 냉동기계

16 강관의 보온 재료로 가장 거리가 먼 것은?
㉮ 규조토 ㉯ 유리면
㉰ 기포성 수지 ㉱ 광명단

해설
광명단은 보온재가 아니라 도료이다.

17 이론상의 표준 냉동 사이클에서 냉매가 팽창밸브를 통과할 때 변하는 것은?
㉮ 엔탈피와 압력 ㉯ 온도와 엔탈피
㉰ 압력과 온도 ㉱ 엔탈피와 비체적

해설
냉매가 팽창밸브를 통과할 때 엔탈피가 일정하고 압력과 온도는 내려가고 비체적은 상승한다.

18 냉동장치에서 자동제어를 위해 사용되는 전자밸브(Solenoide valve)의 역할로 가장 거리가 먼 것은?
㉮ 액압축방지
㉯ 냉매 및 브라인 흐름 제어
㉰ 용량 및 액면 제어
㉱ 고수위 경보

해설
고수위 경보장치는 보일러의 수위경보장치이며, 냉동장치와 상관없다.

19 강관의 나사식 이음쇠 중 밴드의 종류에 해당하지 않는 것은?
㉮ 암수 롱밴드 ㉯ 45° 롱밴드
㉰ 리턴 밴드 ㉱ 크로스 밴드

해설
밴드의 종류 : 암·수 롱밴드, 45° 롱밴드, 리턴 밴드

정답 13. ㉰ 14. ㉯ 15. ㉱ 16. ㉱ 17. ㉰ 18. ㉱ 19. ㉱

20 압축기 종류에 따른 정상적인 유압이 아닌 것은?

㉮ 터보=정상저압+6kg/cm²
㉯ 입형저속=정상저압+0.5~1.5kg/cm²
㉰ 고속다기통=정상저압+1.5~3kg/cm²
㉱ 고속다기통=정상저압+6kg/cm²

◉ 해설
압축기 종류에 따른 정상적인 유압
- 터보 : 저압+6~7kg/cm²
- 입형 저속 : 저압+0.5~1.5kg/cm²
- 고속 다기통 : 저압+1.5~3kg/cm²
- 소형 냉동기 : 저압+0.5 kg/cm²

21 암모니아 냉동장치에서 실린더 직경 150 mm, 행정이 90mm, 회전수 1,170rpm, 기통수 6기통일 때, 법정 냉동능력(RT) 은?(단, 냉매상수는 8.4이다)

㉮ 약 98.2 ㉯ 약 79.7
㉰ 약 59.2 ㉱ 약 38.9

◉ 해설
냉동능력(RT)
$$= \frac{\frac{1}{4}\pi D^2 \times L \times R \times N \times 60}{C}$$
$$= \frac{\frac{1}{4}\pi 0.15^2 \times 0.09 \times 6 \times 1.170 \times 60}{8.4}$$
$$= 79.7 RT$$

22 동결장치 상부에 냉각코일을 집중적으로 설치하고 공기를 유동시켜 피냉각물체를 동결시키는 장치는?

㉮ 송풍 동결장치 ㉯ 공기 동결장치
㉰ 접촉 동결장치 ㉱ 브라인 동결장치

◉ 해설
송풍 동결장치 : 동결장치 상부에 냉각코일을 집중적으로 설치하고 공기를 유동시켜 피냉각물체를 동결시키는 장치

23 건포화증기를 압축기에서 압축시킬 경우 토출되는 증기의 상태는?

㉮ 과열증기   ㉯ 포화증기
㉰ 포화액   ㉱ 습증기

◉ 해설
건포화증기를 압축기에서 압축시킬 경우 토출되는 증기는 온도 상승으로 인해 과열증기가 된다.

24 냉동기용 전동기의 시동 릴레이는 전동기 정격속도의 얼마에 달할 때까지 시동권선에 전류를 흐르게 하는가?

㉮ 1/2   ㉯ 2/3
㉰ 1/4   ㉱ 1/5

◉ 해설
냉동기용 전동기의 시동 릴레이는 전동기 정격속도의 2/3에 달할 때까지 시동권선에 전류를 흐르게 한다.

25 열전달율에 대한 설명 중 옳은 것은?

㉮ 열이 관벽 또는 브라인(Brine) 등의 재질 내에서의 이동을 나타내며, 단위는 kcal/m·h·°C이다.
㉯ 액체면과 기체면 사이의 열의 이동을 나타내며, 단위는 kcal/m·h·°C이다.
㉰ 유체와 고체 사이의 열의 이동을 나타내며, 단위는 kcal/m²·h·°C이다.
㉱ 유체와 기체 사이의 한정된 열의 이동을 나타내며, 단위는 kcal/m³·h·°C이다.

◉ 해설
열전달율 : 유체와 고체 사이의 열의 이동을 나타내며, 단위는 kcal/m²·h·°C이다.

정답 20. ㉱ 21. ㉯ 22. ㉮ 23. ㉮ 24. ㉯ 25. ㉰

26 표준 냉동 사이클의 증발 과정 동안 압력과 온도는 어떻게 변화하는가?
㉮ 압력과 온도가 모두 상승한다.
㉯ 압력과 온도가 모두 일정하다.
㉰ 압력은 상승하고, 온도는 일정하다.
㉱ 압력은 일정하고, 온도는 상승한다.

🔵 해설
표준 냉동 사이클의 증발 과정 동안 압력과 온도는 일정하다.

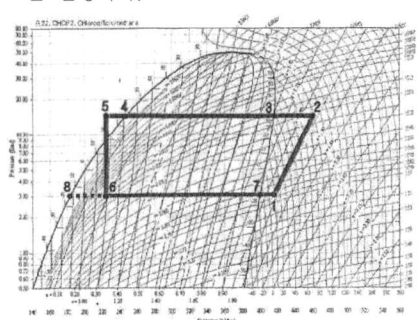

27 흡수식 냉동장치에서 냉매로 암모니아를 사용할 때, 흡수제로 가장 적당한 것은?
㉮ LiBr   ㉯ $CaCl_2$
㉰ LiCl   ㉱ H_2O

🔵 해설
흡수식 냉동기의 냉매와 흡수제

냉매	흡수제
물(H_2O)	LiBr
	LiCl
암모니아(NH_3)	물(H_2O)

28 냉동장치에서 다단 압축을 하는 목적으로 옳은 것은?
㉮ 압축비 증가와 체적효율 감소
㉯ 압축비와 체적효율 증가
㉰ 압축비와 체적효율 감소
㉱ 압축비 감소와 체적효율 증가

🔵 해설
다단 압축의 목적
- 압축비 감소
- 소요동력 감소
- 체적효율 증가
- 압축기 내부온도 상승 방지

29 동력의 단위 중 값이 큰 순서대로 바르게 나열된 것은?
㉮ 1kW〉1PS〉1kgf·m/sec〉1kcal/h
㉯ 1kW〉1kcal/h〉1PS〉1kgf·m/sec
㉰ 1PS〉1kgf·m/sec〉1kcal/h〉1kW
㉱ 1PS〉1kgf·m/sec〉1kW〉1kcal/h

🔵 해설
1kW〉1PS〉1kgf·m/sec〉1kcal/h
- 1kW : 860kcal/h
- 1PS : 632kcal/h
- 1kgf·m/sec×1kcal/427kgf·m×3,600sec/1h =8.43kcal/h
- 1kcal/h

30 암모니아 냉동장치에 대한 설명 중 틀린 것은?
㉮ 윤활유에는 잘 용해되나, 수분과의 용해성이 극히 작다.
㉯ 연소성, 폭발성, 독성 및 악취가 있다.
㉰ 전열 성능이 양호하다.
㉱ 프레온 냉동장치에 비해 비열비가 크다.

🔵 해설
암모니아는 수분에 잘 용해되지만, 윤활유에는 잘 용해되지 않는다.

31 온도식 자동 팽창밸브에서 감온통의 부착위치는?
㉮ 응축기 출구   ㉯ 증발기 입구
㉰ 증발기 출구   ㉱ 수액기 출구

정답 26. ㉯ 27. ㉱ 28. ㉱ 29. ㉮ 30. ㉮ 31. ㉰

해설
온도식 자동 팽창밸브에서는 감온통을 증발기 출구에 설치하며, 냉매의 열을 감지하여 팽창밸브를 조절한다.

32 냉동장치 운전에 관한 설명으로 옳은 것은?

㉮ 흡입압력이 저하되면 토출가스 온도가 저하된다.
㉯ 냉각수온이 높으면 응축압력이 저하된다.
㉰ 냉매가 부족하면 증발압력이 상승한다.
㉱ 응축압력이 상승되면 소요동력이 상승한다.

해설
- 흡입압력이 저하되면 토출가스 온도가 상승한다.
- 냉각수온이 높으면 응축압력이 상승한다.
- 냉매가 부족하면 증발압력이 저하된다.
- 응축압력이 상승하면 소요동력도 상승한다.

33 다음 보기 중 브라인의 구비조건으로 적절한 것은?

보기
㉠ 비열과 열전도율이 클 것
㉡ 끓는점이 높고, 불연성일 것
㉢ 동결온도가 높을 것
㉣ 점성이 크고 부식성이 클 것

㉮ ㉠, ㉡   ㉯ ㉠, ㉢
㉰ ㉡, ㉢   ㉱ ㉠, ㉣

해설
브라인의 구비조건
- 비열이 커야 한다.
- 열전도율이 커야 한다.
- 점성이 적어야 한다.
- 동결온도가 낮아야 한다.
- 부식성이 없고 안정성이 높아야 한다.
- 불연성이어야 한다.
- 악취, 쓴맛이 없고, 특히 독성이 없어야 한다.
- 가격이 싸고 구입이 쉬우며 취급이 용이하여야 한다.

34 냉동능력이 5냉동톤(한국냉동톤)이며, 압축기의 소요동력이 5마력(PS)일 때 응축기에서 제거하여야 할 열량(kcal/h)은?

㉮ 약 18,790kcal/h
㉯ 약 19,760kcal/h
㉰ 약 20,900kcal/h
㉱ 약 21,100kcal/h

해설
응축기에서 제거해야할 열량(Q_1)
$Q_1 = Q_2 + A_w = 5 \times 3,320 + 5 \times 632$
$= 19,760 \text{kcal/h}$

35 동일한 증발온도일 경우 간접 팽창식과 비교하여 직접 팽창식 냉동장치에 대한 설명으로 틀린 것은?

㉮ 소요동력이 적다.
㉯ 냉동톤(RT)당 냉매 순환량이 적다.
㉰ 감열에 의해 냉각시키는 방법이다.
㉱ 냉매 증발온도가 높다.

해설
직접 팽창식과 간접 팽창식과의 비교

항목	직접 팽창식	간접 팽창식
소요동력	작음	큼
냉매순환량	적음	많음
냉각방법	잠열	현열
증발온도	높음	낮음

36 증발기에 대한 설명으로 옳은 것은?

㉮ 증발기입구냉매온도는 출구냉매온도보다 높다.
㉯ 탱크형 냉각기는 주로 제빙용에 쓰인다.
㉰ 1차 냉매는 감열로 열을 운반한다.
㉱ 브라인은 무기질이 유기질보다 부식성이 작다.

정답 32. ㉱ 33. ㉮ 34. ㉯ 35. ㉰ 36. ㉯

- 증발기 입구의 냉매온도는 출구냉매온도보다 낮다.
- 탱크형 냉각기는 주로 제빙용으로 쓰인다.
- 1차 냉매는 잠열로 열을 운반한다.
- 브라인은 무기질이 유기질보다 부식성이 크다.

37 냉동기의 스크류 압축기(screw compressor)에 대한 특징으로 틀린 것은?

㉮ 암·수나사 2개로 구성된 로터나사의 맞물림에 의해 냉매가스를 압축한다.
㉯ 왕복동식 압축기와 동일하게 흡입, 압축, 토출의 3행정으로 이루어진다.
㉰ 액격 및 유격이 비교적 크다.
㉱ 흡입·토출 밸브가 없다.

해설
스크류 압축기
- 스크류 압축기는 액격 및 유격이 비교적 작다.
- 작동 시 진동은 작지만 소음이 크고 흡입·토출 밸브가 없기 때문에 약간의 액압축을 견딜 수 있다.

38 증발식 응축기에 대한 설명 중 옳은 것은?

㉮ 냉각수의 사용량이 많아 증발량도 커진다.
㉯ 응축능력은 냉각관 표면의 온도와 외기 건구온도차에 비례한다.
㉰ 냉각수량이 부족한 곳에 적합하다.
㉱ 냉매의 압력강하가 작다.

해설
증발식 응축기
- 물의 잠열을 이용하므로 냉각수량이 적게 들어가며 따라서 냉각수량이 부족한 곳에 적합하다.
- 외기의 습구온도에 영향을 많이 받는다.

39 시간적으로 변화하지 않는 일정한 입력신호를 단속신호로 변환하는 회로로서 경보용 부저 신호에 많이 사용하는 것은?

㉮ 선택 회로
㉯ 플리커 회로
㉰ 인터로크 회로
㉱ 자기유지 회로

해설
플리커 회로 : 시간적으로 변화하지 않는 일정한 입력신호를 단속신호로 변환하는 회로이다.

40 저압 차단 스위치의 작동에 의해 장치가 정지되었을 때, 행하는 점검사항 중 가장 거리가 먼 것은?

㉮ 응축기의 냉각수 단수 여부 확인
㉯ 압축기의 용량제어장치의 고장 여부 확인
㉰ 저압측 적상 유무 확인
㉱ 팽창밸브의 개도 점검

해설
응축기의 냉각수 단수 여부 확인 : 고압차단 스위치 작동 시 점검하는 항목이다.

41 왕복동 압축기와 비교하여 원심 압축기의 장점으로 틀린 것은?

㉮ 흡입밸브, 토출밸브 등의 마찰부분이 없으므로 고장이 적다.
㉯ 마찰에 의한 손상이 적어서 성능저하가 적다.
㉰ 저온장치에는 압축단수를 1단으로 가능하다.
㉱ 회전운동으로 진동이 적고 구조가 간단하다.

해설
원심 압축기의 특징
- 저온장치에는 압축단수를 1단으로 불가능하다.
- 흡입밸브, 토출밸브 등의 마찰부분이 없으므로 마찰에 의한 손상이 적어서 성능저하가 적고 고장이 적다.
- 왕복동 압축기에 비해 구조가 간단하다.

정답 37. ㉰ 38. ㉰ 39. ㉯ 40. ㉮ 41. ㉰

42 냉동장치에서 응축기나 수액기 등 고압부에 이상이 생겨 점검 및 수리를 위해 고압측 냉매를 저압측으로 회수하는 작업은?

㉮ 펌프아웃(pump out)
㉯ 펌프다운(pump down)
㉰ 바이패스아웃(bypass out)
㉱ 바이패스다운(bypass down)

● 해설
- **펌프아웃(pump out)** : 고압측 정비 시 냉매를 저압측으로 회수하는 것
- **펌프다운(pump down)** : 냉동장치 정비 시 시스템 내의 냉매를 고압부인 응축기나 수액기로 회수하는 것

43 응축 온도가 13℃이고, 증발온도가 -13℃인 이론적 냉동 사이클에서 냉동기의 성적 계수는?

㉮ 0.5
㉯ 2
㉰ 5
㉱ 10

● 해설
성적계수(COP) = $\dfrac{Q_2}{Q_1 - Q_2} = \dfrac{T_2}{T_1 - T_2}$
$= \dfrac{273 - 13}{(273+13) + (273-13)}$

아니, $= \dfrac{273 - 13}{(273+13) - (273-13)} = 10$

44 입형 셸 앤 튜브식 응축기의 특징으로 가장 거리가 먼 것은?

㉮ 옥외 설치가 가능하다.
㉯ 액냉매의 과냉각이 쉽다.
㉰ 과부하에 잘 견딘다.
㉱ 운전 중 청소가 가능하다.

● 해설
입형 쉘 앤 튜브식 : 냉매와 냉각수가 평형상태이므로 과부하는 잘 견디지만 과냉각이 어렵다.

45 동관을 구부릴 때 사용되는 동관전용 벤더의 최소곡률 반지름은 관지름의 약 몇 배인가?

㉮ 약 1~2배
㉯ 약 4~5배
㉰ 약 7~8배
㉱ 약 10~11배

● 해설
동관을 구부릴 때 사용되는 동관전용 벤더의 최소곡률
- **반지름** : 약 4~5배
- **강관** : 약 3~4배

3과목 공기조화

46 사무실의 공기조화를 행할 경우, 다음 중 전체 열부하에서 가장 큰 비중을 차지하는 항목은?

㉮ 재실자로부터의 발생열과 조명기구로부터의 발생열
㉯ 문을 열 때 들어오는 열과 문틈으로 들어오는 열
㉰ 재실자로부터의 발생열과 조명기구로부터의 발생열
㉱ 벽, 창, 천정 등에서 침입하는 열과 일사에 의해 유리창을 투과하여 침입하는 열

● 해설
공조부하 중 비중이 가장 큰 부하 : 벽, 창, 천정 등에서 침입하는 열과 일사에 의해 유리창을 투과하여 침입하는 열

47 실내의 오염된 공기를 신선한 공기로 희석 또는 교환하는 것을 무엇이라고 하는가?

㉮ 환기
㉯ 배기
㉰ 취기
㉱ 송기

● 해설
환기 : 실내의 오염된 공기를 신선한 공기로 희석 또는 교환하는 것

정답 42. ㉮ 43. ㉱ 44. ㉯ 45. ㉯ 46. ㉱ 47. ㉮

48 보일러 스케일 방지책으로 적절하지 않은 것은?

㉮ 청정제를 사용한다.
㉯ 보일러 판을 미끄럽게 한다.
㉰ 급수 중의 불순물을 제거한다.
㉱ 수질분석을 통한 급수의 한계값을 유지한다.

◉ 해설
스케일 발생원인 : 급수 중에서 칼슘이나 마그네슘 등의 용해도가 떨어져 수질이 불량하게 되어 스케일이 발생하는 것으로 보일러 바닥을 미끄럽게 한다고 해서 방지하는 것은 아니다.

49 냉방부하 계산 시 인체로부터의 취득열량에 대한 설명으로 틀린 것은?

㉮ 인체 발열부하는 작업 상태와 관계없다.
㉯ 땀의 증발, 호흡 등을 잠열이라 할 수 있다.
㉰ 인체의 발열량은 재실 인원수와 현열량과 잠열량으로 구한다.
㉱ 인체 표면에서 대류 및 복사에 의해 방사되는 열은 현열이다.

◉ 해설
인체 발열부하는 작업의 종류 및 상태와 밀접한 관계가 있다.

50 보일러 송기장치의 종류로 가장 거리가 먼 것은?

㉮ 비수방지관   ㉯ 주증기밸브
㉰ 증기헤더   ㉱ 화염검출기

◉ 해설
송기장치 : 보일러에서 생산한 증기를 필요한 곳으로 보내는 장치를 말하며, 비수방지관(증기 속의 수분의 증발을 막아주는 장치), 주증기밸브, 증기헤더(분배기) 등으로 구성되어 있다.

51 건물 내 장소에 따라 부하변동의 상황이 달라질 경우, 구역구분을 통해 구역마다 공조기를 설치하여 부하처리를 하는 방식은?

㉮ 단일덕트 재열방식
㉯ 단일덕트 변풍량방식
㉰ 단일덕트 정풍량방식
㉱ 단일덕트 각층유닛방식

◉ 해설
단일덕트 정풍량방식 : 부하변동의 상황이 달라질 경우, 구역구분을 통해 구역마다 공조기를 설치하여 부하처리를 하는 방식

52 복사난방에 대한 설명으로 틀린 것은?

㉮ 설비비가 적게 든다.
㉯ 매립 코일이 고장나면 수리가 어렵다.
㉰ 외기침입이 있는 곳에도 난방감을 얻을 수 있다.
㉱ 실내의 벽, 바닥 등을 가열하여 평균 복사온도를 상승시키는 방법이다.

◉ 해설
복사난방의 특징
– 설비비가 많이 든다.
– 매립 코일이 고장나면 수리가 어렵다.
– 온도조절이 어렵고, 실내 평균 온도가 낮다.

53 다음 설명에 알맞은 취출구의 종류는?

① 취출 기류의 방향조정이 가능하다.
② 댐퍼가 있어 풍량조절이 가능하다.
③ 공기저항이 크다.
④ 공장, 주방 등의 국소 냉방에 사용된다.

㉮ 다공판형   ㉯ 베인격자형
㉰ 펑커루버형   ㉱ 아네모스탯형

◉ 해설
펑커루버(punkah rouber)형 : 노즐이 움직일 수 있는 구조로 기류의 방향조절 및 풍량조절이 가능하며, 용량에 비해 공기저항이 크다.

정답 48. ㉯ 49. ㉮ 50. ㉱ 51. ㉰ 52. ㉮ 53. ㉰

54 공기조화용 에어필터의 여과효율을 측정하는 방법으로 가장 거리가 먼 것은?

㉮ 중량법 ㉯ 비색법
㉰ 계수법 ㉱ 용적법

해설
에어필터의 여과효율 측정방법
- **중량법**: 집진 먼지의 중량을 측정
- **비색법**: 필터에서 포집된 공기를 다시 여과기에 통과시킬 때 광전관을 통해 측정
- **계수법**: 고성능 필터로 일정한 크기의 입자를 사용하여 비교측정

55 열원이 분산된 개별공조방식에 대한 설명으로 틀린 것은?

㉮ 써모스탯이 내장되어 개별제어가 가능하다.
㉯ 외기냉방이 가능하여 중간기에는 에너지 절약형이다.
㉰ 유닛에 냉동기를 내장하고 있어 부분운전이 가능하다.
㉱ 장래의 부하증가, 증축 등에 대해 쉽게 대응할 수 있다.

해설
개별공조방식은 외기 냉방이 힘들다.

56 실내에서 폐기되는 공기 중의 열을 이용하여 외기 공기를 예열하는 열 회수방식은?

㉮ 열펌프방식
㉯ 팬코일방식
㉰ 열파이프방식
㉱ 런 어라운드방식

해설
런 어라운드방식: 실내에서 소멸되는 공기의 열을 활용하여 외기공기를 예열하는 열회수방식

57 유체의 속도가 15m/s일 때, 이 유체의 속도수두는?

㉮ 약 5.1m ㉯ 약 11.5m
㉰ 약 15.5m ㉱ 약 20.4m

해설
$$H = \frac{V^2}{2g} = \frac{15^2}{2 \times 9.8} = 11.5\text{m}$$

58 흡수식 감습장치에 주로 사용하는 흡수제는?

㉮ 실리카겔 ㉯ 염화리튬
㉰ 아드 소울 ㉱ 활성 알루미나

해설
감습장치의 흡수제
- **흡수식 감습장치(액체)**: 염화리튬, 트리에틸렌글리콜 등
- **흡착식 감습장치(고체)**: 활성 알루미나, 실리카겔 등

59 습공기의 엔탈피에 대한 설명으로 틀린 것은?

㉮ 습공기가 가열되면 엔탈피가 증가된다.
㉯ 습공기 중에 수증기가 많아지면 엔탈피는 증가한다.
㉰ 습공기의 엔탈피는 온도, 압력, 풍속의 함수로 결정된다.
㉱ 습공기 중의 건공기 엔탈피와 수증기 엔탈피의 합과 같다.

해설
습공기의 엔탈피(i)
- 건구온도와 절대습도의 함수이며, 건조공기와 습공기가 갖는 열량의 합으로 나타낸다.
- $i = 0.24t + x(597.5 + 0.441t)$

정답 54. ㉱ 55. ㉯ 56. ㉱ 57. ㉯ 58. ㉯ 59. ㉰

60 공기조화기의 자동제어 시 제어요소가 바르게 나열된 것은?

㉮ 온도제어-습도제어-환기제어
㉯ 온도제어-습도제어-압력제어
㉰ 온도제어-차압제어-환기제어
㉱ 온도제어-수위제어-환기제어

해설
공기조화기의 자동제어 시 제어요소 : 온도제어, 습도제어, 환기제어

정답 60. ㉮

2014년 10월 11일 시행(4회)

1과목 공조냉동 안전관리

01 전기용접 작업의 안전사항으로 옳은 것은?
㉮ 홀더는 파손되어도 사용에는 관계없다.
㉯ 물기가 있거나 땀에 젖은 손으로 작업해서는 안 된다.
㉰ 작업장은 환기를 시키지 않아도 무방하다.
㉱ 용접봉을 갈아 끼울 때는 홀더의 충전부가 몸에 닿도록 한다.

해설
전기용접 작업 시 안전사항
- 물기가 있거나 땀에 젖은 손으로 작업해서는 안 된다.
- 홀더는 파손되면 즉시 신품으로 교환한다.
- 작업 시 작업장 환기를 시켜주어 유해가스를 배출해 준다.
- 용접봉을 갈아 끼울 때는 홀더의 충전부가 몸에 닿지 않도록 한다.
- 인화성물질이나 가연성 가스 근처에서 용접을 금한다.
- 용접하기 전 용접용 앞치마, 장갑, 안전화, 차광도가 좋은 보안경이나 용접 헬멧을 착용한다.

02 고압 전선이 단선된 것을 발견하였을 때 조치로 가장 적절한 것은?
㉮ 위험하다는 표시를 하고 돌아온다.
㉯ 사고사항을 기록하고 다음 장소의 순찰을 계속한다.
㉰ 발견 즉시 회사로 돌아와 보고한다.
㉱ 일반인의 접근 및 통행을 막고 주변을 감시한다.

해설
2차 재해를 방지하기 위해서는 일반인의 접근을 금지한다.

03 다음 중 감전사고 예방을 위한 방법으로 틀린 것은?
㉮ 전기 설비의 점검을 철저히 한다.
㉯ 전기기기에 위험 표시를 해둔다.
㉰ 설비의 필요 부분에는 보호 접지를 한다.
㉱ 전기기계 기구의 조작은 필요시 아무나 할 수 있게 한다.

해설
전기기계 기구의 조작은 전기안전 담당이 하도록 한다.

04 연삭숫돌을 교체한 후 시험운전 시 최소 몇 분 이상 공회전을 시켜야 하는가?
㉮ 1분 이상   ㉯ 3분 이상
㉰ 5분 이상   ㉱ 10분 이상

해설
연삭숫돌 교체 후 3분 이상 시운전을 하여 안전을 확인한다.

05 아세틸렌-산소를 사용하는 가스용접장치를 사용할 때 조정기로 압력 조정 후 점화순서로 옳은 것은?
㉮ 아세틸렌과 산소밸브를 동시에 열어 조연성 가스를 많이 혼합 후 점화시킨다.
㉯ 아세틸렌밸브를 열어 점화시킨 후 불꽃 상태를 보면서 산소밸브를 열어 조정한다.

정답 1. ㉯ 2. ㉱ 3. ㉱ 4. ㉯

㉰ 먼저 산소밸브를 연 아세틸렌밸브를 열어 점화시킨다.
㉱ 먼저 아세틸렌밸브를 연 다음 산소밸브를 열어 적정하게 혼합한 후 점화시킨다.

해설
아세틸렌밸브를 열어 점화시킨 후 불꽃 상태를 보면서 산소밸브를 열어 조정한다. 산소를 먼저 점화시키면 불꽃이 붙지 않는다. 작업을 마친 후에는 순서를 반대로 하여 끝낸다.

06 압축기의 탑 클리어런스(top clearance)가 클 경우에 일어나는 현상으로 틀린 것은?

㉮ 체적효율 감소
㉯ 토출가스온도 감소
㉰ 냉동능력 감소
㉱ 윤활유의 열화

해설
압축기의 탑 클리어런스가 클 경우의 현상
- 체적효율 감소
- 토출가스온도 상승
- 냉동능력 감소
- 윤활유의 열화

07 위험을 예방하기 위하여 사업주가 취해야 할 안전상의 조치로 틀린 것은?

㉮ 시설에 대한 안전조치
㉯ 기계에 대한 안전조치
㉰ 근로수당에 대한 안전조치
㉱ 작업방법에 대한 안전조치

해설
위험을 예방하기 위하여 사업주의 안전조치
- 시설에 대한 안전조치
- 기계에 대한 안전조치
- 작업방법에 대한 안전조치

08 유류 화재 시 사용하는 소화기로 가장 적합한 것은?

㉮ 무상수 소화기   ㉯ 봉상수 소화기
㉰ 분말 소화기   ㉱ 방화수

해설
유류 화재 시 소화제(B급 화재) : 화재 후 아무 것도 남지 않는 화재, 분말 소화제, 포말 소화제, 할로겐 소화제, 탄산가스 등으로 공기를 차단하여 진압

09 냉동설비에 설치된 수액기의 방류둑 용량에 관한 설명으로 옳은 것은?

㉮ 방류둑 용량은 설치된 수액기 내용적의 90% 이상으로 할 것
㉯ 방류둑 용량은 설치된 수액기 내용적의 80% 이상으로 할 것
㉰ 방류둑 용량은 설치된 수액기 내용적의 70% 이상으로 할 것
㉱ 방류둑 용량은 설치된 수액기 내용적의 60% 이상으로 할 것

해설
방류둑 용량은 설치된 수액기 내용적의 90% 이상으로 할 것

10 보일러 운전상의 장애로 인한 역화(back fire) 방지대책으로 틀린 것은?

㉮ 점화방법이 좋아야 하므로 착화를 느리게 한다.
㉯ 공기를 노내에 먼저 공급하고 다음에는 연료를 공급한다.
㉰ 노 및 연도 내에 미연소 가스가 발생하지 않도록 취급에 유의한다.
㉱ 점화 시 댐퍼를 열고 미연소 가스를 배출시킨 뒤 점화한다.

해설
착화를 재빨리 해야 한다. 그렇지 않으면 역화가 일어날 가능성이 있다.

정답 5. ㉯,㉱ 6. ㉯ 7. ㉰ 8. ㉰ 9. ㉮ 10. ㉮

11 다음 산업안전대책 중 기술적인 대책이 아닌 것은?
㉮ 안전설계
㉯ 근로의욕의 향상
㉰ 작업행정의 개선
㉱ 점검보전의 확립

⊕ 해설
교육적 대책 : 근로의욕의 향상

12 공장설비 계획에 관하여 기계설비의 배치와 안전의 유의사항으로 틀린 것은?
㉮ 기계설비의 주위에는 충분한 공간을 둔다.
㉯ 공장 내외에는 안전통로를 설정한다.
㉰ 원료나 제품의 보관 장소는 충분히 설정한다.
㉱ 기계 배치는 안전과 운반에 관계없이 가능한 가깝게 설치한다.

⊕ 해설
기계 배치는 안전과 운반에 영향을 끼치지 않도록 가능한 공간을 확보하여 설치한다.

13 화물을 벨트, 롤러 등을 이용하여 연속적으로 운반하는 컨베이어의 방호장치에 해당되지 않는 것은?
㉮ 이탈 및 역주행 방지장치
㉯ 비상정지장치
㉰ 덮개 또는 울
㉱ 권과방지장치

⊕ 해설
권과방지장치 : 크레인의 안전장치로 권과를 방지하기 위해 자동 동력차단과 작동을 차단하는 장치

14 가스용접 또는 가스절단 시 토치 관리의 잘못으로 인한 가스누출 부위로 타당하지 않는 것은?
㉮ 산소밸브, 아세틸렌밸브의 접속 부분
㉯ 팁과 본체의 접속 부분
㉰ 절단기의 산소관과 본체의 접속 부분
㉱ 용접기와 안전홀더 및 어스선 연결 부분

⊕ 해설
용접기와 안전홀더 및 어스선 연결 부분 : 전기용접에 해당된다.

15 보일러 사고원인 중 제작상의 원인이 아닌 것은?
㉮ 재료 불량
㉯ 설계 불량
㉰ 급수처리 불량
㉱ 구조 불량

⊕ 해설
• **취급상의 원인** : 급수처리 불량, 미연가스 노내 폭발, 부식, 과열 저수위 압력 초과
• **제작상의 원인** : 재료 불량, 설계 불량, 구조 불량, 용접 불량, 강도 불량

2과목 냉동기계

16 동관의 이음방식이 아닌 것은?
㉮ 플레어 이음
㉯ 빅토릭 이음
㉰ 납땜 이음
㉱ 플랜지 이음

⊕ 해설
동관 이음 : 납땜 접합, 압축 접합, 용접 접합, 플랜지 이음

17 다음과 같은 냉동장치의 P-h 선도에서 이론적 성적계수는?

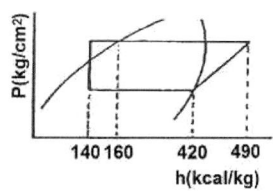

정답 11. ㉯ 12. ㉱ 13. ㉱ 14. ㉱ 15. ㉰ 16. ㉯

㉮ 3.7   ㉯ 4
㉰ 4.7   ㉱ 5

해설
성적계수(COP)
$= \dfrac{Q_2}{A_w} = \dfrac{Q_2}{Q_1 - Q_2} = \dfrac{420-140}{490-420} = 4$

18 브라인에 대한 설명 중 옳은 것은?

㉮ 브라인은 냉동능력을 낼 때 잠열형태로 열을 운반한다.
㉯ 에틸렌글리콜, 프로필렌글리콜, 염화칼슘 용액은 유기질 브라인이다.
㉰ 염화칼슘브라인은 그 중에 용해되고 있는 산소량이 많을수록 부식성이 적다.
㉱ 프로필렌글리콜은 부식성, 독성이 없어 냉동식품의 동결용으로 사용된다.

해설
- 브라인은 냉동능력을 낼 때 현열형태로 열을 운반한다.
- 에틸렌글리콜, 프로필렌글리콜, 염화칼슘 용액은 무기질 브라인이다.
- 염화칼슘브라인은 금속의 부식력이 크고, 가격이 싸다.
- 프로필렌글리콜은 부식성, 독성이 없어 냉동식품의 동결용으로 사용된다.

19 프레온 냉매 액관을 시공할 때 플래시가스 발생 방지조치로서 틀린 것은?

㉮ 열교환기를 설치한다.
㉯ 지나친 입상을 방지한다.
㉰ 액관을 방열한다.
㉱ 응축 설계온도를 낮게 한다.

해설
플래시가스 발생 방지책 : 응축온도를 너무 낮게 하지 않는다.

20 다음 냉매 중 물에 용해성이 좋아서 흡수식 냉동기의 냉매로 가장 적합한 것은?

㉮ R-502   ㉯ 황산
㉰ 암모니아   ㉱ R-22

해설
흡수식 냉동기의 냉매 및 흡수제

냉매	흡수제
물(H_2O)	LiBr
	LiCl
암모니아(NH_3)	물(H_2O)

21 완전 기체에서 단열압축과정 동안 나타나는 현상은?

㉮ 비체적이 커진다.
㉯ 전열량의 변화가 없다.
㉰ 엔탈피가 증가한다.
㉱ 온도가 낮아진다.

해설
단열압축과정은 등엔트로피 과정이며 엔탈피는 증가한다.

22 팽창밸브를 적게 열었을 때 일어나는 현상으로 옳은 것은?

㉮ 증발압력 상승
㉯ 토출온도 상승
㉰ 증발온도 상승
㉱ 냉동능력 상승

해설
팽창밸브를 너무 적게 열면
- 냉매가 부족하게 되어 증발압력 및 증발온도가 내려간다.
- 따라서 압축비가 상승하고 압축기의 토출가스 온도가 상승한다.

23 프레온 누설 검사 중 헬라이드 토치 시험에서 냉매가 다량으로 누설될 때 변화된 불꽃의 색깔은?

㉮ 청색   ㉯ 녹색
㉰ 노랑   ㉱ 자색

정답 17. ㉯ 18. ㉱ 19. ㉱ 20. ㉰ 21. ㉰ 22. ㉯ 23. ㉱

⊕ 해설

헬라이드 토치 시험 시 불꽃
- 다량 누설 시 : 자색
- 누설이 없을 때 : 청색
- 소량 누설 시 : 녹색
- 과대량 누설 시 : 꺼짐

24 교류 주기가 0.04sec일 때 주파수는?

㉮ 400Hz ㉯ 450Hz
㉰ 200Hz ㉱ 250Hz

⊕ 해설

$T = \dfrac{1}{f}$

$0.004 = \dfrac{1}{f}$

∴ $f = 250 \text{Hz}$

25 다음의 기호가 표시하는 밸브로 옳은 것은?

㉮ 볼밸브 ㉯ 게이트밸브
㉰ 수동밸브 ㉱ 앵글밸브

⊕ 해설

위 그림은 앵글밸브를 나타낸 것이다.

26 다음 그림은 2단 압축, 2단 팽창 이론 냉동 사이클이다. 이론 성적계수를 구하는 공식으로 옳은 것은?(단, GL 및 GH는 각각 저단, 고단 냉매순환량이다)

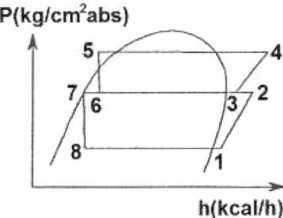

㉮ COP

$= \dfrac{G_L \times (h_1 - h_8)}{(G_L + G_H) \times (h_4 - h_1)}$

㉯ COP

$= \dfrac{G_L \times (h_1 - h_8)}{(G_L - G_H) \times (h_4 - h_1)}$

㉰ COP

$= \dfrac{G_L \times (h_1 - h_8)}{G_L \times (h_2 - h_1) + G_H \times (h_4 - h_3)}$

㉱ COP

$= \dfrac{G_L \times (h_1 - h_8)}{G_L \times (h_2 - h_1) + G_H \times (h_4 - h_3)}$

⊕ 해설

- $COP = \dfrac{G_L \times (h_1 - h_8)}{G_L \times (h_2 - h_1) + G_H \times (h_4 - h_3)}$
- COP : 일을 한 결과 얼마만큼 저온에서 열을 흡수했는가를 나타내는 것이다.
- 일한 결과 : $G_L(h_2 - h_1) + G_H(h_4 - h_3)$
- 흡수한 열 : $G_L(h_1 - h_8)$

27 프레온 응축기(수냉식)에서 냉각수량이 시간당 18,000L, 응축기 냉각관의 전열면적 20m², 냉각수입구온도 30℃, 출구온도 34℃인 응축기의 열통과율 900kcal/m²·h·℃라고 할 때 응축온도는?(단, 냉매와 냉각수와의 평균온도차는 산술평균치로 하고 열손실은 없는 것으로 한다)

㉮ 32℃ ㉯ 34℃
㉰ 36℃ ㉱ 38℃

⊕ 해설

$Q_1 = K \times A \times \Delta t_m$

여기서, Q_1 : 응축부하(kcal/h)
 K : kcal/m²·h·℃
 A : 전열면적(m²)
 Δt_m : 평균온도차(응축온도−냉각수 평균온도)

$18{,}000 \times 1 \times 4 = 900 \times 20 \times \left(x - \dfrac{30 + 34}{2}\right)$

∴ $x = 36℃$

정답 24. ㉱ 25. ㉱ 26. ㉱ 27. ㉰

28 열의 이동에 관한 설명으로 틀린 것은?
- ㉮ 열에너지가 중간물질에는 관계없이 열선의 형태를 갖고 전달되는 전열형식을 복사라 한다.
- ㉯ 대류는 기체나 액체 운동에 의한 열의 이동현상을 말한다.
- ㉰ 온도가 다른 두 물체가 접촉할 때 고온에서 저온으로 열이 이동하는 것을 전도라 한다.
- ㉱ 물체 내부에서 열이 이동할 때 전열량은 온도차에 반비례하고, 도달거리에 비례한다.

해설
$Q = \lambda \dfrac{A}{l} \Delta t$ 에서 전도열량은 온도차에 비례하고, 도달거리에 반비례한다.

29 광명단 도료에 대한 설명 중 틀린 것은?
- ㉮ 밀착력이 강하고 도막도 단단하여 풍화에 강하다.
- ㉯ 연단에 아마인유를 배합한 것이다.
- ㉰ 기계류의 도장 밑칠에 널리 사용된다.
- ㉱ 은분이라고도 하며, 방청효과가 매우 좋다.

해설
은분은 광명단 도료가 아닌 알루미늄 도료이다.

30 압축기의 축봉장치에 대한 설명으로 옳은 것은?
- ㉮ 냉매나 윤활유가 외부로 새는 것을 방지한다.
- ㉯ 축의 회전을 원활하게 하는 베어링 역할을 한다.
- ㉰ 축이 빠지는 것을 막아주는 역할을 한다.
- ㉱ 윤활유를 냉각하는 장치이다.

해설
축봉장치: 축과 외부와의 틈새로 오일이 새거나, 공기가 들어오지 않게 해주는 장치

31 강관 이음법 중 용접 이음에 대한 설명으로 틀린 것은?
- ㉮ 유체의 마찰손실이 적다.
- ㉯ 관의 해체와 교환이 쉽다.
- ㉰ 접합부 강도가 강하며, 누수의 염려가 적다.
- ㉱ 중량이 가볍고 시설의 보수 유지비가 절감된다.

해설
강관을 용접 접합을 했을 경우에는 해체 및 교환이 불가능하다.

32 냉동장치의 장기간 정지 시 운전자의 조치사항으로 틀린 것은?
- ㉮ 냉각수는 다음에 사용 시 필요하므로 누설되지 않게 밸브 및 플러그의 잠김 상태를 확인하여 잘 잠가둔다.
- ㉯ 저압측 냉매를 전부 수액기에 회수하고, 수액기에 전부 회수할 수 없을 때에는 냉매통에 회수한다.
- ㉰ 냉매 계통 전체의 누설을 검사하여 누설 가스를 발견했을 때에는 수리해 둔다.
- ㉱ 압축기의 축봉장치에서 냉매가 누설될 수 있으므로 압력을 걸어 둔 상태로 방치해서는 안 된다.

해설
장시간 정지 시 냉각수를 빼서 겨울철 동파를 방지한다.

정답 28. ㉱ 29. ㉱ 30. ㉮ 31. ㉯ 32. ㉮

33 암모니아 냉매에 대한 설명으로 틀린 것은?

㉮ 가연성, 독성, 자극적인 냄새가 있다.
㉯ 전기 절연도가 떨어져 밀폐식 압축기에는 부적합하다.
㉰ 냉동효과와 증발잠열이 크다.
㉱ 철, 강을 부식시키므로 냉매배관은 동관을 사용해야 한다.

해설
암모니아는 동과 동합금을 사용하면 착이온을 형성하기 때문에 배관을 부식시킨다.

34 다음과 같은 P-h선도에서 온도가 가장 높은 곳은?

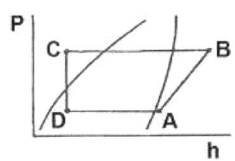

㉮ A   ㉯ B
㉰ C   ㉱ D

해설
온도가 높은 순서 : B > C > A > D

35 냉동장치 내에 냉매가 부족할 때 일어나는 현상으로 가장 거리가 먼 것은?

㉮ 냉동능력이 감소한다.
㉯ 고압측 압력이 상승한다.
㉰ 흡입관에 상(霜)이 붙지 않는다.
㉱ 흡입가스가 과열된다.

해설
냉매가 부족하면 고압측과 저압측의 압력이 낮아진다.

36 고속 다기통 압축기의 흡입 및 토출밸브에 주로 사용하는 것은?

㉮ 포핏 밸브   ㉯ 플레이트 밸브
㉰ 리이드 밸브 ㉱ 와샤 밸브

해설
포핏밸브 : 암모니아(NH_3)입형 저속압축기에 사용한다.

37 표준 냉동 사이클의 온도조건으로 틀린 것은?

㉮ 증발온도 : $-15℃$
㉯ 응축온도 : $30℃$
㉰ 팽창밸브 입구에서의 냉매액온도 : $25℃$
㉱ 압축기 흡입가스온도 : $0℃$

해설

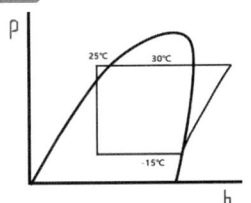

- 응축온도 $30℃$
- 증발온도 $-15℃$
- 팽창밸브입구의 냉매온도 $25℃$
- 압축기의 흡입가스온도=증발온도

38 냉동장치의 냉각기 적상이 심할 때 미치는 영향이 아닌 것은?

㉮ 냉동능력 감소
㉯ 냉장고 내 온도 저하
㉰ 냉동 능력당 소요동력 증대
㉱ 리퀴드 백(Liquid back) 발생

해설
냉동장치의 냉각기에 적상이 심하면 냉장고 내 온도는 상승한다.

39 냉매배관에 사용되는 저온용 단열재에 요구되는 성질로 틀린 것은?

㉮ 열전도율이 작을 것
㉯ 투습 저항이 크고 흡습성이 작을 것

㉰ 팽창 계수가 클 것
㉱ 불연성 또는 난연성일 것

해설
단열재의 구비조건
- 열전도율이 작을 것
- 비중이 작고 불연성일 것
- 팽창계수가 작을 것
- 흡수성이 작을 것

40 아래의 기호에 대한 설명으로 적절한 것은?

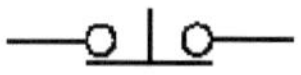

—o│o—

㉮ 누르고 있는 동안만 접점이 열린다.
㉯ 누르고 있는 동안만 접점이 닫힌다.
㉰ 누름/안누름 상관없이 언제나 접점이 열린다.
㉱ 누름/안누름 상관없이 언제나 접점이 닫힌다.

해설
- 위 그림은 b접점으로 평소에 닫혀 있으며, 누르면 접점이 열리는 접점으로서 막대가 아래쪽에 표시
- **a접점** : 평소에 열려있으며, 누르면 접점이 닫히는 접점으로 막대가 위쪽에 표시

41 건포화 증기를 흡입하는 압축기가 있다. 고압이 일정한 상태에서 저압이 내려가면 이 압축기의 냉동 능력은 어떻게 되는가?

㉮ 증대한다.
㉯ 변하지 않는다.
㉰ 감소한다.
㉱ 감소하다가 점차 증대한다.

해설
건포화 증기를 흡입하는 압축기가 있다. 고압이 일정한 상태에서 저압이 내려가면 이 압축기의 냉동능력은 감소한다.

42 압축기의 토출가스압력의 상승 원인이 아닌 것은?

㉮ 냉각수온의 상승
㉯ 냉각수량의 감소
㉰ 불응축가스의 부족
㉱ 냉매의 과충전

해설
압축기의 토출가스압력이 상승 원인
- 불응축 가스가 많을 때
- 냉각수온이 상승할 때
- 냉각수량이 감소할 때
- 냉매의 과충전 시

43 유기질 브라인으로 부식성이 적고, 독성이 없으므로 주로 식품냉동의 동결용에 사용되는 브라인은?

㉮ 염화마그네슘   ㉯ 염화칼슘
㉰ 에틸렌글리콜   ㉱ 프로필렌글리콜

해설
- 염화마그네슘, 염화칼슘은 무기질 브라인이다.
- **에틸렌글리콜** : 부식성이 작으며 소형기계에 사용한다.
- **프로필렌글리콜** : 부식성이 작고, 독성이 없으며 냉동식품 동결용에 사용한다.

44 2원 냉동 사이클에 대한 설명으로 가장 거리가 먼 것은?

㉮ 각각 독립적으로 작동하는 저온측 냉동 사이클과 고온측 냉동 사이클로 구성된다.
㉯ 저온측의 응축기 방열량을 고온측의 증발기로 흡수하도록 만든 냉동 사이클이다.
㉰ 보통 저온측 냉매는 임계점이 낮은 냉매, 고온측은 임계점이 높은 냉매를 사용한다.

정답 39. ㉰ 40. ㉮ 41. ㉰ 42. ㉰ 43. ㉱ 44. ㉱

㈑ 일반적으로 −180℃ 이하의 저온을 얻고자 할 때 이용하는 냉동 사이클이다.

해설
- **2원 냉동 사이클** : 비등점이 서로 다른 2개의 냉동사이클을 병렬로 사용하며, 일반적으로 −70℃ 이하의 저온을 얻고자 할 때 이용하는 냉동 사이클이다.

45 개방식 냉각탑의 종류로 가장 거리가 먼 것은?
㉮ 대기식 냉각탑
㉯ 자연 통풍식 냉각탑
㉰ 강제 통풍식 냉각탑
㉱ 증발식 냉각탑

해설
개방식 냉각탑의 종류 : 대기식, 자연통풍식, 기계통풍식

3과목 공기조화

46 건물의 바닥, 벽, 천장 등에 온수코일을 매설하고 열원에 의해 패널을 직접 가열하여 실내를 난방하는 방식은?
㉮ 온수 난방
㉯ 열펌프 난방
㉰ 온풍 난방
㉱ 복사 난방

해설
복사 난방
- 건물의 바닥, 벽, 천장 등에 온수코일을 매설하고 열원에 의해 패널을 직접 가열하여 실내를 난방하는 방식이다.
- 실내의 쾌감도가 좋다.
- 실내의 온도 분포도가 좋다.
- 시고 및 수리 개조가 불편하다.

47 보일러에서 연도로 배출되는 배기열을 이용하여 보일러 급수를 예열하는 부속장치는?
㉮ 과열기
㉯ 연소실
㉰ 절탄기
㉱ 공기예열기

해설
절탄기 : 보일러에서 연도로 배출되는 배기열을 이용하여 보일러 급수를 예열하는 부속장치이며, 석탄을 아낀다 하여 절탄기라고 한다.

48 환기에 대한 설명으로 틀린 것은?
㉮ 환기는 배기에 의해서만 이루어진다.
㉯ 환기는 급기, 배기의 양자를 모두 사용하기도 한다.
㉰ 공기를 교환해서 실내 공기 중의 오염물 농도를 희석하는 방식은 전체환기라고 한다.
㉱ 오염물이 발생하는 곳과 주변의 국부적인 공간에 대해서 처리하는 방식을 구소환기라고 한다.

해설
환기는 자연·강제급기, 배기, 급배기 등의 방법으로 이루어진다.

49 캐비테이션(공동현상)의 방지대책으로 틀린 것은?
㉮ 펌프의 흡입양정을 짧게 한다.
㉯ 펌프의 회전수를 적게 한다.
㉰ 양흡입 펌프를 단흡입 펌프로 바꾼다.
㉱ 흡입관경은 크게 하며 굽힘을 적게 한다.

해설
캐비테이션 방지대책
- 단흡입 펌프보다는 양흡입 펌프를 사용한다.
- 흡입관경을 크게 하고 길이는 짧게 한다.
- 펌프위치를 낮게 하여 흡입양정을 짧게 한다.
- 펌프의 회전차를 수중에 잠기게 한다.

정답 45. ㉱ 46. ㉱ 47. ㉰ 48. ㉮ 49. ㉰

50 공기조화기의 가열코일에서 건구온도 3°C의 공기 2,500kg/h를 25°C까지 가열하였을 때 가열 열량은?(단, 공기의 비열은 0.24kcal/kg·°C이다)

㉮ 7,200kcal/h ㉯ 8,700kcal/h
㉰ 9,200kcal/h ㉱ 13,200kcal/h

해설
$Q = G \cdot C \cdot \Delta t$
$= 2,500 \times 0.24 \times (25-3)$
$= 13,200 \text{kcal/h}$

51 공기 중의 미세먼지 제거 및 클린룸에 사용되는 필터는?

㉮ 여과식 필터 ㉯ 활성탄 필터
㉰ 초고성능 필터 ㉱ 자동감기용 필터

해설
초고성능 필터: 먼지의 개수를 측정하는 방법으로 여과효율은 99.79% 이상으로 글래스파이버, 아스베스토스 파이버를 사용한다.

52 덕트 보온 시공 시 주의사항으로 틀린 것은?

㉮ 보온재를 붙이는 면은 깨끗하게 한 후 붙인다.
㉯ 보온재의 두께가 50mm 이상인 경우 두 층으로 나누어 시공한다.
㉰ 보의 관봉부 등은 반드시 보온 공사를 실시한다.
㉱ 보온재를 다층으로 시공할 때는 종횡의 이음이 한곳에 합쳐지도록 한다.

해설
보온재를 다층으로 시공할 때 종횡으로 이음이 한 곳으로 합해지지 않도록 주의한다.

53 다음 공조방식 중 개별 공기조화 방식에 해당되는 것은?

㉮ 팬코일 유닛방식
㉯ 2중 덕트방식
㉰ 복사, 냉난방방식
㉱ 패키지 유닛방식

해설
공기조화방식

분류		방식	
중앙식	전공기방식	단일 덕트방식	정풍량
			변풍량
		2중 덕트방식	멀티존방식
			정풍량
			변풍량
			각층유닛
	공기·수방식	팬코일 유닛방식	
		유인 유닛방식	
		복사 냉난방식	
	수방식	팬코일 유닛방식	
개별식	냉매방식	패키지방식	
		룸쿨러방식	
		멀티 유닛방식	
		열펌프 유닛방식(수열원)	

54 원심식 송풍기의 종류에 속하지 않는 것은?

㉮ 터보형 송풍기
㉯ 다익형 송풍기
㉰ 플레이트형 송풍기
㉱ 프로펠러형 송풍기

해설
송풍기의 종류
• **축류형**: 프로펠러형, 베인형, 튜브형
• **원심형**: 터보형, 방사형, 익형, 다익형
• **사류형**

55 공기조화에서 시설 내 일산화탄소의 허용되는 오염기준은 시간당 평균 얼마인가?

㉮ 25ppm 이하 ㉯ 30ppm 이하
㉰ 35ppm 이하 ㉱ 40ppm 이하

해설
시설 내 일산화탄소의 허용되는 오염기준: 25ppm/h 이하

정답 50. ㉱ 51. ㉰ 52. ㉱ 53. ㉱ 54. ㉱ 55. ㉮

56 복사난방에 대한 설명으로 틀린 것은?

㉮ 실내의 쾌감도가 높다.
㉯ 실내온도 분포가 균등하다.
㉰ 외기 온도의 급변에 대한 방열량 조절이 용이하다.
㉱ 시공, 수리, 개조가 불편하다.

해설

복사난방
- 건물의 바닥, 벽, 천장 등에 온수코일을 매설하고 열원에 의해 패널을 직접 가열하여 실내를 난방하는 방식이다.
- 실내의 쾌감도가 좋다.
- 실내의 온도 분포가 좋다.
- 시고 및 수리 개조가 불편하다.

57 온풍난방에 대한 설명으로 틀린 것은?

㉮ 예열시간이 짧다.
㉯ 송풍온도가 고온이므로 덕트가 대형이다.
㉰ 설치가 간단하며 설비비가 싸다.
㉱ 별도의 가습기를 부착하여 습도조절이 가능하다.

해설

온풍난방의 특징
- 송풍온도가 고온이므로 덕트가 소형이다.
- 열효율이 높고 설비비가 싸다.
- 예열부하가 적고 자동운전이 가능하다.
- 집진과 가습이 가능하다.

58 난방부하를 줄일 수 있는 요인으로 가장 거리가 먼 것은?

㉮ 천장을 통한 전도열
㉯ 태양열에 의한 복사열
㉰ 사람에서의 발생열
㉱ 기계의 발생열

해설

- **난방부하를 높이는 요인** : 천장을 통한 전도열
- **난방부하를 낮추는 요인** : 태양열에 의한 복사열, 사람에서의 발생열, 기계의 발생열

59 열의 운반을 위한 방법 중 공기방식이 아닌 것은?

㉮ 단일 덕트방식
㉯ 이중 덕트방식
㉰ 멀티존 유닛방식
㉱ 패키지 유닛방식

해설

분류		방식	
중앙식	전공기방식	단일 덕트방식	정풍량
			변풍량
		2중 덕트방식	멀티존방식
			정풍량
			변풍량
			각층유닛
	공기·수방식	팬코일 유닛방식	
		유인 유닛방식	
		복사 냉난방식	
	수방식	팬코일 유닛방식	
개별식	냉매방식	패키지방식	
		룸쿨러방식	
		멀티 유닛방식	
		열펌프 유닛방식(수열원)	

60 30°C인 습공기를 80°C 온수로 가열·가습한 경우 상태변화로 틀린 것은?

㉮ 절대습도가 증가한다.
㉯ 건구온도가 감소한다.
㉰ 엔탈피가 증가한다.
㉱ 노점온도가 증가한다.

해설

30°C인 습공기를 80°C 온수로 가열·가습한 경우 : 건구온도가 상승한다.

정답 56. ㉰ 57. ㉯ 58. ㉮ 59. ㉱ 60. ㉯

13 2015년 1월 25일 시행(1회)

1과목 공조냉동 안전관리

01 다음 중 정전기 방전의 종류가 아닌 것은?
㉮ 불꽃 방전 ㉯ 연면 방전
㉰ 분기 방전 ㉱ 코로나 방전

해설
정전기 방전의 종류
- **불꽃 방전**(spark discharge) : 기체 내에 넣은 전극에 고전압을 걸었을 때, 돌연적으로 기체의 절연상태가 깨지면서 큰 소리와 함께 불꽃을 내며 방전하는 현상이며 번개현상과 같다.
- **연면 방전**(surface discharge) : 두 전극 간에 고전압을 가하면 전극 사이의 절연물 표면을 따라서 방전이 일어나는 현상이다.
- **코로나 방전**(corona discharge) : 2개의 전극 사이에 높은 전압을 가하면, 불꽃을 발하기 이전에 전기장의 강한 부분만이 발광(發光)하는 현상으로 기체 속의 방전이다.
- **스트리머 방전**(streamer discharge) : 코로나 방전의 일종이다.

02 보일러 운전 중 과열에 의한 사고를 방지하기 위한 사항으로 틀린 것은?
㉮ 보일러의 수위가 안전저수면 이하가 되지 않도록 한다.
㉯ 보일러수의 순환을 교란시키지 말아야 한다.
㉰ 보일러 전열면을 국부적으로 과열하여 운전한다.
㉱ 보일러수가 농축되지 않게 운전한다.

해설
보일러 전열면을 국부적으로 과열하여 운전하면 집중과열이 되므로 과열사고의 원인이 된다.

03 보일러의 수압시험을 하는 목적으로 가장 거리가 먼 것은?
㉮ 균열의 유무를 조사
㉯ 각종 덮개를 장치한 후의 기밀도 확인
㉰ 이음부의 누설정도 확인
㉱ 각종 스테이의 효력을 지시

해설
보일러 수압시험의 목적 : 균열유무, 누설 및 기밀도 확인

04 응축압력이 지나치게 내려가는 것을 방지하기 위한 조치방법 중 틀린 것은?
㉮ 송풍기의 풍량을 조절한다.
㉯ 송풍기 출구에 댐퍼를 설치하여 풍량을 조절한다.
㉰ 수랭식일 경우 냉각수의 공급을 증가시킨다.
㉱ 수랭식일 경우 냉각수의 온도를 높게 유지한다.

해설
수랭식일 경우 냉각수를 공급을 증가하면 냉각수에 의해 온도와 압력이 내려간다.

05 작업 시 사용하는 해머의 조건으로 적절한 것은?
㉮ 쐐기가 없는 것
㉯ 타격면에 흠이 있는 것
㉰ 타격면이 평탄할 것
㉱ 머리가 깨어진 것

해설
타격면이 평탄해야 타격 시 안전사고가 나지 않는다. 타격면이 둥글거나 흠이 있거나 하면 타격이 잘 되지 않는다.

정답 1. ㉰ 2. ㉰ 3. ㉱ 4. ㉱ 5. ㉰

06 팽창밸브가 냉동 용량에 비하여 너무 작을 때 일어나는 현상은?
㉮ 증발압력 상승
㉯ 압축기 소요동력 감소
㉰ 소요전류 증대
㉱ 압축기 흡입가스 과열

해설
팽창밸브가 냉동용량에 비해 너무 작으면 냉매 순환량이 감소하여 증발기 내의 냉매와 압축기 흡입가스의 과열을 초래한다.

07 보일러의 운전 중 파열사고의 원인으로 가장 거리가 먼 것은?
㉮ 수위 상승   ㉯ 강도의 부족
㉰ 취급의 불량 ㉱ 계기류 고장

해설
수위 상승은 원인이 아니며, 오히려 저수위가 되면 보일러 노통 내부가 과열되어 파괴된다.

08 전기화재의 원인으로 고압선과 저압선이 나란히 설치된 경우, 변압기의 1, 2차 코일의 절연파괴로 인하여 발생하는 것은?
㉮ 단락   ㉯ 지락
㉰ 혼촉   ㉱ 누전

해설
혼촉 : 고압선과 저압선이 나란히 설치된 경우, 변압기의 1, 2차 코일의 절연파괴로 인하여 발생함

09 기계 작업 시 일반적인 안전에 대한 설명 중 틀린 것은?
㉮ 취급자나 보조자 이외에는 사용하지 않도록 한다.
㉯ 칩이나 절삭된 물품에 손을 대지 않는다.
㉰ 사용법을 확실히 모르면 손으로 움직여 본다.
㉱ 기계는 사용 전에 점검한다.

해설
사용법을 확실히 모르면 손으로 움직이지 말고 전문가로부터 도움을 받는다.

10 보호구의 적절한 선정 및 사용방법에 대한 설명 중 틀린 것은?
㉮ 작업에 적절한 보호구를 선정한다.
㉯ 작업장에는 필요한 수량의 보호구를 비치한다.
㉰ 보호구는 방호성능이 없도록 품질이 양호해야 한다.
㉱ 보호구는 착용이 간편해야 한다.

해설
보호구는 방호성능이 우수하고 품질이 양호해야 한다.

11 냉동기를 운전하기 전에 준비해야 할 사항으로 틀린 것은?
㉮ 압축기 유면 및 냉매량을 확인한다.
㉯ 응축기, 유냉각기의 냉각수 입·출구 밸브를 연다.
㉰ 냉각수 펌프를 운전하여 응축기 및 실린더 자켓의 통수를 확인한다.
㉱ 암모니아 냉동기의 경우는 오일 히터를 기동 30~60분 전에 통전한다.

해설
프레온 냉동기의 경우는 오일 히터를 기동 30~60분 전에 통전하여 오일 포밍이 일어나지 않도록 한다.

12 냉동기 검사에 합격한 냉동기 용기에 반드시 각인해야 할 사항은?
㉮ 제조업체의 전화번호
㉯ 용기의 번호
㉰ 제조업체의 등록번호
㉱ 제조업체의 주소

정답 6. ㉱ 7. ㉮ 8. ㉰ 9. ㉰ 10. ㉰ 11. ㉱ 12. ㉯

> **해설**
> 검사합격 시 냉동용기에 각인 사항
> – 용기의 번호
> – 용기제조업체 명칭
> – 충전용기 가스명
> – 내압시험 합격연월

13 가스용접 작업 시 주의사항이 아닌 것은?
㉮ 용기밸브는 서서히 열고 닫는다.
㉯ 용접 전에 소화기 및 방화사를 준비한다.
㉰ 용접 전에 전격방지기 설치 유무를 확인한다.
㉱ 역화방지를 위하여 안전기를 사용한다.

> **해설**
> 전격방지기는 전기용접에 해당하는 장치이다.

14 전기 기기의 방폭구조의 형태가 아닌 것은?
㉮ 내압 방폭구조 ㉯ 안전증 방폭구조
㉰ 유입 방폭구조 ㉱ 차동 방폭구조

> **해설**
> • **내압 방폭구조** : 폭발성 가스에 대해서 전기불꽃이나 폭발이 발생해도 폭발압력에 견디며 확산되지 않도록 되어 있는 구조
> • **안전증 방폭구조** : 전기불꽃 또는 고온을 발생시켜서는 안 되는 부분이 비상시에 전기불꽃 또는 고온이 발생되는 것을 방지하는 구조
> • **압력 방폭구조** : 전기설비 용기 내부에 공기, 질소, 탄산가스 등의 보호가스를 대기압 보다 $1.05kg/cm^2$ 정도 높게 봉입(封入)하여 당해 용기 내부에 가연성가스 또는 증기가 침입하지 못하도록 한 구조
> • **유입 방폭구조** : 폭발의 우려가 있는 경우에 전기기계기구의 전기불꽃 또는 아크를 발생하는 부분을 기름 속에 설치하여 기름 표면 위에 존재하는 폭발성가스에 점화되지 않는 구조
> • **본질안전 방폭구조** : 전기회로에서 정상 및 사고 시에 발생하는 전기불꽃 또는 열이 폭발성가스에 점화되지 않는 것이 점화시험 등에 의해 확인된 구조

15 수공구 사용에 대한 안전사항 중 틀린 것은?
㉮ 공구함에 정리를 하면서 사용한다.
㉯ 결함이 없는 완전한 공구를 사용한다.
㉰ 작업완료 시 공구의 수량과 훼손 유무를 확인한다.
㉱ 불량공구는 사용자가 임시 조치하여 사용한다.

> **해설**
> 불량공구는 사용하지 않아야 한다.

2과목 냉동기계

16 표준 냉동 사이클로 운전될 경우, 다음 왕복동 압축기용 냉매 중 토출가스 온도가 제일 높은 것은?
㉮ 암모니아   ㉯ R-22
㉰ R-12   ㉱ R-500

> **해설**
> 암모니아(98℃) 〉 R-22(55℃) 〉 R-12(37.8℃) 〉 R-500(40℃)

17 증기압축식 냉동 사이클의 압축 과정 동안 냉매의 상태변화로 틀린 것은?
㉮ 압력 상승   ㉯ 온도 상승
㉰ 엔탈피 증가   ㉱ 비체적 증가

> **해설**
> **압축과정의 냉매상태** : 비체적 감소, 압력 상승, 온도 상승, 엔탈피 증가

18 다음 중 동관작업용 공구가 아닌 것은?
㉮ 익스팬더   ㉯ 티뽑기
㉰ 플레어링 툴 ㉱ 클립

> **해설**
> **동관작업용 공구**
> • **익스팬더** : 동관을 확관할 때 사용
> • **티뽑기** : 가공된 구멍에 넣을 수 있도록 사용
> • **플레어링 툴** : 동관을 압축 접합 시 사용
> • 클립은 주철관 소켓 이음에 사용하는 공구이다.

정답 13. ㉰ 14. ㉱ 15. ㉱ 16. ㉮ 17. ㉱ 18. ㉱

19 유체의 입구와 출구의 각이 직각이며, 주로 방열기의 입구 연결밸브나 보일러 주증기 밸브로 사용되는 밸브는?

㉮ 슬로우스밸브(Sluice valve)
㉯ 체크밸브(Check valve)
㉰ 앵글밸브(Angle valve)
㉱ 게이트밸브(Gate valve)

해설
앵글밸브(Angle valve) : 유체의 흐름을 90° 바꾸어주는 밸브로 일종의 스톱밸브 역할을 한다.

20 횡형 쉘 앤 튜브(Horizontal shell and tube)식 응축기에 부착되지 않는 것은?

㉮ 역지밸브
㉯ 공기배출구
㉰ 물드레인밸브
㉱ 냉각수 배관 출·입구

해설
역지밸브 : 횡형 쉘 앤 튜브(Horizontal shell and tube)식 응축기에 부착되지 않는다.

21 냉동장치의 냉매배관에서 흡입관의 시공상 주의점으로 틀린 것은?

㉮ 두 개의 흐름이 합류하는 곳은 T이음으로 연결한다.
㉯ 압축기가 증발기보다 밑에 있는 경우, 흡입관은 증발기 상부보다 높은 위치까지 올린 후 압축기로 가게 한다.
㉰ 흡입관의 입상이 매우 길 때는 약 10m마다 중간에 트랩을 설치한다.
㉱ 각각의 증발기에서 흡인 주관으로 들어가는 관은 주관 위에서 접속한다.

해설
두 개의 흐름이 합류하는 곳은 Y이음으로 연결한다.

22 압축기의 상부간격(Top Clearance)이 크면 냉동장치에 어떤 영향을 주는가?

㉮ 토출가스 온도가 낮아진다.
㉯ 체적효율이 상승한다.
㉰ 윤활유가 열화되기 쉽다.
㉱ 냉동능력이 증가한다.

해설
압축기의 Top clearance 및 Side clearance가 크면 윤활유가 열화되기 쉽다.

23 200V, 300W의 전열기를 100V 전압에서 사용할 경우 소비전력은?

㉮ 약 50kW   ㉯ 약 75kW
㉰ 약 100kW ㉱ 약 150kW

해설
$P = V \cdot I$, $P = \dfrac{V^2}{R}$
전력은 전압에 비례하므로
$300 : 200^2 = x : 100^2$
$x = \dfrac{300 \times 100^2}{200^2} = 75\text{kW}$

24 흡수식 냉동기에 사용되는 흡수제의 구비조건으로 틀린 것은?

㉮ 용액의 증기압이 낮을 것
㉯ 농도변화에 의한 증기압의 변화가 클 것
㉰ 재생에 많은 열량을 필요로 하지 않을 것
㉱ 점도가 높지 않을 것

해설
흡수식냉동기에서는 흡수기나 재생기에서의 농도변화가 크기 때문에 증기압의 변화가 커지면 냉동기의 제작이 어려워진다.

정답 19. ㉰ 20. ㉮ 21. ㉮ 22. ㉰ 23. ㉯ 24. ㉯

25 냉동장치의 능력을 나타내는 단위로서 냉동톤(RT)이 있다. 1냉동톤에 대한 설명으로 옳은 것은?

㉮ 0°C의 물 1kg을 24시간에 0°C의 얼음으로 만드는 데 필요한 열량
㉯ 0°C의 물 1ton을 24시간에 0°C의 얼음으로 만드는 데 필요한 열량
㉰ 0°C의 물 1kg을 1시간에 0°C의 얼음으로 만드는 데 필요한 열량
㉱ 0°C의 물 1ton을 1시간에 0°C의 얼음으로 만드는 데 필요한 열량

➕ 해설
1냉동톤 : 0°C의 물 1ton을 24시간에 0°C의 얼음으로 만드는 데 필요한 열량

26 암모니아 냉매의 특성으로 틀린 것은?

㉮ 물에 잘 용해된다.
㉯ 밀폐형 압축기에 적합한 냉매이다.
㉰ 다른 냉매보다 냉동효과가 크다.
㉱ 가연성으로 폭발의 위험이 있다.

➕ 해설
암모니아는 밀폐형 압축기에는 사용할 수 없다. 왜냐하면 전기절연물이 열화 및 침식되기 때문이다.

27 동관에 관한 설명 중 틀린 것은?

㉮ 전기 및 열전도율이 좋다.
㉯ 가볍고 가공이 용이하며 일반적으로 동파에 강하다.
㉰ 산성에는 내식성이 강하고 알칼리성에는 심하게 침식된다.
㉱ 전연성이 풍부하고 마찰저항이 적다.

➕ 해설
동관의 특징
- 산성에는 심하게 침식되며, 알칼리에는 내식성이 강하다.
- 전연성이 좋고, 전기·열전도성이 뛰어나다.

28 회전 날개형 압축기에서 회전날개의 부착은?

㉮ 스프링 힘에 의하여 실린더에 부착한다.
㉯ 원심력에 의하여 실린더에 부착한다.
㉰ 고압에 의하여 실린더에 부착한다.
㉱ 무게에 의하여 실린더에 부착한다.

➕ 해설
회전 날개형 압축기의 회전날개는 원심력에 의해 회전로터와 함께 블레이드가 실린더 내면에 회전하여 냉매가스를 압축한다.

29 회전식 압축기의 특징에 관한 설명으로 틀린 것은?

㉮ 조립이나 조정에 있어서 고도의 정밀도가 요구된다.
㉯ 대형 압축기와 저온용 압축기에 많이 사용한다.
㉰ 왕복동식보다 부품수가 적으며 흡입밸브가 없다.
㉱ 압축이 연속적으로 이루어져 진공펌프로도 사용된다.

➕ 해설
회전기 압축기의 특징
- 소형 압축기와 고온용 압축기에 많이 사용한다.
- 마찰부가 적어 소음이 적고 흡입밸브가 없고, 토출밸브는 역지밸브이다.
- 압축이 연속적이어서 고진공을 얻을 수 있어 진공펌프에 사용한다.
- 용량제어를 할 수 없으나, 부품 수가 적어 구조가 간단하여 소형, 경량화가 가능하다.

30 고체냉각식 동결장치가 아닌 것은?

㉮ 스파이럴식 동결장치
㉯ 배치식 콘택트 프리져 동결장치
㉰ 연속식 싱글 스틸 벨트 프리져 동결장치
㉱ 드럼 프리져 동결장치

정답 25. ㉯ 26. ㉯ 27. ㉰ 28. ㉯ 29. ㉯ 30. ㉮

해설
고체냉각식(접촉식) 동결장치의 종류
- 배치식 콘택트 프리져 동결장치
- 연속식 싱글 스틸 벨트 프리져 동결장치
- 연속식 콘택트 프리져 동결장치
- 드럼 프리져 동결장치
- 스파이럴식 동결장치는 현열교환기에 해당된다.

31 흡수식 냉동장치의 주요구성요소가 아닌 것은?

㉮ 재생기 ㉯ 흡수기
㉰ 이젝터 ㉱ 용액펌프

해설
흡수식 냉동기 : 흡수기, 발생기(재생기), 응축기, 증발기

32 단단 증기압축기 냉동사이클에서 건조압축과 비교하여 과열압축이 일어날 경우 나타나는 현상으로 틀린 것은?

㉮ 압축기 소비동력이 커진다.
㉯ 비체적이 커진다.
㉰ 냉매 순환량이 증가한다.
㉱ 토출가스의 온도가 높아진다.

해설
과열압축 시 흡입냉매가스의 비체적이 커지므로 냉매순환량이 감소한다.

33 다음 중 p-h선도(Mollier Diagram)에서 등온선을 나타낸 것은?

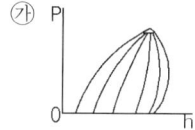
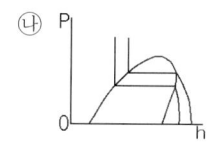
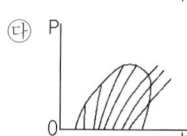
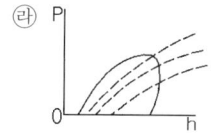

해설
㉯ 등온선 ㉮ 등건조선
㉰ 등엔트로피선 ㉱ 등비체적선

34 냉동기의 2차 냉매인 브라인 구비조건으로 틀린 것은?

㉮ 낮은 응고점으로 낮은 온도에서도 동결되지 않을 것
㉯ 비중이 적당하고 점도가 낮을 것
㉰ 비열이 크고 열전달 특성이 좋을 것
㉱ 증발이 쉽게 되고 잠열이 클 것

해설
브라인의 구비조건
- 부식성이 없을 것
- 공정점과 점도가 낮을 것
- 열용량이 크고 전열이 양호할 것
- 가격이 저렴할 것
- pH값이 적당할 것(7.5~8.2)
- 유동점이 낮을 것

35 두 전하 사이에 작용하는 힘의 크기는 두 전하 세기의 곱에 비례하고, 두 전하 사이 거리의 제곱에 반비례하는 법칙은?

㉮ 옴의 법칙
㉯ 쿨롱의 법칙
㉰ 패러데이의 법칙
㉱ 키르히호프의 법칙

해설
쿨롱의 법칙 : $F = K \cdot \dfrac{Q_1 \cdot Q_2}{r^2}$

정답 31. ㉰ 32. ㉰ 33. ㉯ 34. ㉱ 35. ㉯

36 2단 압축 1단 팽창 사이클에서 중간냉각기 주위에 연결되는 장치로 적당하지 않은 것은?

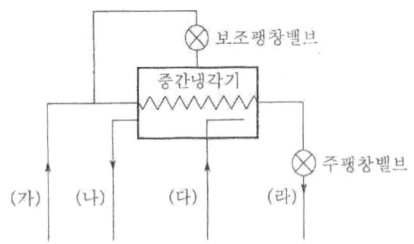

㉮ (가) : 수액기
㉯ (나) : 고단측 압축기
㉰ (다) : 응축기
㉱ (라) : 증발기

🔵 해설
(나) : 저단측 압축기

37 지열을 이용하는 열펌프(Heat Pump)의 종류로 거리가 먼 것은?

㉮ 엔진 구동 열펌프
㉯ 지하수 이용 열펌프
㉰ 지표수 이용 열펌프
㉱ 토양 이용 열펌프

🔵 해설
지열을 이용하는 열펌프(Heat Pump)의 종류 : 지하수, 지표수, 지중열 이용 열펌프

38 냉동 사이클에서 응축온도는 일정하게 하고 증발온도를 저하시키면 일어나는 현상으로 틀린 것은?

㉮ 냉동능력이 감소한다.
㉯ 성능계수가 저하한다.
㉰ 압축기의 토출온도가 감소한다.
㉱ 압축비가 증가한다.

🔵 해설
– 압축기의 토출온도가 상승한다.
– 응축온도가 일정한 것은 응축압력이 일정하다.

– 증발온도가 저하되면 증발압력도 저하된다.
– 그러므로 압력차가 커지고 토출온도가 상승한다.

39 점토 또는 탄산마그네슘을 가하여 형틀에 압축 성형한 것으로 다른 보온재에 비해 단열효과가 떨어져 두껍게 시공하며, 500℃ 이하의 파이프, 탱크노벽 등의 보온에 사용하는 것은?

㉮ 규조토
㉯ 합성수지패킹
㉰ 석면
㉱ 오일시일패킹

🔵 해설
규조토 : 점토 또는 탄산마그네슘을 가하여 형틀에 압축 성형한 것으로 다른 보온재에 비해 단열효과가 떨어져 두껍게 시공하며, 500℃ 이하의 파이프, 탱크노벽 등의 보온에 사용하는 것

40 액체가 기체로 변할 때의 열은?

㉮ 승화열
㉯ 응축열
㉰ 증발열
㉱ 융해열

🔵 해설
증발열(기화열) : 액체가 기체로 변할 때의 열

41 다음 그림과 같이 15A 강관을 45° 엘보에 동일부속 나사 연결할 때 관의 실제 소요길이는?(단, 엘보중심 길이가 21mm, 나사물림 길이가 11mm이다)

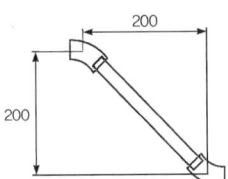

㉮ 약 255.8mm ㉯ 약 258.8mm
㉰ 약 274.8mm ㉱ 약 262.8mm

🔵 해설
$l = L - 2(A-a) = \sqrt{200^2 + 200^2} - 2(21-11)$
$= 262.84mm$

42 기준 냉동 사이클에 의해 작동되는 냉동장치의 운전 상태에 대한 설명 중 옳은 것은?

㉮ 증발기 내의 액냉매는 피냉각 물체로부터 열을 흡수함으로써 증발기 내를 흘러감에 따라 온도가 상승한다.
㉯ 응축온도는 냉각수 입구온도보다 높다.
㉰ 팽창과정 동안 냉매는 단열팽창하므로 엔탈피가 증가한다.
㉱ 압축기 토출 직후의 증기온도는 응축과정 중의 냉매 온도보다 낮다.

⊕ 해설
- 응축온도는 냉각수 입구온도보다 높다.
- 증발기 내의 액냉매는 피냉각 물체로부터 열을 흡수함으로써 증발기 내를 흘러감에 따라 온도가 내려간다.
- 팽창과정 동안 냉매는 단열팽창하므로 엔탈피가 변함없다.
- 압축기 토출 직후의 증기온도는 응축과정 중의 냉매온도보다 높다.

43 표준 냉동 사이클의 p-h(압력-엔탈피)선도에 대한 설명으로 틀린 것은?

㉮ 응축과정에서는 압력이 일정하다.
㉯ 압축과정에서는 엔트로피가 일정하다.
㉰ 증발과정에서는 온도와 압력이 일정하다.
㉱ 팽창과정에서는 엔탈피와 압력이 일정하다.

⊕ 해설
- 응축과정은 등압과정
- 압축과정은 등엔트로피과정
- 증발과정은 등압과 등온과정
- 팽창과정은 등엔탈피과정

44 냉동장치의 압축기에서 가장 이상적인 압축과정은?

㉮ 등온 압축 ㉯ 등엔트로피 압축
㉰ 등압 압축 ㉱ 등엔탈피 압축

⊕ 해설
가장 이상적인 압축과정은 등엔트로피(단열 압축)과정이다.

45 다음은 NH_3 표준 냉동 사이클의 P-h선도이다. 플래시 가스 열량(kcal/kg)은 얼마인가?

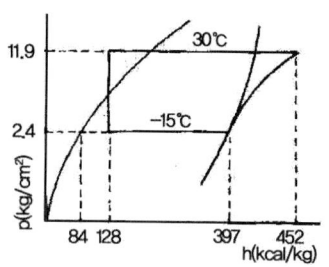

㉮ 48 ㉯ 55
㉰ 313 ㉱ 368

⊕ 해설
팽창과정을 지난 후 기체화된 부분의 열량 :
132-84=48kcal/kg

3과목 공기조화

46 15°C의 공기 15kg과 30°C의 공기 5kg을 혼합할 때 혼합 후의 공기온도는?

㉮ 약 22.5°C ㉯ 약 20°C
㉰ 약 19.2°C ㉱ 약 18.7°C

⊕ 해설
열역학 제0법칙의 열평형 원리에 의해
$G_1 t_1 + G_2 t_2 = (G_1 + G_2) t_3$
$t_3 = \dfrac{G_1 t_1 + G_2 t_2}{G_1 + G_2} = \dfrac{15 \times 15 + 5 \times 30}{15 + 5} = 18.75\,°C$

47 동절기의 가열코일의 동결방지방법으로 틀린 것은?

㉮ 온수코일은 야간 운전정지 중 순환펌프를 운전한다.

정답 42. ㉯ 43. ㉱ 44. ㉯ 45. ㉮ 46. ㉱

㉯ 운전 중에는 전열교환기를 사용하여 외기를 예열하여 도입한다.
㉰ 외기와 환기가 혼합되지 않도록 별도의 통로를 만든다.
㉱ 증기코일의 경우 0.5kg/cm² 이상의 증기를 사용하고 코일 내에 응축수가 고이지 않도록 한다.

해설
코일의 동결방지방법
- 외기와 환기를 충분히 혼합하도록 한다.
- 증기코일의 경우 0.5kg/cm² 이상의 증기를 사용하고 코일 내에 응축수가 고이지 않도록 한다.
- 운전 중에는 전열교환기를 사용하여 외기를 예열하여 도입한다.
- 온수코일은 야간 운전정지 중 순환펌프를 운전하여 코일 내의 물을 순환시킨다.

48 송풍기의 효율을 표시하는 데 사용되는 정압효율에 대한 정의로 옳은 것은?
㉮ 팬의 축동력에 대한 공기의 저항력
㉯ 팬의 축동력에 대한 공기의 정압동력
㉰ 공기의 저항력에 대한 팬의 축동력
㉱ 공기의 정압동력에 대한 팬의 축동력

해설
$$정압효율 = \frac{정압동력}{축동력}$$

49 노통 연관 보일러에 대한 설명으로 틀린 것은?
㉮ 노통 보일러와 연관 보일러의 장점을 혼합한 보일러이다.
㉯ 보유수량에 비해 보일러 열효율이 80~85% 정도 좋다.
㉰ 형체에 전열면적이 크다.
㉱ 구조상 고압, 대용량에 적합하다.

해설
노통 연관보일러는 구조상 고압, 대용량에 부적합하며, 고압, 대용량은 수관식 보일러이다.

50 공기조화에 사용되는 온도 중 사람이 느끼는 감각에 대한 온도, 습도, 기류의 영향을 하나로 모아 만든 쾌감의 지표는?
㉮ 유효온도(effective temperature : ET)
㉯ 흑구온도(globe temperature : GT)
㉰ 평균복사온도(mean radiant temperature : MRT)
㉱ 작용온도(operation temperature : OT)

해설
유효온도(실효온도, 감각온도) : 기류가 정지된 상태에서 상대습도가 100%인 공기의 온도로서 사람이 느끼는 쾌적온도를 말한다.

51 핀(fin)이 붙은 튜브형 코일을 강판형 박스에 넣은 것으로 대류를 이용한 방열기는?
㉮ 콘벡터(convector)
㉯ 팬코일 유닛(fan coil unit)
㉰ 유닛 히터(unit heater)
㉱ 라디에이터(radiator)

해설
콘벡터(convector) : 핀(fin)이 붙은 튜브형 코일을 강판형 박스에 넣은 것으로 대류를 이용한 방열기

52 단일덕트방식의 특징으로 틀린 것은?
㉮ 단일덕트 스페이스가 비교적 크게 된다.
㉯ 외기 난방운전이 가능하다.
㉰ 고성능 공기정화장치의 설치가 불가능하다.
㉱ 공조기가 집중되어 있으므로 보수관리가 용이하다.

해설
전공기 방식으로 고성능 공기정화장치의 설치가 가능하다.

정답 47. ㉰ 48. ㉯ 49. ㉱ 50. ㉮ 51. ㉮ 52. ㉰

53 건축물에서 외기와 접하지 않는 내벽, 내창, 천정 등에서의 손실열량을 계산할 때 관계없는 것은?

㉮ 열관류율
㉯ 면적
㉰ 인접시과 온도차
㉱ 방위계수

💡 해설
내벽, 내창, 천장 등에서의 손실열량을 구할 때 방위계수는 관계없다.

54 공기조화방식 중에서 외기도입을 하지 않아 덕트 설비가 필요 없는 방식은?

㉮ 팬코일 유닛방식
㉯ 유인 유닛방식
㉰ 각층 유닛방식
㉱ 멀티존방식

💡 해설
팬코일 유닛방식: 외기도입을 하지 않아 덕트 설비가 필요 없는 방식으로 각 유닛마다 개별 제어에 적합하다.

55 다음 그림에서 설명하고 있는 냉방 부하의 변화요인은?

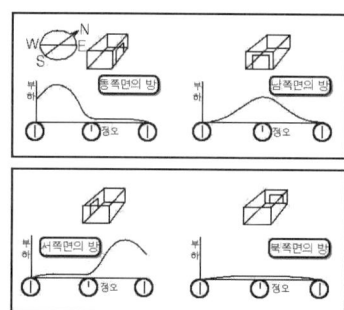

㉮ 방의 크기
㉯ 방의 방위
㉰ 단열재의 두께
㉱ 단열재의 종류

💡 해설
햇빛의 일사에 따른 방위별 난방부하의 변화를 보여준다.

56 개별 공조방식이 아닌 것은?

㉮ 패키지방식
㉯ 룸쿨러방식
㉰ 멀티 유닛방식
㉱ 팬코일 유닛방식

💡 해설

분류		방식	
중앙식	전공기방식	단일 덕트방식	정풍량
			변풍량
		2중 덕트방식	멀티존방식
			정풍량
			변풍량
			각층유닛
	공기·수방식	팬코일 유닛방식	
		유인 유닛방식	
		복사 냉난방식	
	수방식	팬코일 유닛방식	
개별식	냉매방식	패키지방식	
		룸쿨러방식	
		멀티 유닛방식	
		열펌프 유닛방식(수열원)	

57 판형 열교환기에 관한 설명 중 틀린 것은?

㉮ 열전달효율이 높아 온도차가 작은 유체 간의 열교환에 매우 효과적이다.
㉯ 전열판에 요철 형태를 성형시켜 사용하므로 유체의 압력손실이 크다.
㉰ 셸튜브형에 비해 열관류율이 매우 높으므로 전열면적을 줄일 수 있다.
㉱ 다수의 전열판을 겹쳐 놓고 볼트로 고정시키므로 전열면의 점검 및 청소가 불편하다.

💡 해설
판형 열교환기는 다수의 전열판을 겹쳐 놓고 볼트로 고정시키므로 전열면의 점검 및 청소가 용이하다.

정답 53. ㉱ 54. ㉮ 55. ㉯ 56. ㉱ 57. ㉱

58 난방 방식의 분류에서 간접 난방에 해당하는 것은?

㉮ 온수난방　　㉯ 증기난방
㉰ 복사난방　　㉱ 히트펌프난방

🔵 해설
　간접 난방방식 : 온풍난방, 열펌프난방, 공기조화

59 다음의 공기선도에서 (2)에서 (1)로 냉각, 감습을 할 때 현열비(SHF)의 값을 식으로 나타낸 것 중 옳은 것은?

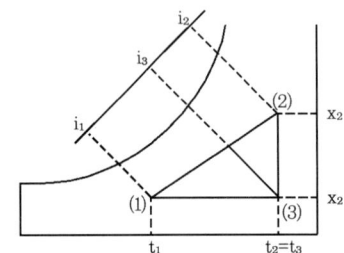

㉮ $SHF = \dfrac{i_2 - i_3}{i_2 - i_1}$

㉯ $SHF = \dfrac{i_3 - i_1}{i_2 - i_1}$

㉰ $SHF = \dfrac{i_2 - i_1}{i_3 - i_1}$

㉱ $SHF = \dfrac{i_3 + i_2}{i_2 + i_1}$

🔵 해설
$$SHF = \frac{q_s}{q_s + q_L} = \frac{i_3 - i_1}{i_2 - i_1}$$

60 덕트 속에 흐르는 공기의 평균 유속 10 m/s, 공기의 비중량 1.2kgf/m³, 중력 가속도가 9.8m/S²일 때 동압은?

㉮ 약 3mmAq　　㉯ 약 4mmAq
㉰ 약 5mmAq　　㉱ 약 6mmAq

🔵 해설
$$P = \gamma \frac{v^2}{2g} = 1.2 \times \frac{10^2}{2 \times 9.8} ≒ 6\,mmAq$$

정답　58. ㉱　59. ㉯　60. ㉱

2015년 4월 4일 시행(2회)

1과목 공조냉동 안전관리

01 전기스위치의 조작 시 오른손으로 하기를 권장하는 이유로 가장 적당한 것은?

㉮ 심장에 전류가 직접 흐르지 않도록 하기 위하여
㉯ 작업을 손쉽게 하기 위하여
㉰ 스위치 개폐를 신속히 하기 위하여
㉱ 스위치 조작 시 많은 힘이 필요하므로

해설
심장이 왼쪽에 위치하므로 오른손으로 전기스위치를 조작하는 것이 거리상 조금이라도 안전하기 때문이다.

02 작업복 선정 시 유의사항으로 틀린 것은?

㉮ 작업복의 스타일은 착용자의 연령, 성별 등은 고려할 필요가 없다.
㉯ 화기사용 작업자는 방염성, 불연성의 작업복을 착용한다.
㉰ 작업복은 항상 깨끗이 하여야 한다.
㉱ 작업복은 몸에 맞고 동작이 편하며, 상의 끝이나 바지자락 등이 기계에 말려 들어갈 위험이 없도록 한다.

해설
작업복의 스타일은 착용자의 연령, 성별 등을 고려할 필요가 있다.

03 다음 중 저속 왕복동 냉동장치의 운전 순서로 옳은 것은?

보기
1. 압축기를 시동한다.
2. 흡입측 스톱밸브를 천천히 연다.
3. 냉각수펌프를 운전한다.
4. 응축기의 액면계 등으로 냉매량을 확인한다.
5. 압축기의 유면을 확인한다.

㉮ 1-2-3-4-5   ㉯ 5-4-3-2-1
㉰ 5-4-3-1-2   ㉱ 1-2-5-3-4

해설
저속 왕복동 냉동장치 작동순서
- 압축계의 유면계 오일을 확인한다.
- 응축기의 액면계 등으로 냉매량을 확인한다.
- 냉각수 펌프를 운전한다.
- 압축기를 시동한다.
- 흡입측 스톱밸브를 천천히 연다.

04 소화기 보관상의 주의사항으로 틀린 것은?

㉮ 겨울철에는 얼지 않도록 보온에 유의한다.
㉯ 소화기 뚜껑은 조금 열어놓고 봉인하지 않고 보관한다.
㉰ 습기가 적고 서늘한 곳에 둔다.
㉱ 가스를 채워 넣는 소화기는 가스를 채울 때 반드시 제조업자에게 의뢰하도록 한다.

해설
소화기 뚜껑은 개봉하면 소화약제가 변질된다.

05 왕복펌프의 보수관리 시 점검 사항으로 틀린 것은?

㉮ 윤활유 작동 확인
㉯ 축수 온도 확인
㉰ 스터핑 박스의 누설 확인
㉱ 다단 펌프에 있어서 프라이밍 누설 확인

정답 1. ㉮ 2. ㉮ 3. ㉰ 4. ㉯ 5. ㉱

> **해설**
> 프라이밍 누설 확인은 원심펌프 가동 전에 한다.

06 가스접합용접장치의 배관을 하는 경우 주관, 분기관에 안전기를 설치하는데, 이는 하나의 취관에 몇 개 이상의 안전기를 설치해야 하는가?
㉮ 1   ㉯ 2
㉰ 3   ㉱ 4

> **해설**
> 주관과 분기관에 안전기를 설치할 때 하나의 취관에 2개 이상의 안전기를 설치해야 한다.

07 안전보건관리책임자의 직무로 가장 거리가 먼 것은?
㉮ 산업재해의 원인 조사 및 재발방지대책 수립에 관한 사항
㉯ 안전에 관한 조직편성 및 예산책정에 관한 사항
㉰ 안전보건과 관련된 안전장치 및 보호구 구입 시의 적격품 여부 확인에 관한 사항
㉱ 근로자의 안전보건교육에 관한 사항

> **해설**
> 안전에 관한 조직편성 및 예산책정에 관한 사항은 안전보건관리책임자의 책무이다.

08 전기 용접 시 전격을 방지하는 방법으로 틀린 것은?
㉮ 용접기의 절연 및 접지상태를 확실히 점검할 것
㉯ 가급적 개로 전압이 높은 교류용접기를 사용할 것
㉰ 장시간 작업 중지 때는 반드시 스위치를 차단시킬 것
㉱ 반드시 주어진 보호구와 복장을 착용할 것

> **해설**
> 전기용접 시 전격방지를 위해 개로 전압이 높은 교류용접기를 사용할 것

09 다음 중 점화원으로 볼 수 없는 것은?
㉮ 전기 불꽃
㉯ 기화열
㉰ 정전기
㉱ 못을 박을 때 튀는 불꽃

> **해설**
> 기화열은 열을 방출하는 것이 아니라 흡수하는 것이기 때문에 점화원으로 볼 수 없다.

10 스패너 사용 시 주의 사항으로 틀린 것은?
㉮ 스패너가 벗겨지거나 미끄러지지 않도록 주의한다.
㉯ 스패너의 입이 너트 폭과 잘 맞는 것을 사용한다.
㉰ 스패너 길이가 짧은 경우에는 파이프를 끼어서 사용한다.
㉱ 무리하게 힘을 주지 말고 조심스럽게 사용한다.

> **해설**
> 스패너 자루에 파이프를 끼워서 사용해서는 안 된다. 왜냐하면, 힘을 너무 가하다 보면 장치가 고장나거나 안전사고가 날 수 있기 때문이다.

11 보일러의 과열 원인으로 적절하지 못한 것은?
㉮ 보일러수의 수위가 높을 때
㉯ 보일러 내 스케일이 생성되었을 때
㉰ 보일러수의 순환이 불량할 때
㉱ 전열면에 국부적인 열을 받았을 때

> **해설**
> 보일러의 과열 원인 : 보일러수의 수위가 낮을 때

정답 6. ㉯ 7. ㉯ 8. ㉯ 9. ㉯ 10. ㉰ 11. ㉮

12 다음 중 위생 보호구에 해당되는 것은?
- ㉮ 안전모
- ㉯ 귀마개
- ㉰ 안전화
- ㉱ 안전대

해설
위생 보호구 : 눈, 귀, 호흡기, 피부 등을 보호하기 위한 보호구이다.

13 근로자가 안전하게 통행할 수 있도록 통로에는 몇 럭스 이상의 조명시설을 설치해야 하는가?
- ㉮ 10
- ㉯ 30
- ㉰ 45
- ㉱ 75

해설
근로자가 안전하게 통행할 수 있도록 통로에는 75 럭스 이상의 조명시설을 설치해야 한다.

14 교류 아크 용접기 사용 시 유의사항으로 틀린 것은?
- ㉮ 용접변압기의 1차측 전로는 하나의 용접기에 대해서 2개의 개폐기로 할 것
- ㉯ 2차측 전로는 용접봉 케이블 또는 캡타이어 케이블을 사용할 것
- ㉰ 용접기의 외함은 접지하고 누전차단기를 설치할 것
- ㉱ 일정 조건하에서 용접기를 사용할 때는 자동전격방지장치를 사용할 것

해설
용접변압기의 1차측 전로는 하나의 용접기에 대해서 1개의 개폐기로 할 것

15 전동공구 사용상의 안전수칙이 아닌 것은?
- ㉮ 전기드릴로 아주 작은 물건이나 긴 물건을 작업할 때에는 지그를 사용한다.
- ㉯ 전기 그라인더나 샌더가 회전하고 있을 때 작업대 위에 공구를 놓아서는 안 된다.
- ㉰ 수직 휴대용 연삭기의 숫돌의 노출각도는 90°까지 허용된다.
- ㉱ 이동식 전기드릴 작업 시는 장갑을 끼지 말아야 한다.

해설
수직 휴대용 연삭기의 숫돌의 노출각도는 180°까지 허용된다.

2과목 냉동기계

16 글랜드 패킹의 종류가 아닌 것은?
- ㉮ 오일실 패킹
- ㉯ 석면 야안 패킹
- ㉰ 아마존 패킹
- ㉱ 몰드 패킹

해설
- 글랜드 패킹 : 석면 야안 패킹, 석면 각형 패킹, 아마존 패킹, 몰드 패킹
- 나사용 패킹 : 페인트, 일산화연, 액상 합성수지
- 플랜지 패킹 : 합성수지 패킹, 오일실 패킹, 금속 패킹, 고무 패킹, 네오프랜(합성고무), 석면조인트 패킹

17 냉동 사이클에서 증발온도가 −15°C이고 과열도가 5°C일 경우 압축기 흡입가스온도는?
- ㉮ 5°C
- ㉯ −10°C
- ㉰ −15°C
- ㉱ −20°C

해설
압축기 흡입가스온도=과열도+증발기의 증발온도

18 열에 관한 설명으로 틀린 것은?
- ㉮ 승화열은 고체가 기체로 되면서 주위에서 빼앗는 열량이다.
- ㉯ 잠열은 물체의 상태를 바꾸는 작용을 하는 열이다.

정답 12. ㉯ 13. ㉱ 14. ㉮ 15. ㉰ 16. ㉮ 17. ㉯

㉰ 현열은 상태 변화 없이 온도 변화에 필요한 열이다.
㉱ 융해열은 현열의 일종이며, 고체를 액체로 바꾸는 데 필요한 열이다.

해설
융해열은 잠열의 일종이며, 고체를 액체로 바꾸는 데 필요한 열이다.

19 2,000W의 전기가 1시간 일한 양을 열량으로 표현하면 얼마인가?

㉮ 172kcal/h ㉯ 860kcal/h
㉰ 17,200kcal/h ㉱ 1,720kcal/h

해설
1kW=860kcal/h이므로
2kW=1,720kcal/h

20 왕복동식 압축기와 비교하여 스크류 압축기의 특징이 아닌 것은?

㉮ 흡입·토출밸브가 없으므로 마모 부분이 없어 고장이 적다.
㉯ 냉매의 압력손실이 크다.
㉰ 무단계 용량제어가 가능하며 연속적으로 행할 수 있다.
㉱ 체적효율이 좋다.

해설
스크루압축기의 특징
- 흡입·토출밸브가 없으므로 마모 부분이 없어 고장이 적으며, 냉매의 압력손실이 매우 적다.
- 체적효율이 좋으며, 단열효율이 좋다.
- 무단계 용량제어가 가능하며 연속적으로 행할 수 있으며, 소음과 진동이 적다.

21 2원 냉동장치에 대한 설명 중 틀린 것은?

㉮ 냉매는 주로 저온용과 고온용을 1:1로 섞어서 사용한다.
㉯ 고온측 냉매로는 비등점이 높은 냉매를 주로 사용한다.
㉰ 저온측 냉매로는 비등점이 낮은 냉매를 주로 사용한다.
㉱ -80~-70℃ 정도 이하의 초저온 냉동장치에 주로 사용한다.

해설
- 2원 냉동장치는 저온측 냉매와 고온측 냉매를 따로 사용하여 -70℃ 이하의 초저온장치로 가능하다.
- **저온측 냉매**: R-13, R-14, 메탄(R-50), 에틸렌, 프로판(R-290)
- **고온측 냉매**: R-12, R-22 등

22 흡수식 냉동장치의 적용대상으로 가장 거리가 먼 것은?

㉮ 백화점 공조용 ㉯ 산업 공조용
㉰ 제빙공장용 ㉱ 냉난방장치용

해설
흡수식 냉동장치는 0℃ 이하로 온도를 낮추기 힘들기 때문에 제빙용으로는 사용하지 않는다.

23 냉매의 특징에 관한 설명으로 틀린 것은?

㉮ NH_3는 물과 기름에 잘 녹는다.
㉯ R-12는 기름과 잘 용해하나 물에는 잘 녹지 않는다.
㉰ R-12는 NH_3보다 전열이 양호하다.
㉱ NH_3의 포화증기의 비중은 R-12보다 작지만 R-22보다 크다.

해설
- **암모니아**: 물에 잘 녹지만, 기름에는 잘 녹지 않는다.
- **R-12**: 기름에 잘 녹지만 전열이 좋지 않아서, 휜 튜브를 사용하여 전열면적을 넓히는 역할을 해준다.
- **전열순서**: NH_3 > H_2O > Freon > 공기
- **포화증기 비중**: NH_3 < R-12 < R-22

정답 18. ㉱ 19. ㉱ 20. ㉯ 21. ㉮ 22. ㉰ 23. ㉯

24 컨덕턴스는 무엇을 뜻하는가?

㉮ 전류의 흐름을 방해하는 정도를 나타낸 것이다.
㉯ 전류가 잘 흐르는 정도를 나타낸 것이다.
㉰ 전위차를 얼마나 적게 나타내느냐의 정도를 나타낸 것이다.
㉱ 전위차를 얼마나 크게 나타내느냐의 정도를 나타낸 것이다.

해설
- 컨덕턴스(G) : 전류가 잘 흐르는 정도를 나타낸 것이다.
- 저항(Ω) : 전류가 못 흐르는 정도를 나타낸 것이다.

25 다음 중 2단 압축, 2단 팽창 냉동 사이클에서 주로 사용되는 중간 냉각기의 형식은?

㉮ 플래시형 ㉯ 액냉각형
㉰ 직접팽창식 ㉱ 저압수액기식

해설
2단 압축과 2단 팽창 사이클에 사용되는 중간 냉각기는 플래시형이다.

26 암모니아 냉매배관을 설치할 때 시공방법으로 틀린 것은?

㉮ 관이음 패킹재료는 천연고무를 사용한다.
㉯ 흡입관에는 U트랩을 설치한다.
㉰ 토출관의 합류는 Y접속으로 한다.
㉱ 액관의 트랩부에는 오일드레인밸브를 설치한다.

해설
암모니아 냉매배관의 흡입관에 U트랩을 설치하지 않는 이유는 압력손실이 크기 때문이다.

27 엔탈피의 단위로 옳은 것은?

㉮ kcal/kg ㉯ kcal/h·℃
㉰ kcal/kg·℃ ㉱ kcal/m³·h·℃

해설
- 엔탈피 : kcal/kg
- 비열 : kcal/kg·℃
- 열전달률 : kcal/m²·h·℃

28 냉방능력 1냉동톤인 응축기에 10L/min의 냉각수가 사용되었다. 냉각수 입구의 온도가 32℃이면 출구 온도는?(단, 방열계수는 1.2로 한다)

㉮ 12.5℃ ㉯ 22.6℃
㉰ 38.6℃ ㉱ 49.5℃

해설
$$방열계수 = \frac{응축부하}{냉방부하} = \frac{G \times C \times (t_o - t_i)}{1 \times 3,320}$$
$$t_o = \frac{Q_e \times 방열계수}{G \times C} + t_i = \frac{1.2 \times 3,320}{10 \times 60 \times 1} + 32$$
$$= 38.64\,℃$$

29 다음 중 등온변화에 대한 설명으로 틀린 것은?

㉮ 압력과 부피의 곱은 항상 일정하다.
㉯ 내부에너지는 증가한다.
㉰ 가해진 열량과 한 일이 같다.
㉱ 변화 전과 후의 내부에너지의 값이 같아진다.

해설
등온변화이므로 내부에너지는 변함이 없다.
∵ $dU = C_1 dT$

30 열역학 제1법칙을 설명한 것으로 옳은 것은?

㉮ 밀폐계가 변화할 때 엔트로피의 증가를 나타낸다.

정답 24. ㉯ 25. ㉮ 26. ㉯ 27. ㉮ 28. ㉰ 29. ㉯

㉯ 밀폐계에 가해 준 열량과 내부에너지의 변화량의 합은 일정하다.
㉰ 밀폐계에 전달된 열량은 내부에너지 증가와 계가 한 일의 합과 같다.
㉱ 밀폐계의 운동에너지와 위치에너지의 합은 일정하다.

해설
열역학 제1법칙 : 열은 일로, 일은 열로 환산 가능하므로 에너지가 보존되어 밀폐계에 전달된 열량은 내부에너지 증가와 계가한 일의 합과 같다.

31 팽창밸브 직후의 냉매 건조도를 0.23, 증발잠열이 52kcal/kg이라 할 때, 이 냉매의 냉동효과는?

㉮ 226kcal/kg ㉯ 40kcal/kg
㉰ 38kcal/kg   ㉱ 12kcal/kg

해설
포화액에서 건포화 증기로 변할 때의 열량이 증발잠열이 52kcal/kg이다. 이때의 건조도란 습포화 증기구역(건공기+습공기)에서 기체로 변한 양을 말한다.
∴ 냉동효과(q_c) = (1−x) = (1−0.23)×52
= 40kcal/kg

32 터보냉동기의 운전 중 서징(surging)현상이 발생하였다. 그 원인으로 틀린 것은?

㉮ 흡입가이드 베인을 너무 조일 때
㉯ 가스 유량이 감소될 때
㉰ 냉각수온이 너무 낮을 때
㉱ 너무 낮은 가스유량으로 운전할 때

해설
서징현상의 원인
- 냉각수량이 적거나 수온이 너무 높을 때
- 운전 중인 펌프를 정지시킬 때
- 불응축 가스가 혼입될 때
- 흡입 베인을 강하게 조일 경우
- 냉각수 베인에 스케일이 있을 경우
- 펌프의 토출관로가 길고, 배관 중간에 수조 또는 공기가 괴어있는 부분이 있을 때

33 2단 압축 냉동장치에서 각각 다른 2대의 압축기를 사용하지 않고 1대의 압축기가 2대의 압축기 역할을 할 수 있는 압축기는?

㉮ 부스터 압축기
㉯ 캐스케이드 압축기
㉰ 컴파운드 압축기
㉱ 보조 압축기

해설
컴파운드 압축기 : 2단 압축 냉동장치에서 1대의 압축기가 2대의 압축기 역할을 할 수 있는 압축기

34 역 카르노 사이클은 어떤 상태변화 과정으로 이루어져 있는가?

㉮ 1개의 등온과정, 1개의 등압과정
㉯ 2개의 등압과정, 2개의 교축작용
㉰ 1개의 단열과정, 2개의 교축작용
㉱ 2개의 단열과정, 2개의 등온과정

해설
역 카르노 사이클 : 2개의 단열과정, 2개의 등온과정으로서 이상적인 냉동 사이클을 구현할 수 있다.

35 팽창밸브 본체와 온도센서 및 전자제어부를 조립함으로써 과열도 제어를 하는 특징을 가지며, 바이메탈과 전열기가 조립된 부분과 니들밸브 부분으로 구성된 팽창밸브는?

㉮ 온도식 자동 팽창밸브
㉯ 정압식 자동 팽창밸브
㉰ 열전식 팽창밸브
㉱ 플로토식 팽창밸브

해설
열전식 팽창밸브 : 바이메탈과 전열기가 조립된 부분과 니들밸브 부분으로 구성된 팽창밸브

정답 30. ㉰ 31. ㉯ 32. ㉰ 33. ㉰ 34. ㉱ 35. ㉰

36 회전식 압축기의 특징에 관한 설명으로 틀린 것은?

㉮ 용량제어가 없고 분해조립 및 정비에 특수한 기술이 필요하다.
㉯ 대형 압축기와 저온용 압축기로 사용하기 적당하다.
㉰ 왕복동식처럼 격간이 없어 체적효율, 성능계수가 양호하다.
㉱ 소형이고 설치면적이 적다.

해설
회전식 압축기의 특징
- 대형용에는 왕복동식 및 스크루식이 사용된다.
- 소형용에 사용하며 설치면적이 적다.
- 왕복동식처럼 격간이 없어 체적효율, 성능계수가 양호하다.
- 부품수가 적고 구조가 간단하다.
- 고속회전임에도 진동과 소음이 적다.
- 흡입밸브가 없으며, 토출밸브는 체크밸브로 사용한다.

37 다음 중 흡수식 냉동기의 용량제어방법이 아닌 것은?

㉮ 구동열원입구제어
㉯ 증기토출제어
㉰ 발생기 공급용액량 조절
㉱ 증발기압력제어

해설
흡수식 냉동기의 용량제어방법
- 구동열원입구제어
- 증기토출제어
- 발생기 공급용액량 조절

38 동관 공작용 작업 공구가 아닌 것은?

㉮ 익스팬더   ㉯ 사이징 툴
㉰ 튜브 밴드   ㉱ 봄볼

해설
동관 작업용 공구
- **사이징 툴** : 동관이음할 경우 정확하게 원형으로 끝을 정형하기 위해 사용하는 공구
- **익스팬더** : 동관을 확관할 때 사용
- **튜브밴드** : 동관을 밴딩할 때 사용
- **봄볼** : 연관에서 구멍을 뚫을 때 사용

39 유량이 적거나 고압일 때에 유량조절을 한 층 더 엄밀하게 행할 목적으로 사용되는 것은?

㉮ 콕   ㉯ 안전밸브
㉰ 글로브밸브   ㉱ 앵글밸브

해설
- **글로브밸브** : 유량이 적거나 고압일 때에 유량조절을 한 층 더 세밀하게 행할 목적으로 사용
- **콕** : 신속한 개폐를 할 때 90°로 움직이면서 제어
- **안전밸브** : 비상시 안전을 위한 밸브
- **앵글밸브** : 유체의 흐름의 방향을 90° 바꿀 때 사용

40 다음 중 압축기효율과 가장 거리가 먼 것은?

㉮ 체적효율   ㉯ 기계효율
㉰ 압축효율   ㉱ 팽창효율

해설
압축기효율에는 체적효율, 기계효율, 압축효율이 있다.

41 −15°C에서 건조도가 0인 암모니아 가스를 교축팽창시켰을 때 변화가 없는 것은?

㉮ 비체적   ㉯ 압력
㉰ 엔탈피   ㉱ 온도

해설
교축팽창 : 단열팽창의 다른 용어이며, 이 과정에서 엔탈피는 일정하고 압력과 온도는 내려가고, 비체적은 상승한다.

정답 36. ㉯ 37. ㉱ 38. ㉱ 39. ㉰ 40. ㉱ 41. ㉰

42 다음 수랭식 응축기에 관한 설명으로 옳은 것은?

㉮ 수온이 일정한 경우 유막 물때가 두껍게 부착하여도 수량을 증가하면 응축압력에는 영향이 없다.
㉯ 응축부하가 크게 증가하면 응축압력 상승에 영향을 준다.
㉰ 냉온수량이 풍부한 경우에는 불응축 가스의 혼입 영향이 없다.
㉱ 냉각수량이 일정한 경우에는 수온에 의한 영향은 없다.

⊕ 해설
불응축 가스의 발생 즉, 응축부하가 증가하면 응축압력은 상승한다.

43 증발압력 조정밸브를 부착하는 주요 목적은?

㉮ 흡입압력을 저하시켜 전동기의 기동전류를 적게 한다.
㉯ 증발기 내의 압력이 일정 압력 이하가 되는 것을 방지한다.
㉰ 냉매의 증발온도를 일정치 이하로 내리게 한다.
㉱ 응축압력을 항상 일정하게 유지한다.

⊕ 해설
증발압력 조정밸브: 증발기 내의 압력이 일정 압력 이하가 되면 냉동기의 작동을 멈추게 하는 역할

44 주로 저압증기나 온수배관에서 호칭지름이 작은 분기관에 이용되며, 굴곡부에서 압력강하가 생기는 이음쇠는?

㉮ 슬리브형   ㉯ 스위블형
㉰ 루프형   ㉱ 벨로즈형

⊕ 해설
스위블형: 온수나 저압증기의 분기점을 2개 이상의 엘보로 연결하여 파이프의 신축이 일어날 때 약간의 비틀림을 만들어 신축을 흡수하고 신축으로 인한 현상을 막아주는 역할을 한다. 이는 급탕배관 등에 사용한다.

45 시퀀스 제어에 속하지 않는 것은?

㉮ 자동 전기밥솥
㉯ 전기세탁기
㉰ 가정용 전기냉장고
㉱ 네온사인

⊕ 해설
가정용 전기냉장고: 피드백 제어를 통해 제어한다.

3과목 공기조화

46 개별 공조방식에서 성적계수에 관한 설명으로 옳은 것은?

㉮ 히트펌프의 경우 축열조를 사용하면 성적계수가 낮다.
㉯ 히트펌프 시스템의 경우 성적계수는 1보다 적다.
㉰ 냉방 시스템은 냉동효과가 동일한 경우에는 압축일이 클수록 성적계수는 낮아진다.
㉱ 히트펌프의 난방 운전 시 성적계수는 냉방 운전 시 성적계수보다 낮다.

⊕ 해설
- 냉방 시스템은 냉동효과가 동일한 경우에는 압축일이 클수록 성적계수는 낮아진다.
- 성적계수(COP)= $\dfrac{Q_2}{A_w}$ 에서 Q_2가 동일하면 압축일이 클수록 성적계수는 낮아진다.

정답 42. ㉯ 43. ㉯ 44. ㉯ 45. ㉰ 46. ㉰

47 복사난방에 관한 설명 중 틀린 것은?
- ㉮ 바닥면의 이용도가 높고 열손실이 적다.
- ㉯ 단열층 공사비가 많이 들고 배관의 고장 발견이 어렵다.
- ㉰ 대류 난방에 비하여 설비비가 많이 든다.
- ㉱ 방열체의 열용량이 적으므로 외기온도에 따라 방열량의 조절이 쉽다.

해설
복사난방의 특징
- 바닥에 매립되어 실내의 쾌감도가 좋고, 열손실이 적다.
- 실내 분포도가 좋으나, 평균온도는 낮다.
- 부하변동에 따른 온도 조절의 대응이 늦다.
- 고장발견이 어렵고 시설비가 많이 든다.

48 환기에 대한 설명으로 틀린 것은?
- ㉮ 기계환기법에는 풍압과 온도차를 이용하는 방식이 있다.
- ㉯ 제품이나 기기 등의 성능을 보전하는 것도 환기의 목적이다.
- ㉰ 자연환기는 공기의 온도에 따른 비중차를 이용한 환기이다.
- ㉱ 실내에서 발생하는 열이나 수증기도 제거한다.

해설
자연환기법 : 풍압과 온도차를 이용하는 방식

49 다음의 습공기 선도에 대하여 바르게 설명한 것은?

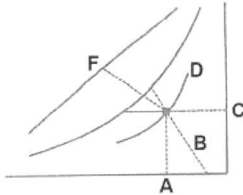

- ㉮ F점은 습공기의 습구온도를 나타낸다.
- ㉯ C점은 습공기의 노점온도를 나타낸다.
- ㉰ A점은 습공기의 절대습도를 나타낸다.
- ㉱ B점은 습공기의 비체적을 나타낸다.

해설
- F점은 습공기의 엔탈피를 나타낸다.
- C점은 습공기의 절대습도를 나타낸다.
- A점은 습공기의 건구온도를 나타낸다.
- B점은 습공기의 비체적을 나타낸다.

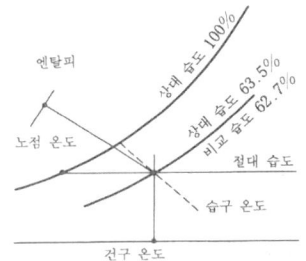

50 공기의 감습방법에 해당되지 않는 것은?
- ㉮ 흡수식
- ㉯ 흡착식
- ㉰ 냉각식
- ㉱ 가열식

해설
감습장치
- **흡수식** : 염화리튬, 트리에틸렌글리콜 등의 액체 흡수제를 이용한다.
- **흡착식** : 실리카겔, 활성알루미나 등의 반고체 및 고체 흡수제를 이용한다.
- **냉각식** : 냉각코일, 공기세정기를 이용한다.
- **압축식** : 공기를 압축하여 공기 중의 수분을 응축하지만 전력소모가 커서 잘 사용하지 않는다.

51 냉방부하에서 틈새 바람으로 손실되는 열량을 보호하기 위하여 극간풍을 방지하는 방법으로 틀린 것은?
- ㉮ 회전문을 설치한다.
- ㉯ 충분한 간격을 두고 이중문을 낮게 유지한다.
- ㉰ 실내의 압력을 외부압력보다 낮게 유지한다.
- ㉱ 에어 커튼(air curtain)을 사용한다.

정답 47. ㉱ 48. ㉮ 49. ㉱ 50. ㉱ 51. ㉰

✚ 해설
실내압력을 높여야 외기로부터 극간풍을 막을 수 있다.

52 체감을 나타내는 척도로 사용되는 유효온도와 관계있는 것은?
- ㉮ 습도와 복사열
- ㉯ 온도와 습도
- ㉰ 온도와 기압
- ㉱ 온도와 복사열

✚ 해설
실효온도 : 습도, 온도, 기류의 영향 도표를 한군데 모아 분석한 온도지표이다.

53 기계배기와 적당한 자연급기에 의한 환기방식으로서 화장실, 탕비실, 소규모 조리장의 환기 설비에 적당한 환기법은?
- ㉮ 제1종 환기법
- ㉯ 제2종 환기법
- ㉰ 제3종 환기법
- ㉱ 제4종 환기법

✚ 해설
기계환기법
- 제1종 기계 환기법 : 급기→송풍기, 배기→송풍기
- 제2종 기계 환기법 : 급기→송풍기, 배기→자연풍
- 제3종 기계 환기법 : 급기→자연풍, 배기→송풍기

54 난방부하에 대한 설명으로 틀린 것은?
- ㉮ 건물의 난방 시에 재실자 또는 기구의 발생 열량은 난방 개시 시간을 고려하여 일반적으로 무시해도 좋다.
- ㉯ 외기부하 계산은 냉방부하 계산과 마찬가지로 현열부하와 잠열부하로 나누어 계산해야 한다.
- ㉰ 덕트면의 열통과에 의한 손실 열량은 작으므로 일반적으로 무시해도 좋다.
- ㉱ 건물의 벽체는 바람을 통하지 못하게 하므로 건물 벽체에 의한 손실 열량은 무시해도 좋다.

✚ 해설
건물 벽체는 바람이 들어오지 못하므로 현열로만 계산해야 한다.

55 온수난방에 대한 설명 중 틀린 것은?
- ㉮ 일반적으로 고온수식과 저온수식의 기준온도는 100°C이다.
- ㉯ 개방형은 방열기보다 1m 이상 높게 설치하고, 밀폐형은 가능한 보일러로부터 멀리 설치한다.
- ㉰ 중력 순환식 온수난방법은 소규모 주택에 사용된다.
- ㉱ 온수난방배관의 주재료는 내열성을 고려해서 선택해야 한다.

✚ 해설
개방형은 방열기보다 1m 이상 높게 설치하고, 밀폐형은 높이와 거리에 상관없이 가능한 보일러로부터 가까이 설치한다.

56 2중 덕트방식의 특징이 아닌 것은?
- ㉮ 설비비가 저렴하다.
- ㉯ 각실 각존의 개별 온습도의 제어가 가능하다.
- ㉰ 용도가 다른 존 수가 많은 대규모 건물에 적합하다.
- ㉱ 다른 방식에 비해 덕트 공간이 크다.

✚ 해설
2중 덕트는 2개의 덕트를 설치해야 하므로 설비비가 비싸다.

57 실내의 현열부하가 3,200kcal/h, 잠열부하는 600kcal/h일 때, 현열비는?
- ㉮ 0.16
- ㉯ 6.25
- ㉰ 1.20
- ㉱ 0.84

정답 52. ㉯ 53. ㉰ 54. ㉱ 55. ㉯ 56. ㉮ 57. ㉱

🔵 해설

현열비(SHF) = $\dfrac{q_s}{q_s+q_L}$ = $\dfrac{3,200}{3,200+600}$ = 0.84

58 흡수식 냉동기의 특징으로 틀린 것은?

㉮ 전력 사용량이 적다.
㉯ 압축식 냉동기보다 소음, 진동이 크다.
㉰ 용량제어 범위가 넓다.
㉱ 부분 부하에 대한 대응성이 좋다.

🔵 해설
흡수식 냉동기의 특징
- 압축기 대신 흡수기와 발생기를 사용하므로 소음과 진동이 적다.
- 압축식에 비해 설치 면적이 크다.
- 압축식에 비해 예냉 시간이 길다.
- 용량제어 범위가 넓다.

59 다음은 덕트 내의 공기압력을 측정하는 방법이다. 그림 중 정압을 측정하는 방법은?

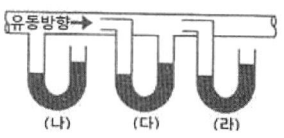

㉮ (가)   ㉯ (나)
㉰ (다)   ㉱ (라)

🔵 해설
㉮ 무압측정   ㉯ 정압측정
㉰ 동압측정   ㉱ 전압측정

60 건구온도 33℃, 상대습도 50%인 습공기 500m³/h를 냉각 코일에 의하여 냉각한다. 코일의 장치노점온도는 9℃이고 바이패스 팩터가 0.1이라면, 냉각된 공기의 온도는?

㉮ 9.5℃   ㉯ 10.2℃
㉰ 11.4℃   ㉱ 12.6℃

🔵 해설
- **바이패스 팩터(BF)** : 냉동코일에 접촉하지 않은 공기의 온도이다.
- **콘택트온도(CF)** : 코일에 접촉하여 코일로 넘어간 공기의 온도이다.
  BF+CF=1
  ∴ 0.1×33+0.9×9=11.4℃

정답 58. ㉯ 59. ㉯ 60. ㉰

2015년 7월 19일 시행(3회)

1과목 공조냉동 안전관리

01 수공구 사용방법 중 옳은 것은?
㉮ 스패너에 너트를 깊이 물리고 바깥쪽으로 밀면서 풀고 죈다.
㉯ 정작업이 끝날 무렵에는 힘을 빼고 천천히 타격한다.
㉰ 쇠톱 작업 시 톱날을 고정한 후에는 재조정을 하지 않는다.
㉱ 장갑을 낀 손이나 기름 묻은 손으로 해머를 잡고 작업해도 된다.

해설
- 정작업이 끝날 무렵에는 힘을 빼고 천천히 타격한다.
- 스패너에 너트를 깊이 물리고 안쪽으로 당기면서 풀고 죈다.
- 쇠톱 작업 시 톱날을 고정한 후에는 재조정을 하여 톱틀과 톱날의 중심을 잡는다.
- 장갑을 낀 손이나 기름 묻은 손으로 해머를 잡고 작업을 하면 안 된다.

02 공기압축기를 가동할 때, 시작 전 점검사항에 해당되지 않는 것은?
㉮ 공기저장 압력용기의 외관상태
㉯ 드레인밸브의 조작 및 배수
㉰ 입력방출장치의 기능
㉱ 비상정지장치 및 비상하강방지장치 기능의 이상 유무

해설
비상정지장치 및 비상하강방지장치 기능의 이상 유무는 상시점검사항이다.

03 화재 시 소화제로 물을 사용하는 이유로 가장 적당한 것은?
㉮ 산소를 잘 흡수하기 때문에
㉯ 증발잠열이 크기 때문에
㉰ 연소하지 않기 때문에
㉱ 산소공급을 차단하기 때문에

해설
화재 시 소화제로 물을 사용하는 이유는 증발잠열이 크기 때문이다.

04 각 작업조건에 맞는 보호구의 연결로 틀린 것은?
㉮ 물체가 떨어지거나 날아올 위험이 있는 작업 : 안전모
㉯ 고열에 의한 화상 등의 위험이 있는 작업 : 방열복
㉰ 선창 등에서 분진이 심하게 발생하는 하역작업 : 방한복
㉱ 높이 또는 깊이 2미터 이상의 추락할 위험이 있는 장소에서 하는 작업 : 안전대

해설
방진마스크 : 선창 등에서 분진이 심하게 발생하는 하역작업

05 연삭작업의 안전수칙으로 틀린 것은?
㉮ 작업 도중 진동이나 마찰면에서의 파열이 심하면 곧 작업을 중지한다.
㉯ 숫돌차에 편심이 생기거나 원주면의 메짐이 심하면 드레싱을 한다.
㉰ 작업 시 반드시 숫돌의 정면에 서서 작업한다.
㉱ 축과 구멍에는 틈새가 없어야 한다.

정답 1. ㉯ 2. ㉱ 3. ㉯ 4. ㉰ 5. ㉰

➕ 해설
작업 시 안전을 위해 숫돌의 측면에 서서 작업한다.

06 크레인을 사용하여 작업을 하고자 한다. 작업 시작 전의 점검사항으로 틀린 것은?

㉮ 권과방지장치·브레이크·클러치 및 운전장치의 기능
㉯ 주행로의 상측 및 트롤리가 횡행(橫行)하는 레일의 상태
㉰ 와이어로프가 통하고 있는 곳의 상태
㉱ 압력방출장치의 기능

➕ 해설
크레인 작업시작 전의 점검사항
- 권과방지장치·브레이크·클러치 및 운전장치의 기능
- 주행로의 상측 및 트롤리가 횡행(橫行)하는 레일의 상태
- 와이어로프가 통하고 있는 곳의 상태

07 보일러의 휴지보존법 중 장기보존법에 해당되지 않는 것은?

㉮ 석회밀폐 건조법
㉯ 질소가스 봉입법
㉰ 소다만수 보존법
㉱ 가열 건조법

➕ 해설
가열 건조법 : 단기보존법

08 보일러의 역화(back fire)의 원인이 아닌 것은?

㉮ 점화 시 착화를 빨리한 경우
㉯ 점화 시 공기보다 연료를 먼저 노내에 공급하였을 경우
㉰ 노내의 미연소가스가 충만해 있을 때 점화하였을 경우
㉱ 연료밸브를 급개하여 과다한 양을 노내에 공급하였을 경우

➕ 해설
점화 시 착화를 느리게 할 경우 역화가 일어난다.

09 산업안전보건기준에 따른 작업장의 출입구 설치기준으로 틀린 것은?

㉮ 출입구의 위치·수 및 크기가 작업장의 용도와 특성에 맞도록 할 것
㉯ 출입구에 문을 설치하는 경우에는 근로자가 쉽게 열고 닫을 수 있도록 할 것
㉰ 주된 목적이 하역운반기계용인 출입구에는 보행자용 출입구를 따로 설치하지 말 것
㉱ 계단이 출입구와 바로 연결된 경우에는 작업자의 안전한 통행을 위하여 그 사이에 충분한 거리를 둘 것

➕ 해설
주된 목적이 하역운반기계용인 출입구에는 보행자용 출입구를 따로 설치할 것

10 아크 용접의 안전사항으로 틀린 것은?

㉮ 홀더가 신체에 접촉되지 않도록 한다.
㉯ 절연 부분이 균열이나 파손되었으면 교체한다.
㉰ 장시간 용접기를 사용하지 않을 때는 반드시 스위치를 차단시킨다.
㉱ 1차 코드는 벗겨진 것을 사용해도 좋다.

➕ 해설
벗겨진 1차 코드는 감전의 위험이 되므로 새 것으로 바꾸어 사용한다.

11 차량계 하역 운반 기계의 종류로 가장 거리가 먼 것은?

㉮ 지게차   ㉯ 화물 자동차
㉰ 구내 운반자   ㉱ 크레인

정답 6. ㉱ 7. ㉱ 8. ㉮ 9. ㉰ 10. ㉱ 11. ㉱

⊕ 해설
지게차는 차량계 하역운반기계의 종류와 거리가 멀다.

12 보일러의 폭발사고 예방을 위하여 그 기능이 정상적으로 작동할 수 있도록 유지 관리해야 하는 장치로 가장 거리가 먼 것은?
㉮ 압력방출장치 ㉯ 감압밸브
㉰ 화염검출기 ㉱ 압력제한스위치

⊕ 해설
보일러 폭발사고 예방장치
- **압력방출장치** : 압력이 너무 상승할 때의 안전장치
- **화염검출기** : 화염이 감지되지 않을 때 화염을 검출
- **압력제한스위치** : 보일러 내 압력이 높아지면 연료의 공급을 차단하는 자동장치

13 냉동장치의 안전운전을 위한 주의사항 중 틀린 것은?
㉮ 압축기와 응축기 간에 스톱밸브가 닫혀있는 것을 확인한 후 압축기를 가동할 것
㉯ 주기적으로 유압을 체크할 것
㉰ 동절기(휴지기)에는 응축기 및 수배관의 물을 완전히 뺄 것
㉱ 압축기를 처음 가동 시에는 정상으로 가동되는가를 확인할 것

⊕ 해설
압축기와 응축기 간에 스톱밸브가 열려있는 것을 확인한 후 압축기를 가동할 것

14 전체 산업 재해의 원인 중 가장 큰 비중을 차지하는 것은?
㉮ 설비의 미비
㉯ 정돈상태의 불량
㉰ 계측공구의 미비
㉱ 작업자의 실수

⊕ 해설
전체 산업 재해의 원인 중 가장 큰 비중을 차지하는 것은 작업자의 실수이다.

15 가스용접 시 역화를 방지하기 위하여 사용하는 수봉식 안전기에 대한 내용 중 틀린 것은?
㉮ 하루에 1회 이상 수봉식 안전기의 수위를 점검할 것
㉯ 안전기는 확실한 점검을 위하여 수직으로 부착할 것
㉰ 1개의 안전기에는 3개 이하의 토치만을 사용할 것
㉱ 동결 시 화기를 사용하지 말고 온수를 사용할 것

⊕ 해설
1개의 안전기에는 1개의 토치만을 사용할 것

2과목 냉동기계

16 다음 내용에 해당되는 법칙은?

> 회로망 중 임의의 한 점에서 흘러 들어오는 전류와 나가는 전류의 대수합은 0이다.

㉮ 쿨롱의 법칙
㉯ 옴의 법칙
㉰ 키르히호프의 제1법칙
㉱ 키르히호프의 제2법칙

⊕ 해설
- 쿨롱의 법칙 : $I = \dfrac{Q}{t}[A]$
- 옴의 법칙 : $V = IR[V]$
- 키르히호프의 제1법칙 :
  $I_1 = I_2 + I_3 + I_4$
  $\Sigma I = 0$

정답 12. ㉯ 13. ㉮ 14. ㉱ 15. ㉰ 16. ㉰

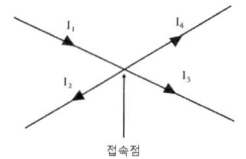

- 키르히호프의 제2법칙 : $\Sigma E = \Sigma I \cdot R$

17 2개 이상의 엘보를 사용하여 배관의 신축을 흡수하는 신축이음은?
㉮ 루프형 이음 ㉯ 벨로즈형 이음
㉰ 슬리브형 이음 ㉱ 스위블형 이음

➕ 해설
스위블형 : 온수나 저압증기의 분기점을 2개 이상의 엘보로 연결하여 파이프의 신축이 일어날 때 약간의 비틀림을 만들어 신축을 흡수하여 신축으로 인한 현상을 막아주는 역할을 한다. 이는 급탕배관 등에 사용된다.

18 냉동장치에서 압축기의 이상적인 압축과정은?
㉮ 등엔트로피 변화
㉯ 정압 변화
㉰ 등온 변화
㉱ 정적 변화

➕ 해설
냉동장치에서 압축기의 이상적인 압축 과정은 등엔트로피 변화이다.

19 원심식 압축기에 대한 설명으로 옳은 것은?
㉮ 임펠러의 원심력을 이용하여 속도에너지를 압력에너지로 바꾼다.
㉯ 임펠러 속도가 빠르면 유량흐름이 감소한다.
㉰ 1단으로 압축비를 크게 할 수 있어 단단 압축방식을 주로 채택한다.
㉱ 압축비는 원주 속도의 3제곱에 비례한다.

➕ 해설
원심식 압축기의 특징
- 임펠러의 원심력을 이용하여 속도에너지를 압력에너지로 바꾸어 일을 하는 냉동기로서 동적 밸런스를 잡기 쉽고 진동이 적다.
- 주로 소형으로 사용하며, 대형화에 비해 냉동능력당 가격이 저렴하다.
- 마찰부가 적어서 고장이 적고, 마모에 의한 손상이나 성능저하가 없다.

20 온도작동식 자동팽창밸브에 대한 설명으로 옳은 것은?
㉮ 실온을 써모스탯에 의하여 감지하고, 밸브의 개도를 조정한다.
㉯ 팽창밸브 직전의 냉매온도에 의하여 자동적으로 개도를 조정한다.
㉰ 증발기 출구의 냉매온도에 의하여 자동적으로 개도를 조정한다.
㉱ 압축기의 토출 냉매온도에 의하여 자동적으로 개도를 조정한다.

➕ 해설
온도 작동식 자동팽창밸브 : 증발기 출구의 냉매온도에 의하여 자동적으로 개도를 조정한다.

21 냉동기에서 압축기의 기능으로 가장 거리가 먼 것은?
㉮ 냉매를 순환시킨다.
㉯ 응축기에 냉각수를 순환시킨다.
㉰ 냉매의 응축을 돕는다.
㉱ 저압을 고압으로 상승시킨다.

➕ 해설
압축기 기능 : 응축기에 냉매를 순환시킨다. 증발기에서 나온 저압력의 냉매가스를 압축시켜 고압의 냉매로 만든다.

정답 17. ㉱ 18. ㉮ 19. ㉮ 20. ㉰ 21. ㉯

22 파이프 내의 압력이 높아지면 고무링이 더욱 파이프 벽에 밀착되어 누설을 방지하는 접합방법은?

㉮ 기계적 접합   ㉯ 플랜지 접합
㉰ 빅토릭 접합   ㉱ 소켓 접합

해설
빅토릭 접합 : 파이프 내의 압력이 높아지면 고무링 또는 금속제 칼라가 더욱 파이프 벽에 밀착되어 누설을 방지하는 접합방법

23 표준 냉동 사이클에서 과냉각도는 얼마인가?

㉮ 45℃   ㉯ 30℃
㉰ 15℃   ㉱ 5℃

해설

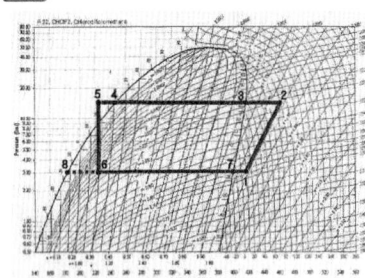

- 응축온도 : 30℃
- 팽창밸브 입구의 냉매액 온도 : 25℃
  ∴ 과냉각도=30−25=5℃
- 증발기의 온도 : −15℃

24 NH_3, R-12, R-22 냉매의 기름과 물에 대한 용해도를 설명한 것으로 옳은 것은?

㉠ 물에 대한 용해도는 R-12가 가장 크다.
㉡ 기름에 대한 용해도는 R-12가 가장 크다.
㉢ R-22는 물에 대한 용해도와 기름에 대한 용해도가 모두 암모니아보다 크다.

㉮ ㉠, ㉡, ㉢   ㉯ ㉡, ㉢
㉰ ㉡   ㉱ ㉢

해설
R-12 : 기름에 대한 용해도가 가장 크다.

25 냉동장치 운전 중 유압이 너무 높을 때 그 원인으로 가장 거리가 먼 것은?

㉮ 유압계가 불량일 때
㉯ 유배관이 막혔을 때
㉰ 유온이 낮을 때
㉱ 유압조정밸브 개도가 과다하게 열렸을 때

해설
유압조정밸브 개도가 과다하게 열렸을 때 유압은 낮아진다.

26 냉동에 대한 설명으로 가장 적합한 것은?

㉮ 물질의 온도를 인위적으로 주위의 온도보다 낮게 하는 것을 말한다.
㉯ 열이 높은 곳에서 낮은 곳으로 흐르는 것을 말한다.
㉰ 물체 자체의 열을 이용하여 일정한 온도를 유지하는 것을 말한다.
㉱ 기체가 액체로 변화할 때의 기화열에 의한 것을 말한다.

해설
냉동 : 물질의 온도를 인위적으로 주위의 온도보다 낮게 하는 것을 말한다.

27 양측의 표면 열전달율이 3,000kcal/m²·h·℃인 수랭식 응축기의 열관류율은? (단, 냉각관의 두께는 3mm이고, 냉각관 재질의 열전도율은 40kcal/m²·h·℃이며, 부착 물때의 두께는 0.2mm, 물때의 열전도율은 0.8kcal/m²·h·℃이다)

㉮ 978kcal/m²·h·℃
㉯ 988kcal/m²·h·℃
㉰ 998kcal/m²·h·℃
㉱ 1,008kcal/m²·h·℃

정답 22. ㉰ 23. ㉱ 24. ㉰ 25. ㉱ 26. ㉮ 27. ㉱

해설

$$K = \cfrac{1}{\cfrac{1}{\alpha_1} + \left(\cfrac{l_1}{\lambda_1} + \cfrac{l_2}{\lambda_2} + \cdots\right) + \cfrac{1}{\alpha_2}}$$

$$= \cfrac{1}{\cfrac{1}{3,000} + \left(\cfrac{0.003}{40} + \cfrac{0.0002}{0.8}\right) + \cfrac{1}{3,000}}$$

$$= 1.008\,\text{kcal/m}^2\cdot\text{h}\cdot\text{°C}$$

28 2단 압축 1단 팽창 냉동장치에 대한 설명 중 옳은 것은?

㉮ 단단 압축시스템에서 압축비가 작을 때 사용된다.
㉯ 냉동부하가 감소하면 중간냉각기는 필요 없다.
㉰ 단단 압축시스템보다 응축능력을 크게 하기 위해 사용된다.
㉱ -30°C 이하의 비교적 낮은 증발온도를 요하는 곳에 주로 사용된다.

해설
2단 압축 1단 팽창 냉동장치는 -30°C 이하의 비교적 낮은 증발온도를 요하는 곳에 주로 사용된다.

29 강관용 공구가 아닌 것은?

㉮ 파이프 바이스   ㉯ 파이프 커터
㉰ 드레서   ㉱ 동력 나사절삭기

해설
드레서 : 연관의 표면에 산화피막을 제거할 때 쓰이는 공구이다.

30 소요 냉각수량 120L/min, 냉각수 입·출구 온도차 6°C인 수냉 응축기의 응축부하는?

㉮ 6,400kcal/h   ㉯ 12,000kcal/h
㉰ 14,400kcal/h   ㉱ 43,200kcal/h

해설
응축부하(Q) = $G \cdot C \cdot \Delta t$ = $120 \times 60 \times 1 \times 6$
= 43,200kcal/h

31 서로 다른 지름의 관을 이을 때 사용되는 것은?

㉮ 소켓   ㉯ 유니온
㉰ 플러그   ㉱ 부싱

해설
- **소켓** : 양쪽 끝에 암나사가 있어 배관에 나사를 만들어 결합할 때 쓰인다.
- **유니온** : 배관의 분해 및 조립하는 곳에 사용한다.
- **플러그** : 부속품의 암나사에 끼워서 배관 끝을 막을 때 사용한다.
- **부싱** : 한쪽은 수나사 다른 쪽은 암나사일 때 서로 조합하여 서로 다른 자름의 파이프를 연결할 때 사용한다.

32 운전 중에 있는 냉동기의 압축기 압력계가 고압은 8kg/cm², 저압은 진공도 100 mmHg을 나타낼 때 압축기의 압축비는?

㉮ 약 6   ㉯ 약 8
㉰ 약 10   ㉱ 약 12

해설

압축비 = $\cfrac{\text{고압의 절대압력}}{\text{저압의 절대압력}}$

$= \cfrac{8 + 1.0332}{(760 - 100) \times \cfrac{1.0332}{760}}$

$= \cfrac{9.0332}{0.897} = 10$

33 어떤 물질의 산성, 알칼리성 여부를 측정하는 단위는?

㉮ CHU   ㉯ USRT
㉰ pH   ㉱ Therm

해설
pH : 산성과 알칼리성은 수소이온농도의 지표를 7로 기준으로 삼는다.

정답 28. ㉱ 29. ㉰ 30. ㉱ 31. ㉱ 32. ㉰ 33. ㉰

34 시퀀스 제어장치의 구성으로 가장 거리가 먼 것은?

㉮ 검출부 ㉯ 조절부
㉰ 피드백부 ㉱ 조작부

🔹해설
피드백부 : 피드백 제어에 해당된다.

35 고열원 온도 T_1, 저열원 온도 T_2인 카르노 사이클의 열효율은?

㉮ $\dfrac{T_2 - T_1}{T_1}$ ㉯ $\dfrac{T_1 - T_2}{T_2}$

㉰ $\dfrac{T_2}{T_1 - T_2}$ ㉱ $\dfrac{T_1 - T_2}{T_1}$

🔹해설
열효율$(\eta) = \dfrac{T_1 - T_2}{T_1}$

36 빙점 이하의 온도에 사용하며 냉동기 배관, LPG 탱크용 배관 등에 많이 사용하는 강관은?

㉮ 고압배관용 탄소강관
㉯ 저온배관용 강관
㉰ 라이닝강관
㉱ 압력배관용 탄소강관

🔹해설
저온배관용 강관 : 빙점 이하의 온도에 사용하며 냉동기 배관, LPG 탱크용 배관 등에 많이 사용하는 강관

37 식품을 냉각된 부동액에 넣어 직접 접촉시켜서 동결시키는 것으로 살포식과 침지식으로 구분하는 동결장치는?

㉮ 접촉식 동결장치
㉯ 공기 동결장치
㉰ 브라인 동결장치
㉱ 송풍식 동결장치

🔹해설
브라인 동결장치 : 식품을 냉각된 부동액에 넣어 직접 접촉시켜서 동결시키는 것으로 살포식과 침지식이 있다.

38 도선에 전류가 흐를 때 발생하는 열량으로 옳은 것은?

㉮ 전류의 세기에 반비례한다.
㉯ 전류의 세기의 제곱에 비례한다.
㉰ 전류의 세기의 제곱에 반비례한다.
㉱ 열량은 전류의 세기와 무관하다.

🔹해설
열량 $Q = I^2 \cdot R \cdot t$
열량은 전류의 세기의 제곱에 비례한다.

39 다음 중 불응축 가스가 주로 모이는 곳은?

㉮ 증발기 ㉯ 액분리기
㉰ 압축기 ㉱ 응축기

🔹해설
불응축 가스가 모이는 곳은 응축기 상부나 균압관이다.

40 회전식(rotary)압축기에 대한 설명으로 틀린 것은?

㉮ 흡입밸브가 없다.
㉯ 압축이 연속적이다.
㉰ 회전 압축으로 인한 진동이 심하다.
㉱ 왕복동에 비해 구조가 간단하다.

🔹해설
회전식(rotary)압축기의 특징
- 회전 압축으로 인한 진동 및 소음이 적다.
- 부품수가 적고, 구조가 간단하다.
- 흡입밸브가 없고, 토출밸브는 체크밸브이다.
- 체적효율의 감소가 적어 진공펌프로 많이 사용한다.

정답 34. ㉰ 35. ㉱ 36. ㉯ 37. ㉰ 38. ㉯ 39. ㉱ 40. ㉰

41. 1PS는 1시간 당 약 몇 kcal에 해당되는가?
㉮ 860 ㉯ 550
㉰ 632 ㉱ 427

해설
- 1HP(영국마력)=76kgf·m/s
  =0.746kW=642J
- 1PS(미터마력, 1HP : 국제마력)=75kgf·m/s
  =0.735kW
  =632kcal/h
- 1kW=1.36PS=102kgf·m/s=860kcal/h

42. −10℃ 얼음 5kg을 20℃ 물로 만드는 데 필요한 열량은?(단, 물의 융해잠열은 80 kcal/kg으로 한다)
㉮ 25kcal ㉯ 125kcal
㉰ 325kcal ㉱ 525kcal

해설
과정 : 15℃ 물 → 0℃ 물 → 0℃ 얼음
$Q_1 = G \times C \times \Delta t = 5 \times 0.5 \times (0-(-15)) = 25\text{kcal}$
$Q_2 = G \times \gamma = 5 \times 80 = 400\text{kcal}$
$Q_3 = G \times C \times \Delta t = 5 \times 1 \times 20 = 100$
∴ $Q = Q_1 + Q_2 + Q_3 = 25 + 400 + 100 = 525\text{kcal}$

43. 다음 온도-엔트로피 선도에서 a→b과정은 어떤 과정인가?

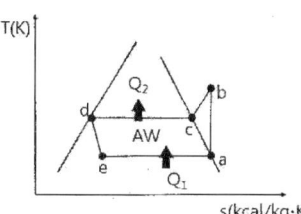

㉮ 압축과정 ㉯ 응축과정
㉰ 팽창과정 ㉱ 증발과정

해설
- a→b : 압축과정
- b→c→d : 응축과정
- d→e : 팽창과정
- e→a : 증발과정

44. 제빙장치 중 결빙한 얼음을 제빙관에서 떼어낼 때 관내의 얼음 표면을 녹이기 위해 사용하는 기기는?
㉮ 수수조 ㉯ 양빙기
㉰ 저빙고 ㉱ 용빙조

해설
용빙조 : 결빙한 얼음을 제빙관에서 떼어낼 때 관내의 얼음 표면을 녹이기 위해 사용하는 기기

45. 단수 릴레이의 종류로 가장 거리가 먼 것은?
㉮ 단압식 릴레이 ㉯ 차압식 릴레이
㉰ 수류식 릴레이 ㉱ 비례식 릴레이

해설
- **단수 릴레이** : 브라인이나 냉수배관의 입구에 설치하여 냉수나 브라인이 부족하면 이상고온의 원인이 되므로 이를 방지하기 위해 사용
- **단수 릴레이의 종류** : 단압식, 차압식, 수류식
  - 단압식 릴레이
  - 차압식 릴레이
  - 수류식 릴레이

3과목 공기조화

46. 난방방식 중 방열체가 필요 없는 것은?
㉮ 온수난방 ㉯ 증기난방
㉰ 복사난방 ㉱ 온풍난방

해설
- **간접 난방방식** : 방열체가 필요 없는 난방방식을 말한다.
- **간접 난방의 종류** : 공기조화, 온풍난방, 열펌프난방 등

47. 물과 공기의 접촉면적을 크게 하기 위해 증발포를 사용하여 수분을 자연스럽게 증발시키는 가습방식은?
㉮ 초음파식 ㉯ 가열식
㉰ 원심분리식 ㉱ 기화식

정답 41. ㉰ 42. ㉱ 43. ㉮ 44. ㉱ 45. ㉱ 46. ㉱ 47. ㉱

해설
- **기화식** : 물과 공기의 접촉면적을 크게 하기 위해 증발포를 사용하여 수분을 자연스럽게 증발시키는 가습방식
- **초음파식** : 초음파에 의해 물을 미립자화하는 방식
- **가열식** : 물을 가열하여 수증기로 방출하는 방식
- **원심분리식** : 강한 원심력으로 물의 표면장력 이상으로 회전시켜 작은 입자로 만드는 방식

48 송풍기의 상사법칙으로 틀린 것은?
㉮ 송풍기의 날개 직경이 일정할 때 송풍압력은 회전수 변화의 2승에 비례한다.
㉯ 송풍기의 날개 직경이 일정할 때 송풍압력은 회전수 변화의 3승에 비례한다.
㉰ 송풍기의 회전수가 일정할 때 송풍압력은 날개직경 변화의 2승에 비례한다.
㉱ 송풍기의 회전수가 일정할 때 송풍압력은 날개직경 변화의 3승에 비례한다.

해설
- **상사법칙** : 풍량과 동력, 압력이 회전속도와 관계가 있으므로 여기에 관련된 법칙을 만든 것이다.
- 유량 : $\frac{Q_1}{Q_2} = \left(\frac{N_1}{N_2}\right)^1 \times \left(\frac{D_2}{D_1}\right)^3$
- 전양정 : $\frac{H_1}{H_2} = \left(\frac{N_1}{N_2}\right)^2 \times \left(\frac{D_2}{D_1}\right)^2$
- 동력 : $\frac{P_1}{P_2} = \left(\frac{N_1}{N_2}\right)^3 \times \left(\frac{D_1}{D_2}\right)^5$

49 온풍난방에 대한 설명 중 옳은 것은?
㉮ 설비비는 다른 난방에 비하여 고가이다.
㉯ 예열부하가 크므로 예열시간이 길다.
㉰ 습도조절이 불가능하다.
㉱ 신선한 외기도입이 가능하여 환기가 가능하다.

해설
온풍난방 : 가열된 온풍을 덕트를 통해 실내에 공급하는 방식

장점	단점
ⓐ 즉시 난방이 가능하다.	ⓐ 실내 상하 온도차가 커서 쾌적성이 떨어진다.
ⓑ 열용량이 적어 예열시간이 짧다.	ⓑ 소음이 발생한다.
ⓒ 설치가 간단하다.	
ⓓ 신선한 외기도입으로 환기가 가능하다.	

50 100°C 물의 증발 잠열은 약 몇 kcal/kg 인가?
㉮ 539   ㉯ 600
㉰ 627   ㉱ 700

해설
100°C 물의 증발 잠열 : 539kcal/kg

51 어떤 사무실 동쪽 유리면이 50m²이고 안쪽은 베니션 블라인드가 설치되어 있을 때, 동쪽 유리면에서 실내에 침입하는 냉방부하는?(단, 유리 통과율은 6.2kcal/m²·h·°C, 복사량은 512kcal/m²·h, 차폐계수는 0.56, 실내외 온도차는 10°C이다)
㉮ 3,100kcal/h   ㉯ 14,336kcal/h
㉰ 17,436kcal/h   ㉱ 15,886kcal/h

해설
냉방부하
$= (K \times F \times \Delta t_m) + (q \times A \times 차폐계수)$
$= (6.2 \times 50 \times 10) + (512 \times 50 \times 0.56)$
$= 17,436 \text{kcal/h}$

52 다음 중 제2종 환기법으로 송풍기만 설치하여 강제 급기하는 방식은?
㉮ 병용식   ㉯ 압입식
㉰ 흡출식   ㉱ 자연식

정답 48. ㉱ 49. ㉱ 50. ㉮ 51. ㉰ 52. ㉯

- **해설**
  - **기계환기법** : 강제 환기법을 말한다.
  - **제2종 기계환기법(압입식)** : 급기→송풍기, 배기→자연풍
  - **제1종 기계환기법(병용식)** : 급기→송풍기, 배기→송풍기
  - **제3종 기계환기법(흡출식)** : 급기→자연풍, 배기→송풍기

53 수분무식 가습장치의 종류가 아닌 것은?

㉮ 모세관식　㉯ 초음파식
㉰ 분무식　　㉱ 원심식

- **해설**
  가습장치의 종류
  - **수분무식** : 원심식, 분무식, 초음파식
  - **증발식** : 모세관식, 회전식, 적하식, 에어워셔식
  - **증기식** : 적외선, 전열식, 전극식, 증기분무식
  - **기화식** : 적하침투식

54 다음 장치 중 신축이음 장치의 종류로 가장 거리가 먼 것은?

㉮ 스위블 조인트　㉯ 볼 조인트
㉰ 루프형　　　　㉱ 버켓형

- **해설**
  신축이음의 종류
  - **루프형(만곡관형)** : 신축곡관으로 강관이나 동관 등을 루프형태로 밴딩하여 그 힘에 의해 신축을 흡수하는 것이다. 곡률반경은 반지름의 6배 이상으로 한다.
  - **슬리브형(미끄럼형)** : 설치장소가 적고 장시간 이용 시 패킹의 마모로 누수가 가능하다.
  - **벨로즈형(파상형)** : 온도가 변할 때 관의 신축을 파형주름관을 통해 흡수하는 방식이다. 이는 팩리스라고도 한다.
  - **스위블형(스윙형)** : 저압과 온수의 분기점에 2개 이상의 나사엘보를 설치하여 신축 시에 나사의 회전비틀림을 통해 신축을 흡수한다.
  - **신축허용길이**
    루프형 〉 슬리브형 〉 벨로즈형 〉 스위블형
    - 강관은 30m, 동관은 20m마다 설치한다.

55 단일덕트 정풍량 방식에 대한 설명으로 틀린 것은?

㉮ 실내부하가 감소될 경우에 송풍량을 줄여도 실내공기가 오염되지 않는다.
㉯ 고성능 필터의 사용이 가능하다.
㉰ 기계실에 기기류가 집중 설치되므로 운전보수관리가 용이하다.
㉱ 각 실이나 존의 부하변동이 서로 다른 건물에서는 온습도에 불균형이 생기기 쉽다.

- **해설**
  - **단일덕트 정풍량 방식** : 중앙 공조기에서 조화된 냉·온풍의 공기를 1개의 덕트를 통해 실내로 공급하는 방식이다.
  - 실내부하가 감소될 경우 송풍량을 줄이면 실내공기가 오염되기 쉽다.

56 온수난방에 이용되는 밀폐형 팽창탱크에 관한 설명으로 틀린 것은?

㉮ 공기층의 용적을 작게 할수록 압력의 변동은 감소한다.
㉯ 개방형에 비해 용적은 크다.
㉰ 통상 보일러 근처에 설치되므로 동결의 염려가 없다.
㉱ 개방형에 비해 보수점검이 유리하고 가압실이 필요하다.

- **해설**
  밀폐형 팽창탱크는 공기층의 용적을 크게 할수록 압력변동은 감소한다.

정답 53. ㉮　54. ㉱　55. ㉮　56. ㉮

57 온수난방의 장점이 아닌 것은?
㉮ 관 부식은 증기난방보다 적고 수명이 길다.
㉯ 증기난방에 비해 배관지름이 작으므로 설비비가 적게 든다.
㉰ 보일러 취급이 용이하고 안전하며 배관 열손실이 적다.
㉱ 온수 때문에 보일러의 연소를 정지해도 여열이 있어 실온이 급변하지 않는다.

해설 증기난방은 잠열을 이용하므로 관이 작아도 되지만, 온수난방은 현열을 이용하기 때문에 배관지름이 커야하므로 설비비가 비싸다.

58 이중 덕트 변풍량방식의 특징으로 틀린 것은?
㉮ 각 실내의 온도제어가 용이하다.
㉯ 설비비가 높고 에너지 손실이 크다.
㉰ 냉풍과 온풍을 혼합하여 공급한다.
㉱ 단일 덕트방식에 비해 덕트 스페이스가 적다.

해설 이중 덕트는 덕트가 2개이므로 1개인 단일 덕트보다 공간을 크게 차지한다.

59 공기에서 수분을 제거하여 습도를 낮추기 위해서는 어떻게 하여야 하는가?
㉮ 공기의 유로 중에 가열코일을 설치한다.
㉯ 공기의 유로 중에 공기의 노점온도보다 높은 온도의 코일을 설치한다.
㉰ 공기의 유로 중에 공기의 노점온도와 같은 온도의 코일을 설치한다.
㉱ 공기의 유로 중에 공기의 노점온도보다 낮은 온도의 코일을 설치한다.

해설 공기에서 수분을 제거하여 습도를 낮추기 위해서는 노점온도보다 낮은 온도의 코일을 공기의 유로 중에 설치한다.

60 공기의 냉각, 가열코일의 선정 시 유의사항에 대한 내용 중 가장 거리가 먼 것은?
㉮ 냉각코일 내에 흐르는 물의 속도는 통상 약 1m/s 정도로 하는 것이 좋다.
㉯ 증기코일을 통과하는 풍속은 통상 약 3~5m/s 정도로 하는 것이 좋다.
㉰ 냉각코일의 입·출구 온도차는 통상 약 5℃ 정도로 하는 것이 좋다.
㉱ 공기 흐름과 물의 흐름은 평행류로 하여 전열을 증대시킨다.

해설 공기의 냉각, 가열코일의 선정 시 공기 흐름과 물의 흐름은 대항류로 하여 전열을 증대시킨다.

정답 57. ㉯ 58. ㉱ 59. ㉱ 60. ㉱

2015년 10월 10일 시행(4회)

1과목 공조냉동 안전관리

01 냉동제조의 시설 중 안전유지를 위한 기술기준에 관한 설명으로 틀린 것은?
㉮ 안전밸브에 설치된 스톱밸브는 특별한 수리 등 특별한 경우 외에는 항상 열어둔다.
㉯ 냉동설비의 설치공사가 완공되면 시운전할 때 산소가스를 사용한다.
㉰ 가연성 가스의 냉동설비 부근에는 작업에 필요한 양 이상의 연소물질을 두지 않는다.
㉱ 냉동설비의 변경공사가 완공되어 기밀시험 시 공기를 사용할 때에는 미리 냉매 설비 중의 가연성가스를 방출한 후 실시한다.

해설
냉동설비의 설치공사가 완공되면 시운전 할 때 질소가스를 사용한다.

02 줄 작업 시 안전관리사항으로 틀린 것은?
㉮ 칩은 브러시로 제거한다.
㉯ 줄의 균열 유무를 확인한다.
㉰ 손잡이가 줄에 튼튼하게 고정되어 있는가 확인한 다음에 사용한다.
㉱ 줄 작업의 높이는 작업자의 어깨 높이로 하는 것이 좋다.

해설
줄작업 시 작업자의 팔꿈치 높이로 자세를 잡고 작업한다.

03 암모니아의 누설검지방법이 아닌 것은?
㉮ 심한 자극성 냄새를 가지고 있으므로 냄새로 확인이 가능하다.
㉯ 적색 리트머스 시험지에 물을 적셔 누설 부위에 가까이 하면 누설 시 청색으로 변한다.
㉰ 백색 페놀프탈레인 용지에 물을 적셔 누설 부위에 가까이 하면 누설 시 적색으로 변한다.
㉱ 황을 묻힌 심지에 불을 붙여 누설 부위에 가져가면 누설 시 홍색으로 변한다.

해설
암모니아의 누설검지방법
- 황을 묻힌 심지에 불을 붙여 누설 부위에 가져가면 누설 시 백색 연기가 발생한다.
- 냄새로 검지한다.
- 적색 리트머스 시험지가 청색으로 변색한다.
- 페놀프탈레인 시험지를 물에 적셔서 대면 홍색으로 변색한다.

04 위험물 취급 및 저장 시의 안전조치사항 중 틀린 것은?
㉮ 위험물은 작업장과 별도의 장소에 보관하여야 한다.
㉯ 위험물을 취급하는 작업장에는 너비 0.3m 이상, 높이 2m 이상의 비상구를 설치하여야 한다.
㉰ 작업장 내부에는 위험물을 작업에 필요한 양만큼만 두어야 한다.
㉱ 위험물을 취급하는 작업장의 비상구 문은 피난 방향으로 열리도록 한다.

정답 1. ㉯ 2. ㉱ 3. ㉱ 4. ㉯

해설
위험물을 취급하는 작업장에는 너비 0.75m 이상, 높이 1.5m 이상의 비상구를 설치하여야 한다.

05 다음 중 압축기가 시동되지 않는 이유로 가장 거리가 먼 것은?
㉮ 전압이 너무 낮다.
㉯ 오버로드가 작동하였다.
㉰ 유압보호 스위치가 리셋되어 있지 않다.
㉱ 온도조절기 감온통의 가스가 빠져 있다.

해설
온도조절기 감온통의 가스가 빠진 것과 압축기의 작동과는 별개의 문제다.

06 산소용접 중 역화현상이 일어났을 때 조치방법으로 가장 적합한 것은?
㉮ 아세틸렌밸브를 즉시 닫는다.
㉯ 토치 속의 공기를 배출한다.
㉰ 아세틸렌압력을 높인다.
㉱ 산소압력을 용접조건에 맞춘다.

해설
아세틸렌밸브와 산소밸브를 즉시 닫는다.

07 드릴 작업 중 유의할 사항으로 틀린 것은?
㉮ 작은 공작물이라도 바이스나 크랩을 사용하여 장착한다.
㉯ 드릴이나 소켓을 척에서 해체시킬 때에는 해머를 사용한다.
㉰ 가공 중 드릴 절삭 부분에 이상음이 들리면 작업을 중지하고 드릴 날을 바꾼다.
㉱ 드릴의 탈착은 회전이 완전히 멈춘 후에 한다.

해설
드릴이나 소켓을 척에서 해체시킬 때에는 해머를 사용하면 안 되며, 드릴 척 핸들을 사용한다.

08 안전장치의 취급에 관한 사항으로 틀린 것은?
㉮ 안전장치는 반드시 작업 전에 점검한다.
㉯ 안전장치는 구조상의 결함유무를 항상 점검한다.
㉰ 안전장치가 불량할 때에는 즉시 수정한 다음 작업한다.
㉱ 안전장치는 작업 형편상 부득이한 경우에는 일시 제거해도 좋다.

해설
안전장치는 어떤 부득이 한 일이 있더라도 항상 설치해야 한다.

09 전기용접 작업 시 전격에 의한 사고를 예방할 수 있는 사항으로 틀린 것은?
㉮ 절연 홀더의 절열부분이 파손되었으면 바로 보수하거나 교체한다.
㉯ 용접봉의 심선은 손에 접촉되지 않게 한다.
㉰ 용접용 케이블은 2차 접속단자에 접촉한다.
㉱ 용접기는 무부하 전압이 필요 이상 높지 않은 것을 사용한다.

해설
용접용 케이블은 2차 접속단자에 접촉하지만 전격방지를 위해서 2차 접속단자에 연결하는 것은 아니다.

정답 5. ㉱ 6. ㉮ 7. ㉯ 8. ㉱ 9. ㉰

10 산업안전보건법의 제정 목적과 가장 거리가 먼 것은?

㉮ 산업재해 예방
㉯ 쾌적한 작업환경 조성
㉰ 산업안전에 관한 정책수립
㉱ 근로자의 안전과 보건을 유지·증진

해설
산업안전보건법의 제정 목적
- 산업안전·보건에 관한 기준을 확립
- 책임소재를 분명히 하여 산업재해를 예방하고 쾌적한 작업환경을 조성
- 근로자의 안전과 보건을 유지 및 증진

11 다음 중 용융온도가 비교적 높아 전기 기구에 사용하는 퓨즈(Fuse)의 재료로 가장 부적당한 것은?

㉮ 납   ㉯ 주석
㉰ 아연   ㉱ 구리

해설
구리의 용융온도 : 구리의 온도는 1,084.5℃로 용융온도(75℃ 이하)가 낮은 퓨즈나 가용 전에는 사용할 수 없다.

12 가스 용접법의 특징으로 틀린 것은?

㉮ 응용 범위가 넓다.
㉯ 아크용접에 비해 불꽃의 온도가 높다.
㉰ 아크용접에 비해 유해 광선의 발생이 적다.
㉱ 열량조절이 비교적 자유로워 박판용접에 적당하다.

해설
- 아크용접의 온도 : 6,000℃
- 가스용접 불꽃의 온도 : 약 2,400℃

13 크레인의 방호장치로서 와이어로프가 후크에서 이탈하는 것을 방지하는 장치는?

㉮ 과부하방지장치
㉯ 권과방지장치
㉰ 비상정지장치
㉱ 해지장치

해설
해지장치 : 와이어로프가 후크에서 이탈하는 것을 방지하는 장치

14 일반적인 컨베이어의 안전장치로 가장 거리가 먼 것은?

㉮ 역회전방지장치
㉯ 비상정지장치
㉰ 과속방지장치
㉱ 이탈방지장치

해설
컨베이어의 안전장치
- 비상정지장치
- 이탈 및 역주행 방지장치
- 덮개 및 울 설치
- 역전방지장치

15 가스용접 작업 중 일어나기 쉬운 재해로 가장 거리가 먼 것은?

㉮ 화재   ㉯ 누전
㉰ 가스중독 ㉱ 가스폭발

해설
누전 : 전기용접에서 일어날 수 있는 재해이다.

2과목　냉동기계

16 액백(Liquid back)의 원인으로 가장 거리가 먼 것은?

㉮ 팽창밸브의 개도가 너무 클 때
㉯ 냉매가 과충전되었을 때
㉰ 액분리기가 불량일 때
㉱ 증발기 용량이 너무 클 때

정답　10. ㉯　11. ㉱　12. ㉯　13. ㉱　14. ㉰　15. ㉯　16. ㉱

해설

액백(Liquid back)의 원인
- 증발기에서의 냉동부하의 급격한 감소
- 팽창밸브의 과도한 개도로 인한 냉매량 급증
- 액분리기의 고장으로 흡입관 내의 냉매액이 그대로 압축기로 넘어갈 때

17 다음 표의 ( ) 안에 들어갈 말로 옳은 것은?

> 압축기의 체적효율은 격간(Clearance)의 증대에 의하여 (가)하며, 압축비가 클수록 (나)하게 된다.

㉮ 가 : 감소, 나 : 감소
㉯ 가 : 증가, 나 : 감소
㉰ 가 : 감소, 나 : 증가
㉱ 가 : 증가, 나 : 증가

해설
압축기의 체적효율은 격간(Clearance)의 증대에 의하여 감소하며, 압축비가 클수록 감소하게 된다.

18 다음 설명 중 옳은 것은?

㉮ 1kW는 760kcal/h이다.
㉯ 증발열, 응축열, 승화열은 잠열이다.
㉰ 1kg의 얼음의 용해열은 860kcal이다.
㉱ 상대습도란 포화증기압을 증기압으로 나눈 것이다.

해설
- 1kW는 860kcal/h이다.
- 증발열, 응축열, 승화열은 잠열이다.
- 1kg의 얼음의 용해열은 80kcal이다.
- 상대습도란 기체의 수증기압을 기체의 온도에 따른 포화증기압으로 나눈 것이다.

19 다음 냉동장치에 대한 설명 중 옳은 것은?

㉮ 고압차단스위치는 조정설정압력보다 벨로스에 가해진 압력이 낮을 때 접점이 떨어지는 장치이다.
㉯ 온도식 자동 팽창밸브의 감온통은 증발기의 입구 측에 붙인다.
㉰ 가용전은 프레온 냉동장치의 응축기나 수액기 등을 보호하기 위하여 사용된다.
㉱ 파열판은 암모니아 왕복동 냉동장치에만 사용된다.

해설
- 고압차단스위치는 조정설정압력보다 벨로스에 가해진 압력이 높을 때 접점이 떨어지는 장치이다.
- 온도식 자동 팽창밸브의 감온통은 증발기의 출구 측에 붙인다.
- 가용전은 프레온 냉동장치의 응축기나 수액기 등을 보호하기 위하여 사용된다.
- 파열판과 가용전은 프레온 냉동장치에만 사용된다.

20 가열원이 필요하며 압축기가 필요 없는 냉동기는?

㉮ 터보 냉동기 ㉯ 흡수식 냉동기
㉰ 회전식 냉동기 ㉱ 왕복동식 냉동기

해설
흡수식 냉동기 : 가열원이 필요하며 압축기가 필요하지 않은 냉동기로 흡습과 분리하여 냉매를 순환시키는 냉동기이다. 그래서 초저온의 냉동은 어렵다.

21 다음 그림에서 고압 액관은 어느 부분인가?

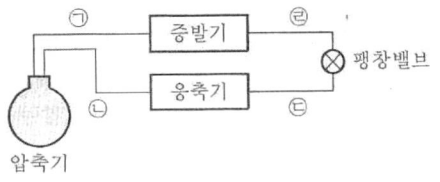

㉮ ㉠ ㉯ ㉡
㉰ ㉢ ㉱ ㉣

해설
㉠ : 저압 증기   ㉡ : 고압 증기
㉢ : 저압 액관   ㉣ : 고압 액관

정답 10. ㉰ 17. ㉮ 18. ㉯ 19. ㉰ 20. ㉯ 21. ㉰

22 왕복 압축기에서 이론적 피스톤 압출량 (m³/h)의 산출식으로 옳은 것은?(단, 기통수 N, 실린더 내경 D[m], 회전수 R [rpm], 피스톤행정 L[m]이다)

㉮ $V = D \cdot L \cdot R \cdot N \cdot 60$
㉯ $V = (\pi/4) \cdot D \cdot L \cdot R \cdot N$
㉰ $V = (\pi/4) \cdot D \cdot L \cdot R \cdot N \cdot 60$
㉱ $V = (\pi/4) \cdot D^2 \cdot L \cdot N \cdot R \cdot 60$

➕ 해설

$$V = \frac{\pi}{4} D^2 \cdot L \cdot N \cdot R \cdot 60$$

23 다음 중 모세관의 압력강하가 가장 큰 것은?

㉮ 직경이 작고 길이가 길수록
㉯ 직경이 크고 길이가 짧을수록
㉰ 직경이 작고 길이가 짧을수록
㉱ 직경이 크고 길이가 길수록

➕ 해설

모세관의 압력강하는 직경이 작고 길이가 길수록 크다.

24 다음 중 압력 자동 급수밸브의 주된 역할은?

㉮ 냉각수온을 제어한다.
㉯ 증발온도를 제어한다.
㉰ 과열도 유지를 위해 증발압력을 제어한다.
㉱ 부하변동에 대응하여 냉각수량을 제어한다.

➕ 해설

압력 자동 급수밸브의 역할은 부하변동에 대응하여 냉각수량을 제어한다.

25 탄성이 부족하여 석면, 고무, 금속 등과 조합하여 사용되며, 내열범위는 -260~260℃ 정도로 기름에 침식되지 않는 패킹은?

㉮ 고무패킹
㉯ 석면조인트시트
㉰ 합성수지패킹
㉱ 오일실패킹

➕ 해설

- **고무패킹**: 탄성은 우수하나 흡수성은 없다.
- **석면조인트시트**: 450℃까지의 고온배관에 사용되며 광물질의 미세한 섬유로 만들어졌다.
- **합성수지패킹**: 탄성이 부족하여 석면, 고무, 금속 등과 조합하여 사용되며, 내열범위는 -260~260℃ 정도로 기름에 침식되지 않는 패킹이다.
- **오일시일패킹**: 한지를 겹쳐서 내유가공한 것으로 내열도는 약하나 펌프 및 기어박스에 쓰인다.

26 NH_3 냉매를 사용하는 냉동장치에서 일반적으로 압축기를 수랭식으로 냉각하는 주된 이유는?

㉮ 냉매의 응축압력이 낮기 때문에
㉯ 냉매의 증발압력이 낮기 때문에
㉰ 냉매의 비열비 값이 크기 때문에
㉱ 냉매의 임계점이 높기 때문에

➕ 해설

일반적으로 압축기를 수냉식으로 하는 이유는 냉매의 비열비가 크고 토출가스 온도가 높기 때문이다. 그래서 NH_3는 비열비가 커서 토출가스온도가 높다.

27 냉동기유에 대한 설명으로 옳은 것은?

㉮ 암모니아는 냉동기유에 쉽게 용해되어 윤활 불량의 원인이 된다.
㉯ 냉동기유는 저온에서 쉽게 응고되지 않고 고온에서 쉽게 탄화되지 않아야 한다.
㉰ 냉동기유의 탄화현상은 일반적으로 암모니아보다 프레온 냉동장치에서 자주 발생한다.
㉱ 냉동기유는 증발하기 쉽고, 열전도율 및 점도가 커야 한다.

정답 22. ㉱ 23. ㉮ 24. ㉱ 25. ㉰ 26. ㉰ 27. ㉯

⊕ 해설

냉동기유의 구비조건
- 냉동기유는 저온에서 쉽게 응고되지 않고 고온에서 쉽게 탄화(탄소가 검게 타는 현상)되지 않을 것
- 적당한 점도를 가질 것
- 인화점이 높을 것
- 냉매와 분리성이 좋고 화학반응을 일으키지 않을 것
- 냉매, 수분이나 공기 등이 쉽게 용해되지 않으며, 항유 화성이 좋을 것

28 열펌프(heat pump)의 구성요소가 아닌 것은?

㉮ 압축기   ㉯ 열교환기
㉰ 4방밸브 ㉱ 보조 냉방기

⊕ 해설

열펌프는 외부로부터 일을 받아 저열원의 열을 고열원으로 보내는 장치로 에어컨 난방기, 냉장고, 냉동기 등을 말하며, 구성요소로는 압축기, 열교환기, 4방밸브 등이 있다.

29 10A의 전류를 5분간 도체에 흘렸을 때 도선 단면을 지나는 전기량은?

㉮ 3C   ㉯ 50C
㉰ 3,000C ㉱ 5,000C

⊕ 해설

전기량 $(Q) = I \times t = 10 \times 5 \times 60 = 3,000\ C$
여기서, I : 전류, t : 시간

30 동관접합 중 동관의 끝을 넓혀 압축이음쇠로 접합하는 방법을 무엇이라고 표현하는가?

㉮ 플랜지 접합   ㉯ 플레어 접합
㉰ 플라스턴 접합 ㉱ 빅토리 접합

⊕ 해설

플레어 접합 : 동관접합 중 동관의 끝을 넓혀 압축이음쇠로 접합하는 방법

31 저항이 50Ω인 도체에 100V의 전압을 가할 때 그 도체에 흐르는 전류는?

㉮ 0.5A   ㉯ 2A
㉰ 5A   ㉱ 5,000A

⊕ 해설

오옴의 법칙 : $I = \dfrac{V}{R} = \dfrac{100}{50} = 2A$

32 왕복동식 냉동기와 비교하여 터보식 냉동기의 특징으로 옳은 것은?

㉮ 회전수가 매우 빠르므로 동작 밸런스를 잡기 어렵고 진동이 크다.
㉯ 일반적으로 고압 냉매를 사용하므로 취급이 어렵다.
㉰ 소용량의 냉동기에 적용하기에는 경제적이지 못하다.
㉱ 저온장치에서도 압축단수가 적어지므로 사용도가 넓다.

⊕ 해설

터보식 냉동기의 특징
- 원심식으로 고속 회전하는 임펠러에 의해 유체에 속도를 가해 이 속도를 압력으로 전환해서 압축을 하는 방식이다.
- 소용량보다는 중·대용량으로 사용한다.
- 고장이 적고 정비가 용이하며 내구성이 좋다.

33 다음 그림과 같은 건조 증기 압축 냉동사이클의 성적계수는?(단, 엔탈피 a=133.8 kcal/kg, b=397.1 kcal/kg, c=452.2 kcal/kg이다)

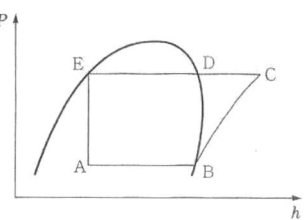

㉮ 5.37   ㉯ 5.11
㉰ 4.78   ㉱ 3.83

정답 28. ㉱ 29. ㉰ 30. ㉯ 31. ㉯ 32. ㉰ 33. ㉰

해설

성적계수(COP)
$$= \frac{q}{A_w} = \frac{h_B - h_A}{h_C - h_B} = \frac{397.1 - 133.8}{452.2 - 397.1} = 4.78$$

34 2단 압축 2단 팽창 냉동 사이클을 몰리에르 선도에 표시한 것이다. 각 상태에 대해 옳게 연결한 것은?

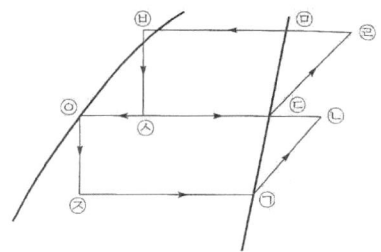

㉮ 중간냉각기의 냉동효과 : ㉢-㉷
㉯ 증발기의 냉동효과 : ㉡-㉺
㉰ 팽창변 통과직후의 냉매위치 : ㉤, ㉺
㉱ 응축기의 방출열량 : ㉥-㉡

해설
- 중간냉각기의 냉동효과 : ㉢-㉷
- 증발기의 냉동효과 : ㉠-㉺
- 팽창변 통과직후의 냉매위치 : ㉷, ㉺
- 응축기의 방출열량 : ㉲-㉣

35 다음 설명 중 옳은 것은?

㉮ 냉각탑의 입구수온은 출구수온보다 낮다.
㉯ 응축기 냉각수 출구온도는 입구온도보다 낮다.
㉰ 응축기에서의 방출열량은 증발기에서 흡수하는 열량과 같다.
㉱ 증발기의 흡수열량은 응축열량에서 압축일량을 뺀 값과 같다.

해설
- 증발기의 흡수열량은 응축열량에서 압축일량을 뺀 값과 같다.
- 증발기의 흡수일량=응축일량-압축일량

36 1냉동톤(한국 RT)이란?

㉮ 65kcal/min
㉯ 1.92kcal/sec
㉰ 3,320kcal/hr
㉱ 55,680kcal/day

해설
1냉동톤 : 3,320kcal/hr(한국), 3,024kcal/hr(미국)

37 유기질 보온재인 코르크에 대한 설명으로 틀린 것은?

㉮ 액체, 기체의 침투를 방지하는 작용을 한다.
㉯ 입상(粒狀), 판상(版狀) 및 원통 등으로 가공되어 있다.
㉰ 굽힘성이 좋아 곡면시공에 사용해도 균열이 생기지 않는다.
㉱ 냉수·냉매배관, 냉각기, 펌프 등의 보냉용에 사용된다.

해설
굽힘성이 나빠 곡면시공 시 균열이 생긴다.

38 수랭식 응축기의 능력은 냉각수 온도와 냉각 수량에 의해 결정이 되는데, 응축기의 응축능력을 증대시키는 방법으로 가장 거리가 먼 것은?

㉮ 냉각수량을 줄인다.
㉯ 냉각수의 온도를 낮춘다.
㉰ 응축기의 냉각관을 세척한다.
㉱ 냉각수 유속을 적절히 조절한다.

해설
냉각수량을 줄이면 응축기에서의 열 교환되는 열이 줄어들어 능력이 감소된다.

정답 34. ㉮ 35. ㉱ 36. ㉰ 37. ㉰ 38. ㉮

39 혼합원료를 일정량씩 동결시키도록 하는 장치인 배치(batch)식 동결장치의 종류로 가장 거리가 먼 것은?

㉮ 수평형   ㉯ 수직형
㉰ 연속형   ㉱ 브라인식

해설
배치(batch)식 : 수평형, 수직형, 브라인식

40 브라인 부식방지처리에 관한 설명으로 틀린 것은?

㉮ 공기와 접촉하면 부식성이 증대하므로 가능한 공기와 접촉하지 않도록 한다.
㉯ $CaCl_2$ 브라인 1L에는 중크롬산소다 1.6g을 첨가하고 중크롬산소다 100g마다 가성소다 27g의 비율로 혼합한다.
㉰ 브라인은 산성을 띠게 되면 부식성이 커지므로 pH 7.5~8.2 정도로 유지되도록 한다.
㉱ NaCl 브라인 1L에 대하여 중크롬산소다 0.9g을 첨가하고 중크롬산소다 100g마다 가성소다 1.3g씩 첨가한다.

해설
NaCl 브라인 1L에 대하여 중크롬산소다 3.2g을 첨가하고 중크롬산소다 100g마다 가성소다 27g씩 첨가한다.

41 피스톤링이 과대 마모되었을 때 일어나는 현상으로 옳은 것은?

㉮ 실린더 냉각
㉯ 냉동능력 상승
㉰ 체적효율 감소
㉱ 크랭크케이스 내 압력 감소

해설
피스톤링이 마모되면 클리어런스가 커져서 체적효율이 감소한다.

42 다음 중 플랜지 패킹류가 아닌 것은?

㉮ 석면조인트시트
㉯ 고무패킹
㉰ 글랜드패킹
㉱ 합성수지패킹

해설
패킹의 종류
• **플랜지패킹** : 석면조인트시트, 고무패킹, 합성수지패킹, 네오프렌(합성고무), 오일실 패킹, 금속패킹(구리, 납, 모넬메탈 등)
• **글랜드패킹** : 석면얀패킹, 아마존패킹, 몰드패킹, 석면각형패킹
• **나사용패킹** : 액상합성수지, 일산화연, 페인트

43 프레온 냉매(할로겐화탄화수소)의 호칭기호 결정과 관계없는 성분은?

㉮ 수소   ㉯ 탄소
㉰ 산소   ㉱ 불소

해설
프레온 냉매(할로겐화탄화수소)의 호칭기호 : 수소, 탄소, 불소, 염소

44 압축비에 대한 설명으로 옳은 것은?

㉮ 압축비는 고압 압력계가 나타내는 압력을 저압 압력계가 나타내는 압력으로 나눈 값에 1을 더한 값이다.
㉯ 흡입압력이 동일할 때 압축비가 클수록 토출가스 온도는 저하된다.
㉰ 압축비가 적어지면 소요동력이 증가한다.
㉱ 응축압력이 동일할 때 압축비가 커지면 냉동능력이 감소한다.

해설
응축압력이 동일할 때 압축비가 커지면 냉동능력이 감소하며, 소요동력이 증가하면서 성적계수가 작아진다.

정답 39. ㉰ 40. ㉱ 41. ㉰ 42. ㉰ 43. ㉰ 44. ㉱

45 실제 증기압축 냉동 사이클에 관한 설명으로 틀린 것은?

㉮ 실제 냉동 사이클은 이론 냉동 사이클보다 열손실이 크다.
㉯ 압축기를 제외한 시스템의 모든 부분에서 냉매배관의 마찰저항 때문에 냉매유동의 압력강하가 존재한다.
㉰ 실제 냉동 사이클의 압축과정에서 소요되는 일량은 이론 냉동 사이클보다 감소하게 된다.
㉱ 사이클의 작동유체는 순수물질이 아니라 냉매와 오일의 혼합물로 구성된다.

해설
실제 냉동 사이클의 압축과정에서 소요되는 일량은 이론 냉동 사이클보다 증가하게 된다. 소요되는 일량이 증가한다는 것은 열손실이 많다는 것이다.

3과목 공기조화

46 개별공조방식의 특징에 관한 설명으로 틀린 것은?

㉮ 설치 및 철거가 간편하다.
㉯ 개별제어가 어렵다.
㉰ 히트 펌프식은 냉·난방을 겸할 수 있다.
㉱ 실내 유닛이 분리되어 있지 않은 경우는 소음과 진동이 있다.

해설
개별공조방식은 개별제어가 쉽다.

47 실내의 현열부하가 52,000kcal/h이고, 잠열부하가 25,000kcal/h일 때 현열비(SHF)는?

㉮ 0.72 ㉯ 0.68
㉰ 0.38 ㉱ 0.25

해설
현열비(SHF) : 전체열량에 대한 현열량의 비
$$SHF = \frac{q_s}{q_s + q_L} = \frac{52,000}{52,000 + 25,000} = 0.68$$

48 다음 설명 중 틀린 것은?

㉮ 지구상에 존재하는 모든 공기는 건조공기로 취급된다.
㉯ 공기 중에 수증기가 많이 함유될수록 상대 습도는 높아진다.
㉰ 지구상의 공기는 질소, 산소, 아르곤, 이산화탄소 등으로 이루어졌다.
㉱ 공기 중에 함유될 수 있는 수증기의 한계는 온도에 따라 달라진다.

해설
지구상의 모든 공기는 습공기로 취급된다.

49 건축물의 벽이나 지붕을 통하여 실내로 침입하는 열량을 계산할 때 필요한 요소로 가장 거리가 먼 것은?

㉮ 구조체의 면적
㉯ 구조체의 열관류율
㉰ 상당외기 온도차
㉱ 차폐계수

해설
차폐계수 : 유리창에만 적용하며, 햇빛이 통과하는 열량을 계산할 때 사용

50 공기조화용 덕트 부속기기의 댐퍼 중 주로 소형 덕트의 개폐용으로 사용되며 구조가 간단하고 완전히 닫았을 때 공기의 누설이 적으나 운전 중 개폐 조작에 큰 힘을 필요로 하며 날개가 중간 정도 열렸을 때 와류가 생겨 유량 조절용으로 부적당한 댐퍼는?

㉮ 버터플라이댐퍼
㉯ 평행익형댐퍼

정답 45. ㉰ 46. ㉯ 47. ㉯ 48. ㉮ 49. ㉱

㉰ 대향익형댐퍼
㉱ 스플릿댐퍼

🔆 해설
- **버터플라이댐퍼** : 소형덕트 개폐용
- **루버댐퍼** : 대형덕트 개폐용
- **베인댐퍼** : 송풍기 흡입구에 설치 사용

51 온풍난방기 설치 시 유의사항으로 틀린 것은?

㉮ 기기점검, 수리에 필요한 공간을 확보한다.
㉯ 인화성 물질을 취급하는 실내에는 설치하지 않는다.
㉰ 실내의 공기온도 분포를 좋게 하기 위하여 창의 위치 등을 고려하여 설치한다.
㉱ 배기통식 온풍난방기를 설치하는 실내에는 바닥 가까이에 환기구, 천장 가까이에는 연소공기 흡입구를 설치한다.

🔆 해설
배기통식 온풍난방기를 설치하는 실내에는 바닥 가까이에 흡입구를 설치하고, 천장 가까이에는 연소공기 환기구를 설치한다.

52 공조용 전열교환기에 관한 설명으로 옳은 것은?

㉮ 배열회수에 이용하는 배기는 탕비실, 주방 등을 포함한 모든 공간의 배기를 포함한다.
㉯ 회전형 전열교환기의 로터 구동 모터와 급배기 팬은 반드시 연동 운전할 필요가 없다.
㉰ 중간기 외기냉방을 행하는 공조시스템의 경우에도 별도의 덕트 없이 이용할 수 있다.
㉱ 외기량과 배기량의 밸런스를 조정할 때 배기량은 외기량의 40% 이상을 확보해야 한다.

🔆 해설
공조용 전열교환기는 외기량과 배기량의 밸런스를 조정할 때 배기량은 외기량의 40% 이상을 확보해야 한다.

53 일정 풍량을 이용한 전공기 방식으로 부하변동의 대응이 어려워 정밀한 온습도를 요구하지 않는 극장, 공장 등의 대규모 공간에 적합한 공기 조화 방식은?

㉮ 정풍량 단일 덕트방식
㉯ 정풍량 2중 덕트방식
㉰ 변풍량 단일 덕트방식
㉱ 변풍량 2중 덕트방식

🔆 해설
정풍량 단일 덕트방식 : 일정 풍량을 이용한 전공기 방식으로서 정밀한 온습도를 요구하지 않는 대규모 공간의 공조가 필요할 때 사용한다.

54 공조용 취출구 종류 중 원형 또는 원추형 팬을 매달아 여기에 토출기류를 부딪치게 하여 천장 면을 따라서 수평방향으로 공기를 취출하는 것으로 유인비 및 소음 발생이 적은 것은?

㉮ 팬형 취출구
㉯ 웨이형 취출구
㉰ 라인형 취출구
㉱ 아네모스탯형 취출구

🔆 해설
- **팬형 취출구** : 원형 또는 원추형 팬을 매달아 여기에 토출기류를 부딪치게 하여 천장 면을 따라서 수평방향으로 공기를 취출하는 것으로 유인비 및 소음 발생이 적다.
- **웨이형 취출구** : 천장 취출구의 일종이다.
- **라인형 취출구** : 창틀 밑이나 위쪽에 설치하여 상향, 하향으로 취출하고, 단면길이가 길어 유인작용을 잘 일으킨다.

정답 50. ㉮ 51. ㉱ 52. ㉱ 53. ㉮ 54. ㉮

- **아네모스탯형 취출구** : 천장 취출구의 일종으로 여러 개의 원형 및 각형의 콘을 덕트 개구단에 설치하여 천장 부근의 공기를 유인하여 취출기류를 충분하게 확산시키는 역할을 한다.

- **노통연관식 보일러** : 다수의 연관을 갖는 구조로 중고압 증기 또는 고온수를 만드는 보일러이다. 비교적 소형이고 고출력이 얻어지며, 대형 건물 난방용에 사용된다.

55 난방설비에 대한 설명으로 옳은 것은?

㉮ 상향 공급식이란 송수주관보다 방열기가 낮을 때 상향 분기한 배관이다.
㉯ 배관방법 중 복관식은 증기관과 응축수관이 동일관으로 사용되는 것이다.
㉰ 리프트 이음은 진공펌프에 의해 응축수를 원활히 끌어올리기 위해 펌프 입구 쪽에 설치한다.
㉱ 하트포트 접속은 고압증기 난방의 증기관과 환수관 사이에 저수위 사고를 방지하기 위한 균형관을 포함한 배관 방법이다.

해설
리프트 이음 : 진공펌프에 의해 응축수를 원활히 끌어올리기 위해 펌프 입구 쪽에 설치한다.

56 드럼 없이 수관만으로 되어 있으며 가동시간이 짧고 과열되어 파손되어도 비교적 안전한 보일러는?

㉮ 주철제 보일러
㉯ 관류 보일러
㉰ 원통형 보일러
㉱ 노통연관식 보일러

해설
- **관류 보일러** : 드럼 없이 수관만으로 되어 있으며 가동시간이 짧고 과열되어 파손되어도 비교적 안전하다.
- **주철제 보일러** : 내식성이 우수한 주철로 제작했으며, 5~18개 정도의 섹션 조합용인 저압 소규모 난방용 보일러이다.
- **원통형 보일러** : 제작구조가 간단하고 자연순환이 순조로우며, 본체가 큰 동으로 노통, 연소실, 연관 등이 들어있다.

57 표준 대기압 상태에서 100°C의 포화수 2kg을 100°C의 건포화증기로 만드는 데 필요한 열량은?

㉮ 3,320kcal   ㉯ 2,435kcal
㉰ 1,078kcal   ㉱ 539kcal

해설
$Q = G \times \gamma = 2 \times 539 = 1,078 \, kcal$

58 1차 공조기로부터 보내 온 고속공기가 노즐 속을 통과할 때의 유인력에 의하여 2차 공기를 유인하여 냉각 또는 가열하는 방식은?

㉮ 패키지 유닛방식
㉯ 유인 유닛방식
㉰ 팬코일 유닛방식
㉱ 바이패스방식

해설
유인 유닛방식 : 1차 공조기로부터 보내온 고속공기가 노즐 속을 통과할 때의 유인력에 의하여 2차 공기를 유인하여 냉각 또는 가열하는 방식

59 다음 ( ) 안에 들어갈 용어를 순서대로 나열한 것은?

송풍기 송풍량은 ( )이나 기기취득부하에 의해 구해지며 ( )는(은) 이들 열부하에 외기부하나 재열부하를 합해서 얻어진다.

㉮ 실내취득열량, 냉동기용량
㉯ 냉각탑방출열량, 배관부하
㉰ 실내취득열량, 냉각코일용량
㉱ 냉각탑방출열량, 송풍기부하

정답 55. ㉰ 56. ㉯ 57. ㉰ 58. ㉯ 59. ㉰

> **해설**
> 송풍기 송풍량은 실내취득열량이나 기기취득부하에 의해 구해지며 냉각코일용량은 이들 열부하에 외기부하나 재열부하를 합해서 얻어진다.

60 송풍기의 종류 중 전곡형과 후곡형 날개 형태가 있으며 다익 송풍기, 터보 송풍기 등으로 분류되는 송풍기는?

㉮ 원심 송풍기   ㉯ 축류 송풍기
㉰ 사류 송풍기   ㉱ 관류 송풍기

> **해설**
> **원심 송풍기** : 임펠러의 회전에 의한 원심력 작용으로서 기체의 압력을 주는 형식으로 진동이 적다. 다익형, 래디얼형, 터보형 등이 있다.

정답 60. ㉮

2016년 1월 24일 시행(1회)

1과목 공조냉동 안전관리

01 가연성 가스가 있는 고압가스 저장실은 그 외면으로부터 화기를 취급하는 장소까지 몇 m 이상의 우회거리를 유지해야 하는가?
- ㉮ 1m
- ㉯ 2m
- ㉰ 7m
- ㉱ 8m

해설
가연성 가스가 있는 고압가스 저장실은 그 외면으로부터 화기를 취급하는 장소까지 8m 이상의 우회거리를 유지해야 한다.

02 가연성 냉매가스 중 냉매설비의 전기설비를 방폭구조로 하지 않아도 되는 것은?
- ㉮ 에탄
- ㉯ 노말부탄
- ㉰ 암모니아
- ㉱ 염화메탄

해설
암모니아 : 가연성 냉매가스이지만 폭발 하한값이 높으므로 냉매설비의 전기설비를 방폭구조로 하지 않아도 된다.

03 일반 공구의 안전한 취급방법이 아닌 것은?
- ㉮ 공구는 작업에 적합한 것을 사용한다.
- ㉯ 공구는 사용 전에 점검하여 불안전한 공구는 사용하지 않는다.
- ㉰ 공구를 옆 사람에게 넘겨줄 때에는 일의 능률 향상을 위하여 던져서 신속하게 전달한다.
- ㉱ 손이나 공구에 기름이 묻었을 때에는 완전히 닦은 후 사용한다.

해설
공구는 옆 사람에게 넘겨줄 때에는 손으로 넘겨준다.

04 사고 발생의 원인 중 정신적 요인에 해당되는 항목으로 맞는 것은?
- ㉮ 불안과 초조
- ㉯ 수면부족 및 피로
- ㉰ 이해부족 및 훈련미숙
- ㉱ 안전수칙의 미제정

해설
정신적인 원인
- 불안과 초조
- 안전지식 및 집중력부족
- 방심과 공상
- 판단력부족

05 프레온 누설 검지에는 할라이드(halide) 토치를 이용한다. 이 때, 프레온 냉매의 누설량에 따른 불꽃의 색깔 변화로 옳은 것은?(단, '정상'-'소량 누설'-'다량 누설' 순으로 한다)
- ㉮ 청색-녹색-자색
- ㉯ 자색-녹색-청색
- ㉰ 청색-자색-녹색
- ㉱ 자색-청색-녹색

해설
할라이드 토치 검사법
- **누설이 없을 때** : 청색
- **소량누설 시** : 녹색
- **다량누설 시** : 자색
- **과량누설 시** : 꺼짐

정답 1. ㉱ 2. ㉰ 3. ㉰ 4. ㉮ 5. ㉮

06 가스용접장치에서 산소와 아세틸렌가스를 혼합 분출시켜 연소시키는 장치는?

㉮ 토치 ㉯ 안전기
㉰ 안전밸브 ㉱ 압력 조정기

● 해설
토치 : 가스용접장치에서 산소와 아세틸렌가스를 혼합 분출시켜 연소시키는 장치

07 휘발유 등 화기의 취급을 주의해야 하는 물질이 있는 장소에 설치하는 인화성물질 경고표지의 바탕은 무슨 색으로 표시하는가?

㉮ 흰색 ㉯ 노란색
㉰ 적색 ㉱ 흑색

● 해설
- **경고표지** : 노란색 바탕에 검정색 그림
- **금지표지** : 흰색 바탕에 빨간색 및 검정색 그림
- **지시표지** : 파랑색 바탕에 흰색 그림
- **안내표지** : 녹색 바탕에 흰색 그림

08 양중기의 종류 중 동력을 사용하여 중량물을 매달아 상하 및 좌우로 운반하는 기계장치는?

㉮ 크레인 ㉯ 리프트
㉰ 곤돌라 ㉱ 승강기

● 해설
크레인 : 동력을 이용하여 중량물을 매달아 상하 및 좌우로 운반하는 기계장치

09 다음 중 보일러에서 점화 전에 운전원이 점검 확인하여야 할 사항은?

㉮ 증기압력관리
㉯ 집진장치의 매진처리
㉰ 노내 여열로 인한 압력상승
㉱ 연소실 내 잔류가스 측정

● 해설
보일러 점화 전 점검해야 할 사항
- 연소실 내 잔류가스 측정
- 수면계 수위 확인
- 압력계 0점 확인
- 연료 및 급수계통 점검
- 콕 및 밸브 누유 및 누수 확인

10 최신 자동화 설비는 능률적인 만큼 재해를 일으키는 위험성도 그만큼 높아지는 게 사실이다. 자동화 설비를 구입, 사용하고자 할 때 검토해야 할 사항으로 가장 거리가 먼 것은?

㉮ 단락 또는 스위치나 릴레이 고장 시 오동작
㉯ 밸브 계통의 고장에 따른 오동작
㉰ 전압 강하 및 정전에 따른 오동작
㉱ 운전 미숙으로 인한 기계설비의 오동작

● 해설
운전 미숙으로 인한 기계설비의 오동작은 검토사항이 아니다.

11 안전관리의 목적으로 가장 적합한 것은?

㉮ 사회적 안정을 기하기 위하여
㉯ 우수한 물건을 생산하기 위하여
㉰ 최고 경영자의 경영관리를 위하여
㉱ 생산성 향상과 생산원가를 낮추기 위하여

● 해설
안전관리의 목적
- 사회복지 증진
- 생산성 향상과 생산원가를 낮추기 위하여
- 인명의 존중

정답 6. ㉮ 7. ㉯ 8. ㉮ 9. ㉱ 10. ㉱ 11. ㉱

12 기계 운전 시 기본적인 안전 수칙에 대한 설명으로 틀린 것은?

㉮ 작업 중에는 작업 범위 외의 어떤 기계도 사용할 수 있다.
㉯ 방호장치는 허가 없이 무단으로 떼어 놓지 않는다.
㉰ 기계 운전 중에는 기계에서 함부로 이탈할 수 없다.
㉱ 기계 고장 시는 정지, 고장표시를 반드시 기계에 부착해야 한다.

해설
작업 중에는 작업 범위 외의 어떤 기계도 사용할 수 없다.

13 산업재해 예방을 위한 필요한 사항을 지켜야 하며, 사업주나 그 밖의 관련 단체에서 실시하는 산업재해 방지에 관한 조치를 따라야 하는 의무자는?

㉮ 근로자
㉯ 관리감독자
㉰ 안전관리자
㉱ 안전보건관리책임자

해설
근로자 : 산업재해 예방을 위한 필요한 사항을 지켜야 하며, 사업주나 그 밖의 관련 단체에서 실시하는 산업재해 방지에 관한 조치를 따른다.

14 신규 검사에 합격된 냉동용 특정설비의 각인 사항과 그 기호의 연결이 올바르게 된 것은?

㉮ 내용적 : TV
㉯ 용기의 질량 : TM
㉰ 최고 사용 압력 : FT
㉱ 내압 시험 압력 : TP

해설
냉동용 특정설비의 각인과 기호
• 내압 시험 압력 : TP
• 내용적 : V
• 용기의 질량 : W
• 최고 사용 압력 : FP

15 다음 기계 작업 중 반드시 운전을 정지하고 해야 할 작업의 종류가 아닌 것은?

㉮ 공작기계 정비 작업
㉯ 냉동기 누설 검사 작업
㉰ 기계의 날 청소 작업
㉱ 원심기에서 내용물을 꺼내는 작업

해설
냉동기 누설 검사 : 운전 중이나 정지 시 필요할 때마다 검사할 수 있다.

2과목 냉동기계

16 브라인에 관한 설명으로 틀린 것은?

㉮ 무기질 브라인 중 염화나트륨이 염화칼슘보다 금속에 대한 부식성이 더 크다.
㉯ 염화칼슘 브라인은 공정점이 낮아 제빙, 냉장 등으로 사용된다.
㉰ 브라인 냉매의 pH값은 7.5~8.2(약알칼리)로 유지하는 것이 좋다.
㉱ 브라인은 유기질과 무기질로 구분되며 유기질 브라인의 금속에 대한 부식성이 더 크다.

해설
브라인의 특성
- 브라인은 유기질과 무기질로 구분되며 무기질 브라인의 금속에 대한 부식성이 더 크다.
- 탄소(C)를 함유하지 않은 무기질 염류의 수용액이다.
- 비열이 커야 한다.
- 열전도율이 커야 한다.
- 점성이 적어야 한다.

정답 12. ㉮ 13. ㉮ 14. ㉱ 15. ㉯ 16. ㉱

17 수동나사 절삭방법으로 틀린 것은?

㉮ 관 끝은 절삭날이 쉽게 들어갈 수 있도록 약간의 모따기를 한다.
㉯ 관을 파이프 바이스에서 약 150mm 정도 나오게 하고 관이 찌그러지지 않게 주의하면서 단단히 물린다.
㉰ 나사가 완성되면 편심 핸들을 급히 풀고 절삭기를 뺀다.
㉱ 나사 절삭기를 관에 끼우고 래칫을 조정한 다음 약 30°씩 회전시킨다.

🟢 **해설**
나사가 완성되면 편심 핸들을 천천히 침착하게 풀고 절삭기를 뺀다.

18 냉동장치에서 압력과 온도를 낮추고 동시에 증발기로 유입되는 냉매량을 조절해 주는 장치는?

㉮ 수액기 ㉯ 압축기
㉰ 응축기 ㉱ 팽창밸브

🟢 **해설**
팽창밸브는 냉동부하의 변화에 따른 냉매량을 조절한다.

19 냉동능력이 29,980kcal/h인 냉동장치에서 응축기의 냉각수 온도가 입구온도 32°C, 출구 온도 37°C일 때, 냉각수 수량이 120L/min이라고 하면 이 냉동기의 동력은?(단, 열손실은 없는 것으로 가정한다)

㉮ 5kW ㉯ 6kW
㉰ 7kW ㉱ 8kW

🟢 **해설**
$Q_1 = Q_2 + A_w$
$A_w = Q_1 - Q_2$
$= 120 \times 60 \times 1 \times (37-32) - 29,980$
$= \dfrac{6,020}{860} = 7kW$

20 2원 냉동장치에 대한 설명으로 틀린 것은?

㉮ 주로 약 -80°C 정도의 극저온을 얻는 데 사용된다.
㉯ 비등점이 높은 냉매는 고온측 냉동기에 사용된다.
㉰ 저온부 응축기는 고온부 증발기와 열교환을 한다.
㉱ 중간 냉각기를 설치하여 고온측과 저온측을 열교환시킨다.

🟢 **해설**
2원 냉동 사이클 : 다단 압축을 해도 -80°C 이하의 초저온을 얻을 수 없으므로 2원 냉동사이클을 병렬로 구성하여 고온측 증발기로 저온측 응축기를 냉각시켜 초저온을 얻을 수 있게 한다.

21 강관에서 나타내는 스케줄 번호(schedule number)에 대한 설명으로 틀린 것은?

㉮ 관의 두께를 나타내는 호칭이다.
㉯ 유체의 사용압력에 비례하고 배관의 허용응력에 반비례한다.
㉰ 번호가 클수록 관 두께가 두꺼워진다.
㉱ 호칭지름이 같은 관은 스케줄 번호가 같다.

🟢 **해설**
- 스케줄 No. : 관의 두께를 나타내는 호칭으로 유체 사용압력에 비례하고, 배관의 허용응력에 반비례하며, 번호가 클수록 파이프 두께가 두껍게 표시된다.
- 스케줄 No. = $\dfrac{사용압력}{허용압력} \times 10$

22 2단 압축 냉동 사이클에서 중간냉각을 행하는 목적이 아닌 것은?

㉮ 고단 압축기가 과열되는 것을 방지한다.
㉯ 고압 냉매액을 과냉시켜 냉동효과를 증대시킨다.

정답 17. ㉰ 18. ㉱ 19. ㉰ 20. ㉱ 21. ㉱

㉰ 고압측 압축기의 흡입가스 중 액을 분리시킨다.
㉱ 저단측 압축기의 토출가스를 과열시켜 체적효율을 증대시킨다.

해설
- 저단 압축기의 토출가스 온도를 감소시킨다.
- 액냉매를 과냉각시켜 냉동효과를 높인다.
- 고단 압축기 액압축을 방지한다.
- 고단 압축기로의 냉매액 흡입을 방지한다.

23 기체의 용해도에 대한 설명으로 옳은 것은?
㉮ 고온·고압일수록 용해도가 커진다.
㉯ 저온·저압일수록 용해도가 커진다.
㉰ 저온·고압일수록 용해도가 커진다.
㉱ 고온·저압일수록 용해도가 커진다.

해설
기체의 용해도는 저온·고압일수록 용해도가 커진다.

24 전류계의 측정범위를 넓히는 데 사용되는 것은?
㉮ 배율기 ㉯ 분류기
㉰ 역률기 ㉱ 용량분압기

해설
- **분류기**: 전류계의 측정범위를 넓히는 데 사용
- **배율기**: 전압계의 측정범위를 넓히는 데 사용

25 어떤 회로에 220V의 교류전압으로 10A의 전류를 통과시켜 1.8kW의 전력을 소비하였다면 이 회로의 역률은?
㉮ 0.72 ㉯ 0.81
㉰ 0.96 ㉱ 1.35

해설
$P = I \times V \times \cos\theta$
$\cos\theta = \dfrac{P}{I \times V} = \dfrac{1,800}{10 \times 220} \fallingdotseq 0.81$

26 유분리기의 설치 위치로서 적당한 곳은?
㉮ 압축기와 응축기 사이
㉯ 응축기와 수액기 사이
㉰ 수액기와 증발기 사이
㉱ 증발기와 압축기 사이

해설
유분리기: 압축기와 응축기 사이에 설치하여 냉동유가 응축기나 증발기로 넘어가서 전열이 불량해지지 않도록 한다.

27 강관의 전기용접 접합 시의 특징(가스용접에 비해)으로 옳은 것은?
㉮ 유해 광선의 발생이 적다.
㉯ 용접속도가 빠르고 변형이 적다.
㉰ 박판용접에 적당하다.
㉱ 열량조절이 비교적 자유롭다.

해설
전기용접은 용접속도가 빠르고 변형이 적으며 후판용접에 용이하다.

28 다음 중 공비혼합물 냉매는?
㉮ R-11 ㉯ R-123
㉰ R-717 ㉱ R-500

해설
- **공비혼합물**: 서로 다른 두 개의 순수물질을 혼합해도 등압증발 또는 응축과정 중에 기체와 액체의 성분비가 변하지 않으며, 온도도 변하지 않는 것을 혼합냉매라 한다.
- **공비혼합냉매**: R-500, R-501, R-502, R-503, R-505, R-506, R507 등이 있다.

29 관의 지름이 다를 때 사용하는 이음쇠가 아닌 것은?
㉮ 부싱 ㉯ 레듀서
㉰ 리턴 밴드 ㉱ 편심 이경 소켓

해설
리턴 밴드: 유체의 흐름을 바꾸는 부품

30 KS규격에서 SPPW는 무엇을 나타내는가?
- ㉮ 배관용 탄소강 강관
- ㉯ 압력배관용 탄소강 강관
- ㉰ 수도용 아연도금 강관
- ㉱ 일반구조용 탄소강 강관

⊕ 해설
- 배관용 탄소강 강관(SPP)
- 압력배관용 탄소강 강관(SPPS)
- 수도용 아연도금 강관(SPPW)
- 일반구조용 탄소강 강관(SPS)

31 다음 냉동장치의 제어장치 중 온도제어장치에 해당되는 것은?
- ㉮ T.C
- ㉯ L.P.S
- ㉰ E.P.R
- ㉱ O.P.S

⊕ 해설
- T.C : 온도제어장치
- L.P.S : 저압력제어장치
- E.P.R : 증발압력제어장치
- O.P.S : 유압제어장치

32 공기 냉각용 증발기로서 주로 벽 코일 동결실의 선반으로 사용되는 증발기의 형식은?
- ㉮ 만액식 쉘 앤 튜브식 증발기
- ㉯ 보데로 증발기
- ㉰ 탱크식 증발기
- ㉱ 캐스케이드식 증발기

⊕ 해설

형식	종류
공기냉각용 증발기	캐스케이드식 증발기 핀튜브식 증발기 관코일식 증발기 멀티피드 멀티석션 증발기
액체냉각용 증발기	쉘 앤 튜브식 증발기 보데로 코일식 증발기 헤링본식 증발기

33 CA냉장고의 주된 용도는?
- ㉮ 제빙용
- ㉯ 청과물 보관용
- ㉰ 공조용
- ㉱ 해산물 보관용

⊕ 해설
CA냉장고 : 청과물의 신선도를 유지하기 위해 산소는 2~3% 감소, 탄산가스는 3~5% 증가시켜 호흡을 억제하는 신선도 유지용 냉장고이다.

34 전기장의 세기를 나타내는 것은?
- ㉮ 유전속 밀도
- ㉯ 전하 밀도
- ㉰ 정전력
- ㉱ 전기력선 밀도

⊕ 해설
- 전기장의 세기 : 수신지점에 1m 높이의 안테나를 세웠을 때 그 안테나에 생기는 전압으로 표시
  예) 전기장 세기를 1V/m라 하면, 1m당 1V의 전압을 일으키는 전파의 세기를 말한다.
- $F = q \times E$ 전기력선의 밀도는 전기장의 세기와 비례한다.

35 고속다기통 압축기에 관한 설명으로 틀린 것은?
- ㉮ 고속이므로 냉동능력에 비하여 소형 경량이다.
- ㉯ 다른 압축기에 비하여 체적효율이 양호하며, 각 부품 교환이 간단하다.
- ㉰ 동적 밸런스가 양호하여 진동이 적어 운전 중 소음이 적다.
- ㉱ 용량제어가 타기에 비하여 용이하고, 자동운전 및 무부하 기동이 가능하다.

⊕ 해설
고속다기통 압축기는 고속이기 때문에 밸브의 저항과 Top clearance가 크기 때문에 체적효율이 나쁘다.

정답 30. ㉰ 31. ㉮ 32. ㉱ 33. ㉯ 34. ㉱ 35. ㉯

36 논리곱 회로라고 하며 입력신호 A, B가 있을 때 A, B 모두가 "1" 신호로 됐을 때만 출력 C가 "1" 신호로 되는 회로는? (단, 논리식은 A·B=C이다)

㉮ OR 회로   ㉯ NOT 회로
㉰ AND 회로   ㉱ NOR 회로

해설
- AND 회로 : A, B 모두가 "1" 신호로 됐을 때만 출력 C가 "1" 신호로 되는 회로
- OR 회로 : A, B 중 하나만 "1" 신호로 되어도 C가 "1" 신호로 되는 회로
- NOT 회로 : 압력신호가 "1"이면 출력신호는 "0"으로 되며, 압력신호가 "0"이면 출력신호는 "1" 신호로 되는 회로
- NOR 회로 : OR 회로와 정반대의 회로

37 30°C에서 2Ω의 동선이 온도 70°C로 상승하였을 때, 저항은 얼마가 되는가?(단, 동선의 저항온도계수는 0.0042이다)

㉮ 2.3Ω   ㉯ 3.3Ω
㉰ 5.3Ω   ㉱ 6.3Ω

해설
저항(R_2) = $R_1(1 + \alpha \times \Delta t)$
= $2 + 2 \times 0.0042 \times (70 - 30)$
= 2.3Ω

38 단열압축, 등온압축, 폴리트로픽압축에 관한 사항 중 틀린 것은?

㉮ 압축일량은 등온압축이 제일 작다.
㉯ 압축일량은 단열압축이 제일 크다.
㉰ 압축가스온도는 폴리트로픽압축이 제일 높다.
㉱ 실제 냉동기의 압축 방식은 폴리트로픽압축이다.

해설
압축일량 : 단열압축 > 폴리트로픽압축 > 등온압축

39 다음 설명 중 틀린 것은?

㉮ 냉동능력 2kW는 약 0.52 냉동톤(RT)이다.
㉯ 냉동능력 10kW, 압축기동력 4kW인 냉동장치의 응축부하는 14kW이다.
㉰ 냉매증기를 단열압축하면 온도는 높아지지 않는다.
㉱ 진공계의 지시값이 10cmHg인 경우, 절대압력은 약 0.9kg$_f$/cm^{2}이다.

해설
냉매증기는 단열압축하면 온도와 엔탈피는 증가한다.

40 P-h선도의 등건조도선에 대한 설명으로 틀린 것은?

㉮ 습증기 구역 내에서만 존재하는 선이다.
㉯ 건도 0.2는 습증기 중 20%는 액체, 80%는 건조포화증기를 의미한다.
㉰ 포화액의 건도는 0이고 건조포화증기의 건도는 1이다.
㉱ 등건조도선을 이용하여 팽창밸브 통과 후 발생한 플래시 가스량을 알 수 있다.

해설
건도 0.2는 습증기 중 20%는 건조포화증기, 80%는 액체를 의미한다.

41 펌프의 캐비테이션 방지대책으로 틀린 것은?

㉮ 양흡입 펌프를 사용한다.
㉯ 흡입관경을 크게 하고 길이를 짧게 한다.
㉰ 펌프의 설치 위치를 낮춘다.
㉱ 펌프 회전수를 빠르게 한다.

정답 36. ㉰ 37. ㉮ 38. ㉰ 39. ㉰ 40. ㉯ 41. ㉱

➕ 해설

캐비테이션 방지대책
- 펌프 내 포화증기압 이하로 발생하지 않도록 조치하고 회전수를 낮춘다.
- 펌프의 위치는 가능한 낮게 설치한다.
- 수온을 30°C 이상 상승하지 않도록 릴리프 밸브를 설치한다.
- 펌프의 유량과 배관길이를 짧게 하고, 관경을 크게 하여 마찰손실을 적게 한다.

42 왕복동식과 비교하여 회전식 압축기에 관한 설명으로 틀린 것은?

㉮ 잔류가스의 재팽창에 의한 체적효율의 감소가 적다.
㉯ 직결구동에 용이하며 왕복동에 비해 부품수가 적고 구조가 간단하다.
㉰ 회전식 압축기는 조립이나 조정에 있어 정밀도가 요구되지 않는다.
㉱ 왕복동식에 비해 진동과 소음이 적다.

➕ 해설

회전식 압축기의 특징
- 회전식 압축기는 조립이나 조정에 있어 정밀도가 요구된다.
- 부품수가 적어 구조가 간단하여 소형화, 경량화가 가능하다.
- 마찰부가 적어 소음이 적고 흡입밸브가 없으며 토출밸브는 역지밸브다.
- 연속적인 압축으로 고진공이 가능하여 진공펌프로 쓰인다.
- 용량제어가 불가능하다.

43 원심식 냉동기의 서징현상에 대한 설명 중 옳지 않은 것은?

㉮ 흡입가스 유량이 증가되어 냉매가 어느 한계치 이상으로 운전될 때 주로 발생한다.
㉯ 서징현상 발생 시 전류계의 지침이 심하게 움직인다.
㉰ 운전 중 고·저압의 차가 증가하여 냉매가 임펠러를 통과할 때 역류하는 현상이다.
㉱ 소음과 진동을 수반하고 베어링 등 운동 부분에서 급격한 마모현상이 발생한다.

➕ 해설

서징현상의 발생 원인
- 흡입가스 유량이 감소되어 냉매가 어느 한계치 이하로 운전될 때와 수온이 높을 때
- 펌프의 토출관로가 길고, 배관 중간에 수조 또는 공기가 괴어있는 부분이 있을 때
- 운전 중인 펌프를 정지시킬 때
- 냉각수 배관에 스케일이 있을 경우
- 불응축가스가 흡입되었을 때

44 다음 중 응축기와 관계가 없는 것은?

㉮ 스월(swirl)
㉯ 쉘 앤 튜브(shell and tube)
㉰ 로핀 튜브(low finned tube)
㉱ 감온통(thermo sensing bulb)

➕ 해설

감온통 : 증발기 출구 및 압축기 흡입관에 설치하여, 출구 냉매의 상태에 따라 TEV(온도식 자동 팽챙밸브) 개폐를 조절하는 감온구이다.

45 흡수식 냉동장치에 설치되는 안전장치의 설치 목적으로 가장 거리가 먼 것은?

㉮ 냉수 동결방지 ㉯ 흡수액 결정방지
㉰ 압력 상승방지 ㉱ 압축기 보호

➕ 해설

흡수식 냉동기에는 압축기가 없으며, 흡수기와 발생기(재생기)가 압축기 기능을 한다.

정답 42. ㉰ 43. ㉮ 44. ㉱ 45. ㉱

3과목 공기조화

46 다음 중 효율은 그다지 높지 않고 풍량과 동력의 변화가 비교적 많으며 환기·공조 저속 덕트용으로 주로 사용되는 송풍기는?

㉮ 시로코 팬
㉯ 축류 송풍기
㉰ 에어 포일팬
㉱ 프로펠러형 송풍기

해설
- **시로코 팬**(siroco fan) : 원심식으로 다익형의 짧은 전향 날개를 가지며, 저속덕트 송풍기로 동력변화가 크고 정압이 100mmAq 이하의 설비에 사용하고, 정숙 운전이 가능하다.
- **축류 송풍기** : 기류의 방향이 회전축과 같은 방향이며 풍량이 많고 낮은 압력인 경우에 사용한다.

47 히트펌프방식에서 냉·난방 절환을 위해 필요한 밸브는?

㉮ 감압밸브
㉯ 2방밸브
㉰ 4방밸브
㉱ 전동밸브

해설
4방밸브 : 히트펌프방식에서 냉·난방 전환 시 냉매의 방향을 바꾸는 역할을 하는 밸브

48 실내 취득 감열량이 35,000kcal/h이고, 실내로 유입되는 송풍량이 9,000m³/h일 때 실내의 온도를 25°C로 유지하려면 실내로 유입되는 공기의 온도를 약 몇 °C로 해야 되는가?(단, 공기의 비중량은 1.29 kg/m³, 공기의 비열은 0.24kcal/ kg-°C로 한다)

㉮ 9.5°C
㉯ 10.6°C
㉰ 12.6°C
㉱ 148°C

해설
실내유입공기의 온도
$q_s = \gamma \times Q \times C \times \Delta t$
$35,000 = 1.29 \times 9,000 \times 0.24 \times (25-t)$
$t = 25 - \dfrac{35,000}{1.29 \times 9,000 \times 0.24} = 12.56\,°C$

49 냉각코일의 종류 중 증발관 내에 냉매를 팽창시켜 그 냉매의 증발잠열을 이용하여 공기를 냉각시키는 것은?

㉮ 건코일
㉯ 냉수코일
㉰ 간접팽창코일
㉱ 직접팽창코일

해설
- **직접팽창코일** : 관 내에 냉매를 통하게 해서 냉방과 냉동을 하며 증발기의 증발잠열을 이용한다.
- **간접팽창코일** : 냉수코일, 온수코일 등 감열을 이용한다.

50 다음 중 상대습도를 맞게 표시한 것은?

㉮ φ = (습공기수증기분압/포화수증기압) × 100
㉯ φ = (포화수증기압/습공기수증기분압) × 100
㉰ φ = (습공기수증기중량/포화수증기압) × 100
㉱ φ = (포화수증기중량/습공기수증기중량) × 100

해설
상대습도 : 1m³ 습공기의 수증기 분압과 그 온도에 있어서의 1m³ 포화공기의 수증기 분압과의 비율

51 팬형 가습기에 대한 설명으로 틀린 것은?

㉮ 가습의 응답속도가 느리다.
㉯ 팬 속의 물을 강제적으로 증발시켜 가습한다.

정답 46. ㉮ 47. ㉰ 48. ㉰ 49. ㉱ 50. ㉮

㉰ 패키지형의 소형 공조기에 많이 사용한다.
㉱ 가습장치 중 효율이 가장 우수하며, 가습량을 자유로이 변화시킬 수 있다.

해설
팬형 가습기 : 가습효율이 가장 우수하며, 무균이면서 응답성이 좋아 정밀한 제습이 가능하지만, 가습량은 자유로이 제어할 수 없다.

52 건물의 바닥, 천정, 벽 등에 온수를 통하는 관을 구조체에 매설하고 아파트, 주택 등에 주로 사용되는 난방방법은?

㉮ 복사난방 ㉯ 증기난방
㉰ 온풍난방 ㉱ 전기히터난방

해설
복사난방
- 실내 온도분포가 가장 균일하다.
- 실내 쾌감도가 좋다.
- 부하변동에 따른 온도 조절의 대응이 늦다.
- 바닥에 설치되어 시공, 수리, 개조가 힘들다.

53 어떤 방의 체적이 2×3×2.5m이고, 실내온도를 21°C로 유지하기 위하여 실외온도 5°C의 공기를 3회/선로 도입할 때 환기에 의한 손실열량은?(단, 공기의 비열은 0.24kcal/kg·°C, 비중량은 1.2kg/m³이다)

㉮ 207.4kcal/h ㉯ 381.2kcal/h
㉰ 465.7kcal/h ㉱ 727.2kcal/h

해설
$q_s = \gamma \times Q \times C \times \Delta t$
$= 1.2 \times 2 \times 3 \times 2.5 \times 3 \times 0.24 \times (21-5)$
$= 207.36 \text{kcal/h}$

54 환수주관을 보일러 수면보다 높은 위치에 배관하는 것은?

㉮ 강제순환식 ㉯ 건식환수관식
㉰ 습식환수관식 ㉱ 진공환수관식

해설
환수관 배치에 따른 분류 : 건식환수관식, 습식환수관식

55 온풍난방에 사용되는 온풍로의 배치에 대한 설명으로 틀린 것은?

㉮ 덕트 배관은 짧게 한다.
㉯ 굴뚝의 위치가 되도록이면 가까워야 한다.
㉰ 온풍로의 후면(방문 쪽)은 벽에 붙여 고정한다.
㉱ 습기와 먼지가 적은 장소를 선택한다.

해설
온풍로의 후면(방문 쪽)은 벽에 붙여 고정하지 않는다.

56 공기조화방식의 중앙식 공조방식에서 수—공기방식에 해당되지 않는 것은?

㉮ 이중 덕트방식
㉯ 유인 유닛방식
㉰ 팬코일 유닛방식(덕트병용)
㉱ 복사 냉난방방식(덕트병용)

해설
공기조화방식 분류

분류		방식	
중앙식	전공기방식	단일 덕트방식	정풍량
			변풍량
			멀티존방식
		2중 덕트방식	정풍량
			변풍량
			각층유닛
	공기·수방식	팬코일 유닛방식	
		유인 유닛방식	
		복사 냉난방식	
	수방식	팬코일 유닛방식	
개별식	냉매방식	패키지방식	
		룸쿨러방식	
		멀티 유닛방식	
		열펌프 유닛방식(수열원)	

정답 51. ㉱ 52. ㉮ 53. ㉮ 54. ㉯ 55. ㉰ 56. ㉮

57 다음 중 대기압의 열매증기를 방출하는 구조로 되어 있는 보일러는?

㉮ 무압 온수보일러
㉯ 콘덴싱 보일러
㉰ 유동층 연소보일러
㉱ 진공식 온수보일러

🔵 해설
진공식 보일러 : 대기압 이하의 열매증기를 방출하는 구조로 되어 있는 보일러

58 실내오염공기의 유입을 방지해야 하는 곳에 적합한 환기법은?

㉮ 자연 환기법   ㉯ 제1종 환기법
㉰ 제2종 환기법   ㉱ 제3종 환기법

🔵 해설
기계 환기법
- **제1종 기계 환기법** : 급기 → 송풍기, 배기 → 송풍기
- **제2종 기계 환기법** : 급기 → 송풍기, 배기 → 자연풍
- **제3종 기계 환기법** : 급기 → 자연풍, 배기 → 송풍기
- **제4종 기계 환기법** : 급기 → 자연풍, 배기 → 자연풍

59 배관 및 덕트에 사용되는 보온 단열재가 갖추어야 할 조건이 아닌 것은?

㉮ 열전도율이 클 것
㉯ 안전사용온도 범위에 적합할 것
㉰ 불연성 재료로서 흡습성이 작을 것
㉱ 물리·화학적 강도가 크고 시공이 용이할 것

🔵 해설
단열재의 구비조건
- 열전도율이 작을 것
- 내열성 및 내구성이 있을 것
- 비중이 작을 것
- 불연성이고 흡습성이 작을 것
- 다공질이며 가공이 균일할 것

60 냉열원기기에서 열교환기를 설치하는 목적으로 틀린 것은?

㉮ 압축기 흡입가스를 과열시켜 액 압축을 방지시킨다.
㉯ 프레온 냉동장치에서 액을 과냉각시켜 냉동효과를 증대시킨다.
㉰ 플래시가스 발생을 최소화한다.
㉱ 증발기에서의 냉매 순환량을 증가시킨다.

🔵 해설
열교환기 설치 목적
- 응축기 출구의 냉매액을 과냉각시켜 팽창 시 플래시가스량을 감소하여 냉동효과를 증대시킨다.
- 열교환기로 증발과정이 길어지므로 냉동효과 및 성적 계수 향상과 냉동능력이 증대된다.
- 증발기 출구 측 냉매가스가 열을 얻어 과열도가 증가하고 습압축을 방지할 수 있다.

정답 57. ㉱ 58. ㉰ 59. ㉮ 60. ㉱

2016년 4월 2일 시행(2회)

1과목 공조냉동 안전관리

01 용접기 취급상 주의사항으로 틀린 것은?
㉮ 용접기는 환기가 잘되는 곳에 두어야 한다.
㉯ 2차측 단자의 한쪽 및 용접기의 외통은 접지를 확실히 해 둔다.
㉰ 용접기는 지표보다 약간 낮게 두어 습기의 침입을 막아 주어야 한다.
㉱ 감전의 우려가 있는 곳에서는 반드시 전격방지기를 설치한 용접기를 사용한다.

해설
용접기는 지표보다 약간 높게 두어 습기의 침입을 막아 주어야 한다.

02 냉동기 검사에 합격한 냉동기에는 다음 사항을 명확히 각인한 금속박판을 부착하여야 한다. 각인할 내용에 해당되지 않는 것은?
㉮ 냉매가스의 종류
㉯ 냉동능력(RT)
㉰ 냉동기 제조자의 명칭 또는 약호
㉱ 냉동기 운전조건(주위온도)

해설
냉동기 검사 합격용기 각인
- 냉동용기 제조자의 명칭 또는 약호
- 냉매가스의 종류
- 냉동능력(RT)
- 제조번호
- 검사에 합격한 년월

03 냉동장치를 정상적으로 운전하기 위한 유의 사항이 아닌 것은?
㉮ 이상고압이 되지 않도록 주의한다.
㉯ 냉매부족이 없도록 한다.
㉰ 습압축이 되도록 한다.
㉱ 각 부의 가스 누설이 없도록 유의한다.

해설
습압축 : 증발기에서 냉매가 100% 기화되지 않고, 압축기로 압축되는 현상으로서 흡입구 쪽에는 적상이 생기고 심하면 액 해머링도 발생할 수 있다.

04 전동공구 작업 시 감전의 위험성을 방지하기 위해 해야 하는 조치는?
㉮ 단전   ㉯ 감지
㉰ 단락   ㉱ 접지

해설
접지 : 감전으로부터 위험을 방지한다.

05 냉동장치를 설비 후 운전할 때 보기의 작업순서로 올바르게 나열된 것은?

보기
㉠ 냉각운전   ㉡ 냉매충전
㉢ 누설시험   ㉣ 진공시험
㉤ 배관의 방열공사

㉮ ㉢→㉣→㉡→㉤→㉠
㉯ ㉣→㉤→㉢→㉡→㉠
㉰ ㉢→㉤→㉣→㉡→㉠
㉱ ㉣→㉡→㉢→㉤→㉠

해설
설비 후 운전 시 작업순서 : 누설시험 → 진공시험 → 냉매충전 → 배관의 방열공사 → 냉각운전

정답 1. ㉰ 2. ㉱ 3. ㉰ 4. ㉱ 5. ㉮

06 배관 작업 시 공구 사용에 대한 주의사항으로 틀린 것은?
㉮ 파이프 리머를 사용하여 관 안쪽에 생기는 거스러미 제거 시 손가락에 상처를 입을 수 있으므로 주의해야 한다.
㉯ 스패너 사용 시 볼트에 적합한 것을 사용해야 한다.
㉰ 쇠톱 절단 시 당기면서 절단한다.
㉱ 리드형 나사절삭기 사용 시 조(jaw) 부분을 고정시킨 다음 작업에 임한다.

해설
쇠톱 절단작업 시 밀면서 절단한다.

07 다음 중 소화방법으로 건조사를 이용하는 화재는?
㉮ A급 ㉯ B급
㉰ C급 ㉱ D급

해설
화재 분류
- D급(금속 화재) : 건조사, 팽창질석, 팽창진주암
- A급 : 일반 화재
- B급 : 유류 및 가스 화재
- C급 : 전기에 의한 화재

08 해머 작업 시 안전수칙으로 틀린 것은?
㉮ 사용 전에 반드시 주위를 살핀다.
㉯ 장갑을 끼고 작업하지 않는다.
㉰ 담금질된 재료는 강하게 친다.
㉱ 공동해머 사용 시 호흡을 잘 맞춘다.

해설
담금질 재료는 열처리가 된 재료이므로 강도가 세기 때문에 강하게 타격하지 않는다.

09 기계설비의 본질적 안전화를 위해 추구해야 할 사항으로 가장 거리가 먼 것은?
㉮ 풀 프루프(fool proof)의 기능을 가져야 한다.
㉯ 안전기능이 기계설비에 내장되어 있지 않도록 한다.
㉰ 가능한 조작상 위험이 없도록 한다.
㉱ 페일 세이프(fail safe)의 기능을 가져야 한다.

해설
안전기능이 기계설비에 내장되어 있어야 한다.

10 산업안전보건기준에 관한 규칙에 의하면 작업장의 계단의 폭은 얼마 이상으로 하여야 하는가?
㉮ 50cm ㉯ 100cm
㉰ 150cm ㉱ 200cm

해설
작업장에서 계단을 설치할 경우에는 폭을 1m 이상으로 한다. 또한 높이가 3m를 초과하는 계단은 높이 3m 이내마다 너비 1.2m 이상의 계단참을 설치해야 한다.

11 안전모와 안전대의 용도로 적당한 것은?
㉮ 물체비산 방지용이다.
㉯ 추락재해 방지용이다
㉰ 전도 방지용이다.
㉱ 용접작업 보호용이다.

해설
안전모와 안전대는 추락재해 방지용이다.

12 공구의 취급에 관한 설명으로 틀린 것은?
㉮ 드라이버에 망치질을 하여 충격을 가할 때에는 관통 드라이버를 사용하여야 한다.
㉯ 손 망치는 타격의 세기에 따라 적당한 무게의 것을 골라서 사용하여야 한다.

정답 6. ㉰ 7. ㉱ 8. ㉰ 9. ㉯ 10. ㉯ 11. ㉯

㉰ 나사다이스는 구멍에 암나사를 내는 데 쓰고, 핸드탭은 수나사를 내는 데 사용한다.
㉱ 파이프 렌치의 알에는 이가 있어 상처를 주기 쉬우므로 연질 배관에는 사용하지 않는다.

해설
나사다이스는 구멍에 수나사를 내는 데 쓰고, 핸드탭은 암나사를 내는 데 사용한다.

13 가스보일러의 점화 시 착화가 실패하여 연소실의 환기가 필요한 경우, 열손실 용적의 약 몇 배 이상 공기량을 보내어 환기를 행해야 하는가?

㉮ 2 ㉯ 4
㉰ 8 ㉱ 10

해설
가스보일러의 점화 시 주의 사항
- 점화 시 착화가 실패하여 연소실의 환기가 필요한 경우, 열손실 용적의 약 4배 이상 공기량을 보내어 환기를 한다.
- 점화는 1회에 착화하도록 한다.

14 컨베이어 등을 사용하여 작업할 때 작업시작 전 점검사항으로 해당되지 않는 것은?

㉮ 원동기 및 풀리 기능의 이상 유무
㉯ 이탈 등의 방지장치기능의 이상 유무
㉰ 비상정지장치기능의 이상 유무
㉱ 작업면의 기울기 또는 요철 유무

해설
작업면의 기울기 또는 요철 유무 사항은 컨베이어 사용 시 주의사항이 아니라, 설치 시 점검사항이다.

15 산소 압력 조정기의 취급에 대한 설명으로 틀린 것은?

㉮ 조정기를 견고하게 설치한 다음 가스누설 여부를 비눗물로 점검한다.
㉯ 조정기는 정밀하므로 충격이 가해지지 않도록 한다.
㉰ 조정기는 사용 후에 조정나사를 늦추어서 다시 사용할 때 가스가 한꺼번에 흘러나오는 것을 방지한다.
㉱ 조정기의 각부에 작동이 원활하도록 기름을 친다.

해설
조정기의 각부에 기름을 치면 화재 및 폭발의 위험이 있다.

2과목 냉동기계

16 1kg 기체가 압력 200kPa, 체적 0.5m³ 상태로부터 압력 600kPa, 체적 1.5m³로 상태변화하였다. 이 변화에서 기체 내부의 에너지변화가 없다고 하면 엔탈피의 변화는?

㉮ 500kJ만큼 증가
㉯ 600kJ만큼 증가
㉰ 700kJ만큼 증가
㉱ 800kJ만큼 증가

해설
전열량(h)＝내부에너지＋외부에너지
내부에너지의 변화가 없다면,
$h = (600 \times 1.5) - (200 \times 0.5) = 800\,kJ$

17 냉동장치의 냉매배관의 시공상 주의점으로 틀린 것은?

㉮ 흡입관에서 두 개의 흐름이 합류하는 곳은 T이음으로 연결한다.
㉯ 압축기와 응축기가 같은 위치에 있는 경우 토출관은 일단 세워 올려 하향 구배로 한다.

정답 12. ㉰ 13. ㉯ 14. ㉱ 15. ㉱ 16. ㉱

㉰ 흡입관의 입상이 매우 길 때는 약 10m 마다 중간에 트랩을 설치한다.
㉱ 2대 이상의 압축기가 각각 독립된 응축기에 연결된 경우 가능한 토출관 내부의 응축기 입구 가까이에 균압관을 설치한다.

> **해설**
> 흡입관에서 두 개의 흐름이 합류하는 곳은 T이음이 아니라 Y이음으로 연결하여 마찰에 의한 압력손실을 줄인다.

18 냉동장치의 냉매계통 중에 수분이 침입하였을 때 일어나는 현상을 열거한 것으로 틀린 것은?

㉮ 프레온 냉매는 수분에 용해되지 않으므로 팽창밸브를 동결 폐쇄시킨다.
㉯ 침입한 수분이 냉매나 금속과 화학반응을 일으켜 냉매계통의 부식, 윤활유의 열화 등을 일으킨다.
㉰ 암모니아는 물에 잘 녹으므로 침입한 수분이 동결하는 장애가 적은 편이다.
㉱ R-12는 R-22보다 많은 수분을 용해하므로, 팽창밸브 등에서의 수분동결의 현상이 적게 일어난다.

> **해설**
> **수분의 영향**
> - R-22는 R-12보다 많은 수분을 용해한다.
> - 동부착 현상이 발생한다.
> - 침입한 수분이 냉매나 금속과 화학반응을 일으켜 냉매 계통의 부식, 윤활유의 열화 등을 일으킨다.
> - 팽창밸브에서 동결을 일으켜 작동불능상태가 될 수 있다.

19 프레온계 냉매의 특성에 관한 설명으로 틀린 것은?

㉮ 열에 대한 안정성이 좋다.
㉯ 수분의 용해성이 극히 크다.
㉰ 무색, 무취로 누설 시 발견이 어렵다.
㉱ 전기 절연성이 우수하므로 밀폐형 압축기에 적합하다.

> **해설**
> 프레온 냉매는 수분의 용해성이 극히 적다.

20 만액식 증발기에서 냉매측 전열을 좋게 하는 조건으로 틀린 것은?

㉮ 냉각관이 냉매에 잠겨 있거나 접촉해 있을 것
㉯ 열전달 증가를 위해 관 간격이 넓을 것
㉰ 유막이 존재하지 않을 것
㉱ 평균 온도차가 클 것

> **해설**
> 열전달 증가를 위해 관 간격을 줄여 접촉면적을 크게 한다.

21 냉동장치의 배관 설치 시 주의사항으로 틀린 것은?

㉮ 냉매의 종류, 온도 등에 따라 배관재료를 선택한다.
㉯ 온도변화에 의한 배관의 신축을 고려한다.
㉰ 기기 조작, 보수, 점검에 지장이 없도록 한다.
㉱ 굴곡부는 가능한 적게 하고 곡률 반경을 작게 한다.

> **해설**
> 굴곡부는 적게 하고 곡률 반경은 크게 한다.

22 흡입배관에서 압력손실이 발생하면 나타나는 현상이 아닌 것은?

㉮ 흡입압력의 저하
㉯ 토출가스 온도의 상승
㉰ 비체적 감소
㉱ 체적효율 저하

정답 17. ㉮ 18. ㉱ 19. ㉯ 20. ㉯ 21. ㉱ 22. ㉰

해설
흡입배관에서 압력손실이 발생하면 흡입압력이 저하되고, 비체적이 증가하여 압축비와 토출가스온도가 상승한다.

23 흡수식 냉동 사이클에서 흡수기와 재생기는 증기 압축식 냉동 사이클의 무엇과 같은 역할을 하는가?
㉮ 증발기 ㉯ 응축기
㉰ 압축기 ㉱ 팽창밸브

해설
흡수식 냉동 사이클에서 흡수기와 재생기는 증기 압축식 냉동 사이클의 압축기와 같은 역할을 한다.

24 어떤 저항 R에 100V의 전압이 인가해서 10A의 전류가 1분간 흘렀다면 저항 묘에 발생한 에너지는?
㉮ 70,000J ㉯ 60,000J
㉰ 50,000J ㉱ 40,000J

해설
$V = I \times R$, $R = \dfrac{V}{I} = \dfrac{100}{10} = 10\Omega$
$P = i^2 \times R \times t = 10^2 \times 10 \times 60 = 60,000J$

25 임계점에 대한 설명으로 옳은 것은?
㉮ 어느 압력 이상에서 포화액이 증발이 시작됨과 동시에 건포화 증기로 변하게 될 때, 포화액선과 건포화 증기선이 만나는 점
㉯ 포화온도하에서 증발이 시작되어 모두 증발하기까지의 온도
㉰ 물이 어느 온도에 도달하면 온도는 더 이상 상승하지 않고 증발이 시작하는 온도
㉱ 일정한 압력하에서 물체의 온도가 변화하지 않고 상(相)이 변화하는 점

해설
임계점: 어느 압력 이상에서 포화액이 증발하고 동시에 건포화 증기로 변하게 되는데, 그 때 포화액선과 건포화 증기선이 만나는 점

26 관의 직경이 크거나 기계적 강도가 문제될 때 유니온 대용으로 결합하여 쓸 수 있는 것은?
㉮ 이경소켓 ㉯ 플랜지
㉰ 니플 ㉱ 부싱

해설
플랜지: 관의 직경이 크거나 기계적 강도가 문제될 때 유니온 대용으로 결합하여 쓸 수 있다.

27 동관 작업 시 사용되는 공구와 용도에 관한 설명으로 틀린 것은?
㉮ 플레어링 툴 세트-관을 압축 접합할 때 사용
㉯ 튜브벤더-관을 구부릴 때 사용
㉰ 익스팬더-관 끝을 오므릴 때 사용
㉱ 사이징 툴-관을 원형으로 정형할 때

해설
익스팬더: 관 끝을 확관할 때 사용한다.

28 액 순환식 증발기에 대한 설명으로 옳은 것은?
㉮ 오일이 체류할 우려가 크고 제상 자동화가 어렵다.
㉯ 냉매량이 적게 소요되며 액펌프, 저압수액 등 설비가 간단하다.
㉰ 증발기 출구에서 액은 80% 정도이고, 기체는 20% 정도 차지한다.
㉱ 증발기가 하나라도 여러 개의 팽창밸브가 필요하다.

정답 23. ㉰ 24. ㉯ 25. ㉮ 26. ㉯ 27. ㉰ 28. ㉰

⊕ **해설**

액 순환 증발기
- 증발기 출구에서 액은 80% 정도이고, 기체는 20% 정도 차지한다.
- 오일이 체류할 우려가 없고 제상 자동화가 용이하다.
- 증발기가 여러 개라도 한 개의 팽창밸브가 필요하다.
- 냉매량이 많이 소요되며 액펌프, 저압수액 등 설비가 복잡하다.

29 팽창밸브에 대한 설명으로 옳은 것은?
㉮ 압축 증대장치로 압력을 높이고 냉각시킨다.
㉯ 액봉이 쉽게 일어나고 있는 곳이다.
㉰ 냉동부하에 따른 냉매액의 유량을 조절한다.
㉱ 플래시 가스가 발생하지 않는 곳이며, 일명 냉각장치라 부른다.

⊕ **해설**

팽창밸브 : 응축기에서 공급되는 고온고압의 과냉각 냉매액을 저온 저압 포화액이나 습증기로 감압하고, 증발기 내 냉매량을 조절한다.

30 증기 압축식 냉동장치의 냉동원리에 관한 설명으로 가장 적합한 것은?
㉮ 냉매의 팽창열을 이용한다.
㉯ 냉매의 증발잠열을 이용한다.
㉰ 고체의 승화열을 이용한다.
㉱ 기체의 온도 차에 의한 현열변화를 이용한다.

⊕ **해설**

증기 압축식 냉동장치의 냉동원리 : 냉매의 증발잠열을 이용한다.

31 정현파 교류에서 전압의 실효값(V)을 나타내는 식으로 옳은 것은?(단, 전압의 최댓값을 V_m, 평균값을 V_a라고 한다)

㉮ $V = \dfrac{V_a}{\sqrt{2}}$ ㉯ $V = \dfrac{V_m}{\sqrt{2}}$

㉰ $V = \dfrac{\sqrt{2}}{V_m}$ ㉱ $V = \dfrac{\sqrt{2}}{V_a}$

⊕ **해설**

정현파 교류에서 전압의 실효값(V) :
$V = \dfrac{V_m}{\sqrt{2}}$

32 용적형 압축기에 대한 설명으로 틀린 것은?
㉮ 압축실 내의 체적을 감소시켜 냉매의 압력을 증가시킨다.
㉯ 압축기의 성능은 냉동능력, 소비동력, 소음, 진동값 및 수명 등 종합적인 평가가 요구된다.
㉰ 압축기의 성능을 측정하는 유용한 두 가지 방법은 성능계수와 단위 냉동능력당 소비동력을 측정하는 것이다.
㉱ 개방형 압축기의 성능계수는 전동기와 압축기의 운전효율을 포함하는 반면, 밀폐형 압축기의 성능계수에는 전동기효율이 포함되지 않는다.

⊕ **해설**

압축기의 성능계수는 전동기와 압축기의 운전효율을 포함시킨다.

33 냉매 건조기(dryer)에 관한 설명으로 옳은 것은?
㉮ 암모니아 가스관에 설치하여 수분을 제거한다.
㉯ 압축기와 응축기 사이에 설치한다.
㉰ 프레온은 수분에 잘 용해되지 않으므로 팽창밸브에서의 동결을 방지하기 위하여 설치한다.
㉱ 건조제로는 황산, 염화칼슘 등의 물질을 사용한다.

정답 29. ㉰ 30. ㉯ 31. ㉯ 32. ㉱ 33. ㉰

●해설
프레온은 수분에 잘 용해되지 않으므로 팽창밸브에서의 동결을 방지하기 위하여 액관을 설치한다.

34 스윙(swing)형 체크밸브에 관한 설명으로 틀린 것은?
㉮ 호칭치수가 큰 관에 사용된다.
㉯ 유체의 저항이 리프트(lift)형보다 적다.
㉰ 수평배관에만 사용할 수 있다.
㉱ 핀을 축으로 하여 회전시켜 개폐한다.

●해설
- **체크밸브** : 유체의 흐름을 한쪽으로만 흐르게 한다.
- **스윙(swing)형 체크밸브** : 수평, 수직배관에 모두 사용하며, 마찰저항이 작다.
- **리프트(lift)형 체크밸브** : 수평배관에 사용하며, 마찰저항이 크다.

35 냉동 사이클 내를 순환하는 동작유체로서 잠열에 의해 열을 운반하는 냉매로 가장 거리가 먼 것은?
㉮ 1차 냉매
㉯ 암모니아(NH₃)
㉰ 프레온(freon)
㉱ 브라인(brine)

●해설
브라인은 현열상태로 열을 운반하는 작동유체이다.

36 직접 식품에 브라인을 접촉시키는 것이 아니고 얇은 금속판 내에 브라인이나 냉매를 통하게 하여 금속판의 외면과 식물을 접촉시켜 동결하는 장치는?
㉮ 접촉식 동결장치
㉯ 터널식 공기 동결장치
㉰ 브라인 동결장치
㉱ 송풍 동결장치

●해설
- **접촉식 동결장치** : 직접 식품에 브라인을 접

촉시키는 것이 아니고 얇은 금속(알루미늄)판 내에 브라인이나 냉매를 통하게 하여 금속판의 외면과 식물을 접촉시켜 동결하는 장치
- **터널식 공기 동결장치** : 가늘고 긴 터널형의 동결실을 갖는 식품 동결장치
- **브라인 동결장치** : 냉동장치로 냉각한 브라인 용액에 식품을 그대로 두거나 또는 포장하여 동결하는 장치
- **송풍 동결장치** : 동결실 상부에 냉각 코일을 설치하고 송풍기로 하부의 냉동 대상물에 냉풍을 보내 동결시키는 장치

37 냉동부속장치 중 응축기와 팽창밸브 사이의 고압관에 설치하며, 증발기의 부하 변동에 대응하여 냉매 공급을 원활하게 하는 것은?
㉮ 유분리기
㉯ 수액기
㉰ 액분리기
㉱ 중간 냉각기

●해설
수액기 : 냉동부속장치 중 응축기와 팽창밸브 사이의 고압관에 설치하며, 증발기의 부하 변동에 대응하여 냉매 공급을 원활하게 하는 것

38 냉매의 구비조건으로 틀린 것은?
㉮ 증발잠열이 클 것
㉯ 표면장력이 작을 것
㉰ 임계온도가 상온보다 높을 것
㉱ 증발압력이 대기압보다 낮을 것

●해설
냉매의 구비조건
- 증발압력이 대기압보다 높을 것
- 응축압력이 낮을 것
- 임계온도가 상온보다 상당히 높을 것
- 응고점이 낮을 것
- 증발잠열이 크고, 액체의 비열이 작을 것
- 비체적·점도·표면장력이 작을 것
- 열전도율 및 열전달율의 성능이 양호할 것
- 누설 발견이 용이할 것
- 절연이 좋고, 절연물을 침식시키지 않을 것
- 수분이 냉매 중에 흡입되어도 냉매나 장치에 악영향이 없을 것
- 비열비가 작을 것

정답 34. ㉰ 35. ㉱ 36. ㉮ 37. ㉯ 38. ㉱

39 비열비를 나타내는 공식으로 옳은 것은?

㉮ 정적비열 / 비중
㉯ 정압비열 / 비중
㉰ 정압비열 / 정적비열
㉱ 정적비열 / 정압비열

⊕ 해설
비열비 : $\dfrac{C_p}{C_v} = \dfrac{정압비열}{정적비열}$, 항상 $C_p > C_v$

40 LNG 냉열이용 동결장치의 특징으로 틀린 것은?

㉮ 식품과 직접 접촉하여 급속 동결이 가능하다.
㉯ 외기가 흡입되는 것을 방지한다.
㉰ 공기에 분산되어 있는 먼지를 철저히 제거하여 장치 내부에 눈이 생기는 것을 방지한다.
㉱ 저온공기의 풍속을 일정하게 확보함으로써 식품과의 열전달계수를 저하시킨다.

⊕ 해설
LNG 냉열이용 동결장치의 특징 : 저온공기의 풍속을 일정하게 확보함으로써 식품과의 열전달계수를 상승시킨다.

41 열에너지를 효율적으로 이용할 수 있는 방법 중 하나인 축열장치의 특징에 관한 설명으로 틀린 것은?

㉮ 저속 연속운전에 의한 고효율 정격운전이 가능하다.
㉯ 냉동기 및 열원설비의 용량을 감소할 수 있다.
㉰ 열 회수 시스템의 적용이 가능하다.
㉱ 수질관리 및 소음관리가 필요 없다.

⊕ 해설
수질에 따라 축열되는 양이 다르므로 수질관리 및 소음관리가 필요하다.

42 암모니아 냉동장치에서 팽창밸브 직전의 온도가 25°C, 흡입가스의 온도가 −10°C인 건조포화증기인 경우, 냉매 1kg당 냉동효과가 350kcal이고, 냉동능력 15RT가 요구될 때의 냉매순환량은?

㉮ 139kg/h   ㉯ 142kg/h
㉰ 188kg/h   ㉱ 176kg/h

⊕ 해설
냉매순환량(Q_2) = $\dfrac{냉동능력}{냉동효과}$
$= \dfrac{15 \times 3,320}{350}$
$= 142.28 \, kg/h$

43 흡수식 냉동기에서 냉매순환과정을 바르게 나타낸 것은?

㉮ 재생(발사)기 → 응축기 → 냉각(증발)기 → 흡수기
㉯ 재생(발생)기 → 냉각(증발)기 → 흡수기 → 응축기
㉰ 응축기 → 재생(발생)기 → 냉각(증발)기 → 흡수기
㉱ 냉각(증발)기 → 응축기 → 흡수기 → 재생(발생)기

⊕ 해설
흡수식 냉동기의 냉매순환과정
재생(발사)기 → 응축기 → 냉각(증발)기 → 흡수기

44 증발기 내의 압력에 의해서 작동하는 팽창밸브는?

㉮ 저압측 플로트밸브
㉯ 정압식 자동팽창밸브
㉰ 온도식 자동팽창밸브
㉱ 수동팽창밸브

정답 39. ㉰ 40. ㉱ 41. ㉱ 42. ㉯ 43. ㉮ 44. ㉯

⊕ 해설
- **저압측 플로트밸브**: 플로트가 액면의 위치에 따라 움직일 때 개폐되는 밸브로 저압부에 있는 밸브를 말한다.
- **정압식 자동팽창밸브**: 증발기 내의 압력이 상승하면 닫히고, 증발압력이 저하되면 열려 팽창한다.
- **온도식 자동팽창밸브**: 증발기의 출구 온도를 검출하여 냉매량을 제어하는 팽창밸브이다.
- **수동팽창밸브**: 사람이 손으로 조작하여 개폐하며 주로 암모니아 냉동장치에 사용된다.

45 2단 압축 냉동 사이클에서 중간냉각기가 하는 역할로 틀린 것은?

㉮ 저단압축기의 토출가스온도를 낮춘다.
㉯ 냉매가스를 과냉각시켜 압축비를 상승시킨다.
㉰ 고단압축기로의 냉매액 흡입을 방지한다.
㉱ 냉매액을 과냉각시켜 냉동효과를 증대시킨다.

⊕ 해설
중간냉각기의 기능
- 저단측 압축기의 토출가스의 온도를 제거하여 포화온도까지 냉각시킨다.
- 증발기에 공급되는 고압 냉매를 과냉각하여 냉동효과 및 성적계수를 증대시킨다.
- 고단측 압축기 흡입가스 중의 액을 분리시켜 액압축을 방지한다.

3과목 공기조화

46 어떤 상태의 공기가 노점온도보다 낮은 냉각코일을 통과하였을 때 상태변화를 설명한 것으로 틀린 것은?

㉮ 절대습도 저하 ㉯ 상대습도 저하
㉰ 비체적 저하 ㉱ 건구온도 저하

⊕ 해설
어떤 상태의 공기가 노점온도보다 낮은 냉각코일을 통과하였을 때 상대습도는 올라간다.

47 팬의 효율을 표시하는 데 있어서 사용되는 전압효율에 대한 올바른 정의는?

㉮ $\dfrac{축동력}{공기동력}$

㉯ $\dfrac{공기동력}{축동력}$

㉰ $\dfrac{회전속도}{송풍기의 크기}$

㉱ $\dfrac{송풍기의 크기}{회전속도}$

⊕ 해설
전압효율 = $\dfrac{공기동력}{축동력}$

48 다음 중 일반적으로 실내공기의 오염정도를 알아보는 지표로 사용하는 것은?

㉮ CO_2 농도 ㉯ CO 농도
㉰ PM 농도 ㉱ H 농도

49 덕트에서 사용되는 댐퍼의 사용 목적에 관한 설명으로 틀린 것은?

㉮ 풍량조절댐퍼 – 공기량을 조절하는 댐퍼
㉯ 배연댐퍼 – 배연덕트에서 사용되는 댐퍼
㉰ 방화댐퍼 – 화재 시에 연기를 배출하기 위한 댐퍼
㉱ 모터댐퍼 – 자동제어장치에 의해 풍량조절을 위해 모터로 구동되는 댐퍼

⊕ 해설
방화댐퍼: 화재 시에 덕트를 통해 화염이 확산되는 것을 차단하기 위한 댐퍼

정답 45. ㉯ 46. ㉯ 47. ㉯ 48. ㉮ 49. ㉰

50 실내현열손실량이 5,000kcal/h일 때, 실내온도를 20℃로 유지하기 위해 36℃ 공기 및 m³/h를 실내로 송풍해야 하는가? (단, 공기의 비중량은 1.2kg_f/m³, 정압비열은 6.24kcal/kg·℃이다)

㉮ 985m³/h ㉯ 1,085m³/h
㉰ 1,250m³/h ㉱ 1,350m³/h

⊕ 해설

$q_s = \gamma \times Q \times C \times \Delta t$

$Q = \dfrac{q_s}{\gamma \times C \times \Delta t}$

$= \dfrac{5,000}{1.2 \times 0.24 \times (36-20)} = 1,085.07 \, m^3/h$

51 공기세정기에서 유입되는 공기를 정화시키기 위해 설치하는 것은?

㉮ 루버 ㉯ 댐퍼
㉰ 분무노즐 ㉱ 엘리미네이터

52 단일덕트 정풍량 방식의 특징으로 옳은 것은?

㉮ 각 실마다 부하변동에 대응하기가 곤란하다.
㉯ 외기도입을 충분히 할 수 없다.
㉰ 냉풍과 온풍을 동시에 공급할 수가 있다.
㉱ 변풍량에 비하여 에너지 소비가 적다.

⊕ 해설

단일덕트 정풍량 방식
- 일정하게 풍량을 보내 송풍온도 및 습도를 상황 부하에 맞게 대응하는 방식
- 각 실 개별제어가 어렵다.
- 급기량이 일정하여 실내가 쾌적하다.
- 변풍량에 비해 에너지 소비가 많다.

53 보일러에서 배기가스의 현열을 이용하여 급수를 예열하는 장치는?

㉮ 절탄기 ㉯ 재열기
㉰ 증기 과열기 ㉱ 공기 가열기

54 감습장치에 대한 설명으로 옳은 것은?

㉮ 냉각식 감습장치는 감습만을 목적으로 사용하는 경우 경제적이다.
㉯ 압축식 감습장치는 감습만을 목적으로 하면 소요 동력이 커서 비경제적이다.
㉰ 흡착식 감습장치는 액체에 의한 감습보다 효율이 좋으나 낮은 노점까지 감습이 어려워 주로 큰 용량의 것에 적합하다.
㉱ 흡수식 감습장치는 흡착식에 비해 감습효율이 떨어져 소규모 용량에만 적합하다.

⊕ 해설

감습장치
- **냉각식 감습장치** : 냉각코일과 공기세정제를 사용하며, 냉각과 감습을 동시에 필요로 할 때는 유리하지만 냉각이 필요치 않을 때는 재열을 필요로 하므로 열량이 소모된다.
- **압축식 감습장치** : 여분의 수분을 응축시키기 위하여 공기를 압축시키는 방식으로 감습만을 목적으로 하면 소요동력이 커서 비경제적이다.
- **흡착식 감습장치** : 흡착제를 사용하여 두개의 탑에서 흡습, 재생을 교대로 행하는 장치로서 구조가 간단하며 저습도의 공기를 얻을 수 있다. 이는 풍량이 적게 쓰이는 건조실 등에 사용되며 흡착제로는 실리카겔, 활성알루미나 등을 사용한다.
- **흡수식 감습장치** : 공기를 분무상태인 흡수제 속으로 통과시켜 감습하고, 흡수제는 가열, 농축 냉각되어 재생되므로 연속적인 처리가 이루어진다. 흡수제로는 염화리튬, 트리에틸렌 글리콜 등을 사용한다.

정답 50. ㉯ 51. ㉮ 52. ㉮ 53. ㉮ 54. ㉯

55 실내 상태점을 통과하는 현열비선과 포화곡선과의 교점을 나타내는 온도로서 취출공기가 실내 잠열부하에 상당하는 수분을 제거하는 데 필요한 코일표면온도를 무엇이라 하는가?

㉮ 혼합온도
㉯ 바이패스온도
㉰ 실내장치노점온도
㉱ 설계온도

⊕ 해설
실내장치노점온도 : 공조기 냉각기에서 나오는 공기의 노점온도를 말하며, 실내 상태점을 통과하는 현열비선과 포화곡선과의 교점을 나타내는 온도로 표현한다.

56 다음 개별식 공조방식에 해당되는 것은?

㉮ 팬코일 유닛방식(덕트 병용)
㉯ 유인 유닛방식
㉰ 패키지 유닛방식
㉱ 단일덕트방식

⊕ 해설

분류		방식	
중앙식	전공기방식	단일 덕트방식	정풍량
			변풍량
		2중 덕트방식	멀티존방식
			정풍량
			변풍량
			각층유닛
	공기·수방식	팬코일 유닛방식	
		유인 유닛방식	
		복사냉난방식	
	수방식	팬코일 유닛방식	
개별식	냉매방식	패키지방식 룸쿨러방식 멀티 유닛방식 열펌프 유닛방식(수열원)	

57 증기난방에 사용되는 부속기기인 감압밸브를 설치하는 데 있어서 주의사항으로 틀린 것은?

㉮ 감압밸브는 가능한 사용개소에 가까운 곳에 설치한다.
㉯ 감압밸브로 응축수를 제거한 증기가 들어오지 않도록 한다.
㉰ 감압밸브 앞에는 반드시 스트레이너를 설치하도록 한다.
㉱ 바이패스는 수평 또는 위로 설치하고, 감압밸브의 구경과 동일한 구경으로 하거나 1차측 배관지름보다 한 치수 적은 것으로 한다.

⊕ 해설
감압밸브를 설치하는 데 있어서 주의사항
- 감압밸브 앞에서 스팀트랩 또는 기수분리기에 의해 응축수를 제거한 증기가 들어오도록 한다.
- 감압밸브는 가능한 사용개소에 가까운 곳에 설치한다.
- 감압밸브 앞에는 반드시 스트레이너를 설치하도록 한다.
- 바이패스는 수평 또는 위로 설치하고, 감압밸브의 구경과 동일한 구경으로 하거나 1차측 배관지름보다 한 치수 적은 것으로 한다.

58 회전식 전열교환기의 특징에 관한 설명으로 틀린 것은?

㉮ 로터의 상부에 외기공기를 통과하고 하부에 실내공기가 통과한다.
㉯ 열교환은 현열뿐 아니라 잠열도 동시에 이루어진다.
㉰ 로터를 회전시키면서 실내공기의 배기공기와 외기공기를 열교환한다.
㉱ 배기공기는 오염물질이 포함되지 않으므로 필터를 설치할 필요가 없다.

⊕ 해설
회전식 전열교환기의 특징 : 배기공기와 외기를 도입할 때 에어필터를 설치해야 한다.

정답 55. ㉰ 56. ㉰ 57. ㉯ 58. ㉱

59 온풍난방에 대한 장점이 아닌 것은?

㉮ 예열시간이 짧다.
㉯ 실내 온습도 조절이 비교적 용이하다.
㉰ 기기설치 장소의 선정이 자유롭다.
㉱ 단열 및 기밀성이 좋지 않은 건물에 적합하다.

해설
온풍난방의 특징
- 열효율이 좋고 연료비가 절약된다.
- 설치면적이 적고, 설비비가 저렴하다.
- 예열기간이 짧고 열용량이 적다.
- 자동운전이 가능하며, 예열부하가 작고 소형이다.
- 실내 온도분포가 좋지 않아 쾌적성은 떨어진다.

60 다음 설명 중 틀린 것은?

㉮ 대기압에서 0°C 물의 증발잠열은 약 597.3kcal/kg이다.
㉯ 대기압에서 0°C 공기의 정압비열은 약 0.44kcal/kg·°C이다.
㉰ 대기압에서 20°C의 공기 비중량은 약 1.2kgf/m³이다.
㉱ 공기의 평균 분자량은 약 28.96kg/kmol이다.

해설
대기압에서 0°C 공기의 정압비열은 약 0.24kcal/kg·°C이다.

정답 59. ㉱ 60. ㉯

2016년 7월 10일 시행(3회)

1과목 공조냉동 안전관리

01 보일러 운전 중 수위가 저하되었을 때 위해를 방지하기 위한 장치는?
㉮ 화염 검출기　㉯ 압력차단기
㉰ 방폭문　㉱ 저수위 경보장치

◉ 해설
저수위 경보장치 : 보일러 운전 중 수위가 저하되었을 때 위해를 방지하기 위한 장치

02 보호구를 선택 시 유의 사항으로 적절하지 않은 것은?
㉮ 용도에 알맞아야 한다.
㉯ 품질이 보증된 것이어야 한다.
㉰ 쓰기 쉽고 취급이 쉬워야 한다.
㉱ 겉모양이 호화스러워야 한다.

◉ 해설
보호구의 구비조건
- 화려하지 않지만 외관상 보기가 좋을 것
- 재료 및 품질이 우수할 것
- 착용이 간편할 것
- 방호가 완전할 것

03 보일러 취급 시 주의사항으로 틀린 것은?
㉮ 보일러의 수면계 수위는 중간위치를 기준수위로 한다.
㉯ 점화전에 미연소가스를 방출시킨다.
㉰ 가스누설의 점검을 수시로 해야 하며 점검은 비눗물로 한다.
㉱ 보일러 저부의 침전물 배출은 부하가 가장 클 때 하는 것이 좋다.

◉ 해설
보일러 저부의 침전물 배출은 부하가 가장 작을 때 하는 것이 좋다.

04 보일러 취급 부주의로 작업자가 화상을 입었을 때 응급처치방법으로 적당하지 않은 것은?
㉮ 냉수를 이용하여 화상부의 화기를 빼도록 한다.
㉯ 물집이 생겼으면 터뜨리지 말고 그냥 둔다.
㉰ 기계유나 변압기유를 바른다.
㉱ 상처부위를 깨끗이 소독한 다음 상처를 보호한다.

◉ 해설
화상을 입었을 경우 감염의 우려가 있으므로 기계유나 변압기유는 절대 바르면 안 된다.

05 가스용접 작업 시 유의사항이다. 적절하지 못한 것은?
㉮ 산소병은 60°C 이하 온도에서 보관하고 직사광선을 피해야 한다.
㉯ 작업자의 눈을 보호하기 위해 차광안경을 착용해야 한다.
㉰ 가스누설의 점검을 수시로 해야 하며 점검은 비눗물로 한다.
㉱ 가스용접장치는 화기로부터 일정거리 이상 떨어진 곳에 설치해야 한다.

◉ 해설
산소병은 40°C 이하 온도에서 보관하고 직사광선을 피해야 한다.

정답 1. ㉱　2. ㉱　3. ㉱　4. ㉰　5. ㉮

06 다음 중 발화온도가 낮아지는 조건으로 옳은 것은?

㉮ 발열량이 높을수록
㉯ 압력이 낮을수록
㉰ 산소농도가 낮을수록
㉱ 열전도도가 낮을수록

⊕ 해설
- 발화온도 : 스스로 착화가 되는 온도
- 발화온도가 낮아지는 조건
  - 발열량이 높을수록
  - 압력이 높을수록
  - 산소농도가 높을수록
  - 열전도도가 높을수록

07 산소-아세틸렌 용접 시 역화의 원인으로 틀린 것은?

㉮ 토치 팁이 과열되었을 때
㉯ 토치에 절연장치가 없을 때
㉰ 사용가스의 압력이 부적당할 때
㉱ 토치팁 끝이 이물질로 막혔을 때

⊕ 해설
역화의 원인
- 토치팁이 과열되었을 때
- 토치팁 끝이 이물질로 막혔을 때
- 아세틸렌 압력이 낮을 때
- 토치 취급 시 부주의할 때

08 안전사고의 원인으로 불안전한 행동(인적 원인)에 해당하는 것은?

㉮ 불안전한 상태 방치
㉯ 구조재료의 부적합
㉰ 작업환경의 결함
㉱ 복장 보호구의 결함

⊕ 해설
- 인적 원인(불안전한 행동)
  - 부적당한 속도로 설비를 운전
  - 허가 없이 설비를 운전
  - 잘못된 방법으로 설비를 운전
  - 결함이 있는 설비를 사용
  - 가동 중인 설비를 정비
  - 충분치 못한 작업준비
  - 개인 보호구를 미사용
- 물적 원인(불안전한 상태)
  - 불충분한 지지 및 방호
  - 결함이 있는 공구, 장치 또는 자재
  - 불충분한 경보 시스템
  - 화재 또는 폭발 위험성
  - 부실한 정비
  - 위험성이 있는 대기 상태(가스, 먼지, 증기 등)

09 기계설비에서 일어나는 사고의 위험점이 아닌 것은?

㉮ 협착점   ㉯ 끼임점
㉰ 고정점   ㉱ 절단점

⊕ 해설
사고 위험점 : 협착점, 끼임점, 물림점, 절단점, 말림점

10 줄 작업 시 안전사항으로 틀린 것은?

㉮ 줄의 균열 유무를 확인한다.
㉯ 부러진 줄은 용접하여 사용한다.
㉰ 줄은 손잡이가 정상인 것만을 사용한다.
㉱ 줄 작업에서 생긴 가루는 입으로 불지 않는다.

⊕ 해설
부러진 줄은 안전사고의 원인이 되므로 새것으로 교체하여 사용한다.

11 해머(hammer)의 사용에 관한 유의 사항으로 거리가 가장 먼 것은?

㉮ 쐐기를 박아서 손잡이가 튼튼하게 박힌 것을 사용한다.
㉯ 열간 작업 시에는 식히는 작업을 하지 않아도 계속해서 작업할 수 있다.
㉰ 타격면이 닳아 경사진 것은 사용하지 않는다.
㉱ 장갑을 끼지 않고 작업을 진행한다.

정답 6. ㉮ 7. ㉯ 8. ㉮ 9. ㉰ 10. ㉯ 11. ㉯

⊕ 해설
열간 작업 시에는 식히는 작업을 하지 않아도 계속해서 작업하지 않으며, 상황에 따라 해머 사용을 한다.

12 재해예방의 4가지 기본원칙에 해당되지 않는 것은?
㉮ 대책선정의 원칙
㉯ 손실우연의 원칙
㉰ 예방가능의 원칙
㉱ 재해통계의 원칙

⊕ 해설
재해예방의 4가지 기본원칙 : 대책선정의 원칙, 손실우연의 원칙, 예방가능의 원칙, 원인연계의 원칙

13 아크용접작업 기구 중 보호구와 관계없는 것은?
㉮ 용접용 보안면   ㉯ 용접용 앞치마
㉰ 용접용 홀더   ㉱ 용접용 장갑

⊕ 해설
용접용 홀더 : 보호구가 아닌 작업용 공구이다.

14 안전관리 감독자의 업무가 아닌 것은?
㉮ 작업 전·후 안전점검 실시
㉯ 안전작업에 관한 교육훈련
㉰ 작업의 감독 및 지시
㉱ 재해 보고서 작성

⊕ 해설
안전관리 관리감독자의 업무
- 기계·기구 또는 설비의 안전·보건점검 및 이상 유무확인
- 근로자의 작업복·보호구 및 방호장치의 점검과 그 착용·사용에 관한 교육 및 지도
- 해당 작업의 작업장 정리정돈 및 통로 확보의 확인 및 감독
- 해당 작업장에서 발생한 산업재해에 관한 보고 및 이에 대한 응급조치

15 정(chisel)의 사용 시 안전관리에 적합하지 않은 것은?
㉮ 비산방지판을 세운다.
㉯ 올바른 치수와 형태의 것을 사용한다.
㉰ 칩이 끊어져 나갈 무렵에는 힘주어서 때린다.
㉱ 담금질한 재료는 정으로 작업하지 않는다.

⊕ 해설
칩이 끊어져 나갈 무렵에는 힘을 빼고 약하게 때린다.

2과목 냉동기계

16 저항이 250Ω이고 40W인 전구가 있다. 점등 시 전구에 흐르는 전류는?
㉮ 0.1A   ㉯ 0.4A
㉰ 2.5A   ㉱ 6.2A

⊕ 해설
$P = V \cdot I$, $V = I \cdot R$이므로
$P = I^2 \cdot R$
$I = \sqrt{\dfrac{P}{R}} = \sqrt{\dfrac{40}{250}} = 0.4A$

17 바깥지름 54mm, 길이 2.66m, 냉각관 수 28개로 된 응축기가 있다. 입구 냉각수온 22°C, 출구 냉각수온 28°C이며 응축온도는 30°C이다. 이때의 응축부하 Q(Kcal/h)는 약 얼마인가?(단, 냉각관의 열통과율(k)은 900Kcal/m²·h·°C이고, 온도차는 산술 평균 온도차를 이용한다)
㉮ 25,300kcal/h
㉯ 43,700kcal/h
㉰ 56,858kcal/h
㉱ 79,682kcal/h

정답 12. ㉱ 13. ㉰ 14. ㉮ 15. ㉰ 16. ㉯ 17. ㉰

해설
응축기 부하(발열량)
$Q_L = K \times A \times \Delta t_m$
$A = \pi \times d \times l \times n = \pi \times 0.054 \times 2.66 \times 28 = 12.64 \text{m}^2$
$= 900 \times 12.64 \times \left(30 - \dfrac{22+28}{2}\right)$
$\fallingdotseq 56,858.6 \text{kcal/h}$

18 관 절단 후 절단부에 생기는 거스러미를 제거하는 공구는?

㉮ 클립   ㉯ 사이징 투울
㉰ 파이프 리머   ㉱ 쇠 톱

해설
- **파이프 리머** : 관 절단 후 절단부에 생기는 거스러미를 제거하는 공구
- **사이징 투울** : 절단 후 절단면을 원형으로 정형하는 공구

19 암모니아(NH_3) 냉매에 대한 설명으로 틀린 것은?

㉮ 수분에 잘 용해된다.
㉯ 윤활유에 잘 용해된다.
㉰ 독성, 가연성, 폭발성이 있다.
㉱ 전열성능이 양호하다.

해설
암모니아는 윤활유에 잘 용해되지 않는다.

20 자기유지(self holding)란 무엇인가?

㉮ 계전기 코일에 전류를 흘려서 여자시키는 것
㉯ 계전기 코일에 전류를 차단하여 자화 성질을 잃게되는 것
㉰ 기기의 미소 시간 동작을 위해 동작되는 것
㉱ 계전기가 여자된 후에도 동작 기능이 계속해서 유지되는 것

해설
자기유지(self holding) : 계전기가 여자된 후에도 동작 기능이 계속해서 유지되는 것

21 냉동기에서 열교환기는 고온유체와 저온유체를 직접 혼합 또는 원형동관으로 유체를 분리하여 열교환한다. 다음 설명 중 옳은 것은?

㉮ 동관내부를 흐르는 유체는 전도에 의한 열전달이 된다.
㉯ 동관 내벽에서 외벽으로 통과할 때는 복사에 의한 열전달이 된다.
㉰ 동관 외벽에서는 대류에 의한 열전달이 된다.
㉱ 동관 내부에서 외벽까지 복사, 전도, 대류의 열전달이 된다.

해설
열교환기의 열전달
- 동관내부를 흐르는 유체는 대류에 의해 열전달이 된다.
- 동관내벽에서 외벽으로 통과할 때는 열전도에 의해 열이 전달된다.
- 동관내부에서 외벽까지는 전도 및 대류에 의해 열이 전달된다.

22 증발열을 이용한 냉동법이 아닌 것은?

㉮ 압축기체팽창 냉동법
㉯ 증기분사식 냉동법
㉰ 증기압축식 냉동법
㉱ 흡수식 냉동법

해설
증발열을 이용한 냉동법 : 증기압축식, 증기분사식, 흡수식

23 열전 냉동법의 특징에 관한 설명으로 틀린 것은?

㉮ 운전부분으로 인해 소음과 진동이 생긴다.

정답 18. ㉰ 19. ㉯ 20. ㉱ 21. ㉰ 22. ㉮

㉯ 냉매가 필요 없으므로 냉매누설로 인한 환경오염이 없다.
㉰ 성적계수가 증기 압축식에 비하여 월등히 떨어진다.
㉱ 열전소자의 크기가 작고 가벼워 냉동기를 소형, 경량으로 만들 수 있다.

해설
- **열전효과(펠티에효과)** : 열전쌍에 열기전력에 저항하는 전류를 통하면 고종접점은 발열하고, 저온접점은 흡열(냉각)이 되는 현상으로 냉각공간을 얻는 방법
- **열전 냉동법의 특징**
  - 소음이 없다.
  - 펠티에 현상을 이용하므로 압축기, 응축기 등의 기기가 없고, 냉매도 필요 없다.
  - 수리가 간단하고, 내구성이 좋다.
  - 전류조절로 인한 용량조절이 용이하다.
  - 가격이 비싸며 효율이 떨어진다.

24 왕복식 압축기 크랭크축이 관통하는 부분에 냉매나 오일이 누설되는 것을 방지하는 것은?

㉮ 오일링 ㉯ 압축링
㉰ 축봉장치 ㉱ 실린더 재킷

해설
- **축봉장치** : 왕복식 압축기 크랭크축이 관통하는 부분에 냉매나 오일이 누설되는 것을 방지하는 것
- **오일링, 압축링** : 피스톤 내의 피스톤 로드에 끼워 오일이 새지 않도록 기밀을 유지하는 부품
- **실린더 재킷** : 재킷 실린더를 2중벽으로 하여 그 속에 증기나 물 등을 통하게 하여 보온 및 냉각 작용을 하도록 한 공간

25 냉동장치에 사용하는 윤활유인 냉동기유와 구비조건으로 틀린 것은?

㉮ 응고점이 낮아 저온에서도 유동성이 좋을 것
㉯ 인화점이 높을 것
㉰ 냉매와 분리성이 좋을 것
㉱ 왁스(wax) 성분이 많을 것

해설
윤활유의 구비조건
- 온도가 내려가면 왁스가 생겨서 유동성이 저하되므로, 왁스 성분이 적을 것
- 인화점이 높을 것
- 냉매와 분리성이 좋을 것
- 응고점이 낮아 저온에서도 유동성이 좋을 것

26 불연속 제어에 속하는 것은?

㉮ ON-OFF 제어 ㉯ 비례 제어
㉰ 미분 제어 ㉱ 적분 제어

해설
불연속 제어 : ON-OFF 제어, 다위치 제어, 불연속 속도 제어

27 다음의 P-h(몰리에르)선도는 현재 어떤 상태를 나타내는 사이클인가?

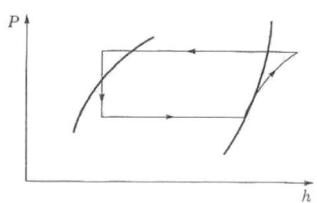

㉮ 습냉각 ㉯ 과열냉각
㉰ 습압축 ㉱ 과냉각

해설
몰리에르 선도가 과냉각을 나타내고 있다.

28 냉동기의 냉매를 충전하는 방법으로 틀린 것은?

㉮ 액관으로 충전한다.
㉯ 수액기로 충전한다.
㉰ 유분리기로 충전한다.
㉱ 압축기 흡입압축에 냉매를 기화시켜 충전한다.

정답 23. ㉮ 24. ㉰ 25. ㉱ 26. ㉮ 27. ㉱ 28. ㉰

● 해설
냉동기의 냉매충전방법
- 액관으로 충전
- 수액기로 충전
- 압축기 흡입압축에 냉매를 기화시켜 충전

29 브라인을 사용할 때 금속의 부식방지법으로 틀린 것은?
㉮ 브라인 pH를 7.5~8.2 정도로 유지한다.
㉯ 공기와 접촉시키고, 산소를 용입시킨다.
㉰ 산성이 강하면 가성소다로 중화시킨다.
㉱ 방청제를 첨가한다.

● 해설
공기와 접촉시키면 부식이 된다.

30 흡수식 냉동기에 관한 설명으로 틀린 것은?
㉮ 압축식에 비해 소음과 진동이 적다.
㉯ 증기, 온수 등 배열을 이용할 수 있다.
㉰ 압축식에 비해 설치 면적 및 중량이 크다.
㉱ 흡수식은 냉매를 기계적으로 압축하는 방식이며, 열적(熱的)으로 압축하는 방식은 증기 압축식이다.

● 해설
흡수식은 냉매를 열적(熱的)으로 압축하는 방식이며, 기계적으로 압축하는 방식은 증기 압축식이다.

31 주파수가 60Hz인 상용 교류에서 각속도는?
㉮ 141rad/s   ㉯ 171rad/s
㉰ 377rad/s   ㉱ 623rad/s

● 해설
각속도(ω) = $2\pi f$(주파수)
= $2 \times \pi \times 60 = 377\,rad/s$

32 흡입압력 조정밸브(SPR)에 대한 설명으로 틀린 것은?
㉮ 흡입압력이 일정 이하가 되는 것을 방지한다.
㉯ 저전압에서 높은 압력으로 운전될 때 사용된다.
㉰ 종류에는 직동식, 내부 파이롯트 작동식 등이 있다.
㉱ 흡입압력의 변동이 많은 경우에 사용한다.

● 해설
흡입압력이 일정 압력 이상이 되는 것을 방지한다.

33 다음 중 제빙장치의 주요 기기에 해당되지 않는 것은?
㉮ 교반기   ㉯ 양빙기
㉰ 송풍기   ㉱ 탈빙기

● 해설
제빙장치의 주요 기기 : 교반기, 양빙기, 탈빙기

34 다음 중 프로세서제어에 속하는 것은?
㉮ 전압   ㉯ 전류
㉰ 유량   ㉱ 속도

● 해설
프로세서제어 : 온도, 압력, 유량, 농도 등 일반공업프로세스의 제어를 말한다.

35 배관의 신축 이음쇠의 종류로 가장 거리가 먼 것은?
㉮ 스위블형   ㉯ 루프형
㉰ 트랩형   ㉱ 벨로즈형

● 해설
배관의 신축 이음쇠의 종류 : 스위블형, 루프형, 슬리브형, 벨로즈형

정답 29. ㉯ 30. ㉱ 31. ㉰ 32. ㉮ 33. ㉰ 34. ㉰ 35. ㉰

36 증기분사냉동법 설명으로 가장 옳은 것은?

㉮ 융해열을 이용하는 방법
㉯ 승화열을 이용하는 방법
㉰ 증발열을 이용하는 방법
㉱ 펠티어효과를 이용하는 방법

➕ 해설
증발열을 이용하는 방법 : 증기분사냉동법, 증기압축식냉동법, 흡수식냉동법

37 냉동장치에 수분이 침입되었을 때 에멀전 현상이 일어나는 냉매는?

㉮ 황산 ㉯ R-12
㉰ R-22 ㉱ NH_3

➕ 해설
NH_3 : 냉동장치에 수분이 침입되었을 때 에멀전 현상이 일어난다.

38 역 카르노 사이클에 대한 설명 중 옳은 것은?

㉮ 2개의 압축과정과 2개의 증발과정으로 이루어져 있다.
㉯ 2개의 압축과정과 2개의 응축과정으로 이루어져 있다.
㉰ 2개의 단열과정과 2개의 등온과정으로 이루어져 있다.
㉱ 2개의 증발과정과 2개의 응축과정으로 이루어져 있다.

➕ 해설
역 카르노 사이클은 2개의 단열과정과 2개의 등온과정으로 이루어져 있다.

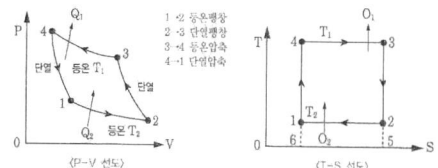

39 프레온 냉동장치의 배관에 사용되는 재료로 가장 거리가 먼 것은?

㉮ 배관용 탄소 강관
㉯ 배관용 스테인레스 강관
㉰ 이음매 없는 동관
㉱ 탈산 동관

➕ 해설
- 프레온은 수분일 경우 탄소강을 부식시킨다.
- 암모니아는 동을 부식시킨다.

40 표준 냉동 사이클의 몰리에르(P-h)선도에서 압력이 일정하고, 온도가 저하되는 과정은?

㉮ 압축과정 ㉯ 응축과정
㉰ 팽창과정 ㉱ 증발과정

➕ 해설
• **응축과정** : 온도가 저하되는 과정
• **응축과정, 증발과정** : 압력이 일정한 과정

41 냉동장치에서 가스퍼져(purger)를 설치할 경우, 가스의 인입선은 어디에 설치해야 하는가?

㉮ 응축기와 증발기 사이에 설치한다.
㉯ 수액기와 팽창밸브 사이에 설치한다.
㉰ 응축기와 수액기의 균압관에 설치한다.
㉱ 압축기의 토출관으로부터 응축기의 3/4 되는 곳에 설치한다.

➕ 해설
냉동장치에서 가스퍼져(purger)를 설치할 경우, 가스의 인입선은 응축기와 수액기 균압관에 설치한다.

42 배관의 중간이나 밸브, 각종 기기의 접속 및 보수점검을 위하여 관의 해체 또는 교환 시 필요한 부속품은?

㉮ 플렌지 ㉯ 소켓
㉰ 밴드 ㉱ 바이패스관

정답 36. ㉰ 37. ㉱ 38. ㉰ 39. ㉮ 40. ㉯ 41. ㉰ 42. ㉮

해설
관의 해체 또는 교환 시 필요한 부속품은 유니언과 플랜지이다.

43 저단측 토출가스의 온도를 냉각시켜 고단측 압축기가 과열되는 것을 방지하는 것은?

㉮ 부스터
㉯ 인터쿨러
㉰ 익스펜션탱크
㉱ 콤파운드 압축기

해설
인터쿨러 : 저단측 토출가스의 온도를 냉각시켜 고단측 압축기가 과열되는 것을 방지하는 것

44 축봉장치(shaft seal)의 역할로 가장 거리가 먼 것은?

㉮ 냉매 누설방지
㉯ 오일 누설방지
㉰ 외기 침입방지
㉱ 전동기의 슬립(slip)방지

해설
축봉장치(shaft seal)의 역할 : 냉매 누설방지, 오일 누설방지, 외기 침입방지

45 냉동 사이클에서 증발온도를 일정하게 하고 응축온도를 상승시켰을 경우의 상태변화로 옳은 것은?

㉮ 소요동력 감소
㉯ 냉동능력 증대
㉰ 성적계수 증대
㉱ 토출가스온도 상승

해설
증발온도를 일정하게 하고 응축온도를 상승시켰을 경우의 상태변화
- 토출가스온도 상승
- 소요동력 증대
- 냉동능력 감소
- 성적계수 감소

3과목 공기조화

46 개별공조방식의 특징이 아닌 것은?

㉮ 취급이 간단하다.
㉯ 외기 냉방을 할 수 있다.
㉰ 국소적인 운전이 자유롭다.
㉱ 중앙방식에 비해 소음과 진동이 크다.

해설
개별공조방식
- 외기 냉방을 할 수 없다.
- 중앙방식에 비해 소음과 진동이 크다.
- 필터의 불완전으로 실내 공기의 질이 나쁘다.
- 대용량이면 공조기 개수가 늘어 설비비가 비싸다.
- 자동제어가 가능하다.

47 공조방식 중 각층 유닛방식의 특징으로 틀린 것은?

㉮ 각층의 공조기 설치로 소음과 진동의 발생이 없다.
㉯ 각층별로 부분부하운전이 가능하다.
㉰ 중앙기계실의 면적을 적게 차지하고 송풍기 동력도 적게 든다.
㉱ 각층 슬래브의 관통 덕트가 없게 되므로 방재상 유리하다.

해설
유닛방식의 특징
- 각층의 공조기 설치로 소음과 진동의 발생이 크다.
- 각층별로 부분부하운전이 가능하다.
- 중앙기계실의 면적을 적게 차지하고 송풍기 동력도 적게 든다.

48 환기방법 중 제1종 환기법으로 옳은 것은?

㉮ 자연급기와 강제배기
㉯ 강제급기와 자연배기
㉰ 강제급기와 강제배기
㉱ 자연급기와 자연배기

정답 43. ㉯ 44. ㉱ 45. ㉱ 46. ㉯ 47. ㉮ 48. ㉰

> **해설**
> 기계환기법
> - 제1종 기계 환기법 : 급기→송풍기, 배기→송풍기
> - 제2종 기계 환기법 : 급기→송풍기, 배기→자연풍
> - 제3종 기계 환기법 : 급기→자연풍, 배기→송풍기
> - 제4종 기계 환기법 : 급기→자연풍, 배기→자연풍

49 외기온도 -5°C일 때 공급공기를 18°C로 유지하는 히트펌프 난방을 한다. 방의 총 열손실이 50,000kcal/h일 때 외기로 부터 얻은 열량은 약 몇 kcal/h인가?

㉮ 43,500kcal/h ㉯ 46,047kcal/h
㉰ 50,000kcal/h ㉱ 53,255kcal/h

> **해설**
> $$COP = \frac{Q_1}{Q_1 - Q_2} = \frac{T_1}{T_1 - T_2}$$
> $$\frac{50,000}{50,000 - Q_2} = \frac{273 + 18}{273 - 268} = 12.65$$
> $$Q_2 = 50,000 - \frac{50,000}{12.65} = 46,047\,kcal/h$$

50 외기온도가 32.3°C, 실내온도가 26°C이고, 일사를 받은 벽의 상당온도차가 22.5°C, 벽체의 열관류율이 3kcal/m²·h·°C일 때, 벽체의 단위면적당 이동하는 열량은?

㉮ 18.9kcal/m²·h
㉯ 67.5kcal/m²·h
㉰ 96.9kcal/m²·h
㉱ 101.8kcal/m²·h

> **해설**
> 벽체의 단위면적당 이동열량
> =열관류율(K)×상당온도차(Δt)
> =3×22.5
> =67.5kcal/m²·h

51 프로펠러의 회전에 의하여 축방향으로 공기를 흐르게 하는 송풍기는?

㉮ 관류 송풍기
㉯ 축류 송풍기
㉰ 터보 송풍기
㉱ 크로스 플로우 송풍기

> **해설**
> **축류 송풍기** : 프로펠러의 회전에 의하여 축방향으로 공기를 흐르게 하는 송풍기

52 (가), (나), (다)와 같은 관로의 국부저항계수(전압기준)가 큰 것부터 작은 순서로 나열한 것은?

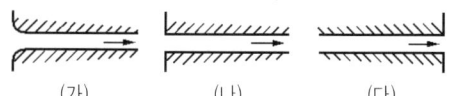

㉮ (가) > (나) > (다)
㉯ (가) > (다) > (나)
㉰ (나) > (다) > (가)
㉱ (다) > (나) > (가)

> **해설**
> 급한 확대 > 급한 축소 > 완만한 축소

53 다음 중 건조 공기의 구성요소가 아닌 것은?

㉮ 산소   ㉯ 질소
㉰ 수증기   ㉱ 이산화탄소

> **해설**
> **공기의 구성** : 질소(78%), 산소(21%), 이산화탄소(0.034%) 아르곤 등이다.

54 쉘 앤 튜브(shell &tube)형 열교환기에 관한 설명으로 옳은 것은?

㉮ 전열관 내 유속은 내식성이나 내마모성을 고려하여 약 1.8m/s 이하가 되도록 하는 것이 바람직하다.

정답 49. ㉯ 50. ㉯ 51. ㉯ 52. ㉱ 53. ㉰

㉰ 동관을 전열관으로 사용할 경우 유체 온도는 200℃ 이상이 좋다.
㉯ 증기와 온수의 흐름은 열교환 측면에서 병행류가 바람직하다.
㉱ 열관류율은 재료와 유체의 종류와 상관없이 거의 일정하다.

해설

쉘 앤드 튜브(shell& tube)형 열교환기
- 전열관 내 유속은 내식성이나 내마모성을 고려하여 약 1.8m/s 이하가 되도록 하는 것이 바람직하다.
- 동관을 전열관으로 사용할 경우 유체온도는 180℃ 이하가 좋다.
- 증기와 온수의 흐름은 열교환 측면에서 수평류가 바람직하다.
- 열관류율은 재료와 유체의 종류에 따라 다르다.

55 보일러에서 공기 예열기 사용에 따라 나타나는 현상으로 틀린 것은?
㉮ 열효율 증가
㉯ 연소효율 증대
㉰ 저질탄 연소 가능
㉱ 노내 연소속도 감소

해설

공기 예열기 사용에 따라 나타나는 현상
- 노내 연소속도 증가
- 열효율 증가
- 연소효율 증대
- 저질탄 연소 가능

56 공기조화시스템의 열원장치 중 보일러에 부착되는 안전장치가 아닌 것은?
㉮ 감압밸브   ㉯ 안전밸브
㉰ 화염검출기 ㉱ 저수위 경보장치

해설
- 감압밸브는 송기부품이다.
- **안전밸브**: 이상고압 발생 시 압력을 조절해 준다.
- **화염 검출기**: 화염의 상태를 검출하여 연료 공급을 조절해 준다.
- **저수위 경보장치**: 수위가 낮아지면 과열과 파열의 위험이 있으므로 운전을 정지시킨다.

57 가습방식에 따른 분류로 수분무식 가습기가 아닌 것은?
㉮ 원심식   ㉯ 초음파식
㉰ 모세관식   ㉱ 분무식

해설
수분무식: 원심식, 초음파식, 분무식

58 물질의 상태는 변화하지 않고, 온도만 변화시키는 열을 무엇이라고 하는가?
㉮ 현열   ㉯ 잠열
㉰ 비열   ㉱ 융해열

해설
- **현열**: 온도변화에만 관여하는 열
- **잠열**: 상태변화에만 관여하는 열
- **비열**: 어느 물질의 1kg을 1℃ 높이는 데 필요한 열량(kcal/kg·℃, Btu/lb℉)
- **융해열**: 0℃ 얼음 → 0℃ 물로 변할 때의 열량(80cal/g)

59 축류형 송풍기의 크기는 송풍기의 번호로 나타내는데, 회전날개의 지름(mm)을 얼마로 나눈 것을 번호(NO)로 나타내는가?
㉮ 100   ㉯ 150
㉰ 175   ㉱ 200

해설
- 다익형 송풍기 No. : $\dfrac{날개의\ 직경}{150}$
- 축류형 송충기 No. : $\dfrac{날개의\ 직경}{100}$

정답 54. ㉮ 55. ㉱ 56. ㉮ 57. ㉰ 58. ㉮ 59. ㉮

60 송풍기의 풍량제어방식에 대한 설명으로 옳은 것은?

㉮ 토출댐퍼 제어방식에서 토출댐퍼를 조이면 송풍량은 감소하나 출구압력이 증가한다.
㉯ 흡입베인제어방식에서 흡입측 베인을 조금씩 닫으면 송풍량 및 출구압력이 모두 증가한다.
㉰ 흡입댐퍼제어방식에서 흡입댐퍼를 조이면 송풍량 및 송풍압력이 모두 증가한다.
㉱ 가변피치제어방식에서 피치각도를 증가시키면 송풍량은 증가하지만 압력은 감소한다.

➕ 해설
송풍기의 풍량제어방식
- 토출댐퍼 제어방식에서 토출댐퍼를 조이면 송풍량은 감소하나 출구압력은 증가한다.
- 흡입베인제어방식에서 흡입측 베인을 조금씩 닫으면 송풍량은 감소하고 출구압력은 증가한다.
- 흡입댐퍼제어방식에서 흡입댐퍼를 조이면 송풍량은 감소하고 송풍압력은 증가한다.
- 가변피치제어방식에서 피치각도를 증가시키면 송풍량은 감소하지만 압력은 증가한다.

정답 60. ㉮

2017년 CBT 복원문제(1회)

1과목 공조냉동 안전관리

01 안전사고를 예방하기 위한 3대원칙이 아닌 것은?
- ㉮ 교육적 대책
- ㉯ 기술적 대책
- ㉰ 관리적 대책
- ㉱ 통계적 대책

해설
안전대책 3원칙 : 교육적 대책, 기술적 대책, 관리적 대책

02 기계설비에서 일어나는 사고의 위험점이 아닌 것은?
- ㉮ 협착점
- ㉯ 끼임점
- ㉰ 동작점
- ㉱ 절단점

해설
위험점 : 협착점, 끼임점, 절단점, 물림점, 접선 물림점, 회전 물림점

03 프레온계 냉매액이 피부에 묻었을 때 가장 적당한 조치는?
- ㉮ 진한 염산으로 중화시킨다.
- ㉯ 암모니아, 황산나트륨 포화용액으로 살포한다.
- ㉰ 물로 씻고 피크린산용액을 바른다.
- ㉱ 레몬주스 또는 20%의 식초를 바른다.

해설
프레온계 냉매액이 피부에 묻었을 때 대책 : 물로 씻고 피크린산용액을 바른다.

04 산소압력 조정기의 취급에 대한 설명으로 틀린 것은?
- ㉮ 작업 중 저압계의 지시가 자연 증가 시 조정기를 바꾸도록 한다.
- ㉯ 조정기는 정밀하므로 약간의 충격이 가해져도 문제가 없다.
- ㉰ 조정기의 수리는 전문가에게 의뢰하여야 한다.
- ㉱ 조정기의 나사는 오른쪽으로 돌려 닫는다.

해설
조정기 : 정밀하므로 약간의 충격도 안 된다.

05 독성가스의 방독작업에 필요한 보호구가 아닌 것은?
- ㉮ 보호장화 및 보호장갑
- ㉯ 공기호흡기 또는 송기식 마스크
- ㉰ 보호복 및 격리식 방독마스크
- ㉱ 보호앞치마 및 방진바스크

해설
방독작업 필수보호구 : 보호장갑, 보호장화, 송기식 마스크, 방독마스크, 보호복, 공기호흡기 등

06 산소용접 중 역화되었을 때 조치방법으로 옳은 것은?
- ㉮ 아세틸렌밸브를 즉시 닫는다.
- ㉯ 토치 속의 가스를 배출한다.
- ㉰ 불꽃을 좀 더 강하게 한다.
- ㉱ 산소압력을 낮춘다.

해설
조치방법 : 아세틸렌밸브와 산소밸브를 즉시 닫는다.

정답 1. ㉱ 2. ㉰ 3. ㉰ 4. ㉯ 5. ㉱ 6. ㉮

07 수리 중 표시를 나타내는 색깔은?
㉮ 적색 ㉯ 백색
㉰ 노랑색 ㉱ 청색

해설
수리 중 표시 색깔 : 청색

08 보일러 수위가 낮으면 어떤 현상이 일어나는가?
㉮ 습증기가 발생한다.
㉯ 수면계에 물때가 붙는다.
㉰ 보일러가 과열되기 쉽다.
㉱ 습증기압이 높아 누설된다.

해설
보일러 수위가 낮으면 보일러가 과열되기 쉽다.

09 연삭숫돌을 갈아 끼운 후 시운전 시 몇 분 동안 공회전시켜야 하는가?
㉮ 2분 이상 ㉯ 3분 이상
㉰ 5분 이상 ㉱ 8분 이상

해설
시운전 시 3분 이상 공회전시킨다.

10 작업장에서 계단을 설치할 때 폭은 몇 m 이상으로 하여야 하는가?
㉮ 0.2m ㉯ 3m
㉰ 1m ㉱ 5m

해설
작업장에서 계단을 설치할 때 폭 : 1m 이상

11 냉동시설 중 압축기 최종단에 설치한 안전장치의 작동점검실시기준으로 옳은 것은?
㉮ 1년에 1회 이상
㉯ 6월에 1회 이상
㉰ 3월에 1회 이상
㉱ 1.5년에 1회 이상

해설
압축기 안전장치의 작동점검실시기준 : 1년에 1회 이상

12 따뜻한 물품이 냉동고 안에 들어가면 증발기 온도와 압력은 어떻게 반응하는가?
㉮ 온도와 압력은 올라간다.
㉯ 온도와 압력은 떨어진다.
㉰ 온도는 올라가고 압력은 떨어진다.
㉱ 온도와 압력은 영향이 없다.

해설
따뜻한 물품이 냉동고 안에 들어가면, 냉매를 더 빨리 증발시키기 때문에 증발기의 온도와 압력은 올라간다.

13 냉매의 온도가 올라가면 냉매압력과 온도가 올라가는 이유는 무엇인가?
㉮ 압축기의 펌핑 속도를 빨리하기 때문
㉯ 더 높은 온도는 냉매의 끓는점을 내리기 때문
㉰ 온도가 올라가면 압력을 떨어뜨리기 때문
㉱ 가해진 열은 냉매를 더 빨리 증발시키기 때문

해설
가해진 열은 냉매를 더 빨리 증발시키기 때문이다.

14 산업안전보건법을 만든 목적과 가장 관계가 적은 것은?
㉮ 산업재해 예방
㉯ 쾌적한 작업환경 조성
㉰ 근로자의 안전과 보건을 유지증진
㉱ 산업안전에 관한 정책 수립

해설
산업안전보건법을 만든 목적 : 산업안전에 관한 정책수립

정답 7. ㉱ 8. ㉰ 9. ㉯ 10. ㉰ 11. ㉰ 12. ㉮ 13. ㉮ 14. ㉱

15 교류 용접기의 규격란에 AW 300이라고 표시되어 있을 때 300이 나타내는 값은?

㉮ 정격 1차 전류값
㉯ 정격 2차 전류값
㉰ 1차 전류 최댓값
㉱ 2차 전류 최댓값

해설
AW 300이라고 표시되었을 경우
- AW : 교류아크용접기
- 300 : 정격 2차 전류값을 표시

2과목 냉동기계

16 증발기에서 토출되는 냉매가스의 과열도를 일정하게 조정하는 밸브는?

㉮ 정압식 팽창밸브
㉯ 플로트형 밸브
㉰ 솔레노이드밸브
㉱ 온도식 자동팽창밸브

해설
온도식 자동팽창밸브 : 증발기 출구냉매가스의 과열도를 일정하게 조정한다.

17 냉매가 냉동기유에 다량으로 융해되어 압축기 가동 시 크랭크케이스 내의 압력이 급격히 낮아지면서 발생하는 현상은?

㉮ 오일포밍현상
㉯ 오일케비테이션현상
㉰ 오일흡착현상
㉱ 오일에멀젼현상

해설
오일포밍현상 : 크랭크케이스의 오일 속에 녹아있던 프레온 냉매는 압축기 가동 시 크랭크케이스 내의 압력은 급격히 낮아지므로 오일과 냉매가 급격히 분리된다. 이때 유면이 요동하여 윤활유에 거품이 일어난다.

18 증기 압축식 냉동장치의 냉동원리로 알맞은 것은?

㉮ 증기의 팽창열을 이용한다.
㉯ 기체의 온도차에 의한 현열변화를 이용한다.
㉰ 고체의 승화열을 이용한다.
㉱ 액체의 증발잠열을 이용한다.

해설
증기 압축식 냉동원리 : 액체의 증발잠열의 원리를 이용한다.

19 2원 냉동장치의 설명으로 볼 수가 없는 것은?

㉮ 중간 냉각기를 설치하여 고온측과 저온측을 열교환시킨다.
㉯ 비등점이 높은 냉매는 고온측 냉동기에 사용된다.
㉰ 약 $-80°C$ 이하의 저온을 얻는 데 사용된다.
㉱ 저온측 압축기의 흡입관에는 팽창탱크가 설치되어 있다.

해설
2원 냉동장치
- 다단 압축을 해도 $-80°C$ 이하의 초저온을 얻을 수 없으므로 2원 냉동 사이클로 실현한다.
- 저온 냉동 사이클의 응축기와 고온 냉동사이클의 증발기가 조합을 이루어 열교환을 하는 구조이며, 두 가지 냉매를 사용하는 각기 다른 냉동 사이클로 구성된다.

20 다음 중 초저온에 가장 적합한 냉매는?

㉮ R-11   ㉯ R-12
㉰ R-114 ㉱ R-13

해설
초저온냉매 : R-13, R-14, R-23, R-503 등

21 다음 그림과 같은 역 카르노 사이클에 대한 설명이 틀린 것은?

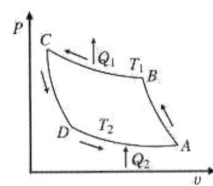

㉮ C → D의 과정은 압축과정이다.
㉯ B → C, D → A의 변화는 등온변화이다.
㉰ A → B는 냉동장치의 증발기에 해당되는 구간이다.
㉱ 역 카르노 사이클은 2개의 단열과정과 2개의 등온과정으로 표시된다.

● 해설
역 카르노 사이클

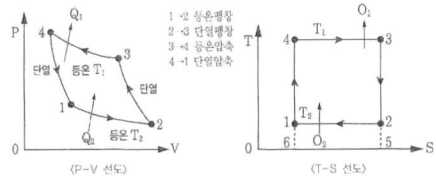

22 다음 중 불응축가스가 주로 모이는 곳은?

㉮ 증발기　　㉯ 응축기
㉰ 압축기　　㉱ 액분리기

● 해설
응축기 : 불응축가스가 주로 모이는 곳

23 1분 동안에 30°C의 순수한 물 50l를 5°C로 냉각하기 위한 냉각기의 냉동능력은 약 몇 냉동톤인가?

㉮ 52(RT)　　㉯ 41.63(RT)
㉰ 12.53(RT)　㉱ 22.59(RT)

● 해설
냉동능력 : 물 1 냉동톤 : 3,320kcal/h이다.

$$RT = \frac{Q(=G \cdot C \cdot \Delta t)}{3,320}$$

$$= \frac{50 \times 60 \times 1 \times (30-5)}{3,320}$$

$$= 22.59$$

24 냉동기유의 구비조건 중 옳지 않은 것은?

㉮ 응고점과 유동점이 높을 것
㉯ 점도가 적당할 것
㉰ 전기절연 내력이 클 것
㉱ 인화점이 높을 것

● 해설
냉동기유의 조건
- 적당한 점도를 가질 것
- 유성(oiliness)이 좋아 유막형성능력이 뛰어날 것
- 응고점이 낮아 저온에서도 유동성이 좋을 것
- 인화점이 높을 것(열적 안정성이 좋을 것)
- 냉매와 분리성이 좋고 화학반응을 일으키지 않을 것

25 브라인 부식방지처리에 관한 설명으로 틀린 것은?

㉮ 브라인은 산성을 띠게 되면 부식성이 커지므로 PH 7.5~8.2로 유지되도록 한다.
㉯ $CaCl_2$브라인 1l에는 중크롬산소다 1.6g을 첨가하고 중크롬산소다 100g마다 가성소다 27g씩 첨가한다.
㉰ NaCl브라인 1l에 대하여 중크롬산소다 0.6g을 첨가하고 중크롬산소다 100g마다 가성소다 2.7g씩 첨가한다.
㉱ 공기와 접촉하면 부식성이 증대하므로 공기와 접촉하지 않는 순환 방식을 채택한다.

● 해설
냉동기유의 조건 : 중크롬산소다($Na_2Cr_2O_7$) 1.6g과 가성소다(NaOH)를 염화칼슘브라인 1L에 중크롬산소다 100kg당 27kg의 비율로 혼합한다.

정답 21. ㉮　22. ㉯　23. ㉱　24. ㉮　25. ㉰

26 고속 다기통 압축기의 정상유압으로 옳은 것은?

㉮ 정상저압+1.5~3.0kg/cm²
㉯ 정상저압+0.5~1.5kg/cm²
㉰ 정상저압+4.5~5.5kg/cm²
㉱ 정상저압+6.5~8.5kg/cm²

해설
압축기의 정상유압: 정상저압+1.5~3.0kg/cm²

27 "회로 내의 임의의 점에서 들어오는 전류와 나가는 전류의 총합은 0이다" 이것은 무슨 법칙에 해당하는가?

㉮ 키르히호프의 제2법칙
㉯ 플레밍의 왼손 법칙
㉰ 앙페르의 오른나사 법칙
㉱ 키르히호프의 제1법칙

해설
키르히호프의 제1법칙: 회로 내의 임의의 점에서 들어오는 전류와 나가는 전류의 총합은 0이다.

28 정전 시 냉동장치의 조치사항으로 틀린 것은?

㉮ 냉각수 공급스위치를 내린다.
㉯ 수액기 출구밸브를 닫는다.
㉰ 냉동기의 주전원스위치는 그대로 둔다.
㉱ 흡입밸브는 닫고 모터가 정지한 후 토출밸브를 닫는다.

해설
정전 시: 주전원스위치를 내리고 상황을 지켜본다.

29 흡수식 냉동장치에서 냉매와 흡수제를 분리하는 것은?

㉮ 발생기   ㉯ 응축기
㉰ 증발기   ㉱ 흡수기

해설
발생기: 흡수제(리튬 브로마이드)와 냉매(물)가 혼합된 것을 가열하여 분리시키는 역할을 한다. 이때 가열은 증기, 유류, 가스, 온수를 사용한다.

30 동관의 납땜 이음 시 이음쇠와 동관의 틈새는 몇 mm 정도가 가장 적당한가?

㉮ 0.5~1.0mm   ㉯ 0.04~0.2mm
㉰ 1.2~1.8mm   ㉱ 2.0~3.5mm

해설
납땜 이음 시 이음쇠와 동관의 틈새: 0.04~0.2mm

31 다음 중 암모니아 불응축 가스분리기의 작용에 대한 설명으로 옳은 것은?

㉮ 암모니아가스는 냉각되어 응축액이 되고 유분리기로 되돌아간다.
㉯ 분리된 암모니아가스는 압축기로 흡입되어진다.
㉰ 분리기 내에서 분리된 공기는 온도가 상승한다.
㉱ 분리된 공기는 장치 밖으로 방출된다.

해설
불응축 가스분리기: 암모니아와 섞인 공기가 분리기를 통해 밖으로 빠져나간다.

32 다음 중 압축기와 관계없는 효율은?

㉮ 체적효율   ㉯ 압축효율
㉰ 팽창효율   ㉱ 기계효율

해설
압축기와 관계된 효율: 체적효율, 압축효율, 팽창효율

정답 26. ㉮ 27. ㉱ 28. ㉰ 29. ㉮ 30. ㉯ 31. ㉱ 32. ㉱

33 표준대기압을 0으로 기준하여 측정한 압력은?

㉮ 대기압 ㉯ 게이지압력
㉰ 진공도 ㉱ 절대압력

🔵 해설
게이지압력 : 압력계에 나타나는 압력으로 표준대기압을 0으로 기준하여 측정한 압력 단위 (kg/cm²·g)

34 다음 중 구리관 이음용 공구와 관계없는 것은?

㉮ 사이징 투울(sizing tool)
㉯ 오스타(oster)
㉰ 플레어 공구(flaring tool)
㉱ 익스팬더(expander)

🔵 해설
구리관 이음 공구 : 오스타는 나사의 홈을 내는 공구이다.

35 다음 중 냉동기에 대한 설명으로 옳은 것은?

㉮ 냉각탑의 입구수온은 출구수온보다 낮다.
㉯ 응축기에서의 방출열량은 증발기에서 흡수하는 열량과 같다.
㉰ 응축기 냉각수 출구온도는 입구온도보다 낮다.
㉱ 증발기의 흡수열량은 응축열량에서 압축열량을 뺀 값과 같다.

🔵 해설
증발기의 흡수열량 : 응축열량에서 압축열량을 뺀 값과 같다.

36 펌프의 캐비테이션 방지책으로 잘못된 것은?

㉮ 펌프의 회전차를 수중에 완전히 잠기게 한다.
㉯ 펌프 회전수를 빠르게 한다.
㉰ 양흡입 펌프를 사용한다.
㉱ 펌프의 설치 위치를 낮춘다.

🔵 해설
캐비테이션 방지책
- 펌프 내 포화증기압 이하로 발생하지 않도록 조치하고 회전수를 낮춘다.
- 펌프의 위치는 가능한 낮게 설치한다.
- 수온을 30℃ 이상 상승하지 않도록 릴리프 밸브를 설치한다.
- 펌프의 유량과 배관길이를 짧게 하고, 관경을 크게 하여 마찰손실을 적게 한다.

37 제빙장치 중 결빙한 얼음을 제빙관에서 떼어낼 때 관내의 얼음 표면을 녹이기 위해 사용하는 기기는?

㉮ 저빙고 ㉯ 주수조
㉰ 용빙조 ㉱ 양빙기

🔵 해설
용빙조 : 결빙한 얼음을 제빙관에서 떼어낼 때 관내의 얼음 표면을 녹이기 위해 사용한다.

38 원심(Turbo)식 압축기의 특징이 아닌 것은?

㉮ 임펠러(Impeller)에 의해 압축된다.
㉯ 보통 전동기 직결에서는 증속장치가 필요하다.
㉰ 부하가 감소되면 서어징이 일어난다.
㉱ 주로 공기 냉각용으로 직접 팽창방식을 사용한다.

🔵 해설
원심식 압축기의 특징
- 부하가 감소하면 서어징이 일어난다.
- 보통 전동기 직결에서는 증속장치가 필요하다.
- 임펠러(Impeller)에 의해 압축된다.

정답 33. ㉯ 34. ㉯ 35. ㉱ 36. ㉯ 37. ㉰ 38. ㉱

39 열펌프에서 압축기 이론 축동력이 3KW 이고, 저온부에서 얻은 열량이 7KW일 때 이론 성적계수는 약 얼마인가?

㉮ 2 ㉯ 1.5
㉰ 3 ㉱ 0.34

해설
성적계수(COP) = $\frac{8+4}{4} = 3$

40 터보냉동기의 특징으로 옳은 것은?

㉮ 소용량 제작이 용이하며 가격이 싸다.
㉯ 저압냉매를 사용하므로 취급이 용이하고 위험이 적다.
㉰ 마찰부분이 많아 마모가 크다.
㉱ 저온장치에서는 압축단수가 작아지며 효율이 좋다.

해설
터보냉동기의 특징
- 임펠러에 의한 원심력을 이용하여 압축한다.
- 부하가 감소하면 서징을 일으킨다.
- 진동이 적고, 1대로도 대용량이 가능하다.

41 압력과 온도를 동시에 하강시키는 장치는?

㉮ 팽창밸브 ㉯ 응축기
㉰ 압축기   ㉱ 증발기

해설
팽창밸브 : 팽창밸브에서 냉매는 압력과 온도가 내려간다.

42 다음 입형 쉘 엔드 튜브식 응축기의 설명으로 맞는 것은?

㉮ 설치 면적이 큰 데 비해 응축용량이 적다.
㉯ 냉각수 소비량이 비교적 적고 설치 장소가 부족한 경우에 설치한다.
㉰ 냉각수의 배분이 불균등하고 유량을 많이 함유하기 때문에 과부하 처리가 어렵다.
㉱ 설치면적이 작고 운전 중에도 냉각관 청소가 용이하다.

해설
입형 쉘 엔드 튜브식 응축기 : 설치면적이 작고 운전 중에도 냉각관 청소가 용이하다.

43 만액식 증발기에서 전열을 좋게 하는 조건 중 틀린 것은?

㉮ 관 간격이 넓을 것
㉯ 냉각관이 냉매액에 잠겨 있거나 접촉해 있을 것
㉰ 평균온도차가 클 것
㉱ 유막이 존재하지 않을 것

해설
만액식 증발기의 전열 : 파이프 간격을 좁게 하면 열전도가 잘 된다.

44 수액기 취급 시 주의 사항으로 옳은 것은?

㉮ 직사광선을 받아도 무방하다.
㉯ 저장 냉매액을 3/4 이상 채우지 말아야 한다.
㉰ 균압관은 지름이 작은 것을 사용한다.
㉱ 안전밸브를 설치할 필요가 없다.

해설
수액기 : 응축기와 팽창밸브 사이에 설치하여 응축기에서 액화된 고온·고압의 냉매액을 일시 저장하는 용기이다. 수액기는 3/4 이하로 충전해야 한다.

45 증발기에 냉매액을 균등하게 공급하기 위한 장치는 무엇인가?

㉮ 압축기 ㉯ 수액기
㉰ 분배기 ㉱ 냉매 분리기

정답 39. ㉰ 40. ㉮ 41. ㉮ 42. ㉮ 43. ㉮ 44. ㉯ 45. ㉰

> **해설**
> 분배기 : 밸브에서 보내진 냉매액을 균등하게 공급해서 증발이 잘 될 수 있도록 하는 역할

3과목 공기조화

46 온수난방의 구분에서 저온수식의 온수온도는 몇 ℃ 미만인가?
㉮ 100   ㉯ 150
㉰ 200   ㉱ 250

> **해설**
> 온수난방의 저온수식 온도 : 100℃ 미만

47 공기여과기의 효율측정법에 들지 않는 것은?
㉮ 중량법   ㉯ 계수법
㉰ 비색법   ㉱ 집진법

> **해설**
> 공기여과 효율측정법
> • 중량법 : 필터에서 제거되는 비교적 큰 먼지의 중량으로 효율을 결정한다.
> • 계수법(DOP법) : 고성능의 필터로 측정하며, 일정한 크기(0.3㎛)의 시험입자를 사용하여 먼지의 개수를 계측한다.
> • 비색법(변색도법) : 필터에 포집한 작은 먼지를 포함한 공기를 여과지에 통과시켜 오염도를 광전관으로 측정한다.

48 1보일러마력은 약 몇 kcal/h의 증발량에 상당하는가?
㉮ 7,205kcal/h   ㉯ 10,800kcal/h
㉰ 9,600kcal/h   ㉱ 8,435kcal/h

> **해설**
> 1보일러마력 : 약 8,435kcal/h의 증발량이다.

49 배관 및 덕트에 사용되는 보온 단열재가 갖추어야 할 조건이 아닌 것은?

㉮ 열전도율이 클 것
㉯ 불연성 재료로서 흡습성이 작을 것
㉰ 안전사용온도범위에 적합할 것
㉱ 물리적·화학적 강도가 크고 시공이 용이할 것

> **해설**
> 보온단열재 : 단열이 잘 되도록 열전도율이 나쁠 것

50 주철제 보일러의 특징이 아닌 것은?
㉮ 내압강도 및 열 충격에 강하다.
㉯ 내식성 및 내열성이 좋다.
㉰ 조립식으로 반입 또는 해체가 용이하다.
㉱ 복잡한 구조도 제작이 용이하다.

> **해설**
> 주철제 보일러
> • 장점
>   - 내식성이 우수하다.
>   - 섹션의 개수에 따라 크기가 결정된다.
>   - 저압이므로 파열 시 피해가 적다.
>   - 조립식이어서 운반 및 설치가 용이하다.
> • 단점
>   - 주철이어서 인장강도 및 충격에 약하다.
>   - 고압 및 대용량에 부적합하다.
>   - 구조가 복잡해서 청소, 검사 수리가 힘들다.

51 지구상에 존재하는 공기의 주된 성분이 아닌 것은?
㉮ 산소   ㉯ 질소
㉰ 아르곤   ㉱ 염소

> **해설**
> 공기의 주성분 : 질소(N_2) 78%, 산소(O_2) 21%, 아르곤(Ar) 0.9%, 이산화탄소(CO_2) 0.03% 등

52 공기냉각코일의 설치에 대한 내용으로 틀린 것은?
㉮ 공기류와 수류의 방향은 역류가 되도록 한다.

정답 46. ㉮ 47. ㉱ 48. ㉱ 49. ㉮ 50. ㉮ 51. ㉱

㉯ 공기의 풍속은 2~3m/s가 되도록 한다.
㉰ 코일의 설치는 관이 수직으로 놓이게 한다.
㉱ 물의 속도는 일반적으로 1m/s 전후가 되도록 한다.

해설
보온단열재 : 열전도율이 나쁠 것

53 인체가 느끼는 온열감각에 대한 온도, 습도, 기류의 영향을 모아서 만든 쾌감지표는?
㉮ 실내 건구온도 ㉯ 실내습구온도
㉰ 상대 습도   ㉱ 유효온도

해설
유효온도 : 인공환경평가를 위해 온도, 습도, 기류의 3요소를 조합하여 나타낸 사람이 느끼는 온도 척도

54 다음 중 게이트밸브라고도 하며 유체의 흐름의 개폐용으로 사용되는 것은?
㉮ 다이아프램밸브
㉯ 콕
㉰ 슬루스밸브
㉱ 글로브밸브

해설
슬루스밸브(게이트밸브) : 유체의 흐름의 개폐를 담당한다.

55 다음 수관식 보일러에 대한 설명으로 틀린 것은?
㉮ 부하변동에 따른 압력변화가 크다.
㉯ 급수의 순도가 낮아도 스케일 발생이 잘 안 된다.
㉰ 고온고압의 증기발생으로 열의 이용도를 높였다.
㉱ 보유수량이 적어 파열 시 피해가 적다.

해설
수관식 보일러의 장·단점
• 장점
 - 고온·고압에 잘 견딘다.
 - 전열면적이 커서 효율이 크다.
 - 외분식이어서 다양한 연료를 사용하며, 연소상태도 양호하다.
 - 보유수량이 적어 파열 시 피해가 적다.
• 단점
 - 급수처리가 까다롭다.
 - 증발속도가 빨라 습증기로 인한 관내 장애가 있다.
 - 구조가 복잡해서 청소, 검사 수리가 힘들다.
 - 제작이 까다롭고, 비용이 많이 든다.
 - 보유수량이 적어 부하변동에 단점이 있다.

56 다음 중 습공기 선도상에서 알 수 있는 사항이 아닌 것은?
㉮ 노점온도
㉯ 수증기 분압
㉰ 습공기의 엔탈피
㉱ 효과온도

해설
효과온도 : 온습도의 건구온도계에 의한 것으로 주위 벽면의 평균 복사온도와 건구온도와의 평균치이며 기온, 공기의 흐름, 주위벽으로부터의 복사열 등을 종합한 효과를 표시한 온도이다.

57 다음 C상태에서 D상태로 흐르는 냉방과정 중 현열비를 나타내는 것은?

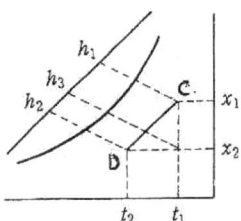

㉮ $\dfrac{h_3 - h_2}{h_1 - h_2}$ ㉯ $\dfrac{h_2 - h_3}{h_2 - h_1}$

㉰ $\dfrac{x_1 - x_2}{t_1 - t_2}$ ㉱ $\dfrac{h_1 - h_2}{t_2 - t_1}$

정답 52. ㉰ 53. ㉱ 54. ㉮ 55. ㉯ 56. ㉱ 57. ㉮

⊕ 해설
- **현열비(감열비)**: 전열량에 대한 현열량의 비로 실내로 운송되는 공기의 상태
- **현열비(감열비)** = $\dfrac{현열량}{현열량 + 잠열량}$

58 공기가 노점온도보다 낮은 냉각코일을 통과하였을 때의 상태를 기술한 것 중 틀린 것은?

㉮ 상대습도 저하
㉯ 비체적 저하
㉰ 감구온도 저하
㉱ 절대습도 저하

⊕ 해설
공기가 노점온도보다 낮은 냉각코일을 통과하였을 때에는 상대습도는 상승하고, 절대습도는 낮아진다.

59 대기압하에서 100℃의 포화수를 100℃의 건포화 증기로 만들 수 있는 보일러의 증발량은?

㉮ 보일러 증발량
㉯ 실제 증발량
㉰ 정미 증발량
㉱ 상당 증발량

⊕ 해설
상당 증발량(환산 증발량): 대기압에서 100℃의 포화수를 100℃의 건포화 증기로 만들 수 있는 보일러의 증발량

60 석면으로 만든 박판 등의 소재에 흡수제로 염화리듐을 침투시킨 판을 사용하여 현열과 잠열을 동시에 열교환하는 공기 대 공기 열교환기는?

㉮ 판형 열교환기
㉯ 히트 파이프형 열교환기
㉰ 전열 열교환기
㉱ 쉘 앤드 튜브형 열교환기

⊕ 해설
전열 교환기: 현열과 잠열을 동시에 열교환하는 공대공 열교환기다.

정답 58. ㉮ 59. ㉱ 60. ㉰

2017년 CBT 복원문제(2회)

1과목　공조냉동 안전관리

01 산소가 결핍되어 있는 장소에서 사용되는 마스크는?
㉮ 송풍마스크
㉯ 방독마스크
㉰ 특급방진마스크
㉱ 방진마스크

해설
송풍마스크 : O_2가 16% 이하인 장소에서는 산소호흡기를 착용할 것

02 작업자의 안전태도를 형성하기 위한 가장 유효한 방법은?
㉮ 안전한 환경의 조성
㉯ 안전한 보호구 준비
㉰ 안전에 관한 교육 실시
㉱ 안전표지판의 부착

해설
안전교육 실시 : 작업자의 정신적인 상태나 안전을 대하는 태도는 교육을 통해서 학습시킨다.

03 연삭숫돌을 고속 회전시켜 공작물의 표면을 깎아내는 연삭작업 시 안전수칙으로 옳지 않은 것은?
㉮ 측면을 사용하는 것을 목적으로 하는 연삭숫돌 이외의 연삭숫돌은 측면을 사용해서는 안 된다.
㉯ 연삭숫돌의 최고 사용회전속도를 초과하여 사용해서는 안 된다.
㉰ 연삭숫돌을 교체한 후에는 2분 이상 시운전한다.
㉱ 작업시작 전에 1분 이상 시운전한다.

해설
연삭숫돌을 교체한 후에는 3분 이상 시운전한다.

04 냉동제조설비의 안전관리자의 인원에 대한 설명 중 바른 것은?
㉮ 냉동능력 50톤 이하(냉매가 프레온인 경우 100톤 이하)인 경우 안전관리책임자는 없어도 상관없다.
㉯ 냉동능력이 100톤 초과 300톤 이하(냉매가 프레온일 경우는 200톤 초과 600톤 이하)인 경우 안전관리원은 1명 이상이어야 한다.
㉰ 냉동능력 50톤 초과 100톤 이하(냉매가 프레온인 경우 100톤 초과 200톤 이하)인 경우 안전관리총괄자는 없어도 상관없다.
㉱ 냉동능력 300톤 초과(냉매가 프레온일 경우는 600톤 초과)인 경우 안전관리원은 3명 이상이어야 한다.

해설
냉동제조설비 안전관리자 법규 : 냉동능력이 100톤 초과 300톤 이하(냉매가 프레온일 경우는 200톤 초과 600톤 이하)인 경우 안전관리원은 1명 이상이어야 한다.

05 안전모가 내전압성을 가졌다는 말은 최대 몇 볼트의 전압을 견디는 것을 말하는가?
㉮ 600V
㉯ 1,000V
㉰ 720V
㉱ 7,000V

정답 1. ㉮　2. ㉰　3. ㉰　4. ㉯　5. ㉱

> **해설**
> 안전모의 내전압성 : 최대 7kV 이하까지 견딘다.

06 아세틸렌 용접기에서 가스가 새어나오는 경우에 검사하는 방법으로 적당한 것은?
㉮ 비눗물을 칠해 검사한다.
㉯ 성냥불을 가져다가 검사한다.
㉰ 냄새를 맡아 검사한다.
㉱ 모래를 뿌려 검사한다.

> **해설**
> 아세틸렌가스용기 검사방법 : 비눗물을 칠해 검사한다.

07 크레인의 방호장치로서 와이어로프가 후크에서 이탈하는 것을 방지하는 장치는?
㉮ 비상정지장치
㉯ 해지장치
㉰ 권과방지장치
㉱ 과부하방지장치

> **해설**
> 해지장치 : 와이어로프가 후크에서 이탈하는 것을 방지하는 장치

08 휘발유, 벤젠 등 액상 또는 기체상의 연료성 화재는 무슨 화재로 분류되는가?
㉮ A급 ㉯ B급
㉰ C급 ㉱ D급

> **해설**
> • A급 화재 : 일반화재(목재, 석탄 등)
> • B급 화재 : 유류 및 가스 화재
> • C급 화재 : 전기화재
> • D급 화재 : 금속화재(마그네슘, 칼륨, 나트륨)

09 줄작업 시 안전사항으로 옳지 않은 것은?
㉮ 줄은 손잡이가 정상인 것만을 사용한다.
㉯ 줄의 균열 유무를 확인한다.
㉰ 줄 작업에서 생긴 칩(chip)은 입으로 불어 제거한다.
㉱ 줄은 줄 작업 이외에는 사용을 금한다.

> **해설**
> 줄작업 시 생긴 chip은 동 브러쉬로 제거한다.

10 다음 중 고압선과 저압가공선이 병가된 경우 접촉으로 인해 발생하는 것과 1, 2차코일의 절연파괴로 인하여 발생하는 현상과 관계있는 것은?
㉮ 누전 ㉯ 혼촉
㉰ 지락 ㉱ 단락

> **해설**
> 전기 회로의 심선(心線)이 다른 심선과 접촉하는 현상

11 감전되었을 경우 위험도가 가장 큰 것은?
㉮ 통전시간과 전격의 인가 위상
㉯ 통전경로
㉰ 전원의 종류
㉱ 통전 전류의 크기

> **해설**
> 감전은 전류의 크기에 비례한다.

12 패키지형 에어콘에서 냉방운전은 되나, 풍량이 부족하여 냉각속도가 늦어질 때 조치방법으로 잘못된 것은?
㉮ 덕트댐퍼를 닫는다.
㉯ 취출그릴을 열어준다.
㉰ 팬벨트의 장력을 조정한다.
㉱ 공기통로의 불량 이물질을 제거한다.

> **해설**
> 덕트댐퍼를 닫는다고 냉각속도가 빨라지는 것은 아니다. 팬벨트장력을 조절하여 풍량을 많이 흡수할 수 있도록 하고, 덕트청소를 깨끗이 하여 공기흐름을 좋게 한다.

정답 6. ㉮ 7. ㉯ 8. ㉯ 9. ㉰ 10. ㉯ 11. ㉱ 12. ㉮

13 보일러의 휴지보존법 중 장기보존법에 해당되지 않는 것은?

㉮ 소다만수보존법
㉯ 가열건조법
㉰ 질소가스봉입법
㉱ 석회밀폐건조법

💡 해설
보일러 휴지보존법의 종류
- **소다만수보존법** : 보일러의 수질(특히 PH, 인산 이온, 하이드라진, 아황산 이온 등)을 표준값의 상한 가까이 약액으로 주입하고 보일러 최상부의 증기빼기밸브로부터 증기를 완전히 배제하여 만수상태로 휴지(休止) 보존하는 방법이다.
- **질소가스봉입법** : 수관보일러를 1개월 이상 보존하는 경우는 잔류 공기의 악영향을 없애기 위해 질소가스의 봉입을 병용하여 밀폐하는 것이 좋다.
- **석회밀폐건조법** : 보일러 내외를 충분히 건조시키고, 내부에 내용적 $1m^3$당 생석회 3kg 또는 실리카겔 1.2kg 정도의 건조제(석회)를 넣어 밀폐보존하는 방법이다.

14 위험을 예방하기 위하여 사업주가 취해야 할 안전상의 조치로 적당하지 않은 것은?

㉮ 근로수당에 대한 안전대책
㉯ 작업방법에 대한 안전대책
㉰ 시설에 대한 안전대책
㉱ 기계에 대한 안전대책

💡 해설
사업주가 취해야 할 사항에 근로수당에 대한 안전수칙은 포함되지 않는다.

15 전기기구에 사용하는 퓨즈(Fuse)의 재료로 부적당한 것은?

㉮ 주석   ㉯ 구리
㉰ 아연   ㉱ 납

💡 해설
구리는 용융온도(1,083℃)가 높아 퓨즈로서 적당하지 않다.

2과목 냉동기계

16 온도식 팽창밸브의 작동과 관계없는 압력은?

㉮ 증발기압력   ㉯ 스프링압력
㉰ 감온통압력   ㉱ 응축압력

💡 해설
온도식 팽창밸브의 작동압력 : 증발압력, 스프링압력, 감온통의 압력

17 이상적인 냉동 사이클에서 어떤 응축온도로 작동할 때 성능계수가 가장 높은가?(단, 증발온도는 일정하다)

㉮ 10℃   ㉯ 20℃
㉰ 30℃   ㉱ 40℃

💡 해설
성능계수 : 증발온도가 높고 응축온도가 낮을수록 증가한다.

18 지열을 이용하는 열펌프의 종류에 해당되지 않는 것은?

㉮ 지하수 이용 열펌프
㉯ 지중열 이용 열펌프
㉰ 지표수 이용 열펌프
㉱ 지혈수 이용 열펌프

💡 해설
지열 이용 펌프 : 지하수 이용 열펌프, 지표수 이용 열펌프, 지중열 이용 열펌프

19 급수설비배관에서 수평배관에 구배를 주는 이유로 합당치 못한 것은?

㉮ 시공 및 재료비 감소
㉯ 관내 유수의 흐름 원활
㉰ 공기정체방지
㉱ 장치 전체 수리 시 물을 완전히 배수

정답 13. ㉯ 14. ㉮ 15. ㉯ 16. ㉱ 17. ㉮ 18. ㉱ 19. ㉮

> **해설**
> 배관에 구배를 주는 이유
> - 관내 유수의 흐름을 원활하게 하기 위해
> - 관내 공기의 정체를 방지하기 위해
> - 배관 수리 시 관내 유체의 완전한 배수를 위해

20 증발기에 서리가 생기면 나타나는 현상은?

㉮ 압력비 감소
㉯ 냉장고 내부온도 감소
㉰ 증발압력 감소
㉱ 소요동력 감소

> **해설**
> 증발기 적상 시 생기는 현상
> - 전열불량으로 인한 냉장실 내 온도 상승
> - 증발압력 저하로 인한 압력 상승
> - 증발온도 저하
> - 실린더 과열로 인한 토출가스온도 상승
> - 윤활유의 열화 및 탄화 우려
> - 압축기 동력 소요 상승
> - 성적계수 및 냉동능력 감소

21 부하측(저압측) 압력을 일정하게 유지시켜 주는 밸브는?

㉮ 안전밸브   ㉯ 체크밸브
㉰ 앵글밸브   ㉱ 감압밸브

> **해설**
> 감압밸브 : 감압측 압력을 일정하게 유지시킴

22 어떤 냉동장치의 냉동능력이 4RT이고 이때의 압축기 소용동력이 5.4kW이었다면 응축기에서 제거해야 할 열량은 약 몇 kcal/h인가?

㉮ 25,500kcal/h   ㉯ 9,860kcal/h
㉰ 17,924kcal/h   ㉱ 63,458kcal/h

> **해설**
> $Q_c = Q_e + AW$
> $= (4 \times 3,320) + (5.4 \times 860)$
> $= 17,924 \text{ kcal/h}$

23 냉동기유에 대한 냉매의 용해성이 가장 큰 것은?

㉮ R-113   ㉯ R-22
㉰ R-115   ㉱ R-717

> **해설**
> 윤활유에 대한 용해도가 큰 냉매 : R-717, R-11, R-12, R-21, R-113

24 냉매의 독성을 높은 순서대로 나열한 것은?

㉮ $CO_2 > CH_3Cl > NH_3 > CCl_2F_2 > SO_2$
㉯ $SO_2 > NH_3 > CH_3Cl > CO_2 > CCl_2F_2$
㉰ $CH_3Cl > CO_2 > SO_2 > CCl_2F_2 > NH_3$
㉱ $NH_3 > SO_2 > CCl_2F_2 > CH_3Cl > CO_2$

> **해설**
> 독성순위 : $SO_2 > NH_3 > CH_3Cl > CO_2 > CCl_2F_2$

25 2단 압축기의 중간 냉각기 종류로 속하지 않는 것은?

㉮ 액냉각형 중간냉각기
㉯ 흡수형 중간냉각기
㉰ 플래쉬형 중간냉각기
㉱ 직접팽창형 중간냉각기

> **해설**
> 중간냉각기의 종류
> • 직접팽창형 : 2단 압축 1단 팽창에 적용
> • 액냉각형 : 2단 압축 1단 팽창에 적용
> • 플래쉬형 : 2단 압축 2단 팽창에 적용

26 표준 사이클을 유지하고 암모니아의 순환량을 193kg/h로 운전했을 때의 소요동력은 약 몇 kw인가?(단, NH_3 1kg을 압축하는 데 필요한 열량은 몰리에르 선도상에서는 63kcal/kg이라 한다)

㉮ 22.6   ㉯ 25.4
㉰ 12.1   ㉱ 14.1

정답 20. ㉯ 21. ㉱ 22. ㉰ 23. ㉱ 23. ㉮ 24. ㉯ 25. ㉯ 26. ㉱

해설
$$N = \frac{193 \times 63}{860} = 14.1 \text{ kW}$$

27 몰리에르선도에서 압력이 커짐에 따라 포화액선과 건조포화증기선이 만나는 일치점을 무엇이라고 하는가?
㉮ 한계점 ㉯ 임계점
㉰ 상사점 ㉱ 비등점

해설
임계점: 증발잠열이 0이며, 포화액선과 건조포화증기선이 만나는 점이다.

28 다음 배관기호 중 일반조작밸브에 해당되는 것은 어느 것인가?

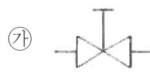

해설
일반조작밸브: 밸브 가운데 손잡이가 달려있는 표시이다.

29 다음 압축기 중 작동원리가 다른 것은?
㉮ 왕복동식 압축기
㉯ 스크루식 압축기
㉰ 스크롤식 압축기
㉱ 원심식 압축기

해설
압축기 분류
- 체적식: 왕복동식, 회전식, 스크루식, 스루식, 스크롤식
- 터보식: 원심식

30 태양열을 이용하여 냉방을 하고자 할 때 알맞은 냉동기는?
㉮ 터보 냉동기
㉯ 고속다기통 냉동기
㉰ 흡수식 냉동기
㉱ 공기 냉동기

해설
흡수식 냉동기: 재생기에서 냉매증기를 발생시키는 열로 석유나 가스보다 태양열을 이용한다.

31 전기저항에 관한 설명 중 틀린 것은?
㉮ 도체의 길이가 길수록 저항이 커진다.
㉯ 금속의 저항은 온도가 상승하면 감소한다.
㉰ 전류가 흐르기 힘든 정도를 저항이라 한다.
㉱ 저항은 도체의 단면적에 반비례한다.

해설
저항: 금속저항은 온도에 비례하고, 반도체 저항은 온도에 반비례한다.

32 압축기가 냉매를 압축할 때 단열압축과정에서 변하지 않는 것은?(단, 외부에 열손실이 없는 표준 냉동 사이클을 기준으로 할 것)
㉮ 압력   ㉯ 엔탈피
㉰ 온도   ㉱ 엔트로피

해설
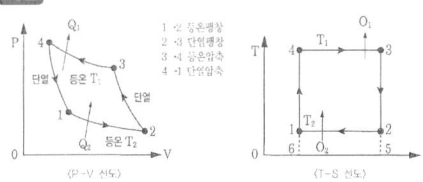

단열압축: 위 냉동선도에서 단열압축하면 엔트로피가 변하지 않는다.

정답 27. ㉯ 28. ㉮ 29. ㉱ 30. ㉰ 31. ㉯ 32. ㉱

33 다음 중 내열도가 450°C이며, 인성이 큰 특징이 있어 고온, 고압 증기용으로 사용되는 것은?

㉮ 석면조인트시트
㉯ 고무패킹
㉰ 오일시일패킹
㉱ 합성수지패킹

➕해설
석면조인트시트 : 고온, 고압, 진동에 강하다.

34 다음 P-V선도에서 1부터 2까지 단열압축했을 때 압축일량은 어느 것인가?

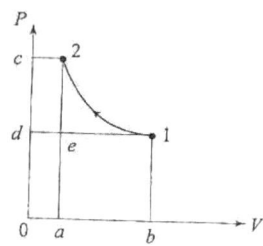

㉮ 12ab1의 면적
㉯ 1d0b1의 면적
㉰ 12cd1의 면적
㉱ aed0a의 면적

➕해설
• **절대일** : 12ab1의 면적
• **작업일** : 12cd1의 면적

35 40°C의 물 5m³을 0°C 물로 냉각하는 경우 제거되어야 할 열량은 얼마인가?

㉮ 100,000kcal ㉯ 120,000kcal
㉰ 350,000kcal ㉱ 200,000kcal

➕해설
$Q = 5,000 \times 1 \times (40-0) = 200,000 \text{kcal}$

36 다음 중 브라인의 구비조건으로 맞지 않는 것은?

㉮ 점도가 적당할 것
㉯ 응고점이 낮을 것
㉰ 비열이 작고 열전도율이 좋을 것
㉱ 금속에 대한 부식성이 적고 불연성일 것

➕해설
브라인의 구비조건
- 비열과 열전도율이 커야 한다.
- 점성이 적어야 한다.
- 동결온도가 낮아야 한다.
- 부식성이 없고 화학적으로 안정적이어야 한다.
- 불연성이어야 한다.
- 악취, 쓴맛이 없고, 독성이 없어야 한다.
- 가격이 싸고 취급이 용이해야 한다.

37 암모니아 냉동장치 중에 다량의 수분이 함유될 경우 윤활유가 우유빛으로 변하게 되는 현상은?

㉮ 에멀젼현상
㉯ 카퍼플레이팅현상
㉰ 오일해머현상
㉱ 오일포밍현상

➕해설
윤활유와 오일이 혼합되면 분자가 작게 분리되어 빛이 비치면 우윳빛처럼 나타난다.

38 내식성 및 내마모성이 우수하여 지하매설용 수도관으로 알맞은 것은?

㉮ 주철관   ㉯ 알루미늄관
㉰ 황동관   ㉱ 강관

➕해설
주철관 : 내마모성, 내압성, 내식성이 우수하여 지하매설용으로 많이 이용된다.

39 다음 중 냉각탑의 특징으로 맞지 않는 것은?

㉮ 물이 풍부하지 않는 곳에서 냉각수를 절약할 수 있다.
㉯ 냉각탑 출구 수온은 외기의 습구온도보다 낮다.

정답 33. ㉮ 34. ㉮ 35. ㉱ 36. ㉰ 37. ㉮ 38. ㉮

㉰ 냉각수의 온도는 외기습구온도의 영향을 받는다.
㉱ 증발식 응축기와 원리가 비슷하다.

+해설
냉각탑의 특징: 냉각탑 출구 수온은 공정을 마치고 나와 열을 담고 있으므로 외기의 습구온도보다 높다.

40 다음 중 압축기의 흡입 및 토출 밸브의 구비조건이 아닌 것은?
㉮ 밸브의 작동이 부드럽고 동작이 확실해야 한다.
㉯ 내구성이 크고 변형이 적어야 한다.
㉰ 밸브가 닫혔을 때 누설이 없어야 한다.
㉱ 냉매가스 통과 시 마찰저항이 커야 한다.

+해설
냉매가스가 통과할 때 마찰저항이 작아서 속도와 유량이 저항 없이 흘러야 한다.

41 다음 중 무기질 브라인의 공정점 온도가 높은 순서대로 나열한 것은?
㉮ 염화칼슘＞염화나트륨＞염화마그네슘
㉯ 염화나트륨＞염화마그네슘＞염화칼슘
㉰ 염화칼슘＞염화마그네슘＞염화나트륨
㉱ 염화마그네슘＞염화칼슘＞염화나트륨

+해설
브라인의 공정점 온도 : 염화나트륨(-21℃)＞염화마그네슘(-33.6℃)＞염화칼슘(-55℃)

42 다음 중 시퀀스제어에 대한 설명이 옳지 않은 것은?
㉮ 조합논리회로도 사용할 수 있다.
㉯ 시간지연요소로 사용된다.
㉰ 유접점 계전기에만 사용된다.
㉱ 제어결과에 따라 조작이 자동적으로 수행된다.

+해설
시퀀스제어 : 미리 정해진 순서에 따라 제어의 각 단계를 차례로 수행해가는 제어

43 전자누설탐지기는 냉매가 새는 경우 어떤 반응을 보이는가?
㉮ 눈금을 나타내거나 빛 또는 소리가 난다.
㉯ 불꽃의 색깔이 변한다.
㉰ 관에 있는 색깔이 변한다.
㉱ 바이메탈을 이용하여 굽어지는 정도의 눈금을 나타낸다.

+해설
전자누설탐지기는 프레온 냉매 누설 시 눈금을 나타내거나 광선 또는 소리가 난다.

44 프레온 냉동장치에 공기가 유입되면 어떠한 현상이 일어나는가?
㉮ 냉동톤당 소요 동력이 증가한다.
㉯ 고압이 공기의 분압만큼 낮아진다.
㉰ 고압이 높아지므로 냉매 순환량이 많아지고 냉동동력도 증가한다.
㉱ 토출가스의 온도가 상승하므로 응축기의 열통과율이 높아지고 방출열량도 증가한다.

+해설
냉동장치에 공기가 들어가면 냉동톤당 소요동력이 증가한다.

45 아래 그림에서 R_1에 걸리는 전압이 13[V]일 경우 R_2에 걸리는 전압은 얼마인가?

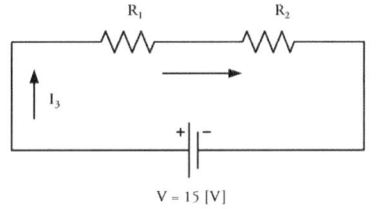

정답 39. ㉯ 40. ㉱ 41. ㉯ 42. ㉰ 43. ㉮ 44. ㉮

㉮ 15[V]　　㉯ 13[V]
㉰ 2[V]　　㉱ 1[V]

해설
Σ기전력 = $V_1 + V_2$, $V_2 = 15 - 13 = 2[V]$

3과목　공기조화

46 다음 중 여름철 냉방에 가장 중요한 것은?
㉮ 온도 변화
㉯ 압력 변화
㉰ 탄산가스량 변화
㉱ 비체적 변화

해설
여름철 냉방의 중요 요소 : 온도 변화

47 다음 중 열원 방식의 분류 중 특수 열원 방식으로 분류되지 않는 것은?
㉮ 열회수 방식(전열교환 방식)
㉯ 흡수식 냉온수기 방식
㉰ 지역냉난방 방식
㉱ 태양열 이용 방식

해설
특수 열원 방식 : 열회수 방식, 열병합발전 방식, 축열 방식, 태양열 방식, 지역냉난방 방식

48 허용응력이 40kg/cm²이고 사용압력이 80kg/cm²인 강관의 스케줄 번호는?
㉮ 20　　㉯ 40
㉰ 30　　㉱ 50

해설
스케줄 번호(schedule No) :
$\dfrac{P_a}{P_u} \times 10 = \dfrac{80}{40} \times 10 = 20$

49 보온재의 구비조건으로 맞지 않는 것은?
㉮ 열전달률이 클 것
㉯ 물리적, 화학적 강도가 클 것
㉰ 불연성일 것
㉱ 흡수성이 적고 가공이 용이할 것

해설
보온재 : 열전달률이 작아야 한다.

50 송풍기의 축동력 산출 시 필요한 값이 아닌 것은?
㉮ 송풍량　　㉯ 전압
㉰ 전압효율　　㉱ 덕트의 단면적

해설
송풍기의 축동력
$L_s = \dfrac{P \cdot Q}{102\eta}$ kW
여기서, Q : 송풍량, P : 전압, η : 전압효율

51 환기공조용 저속덕트 송풍기로서 저항변화에 대해 풍량, 동력변화가 크고 정숙운전에 사용하기 알맞은 것은?
㉮ 축류 송풍기
㉯ 에어포일팬
㉰ 프로펠러형 송풍기
㉱ 시로코 팬

해설
시로코 팬 : 저항변화에 대해 풍량, 동력변화가 크고 정숙운전에 사용

52 구조상 유량조절과 흐름의 개폐용에 사용되며, 흔히 스톱밸브라고 하는 것은?
㉮ 콕　　㉯ 앵글밸브
㉰ 글로브밸브　　㉱ 안전밸브

해설
스톱(글로브)밸브 : 유량조절이 용이하나 마찰 저항이 크다.

정답　45. ㉰　46. ㉮　47. ㉱　48. ㉮　49. ㉮　50. ㉱　51. ㉱　52. ㉰

53 일정한 건구온도에서 습공기 성질의 변화에 대한 내용으로 잘못된 것은?
  ㉮ 비체적은 절대 습도가 높아질수록 증가한다.
  ㉯ 절대습도가 높아질수록 노점온도는 높아진다.
  ㉰ 상대습도가 높아지면 절대습도는 높아진다.
  ㉱ 상대습도가 높아지면 엔탈피는 감소한다.

  해설
  일정한 건구온도 : 상대습도가 높아지면 엔탈피는 상승한다.

54 다음 중 현열부하에만 영향을 주는 것은?
  ㉮ 건구온도   ㉯ 절대습도
  ㉰ 상대습도   ㉱ 비체적

  해설
  현열부하 : 건구온도에 변화를 주는 열량

55 공조장치 중 공기조화기 내에 설치되는 기기와 거리가 먼 것은?
  ㉮ 에어필터   ㉯ 공기냉각기
  ㉰ 엘리미네이터 ㉱ 공기가열기

  해설
  • **공기조화기** : 에어필터, 공기냉각기, 공기가열기, 가습기
  • **엘리미네이터** : 물방울 유출을 막는 것

56 다음 중 배수관통기방식에서 가장 효과가 큰 것은?
  ㉮ 각개 통기식   ㉯ 회로 통기식
  ㉰ 환상 통기식   ㉱ 신정 통기식

  해설
  각개 통기식 : 설치비가 비싸지만 효과는 크다.

57 다음 중 밸브를 설치하지 않는 관은?
  ㉮ 급수관   ㉯ 통기관
  ㉰ 드레인관   ㉱ 급탕관

  해설
  밸브를 설치하지 않아도 되는 관 : 통기관, 팽창관

58 다음 중 배관된 관의 수리 및 교체가 편리한 이음방법은?
  ㉮ 용접이음   ㉯ 신축이음
  ㉰ 플랜지이음 ㉱ 스위블이음

  해설
  수리 및 교체가 편한 것 : 플랜지이음

59 다음 중 동관 이음법에 적합하지 않는 것은?
  ㉮ 나사이음   ㉯ 플레어이음
  ㉰ 납땜접합   ㉱ 용접이음

  해설
  나사이음 : 강관 배관 이음법이다.

60 냉각탑에서 냉각수는 수직방향이고 공기는 수평방향인 형식은?
  ㉮ 평행류형   ㉯ 혼합형
  ㉰ 직교류형   ㉱ 대향류형

  해설
  직교류형 냉각탑 : 물과 공기가 서로 직각이 되어 흐르면서 냉각되는 형식

정답 53. ㉱ 54. ㉮ 55. ㉰ 56. ㉮ 57. ㉯ 58. ㉰ 59. ㉮ 60. ㉰

2017년 CBT 복원문제(3회)

1과목 공조냉동 안전관리

01 산업안전보건법에 의하여 고용노동부 장관이 실시하는 검정을 받아야 할 보호구에 속하지 않는 것은?
㉮ 보안경 ㉯ 방독마스크
㉰ 안전대 ㉱ 보호의

해설
보호의 : 위생보호구에 속한다.

02 산업재해의 발생 원인별의 비중을 순서대로 나열한 것은?
㉮ 불안전한 상태→불가항력→불안전한 행위
㉯ 불안전한 행위→불안전한 상태→불가항력
㉰ 불안전한 상태→불안전한 행위→불가항력
㉱ 불안전한 행위→불가항력→불안전한 상태

해설
산업재해 발생원인 : 불안전한 행위→불안전한 상태→불가항력

03 냉동제조의 시설 및 기술·검사기준으로 적당하지 않은 것은?
㉮ 냉동제조설비 중 특정설비는 검사에 합격한 것일 것
㉯ 냉매설비는 진동, 충격, 부식 등으로 인해 냉매 가스가 누설되지 않도록 할 것
㉰ 압축기 최종단에 설치한 안전장치는 2년에 1회 이상 압력시험을 할 것
㉱ 냉매설비에는 자동제어장치를 설치할 것

해설
압축기 최종단에 설치한 안전장치는 1년에 1회 이상, 그 밖의 안전장치는 2년에 1회 이상 내압시험압력의 10분의 8 이하의 압력에서 작동하도록 조정한다.

04 다음 중 보일러의 부식원인과 가장 관계가 적은 것은?
㉮ 더러운 물을 사용할 때
㉯ 온수에 불순물이 포함될 때
㉰ 증기 발생량이 적을 때
㉱ 부적당한 급수처리를 할 때

해설
부식원인
- 온수에 불순물이 포함될 때
- 부적당한 급수처리 시
- 더러운 물을 사용 시

05 보일러에 부착된 안전밸브의 구비조건 중 틀린 것은?
㉮ 밸브 개폐 동작이 무리 없이 서서히 이루어질 것
㉯ 보일러의 정격용량 이상 분출할 수 있어야 할 것
㉰ 안전밸브의 지름과 압력분출장치 크기가 적정할 것
㉱ 정상압력이 될 때 분출을 정지할 것

해설
보일러 안전밸브의 개폐 : 확실하고 빠르게 개폐가 이루어져야 한다.

정답 1. ㉱ 2. ㉯ 3. ㉰ 4. ㉰ 5. ㉮

06 상시 근로자 수가 200명인 작업장에서 1년에 5건의 사상자가 발생한다면 연천인율은 얼마인가?

㉮ 13 ㉯ 25
㉰ 16 ㉱ 32

🔵 해설
연천인율 = $\frac{\text{근로 재해 건수}}{\text{평균 근로자 수}} \times 1,000 = \frac{5}{200} = 25$

07 색을 식별하는 작업장의 조명색으로 가장 적절한 것은?

㉮ 주광색 ㉯ 황적색
㉰ 노랑색 ㉱ 황색

🔵 해설
주광색의 특징
- 보통 밝은 페인트와 섬유광택제에 첨가되며 이것은 경고와 안전표시에서 사용한다.
- 회색보다 더 잘 인식된다.
- 투명 결합제에서 투명 색소와 형광 색소로 구성되며, 주광색은 빛의 최소를 흡수하기 때문에 주광색이 흰 바탕 위에 칠해질 때 가장 많은 색을 얻는다.

08 한국산업안전조건법에 의한 조명기준에 맞지 않은 것은?

㉮ 초정밀작업 : 750lux 이상
㉯ 정밀작업 : 200lux 이상
㉰ 일반작업 : 150lux 이상
㉱ 기타작업 : 75lux 이상

🔵 해설
정밀작업 : 300lux 이상

09 다음 중 소음의 3요소가 아닌 것은?

㉮ 소음의 고저 ㉯ 소음의 속도
㉰ 소음의 음색 ㉱ 소음의 크기

🔵 해설
소음의 3요소 : 소음의 고저(주파수), 크기(dB), 음색

10 다음 중 암모니아냉매의 독을 제거하기 위한 제독제로 알맞은 것은?

㉮ 가성소다수용액
㉯ 소석회
㉰ 탄산소다수용액
㉱ 물

🔵 해설
암모니아 제독제 : 물에 약 800~900배 용해된다.

11 안전보호구의 보관 및 장착훈련에 대한 설명으로 옳지 않은 것은?

㉮ 보관장소 : 관리하기 쉽고 가스에 노출되지 않고 쉽게 반출이 가능한 장소에 보관
㉯ 보관방법 : 평소에도 청결하게 하고 보호구들을 정기적으로 교환 보충해야 한다.
㉰ 사용훈련 : 작업자는 6개월마다 1회 이상 사용훈련을 실시하고, 사용방법을 숙지해야 한다.
㉱ 기록보관 : 보호구 점검사항 및 변동사항, 실적을 기록한다.

🔵 해설
사용훈련 : 작업자는 3개월마다 1회 이상 사용훈련을 실시하고, 사용방법을 숙지해야 한다.

12 다음 중 프레온 상해에 대한 구급법으로 옳은 것은?

㉮ 물로 씻고 피크린산용액으로 바른다.
㉯ 가성소다 수용액을 바르고 물로 씻는다.
㉰ 탄산소다 수용액을 바른 후 물로 씻는다.
㉱ 약한 붕산수 또는 2% 식염수로 씻는다.

정답 6. ㉯ 7. ㉮ 8. ㉯ 9. ㉯ 10. ㉱ 11. ㉰ 12. ㉱

⊕ 해설
프레온 구급방법 : 약한 붕산수 또는 2% 식염수로 씻는다.

13 보일러 수압시험의 목적으로 부적합한 것은?
㉮ 각종 스테이의 효력을 조사
㉯ 각종 덮개를 장치한 후 기밀도 확인
㉰ 이음부의 누설 정도 확인
㉱ 균열의 유무를 조사

⊕ 해설
보일러 수압시험의 목적
- 내부 검사를 하기 어려울 때 그 상태를 판단하기 위해
- 각종 덮개의 기밀도를 확인하기 위해
- 수리한 경우 그 부분의 강도나 이상 유무를 판단하기 위해

14 산소아세틸렌용접기의 용기 중 아세틸렌용기는 어떤 색으로 표시하는가?(단, 일반용)
㉮ 녹색   ㉯ 황색
㉰ 빨강색 ㉱ 갈색

⊕ 해설
공업용 용기의 색깔
• **아세틸렌** : 황색
• **산소** : 녹색
• **수소** : 주황색
• **탄산가스** : 청색
• **암모니아** : 백색
• **염소** : 갈색

15 다음 작업 환경에서의 측정단위로 틀린 것은?
㉮ 분진 : m^2/mg ㉯ 소음 : dB
㉰ 오염도 : p.p.m   ㉱ 조명 : lux

⊕ 해설
분진 : mg/m^3

2과목 냉동기계

16 서로 다른 지름의 관을 이을 때 사용되는 것은?
㉮ 플러그   ㉯ 유니온
㉰ 소켓   ㉱ 부싱

⊕ 해설
부싱 : 서로 다른 지름의 관을 이을 때 사용

17 2단 압축식 냉동장치에서 증발압력부터 중간압력을 높이는 압축기를 무엇이라고 하는가?
㉮ 루트   ㉯ 부스터
㉰ 터보   ㉱ 에코너마이저

⊕ 해설
부스터(저단압축기) : 2단 압축식 냉동장치에서 증발압력부터 중간압력을 높이는 압축기

18 다음 중 가용전(fusible plug)에 대한 설명으로 틀린 것은?
㉮ 용융점은 냉동기에서 68~75℃ 이하로 한다.
㉯ 불의의 사고(화재 등)시 일정온도에서 녹아 냉동장치의 파손을 방지하는 역할을 한다.
㉰ 구성 성분은 주석, 구리, 납으로 되어 있다.
㉱ 토출가스의 영향을 직접 받지 않는 곳에 설치해야 한다.

⊕ 해설
가용전 : 응축기나 수액기에 장착하는 안전장치로, 냉동설비의 화재 발생 시 가용전 내에 저융합금이 용융되어 냉매를 대기 중에 유출시켜 냉동기의 파손을 방지하는 역할 성분은 안티몬, 주석, 납 등(75℃ 이하에서 용융)이다.

정답 13. ㉮ 14. ㉯ 15. ㉮ 16. ㉱ 17. ㉯ 18. ㉰

19 팽창변 직후 냉매의 건조도는 X=0.14이고, 증발잠열이 400kcal/kg이라면 냉동효과는 얼마인가?

㉮ 520kcal/kg   ㉯ 340kcal/kg
㉰ 485kcal/kg   ㉱ 430kcal/kg

⊕ 해설
냉동효과
$Q_e = (1-0.14) \times 500 = 430 \, \text{kcal/kg}$

20 냉매와 화학 분자식이 옳게 짝지어진 것은?

㉮ R-502 : $CHClF_2 + C_2ClF_3$
㉯ R-114 : CCl_2F_4
㉰ R-500 : $CCl_2F_2 + CH_2CHF_2$
㉱ R-113 : CCl_3F_3

⊕ 해설
분자식
- R-502 : $CHClF_2+C_2ClF_3$
- R-114 : $C_2F_4Cl_2$
- R-500 : $CFCl_2+HFC-152a$
- R-113 : $C_2F_3Cl_3$

21 다음 중 이상기체의 등온과정으로 옳은 것은?(단, S : 엔트로피, Q : 열량, W : 일, U : 내부에너지)

㉮ $ds=0$ ㉯ $dQ=0$
㉰ $dW=0$ ㉱ $dU=0$

⊕ 해설
등온과정 : 내부에너지 변화는 0이다.
$dU=0$

22 냉동 사이클에서 응축온도가 32°C, 증발온도가 -10°C이면 성적계수는 얼마인가?

㉮ 2.35   ㉯ 6.45
㉰ 8.26   ㉱ 5.26

⊕ 해설
$$COP = \frac{T_e}{T_c - T_e}$$
$$= \frac{(273-15)}{(273+34)-(273-15)}$$
$$= 5.26$$

23 터보압축기에서 속도에너지를 압력으로 변환시키는 장치는?

㉮ 디퓨저   ㉯ 베인
㉰ 증속기어 ㉱ 임펠러

⊕ 해설
디퓨저 : 운동에너지를 압력에너지로 바꾸기 위해 단면적을 점점 넓게 한 통로이다.

24 증발압력이 저하되면 증발잠열과 비체적은 어떻게 변하는가?

㉮ 증발잠열은 커지고 비체적은 작아진다.
㉯ 증발잠열은 작아지고 비체적은 커진다.
㉰ 증발잠열과 비체적 모두 커진다.
㉱ 증발잠열과 비체적 모두 작아진다.

⊕ 해설
압력이 작아지면 증발잠열과 비체적 모두 커진다.

25 다음 중 이중효용 흡수식 냉동기에 대한 설명으로 옳지 않은 것은?

㉮ 2개의 재생기를 가지고 있다.
㉯ 2개의 증발기를 가지고 있다.
㉰ 일중효용 흡수식 냉동기에 비해 효율이 높다.
㉱ 이중효용 흡수식 냉동기는 압축기를 가지고 있지 않다.

⊕ 해설
이중효용 흡수식 냉동기 : 2개의 재생기와 1개의 증발기를 갖는다.

정답 19. ㉱ 20. ㉮ 21. ㉯ 22. ㉱ 23. ㉮ 24. ㉰ 25. ㉯

26 다음 중 습압축 냉동 사이클에 알맞은 것은?

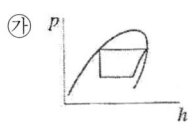 ㉮ 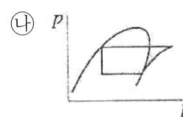 ㉯

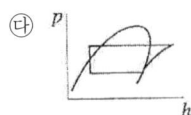 ㉰ 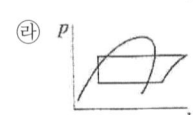 ㉱

● 해설
㉮ 건조압축 사이클
㉯ 습압축 사이클
㉰ 건조압축-과냉각 사이클
㉱ 과열압축-과냉각 사이클

27 다음 중 유량 조절용으로 가장 적합한 밸브의 도시기호는?

㉮ ─|∇|─   ㉯ ─|◆|─
㉰ ─|⋈|─   ㉱ ─|⋈|─

● 해설
㉮ 체크밸브   ㉯ 글로브밸브
㉰ 명칭없음   ㉱ 게이트밸브

28 다음은 R-22 표준 냉동 사이클의 P-H 선도이다. 압축일량은 얼마인가?

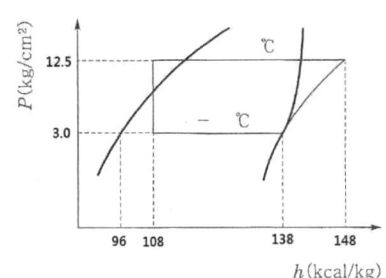

㉮ 10   ㉯ 48
㉰ 52   ㉱ 60

● 해설
압축일량 : $Aw = 148 - 138 = 10$
압축행정이므로 138에서 148까지 한 일이다. 그러므로 148-138=10이 일한 양이다.

29 다음 중 윤활유의 목적에 해당되지 않는 것은?

㉮ 윤활 작용   ㉯ 밀봉 작용
㉰ 방청 작용   ㉱ 냉동 작용

● 해설
윤활유(냉동기유)의 목적
• 윤활 작용 : 압축기 마찰부분(실린더 벽과 피스톤링 사이, 각종베어링 등)의 마모방지
• 밀봉 작용 : 냉매가스가 실린더벽과 피스톤링 사이로 새는 것을 방지
• 냉각 작용 : 실린더 내부의 열을 냉각
• 방청 작용 : 금속표면과 공기와의 접촉차단

30 피스톤 상부로 다량의 오일이 역류하여 오일을 압축하게 되며 이때 이상음이 발생하는 현상을 무엇이라 하는가?

㉮ 오일 포밍   ㉯ 오일 해머
㉰ 오일 펌핑   ㉱ 오일 에멀젼

● 해설
오일 해머(Oil hammering) : 오일 포밍현상이 급격히 일어나면 피스톤 상부로 다량의 오일이 역류하여 오일을 압축하게 되며 이때 이상음이 발생하는 현상

31 팽창밸브의 관찰유리에 기포가 생기는 이상현상이 생겼다. 다음 중 원인이 아닌 것은?

㉮ 액관이 지름에 비해 길다.
㉯ 필터드라이브가 막혔다.
㉰ 응축압력이 높다.
㉱ 냉매가 부족하다.

● 해설
관찰유리에 기포가 생길 경우
- 액관이 지름에 비해 길 때
- 필터드라이브가 막힐 때
- 냉매가 부족할 때
- 응축압력이 낮을 때

정답 26. ㉯ 27. ㉯ 28. ㉮ 29. ㉱ 30. ㉯ 31. ㉰

32 냉동기 가동 중 응축기에 압력이 높게 나타났다. 이 현상의 원인이 아닌 것은?
㉮ 증발기 부하가 너무 낮을 경우
㉯ 응축기 표면적이 너무 작을 경우
㉰ 냉매충전량이 과다일 경우
㉱ 냉매계통에 공기가 들어 있거나 불응축물 가스가 삽입된 경우

⊕ 해설
응축기의 고압력
- 냉매계통에 공기가 들어 있거나 불응축물 가스가 삽입된 경우
- 응축기 표면적이 너무 작을 경우
- 냉매충전량이 과다일 경우

33 다음 중 냉동장치 시운전 시 확인해야 할 필수 사항이 아닌 것은?
㉮ 냉매충전상태
㉯ 냉동기유상태
㉰ 자동제어장치의 상태
㉱ 냉동장치의 도포상태

⊕ 해설
냉동장치 시운전 시 점검사항
- 냉매충전상태, 냉동기유상태
- 모터 및 유닛 쿨러 작동 및 진동소음 여부
- 압력계 작동상태
- 각 기기의 밸브의 개폐 여부
- 전원 및 자동제어장치의 상태

34 흡수식 냉동기에서 냉매순환과정을 바르게 나타낸 것은?
㉮ 재생기 → 응축기 → 흡수기 → 냉각기
㉯ 재생기 → 응축기 → 냉각기 → 흡수기
㉰ 재생기 → 응축기 → 압축기 → 흡수기
㉱ 재생기 → 압축기 → 응축기 → 흡수기

⊕ 해설
흡수식 냉동기에서 냉매순환과정
재생기 → 응축기 → 냉각기 → 흡수기

35 회전식 압축기에 관한 설명으로 옳지 않은 것은?
㉮ 용량제어의 범위가 크다.
㉯ 베인식, 회전식 두 가지가 있다.
㉰ 압축비에 비해서 체적효율이 높다.
㉱ 유압펌프를 사용하지 않으므로 윤활에 주의를 요한다.

⊕ 해설
회전식 압축기는 용량제어가 안 된다.

36 열 에너지의 흐름에 대한 방향성을 제시하는 법칙은?
㉮ 제0법칙   ㉯ 제1법칙
㉰ 제2법칙   ㉱ 제3법칙

⊕ 해설
- **열역학 제0법칙** : 열평형에 관한 법칙
- **열역학 제1법칙** : 에너지 보존에 대한 법칙
- **열역학 제2법칙** : 열 이동에 관한 법칙
- **열역학 제3법칙** : 절대 온도에 대한 법칙

37 제빙장치에 대한 설명 중 틀린 것은?
㉮ 용빙탱크 : 빙관과 얼음의 접촉면을 녹이는 장치
㉯ 주수탱크 : 결빙시간을 단축하기 위한 장치
㉰ 탈빙기 : 얼음과 빙관을 분리시키는 장치
㉱ 양빙기 : 결빙된 얼음을 빙관에 든 채로 이동시키는 장치

⊕ 해설
주수탱크 : 빙관에 원료수를 일정하게 공급하는 장치

38 냉매 배관기밀 시험 중 검사에 사용되는 가스는?
㉮ 이산화탄소   ㉯ 암모니아
㉰ 질소   ㉱ 산소

정답 32. ㉮ 33. ㉱ 34. ㉯ 35. ㉮ 36. ㉰ 37. ㉯ 38. ㉰

해설
배관기밀시험 : 비눗물 검사 혹은 질소가스를 이용한다.

39 냉매가 배관에 미치는 영향 중에 구리가 배관 내부 벽에 부착되는 현상이 생긴다. 이때 부착이 잘되는 순서대로 나열한 것은?

㉮ $CH_3Cl \rightarrow R-22 \rightarrow R-12$
㉯ $R-22 \rightarrow R-12 \rightarrow CH_3Cl$
㉰ $CH_3Cl \rightarrow R-12 \rightarrow R-22$
㉱ $R-12 \rightarrow R-22 \rightarrow CH_3Cl$

해설
동부착 현상
- 프레온(CFC계) 냉동장치에서 수분이 흡입되어 프레온과 반응하고 불화수소(HF), 염화수소(HCl)와 같은 산을 만들게 된다.
- 냉매배관 내의 침식된 구리가 냉동장치를 순환하다가 압축기 실린더, 피스톤 등에 부착되는 현상이다.
- 수소원자가 많은 냉매일수록 잘 발생한다. R12〈R22〈염화메틸 순으로 잘 발생한다.

40 다음 중 브라인 순환장치의 동파방지방법에 대한 설명으로 맞지 않는 것은?

㉮ 증발압력조절밸브를 설치한다.
㉯ 부동액을 약간 첨가한다.
㉰ 설치된 단수 릴레이를 제거한다.
㉱ 온도조절기를 설치한다.

해설
브라인 순환장치 동파방지방법
- 증발압력조절밸브 설치
- 부동액 첨가
- 단수릴레이 설치
- 동파방지용 온도조절기 설치
- 순환펌프압축기모터를 인터록시킴

41 몰리에르선도로 계산할 수 없는 것은?

㉮ 청정계수   ㉯ 냉동능력
㉰ 냉매순환량   ㉱ 성적계수

해설
몰리에르 선도에서 파악할 수 있는 요소
- 냉동능력
- 냉매순환량
- 성적계수

42 2원 냉동 사이클에서 고온측에 사용되는 냉매는?

㉮ R-12   ㉯ R-13
㉰ R-500   ㉱ R-22

해설
2원 냉동 사이클에서 사용되는 냉매
- 고온측 : R-12, R-22, R-500, R-501 등
- 저온측 : R-13, R-14, R-23, CH_4, C_2H_6 등

43 팽창밸브 선정 시 고려해야 할 사항 중 관계가 먼 것은?

㉮ 냉동능력
㉯ 증발기 형식 및 크기
㉰ 사용냉매
㉱ 응축온도

해설
팽창밸브 선정 시 응축온도는 고려하지 않아도 된다.

44 냉동을 이용하는 영역으로 볼 때 다음 중 거리가 먼 것은?

㉮ 공압용 에어 컴프레서
㉯ 공기의 액화
㉰ 가정용 에어컨
㉱ 축산물 냉동수송

해설
공압용 에어 컴프레서는 냉동과 상관없다.

정답 39. ㉮ 40. ㉰ 41. ㉮ 42. ㉯ 43. ㉱ 44. ㉮

45 2단 압축 2단 팽창 사이클에 사용되는 중간냉각기의 역할이 아닌 것은?

㉮ 액냉매를 과냉각시켜 냉동효과를 높인다.
㉯ 고단압축기의 액압축을 방지한다.
㉰ 저단압축기의 토출가스온도를 증가시킨다.
㉱ 고단압축기로의 냉매액 흡입을 방지한다.

⊕ 해설
중간냉각기 역할
- 저단압축기의 토출가스온도를 감소시킨다.
- 액냉매를 과냉각시켜 냉동효과를 높인다.
- 고단압축기의 액압축을 방지한다.
- 고단압축기로의 냉매액 흡입을 방지한다.

3과목 공기조화

46 다음 중 공조용어를 설명한 내용으로 틀린 것은?

㉮ 수증기 엔탈피 : 0°C의 물을 0으로 한다.
㉯ 건공기 엔탈피 : 0°C의 건조공기를 0으로 한다.
㉰ 건조공기(dry air) : 수분을 포함하지 않은 공기를 뜻한다.
㉱ 절대습도 : 습공기 1kg에 대한 건조공기의 중량을 뜻한다.

⊕ 해설
절대습도 : 건공기 1kg에 대한 습공기의 중량

47 지하철에 적용하는 기계환기방식의 기능으로 틀린 것은?

㉮ 터널 내의 고온의 공기를 외부로 배출한다.
㉯ 화재 시 배연기능을 한다.
㉰ 터널 내의 잔류열을 배출하고 신선외기를 도입하여 토양의 발열효과를 상승시킨다.
㉱ 피스톤효과로 유발된 열차풍으로 환기효과를 높인다.

⊕ 해설
지하철 환기방식
- 피스톤효과로 생성된 열차풍으로 환기효과를 높인다.
- 터널 내의 잔존하는 열을 배출하고 신선외기를 도입하여 토양의 흡열효과를 올려준다.
- 터널 내의 고온의 공기를 외부로 배출한다.
- 화재 시 배연기능을 한다.

48 직접난방 부하계산에서 고려하지 않는 부하는 어느 것인가?

㉮ 외기도입에 의한 손실
㉯ 틈새바람에 의한 열손실
㉰ 벽체를 통한 열손실
㉱ 유리창을 통한 열손실

⊕ 해설
직접난방 : 외기도입을 하지 않기 때문에 외기에 대한 열손실 등은 부하계산에서 고려하지 않는다.

49 중앙집중식 공조방식과 비교했을 때의 덕트병용 패키지 공조방식의 특징이 아닌 것은?

㉮ 기계실 공간이 협소하다
㉯ 수명이 길고, 고장이 적다.
㉰ 설비비가 저렴하다.
㉱ 운전의 전문기술자가 필요 없다.

⊕ 해설
덕트병용 패키지방식 : 실내에 설치되어 있는 패키지 공조기다. 냉온풍을 만들어 실내로 송풍하는 것으로 고장이 많고, 내구성이 짧아 보수비용이 많이 든다.

정답 45. ㉰ 46. ㉯ 47. ㉰ 48. ㉮ 49. ㉯

50 덕트재료 중에서 고온의 공기 및 가스가 통과하는 덕트 및 방화댐퍼, 보일러의 연도 등에 가장 많이 사용되는 재료는?

㉮ 아연도금강판
㉯ 염화비닐판
㉰ 열간압연박강판
㉱ 동판

해설
열간압연강판 : 강재질로서 강도가 크고, 열간가공을 해서 조직이 단단하므로 내구성이 좋아 많이 사용된다.

51 어느 사무실 내의 취득 현열량을 구하였더니 46,000kcal/h, 잠열이 8,000kcal/h이었다. 실내를 온도 26℃, 습도 60%로 유지하기 위해 취출 온도차 10℃로 송풍하고자 한다. 이때 현열비는?

㉮ 0.85   ㉯ 0.95
㉰ 0.75   ㉱ 0.65

해설
현열비 $SHF = \dfrac{46,000}{46,000+8,000} = 0.85$

53 다음 중 송풍량을 결정하는 것은?

㉮ 실내취득열량 + 기기 내 취득열량
㉯ 실내취득열량 + 외기부하
㉰ 기기 내 취득열량 + 외기부하
㉱ 기기 내 취득열량 + 재열량

해설
송풍량 : 실내취득열량과 기기 내 취득열량을 합한 값으로 정한다.

54 배관도시기호 중 유체의 종류와 문자 기호가 서로 잘못 짝지어진 것은?

㉮ 공기 – A   ㉯ 가스 – G
㉰ 유류 – O   ㉱ 물 – S

해설
- 물 : W(청색)
- 공기 : A(백색)
- 가스 : G(황색)
- 수증기 : S(적색)
- 유류 : O(어두운 주황색)

55 다음 중 주철제 보일러의 특징이 아닌 것은?

㉮ 복잡한 구조도 제작이 용이하다.
㉯ 내압강도 및 열충격에 강하다.
㉰ 조립식으로 반입 또는 해체가 용이하다.
㉱ 내식성 및 내열성이 좋다.

해설
주철제 보일러
• 장점
 – 내식성이 우수하다.
 – 섹션의 개수에 따라 크기가 결정된다.
 – 저압이므로 파열시 피해가 적다.
 – 조립식이어서 운반 및 설치가 용이하다.
• 단점
 – 주철이어서 인장강도 및 충격에 약하다.
 – 고압 및 대용량에 부적합하다.
 – 구조가 복잡해서 청소, 검사 수리가 힘들다.
 – 열에 의한 팽창으로 균열이 생기기 쉽다.
 – 효율이 낮다.

56 보일러에 대한 용어의 설명으로 맞지 않은 것은?

㉮ 상당증발량 : 표준기압하에서 100℃ 포화수를 같은 온도의 포화증기로 1시간 동안 변화시키는 증발량이다.
㉯ 특수열매체보일러 : 물보다 높은 비열의 부동액체로 낮은 압력하에서도 고온을 얻을 수 있는 보일러이다.
㉰ 전열면 증발률 : 전열면 1m²당 1시간 동안의 증발량(kg)이다.
㉱ 특수연료보일러 : 연료로서 가치가 없는 바크, 버케이스 등을 사용하는 보일러이다.

정답 50. ㉰ 51. ㉮ 52. ㉰ 53. ㉮ 54. ㉱ 55. ㉯ 56. ㉯

해설
특수 열매체 보일러 : 물보다 낮은 비열의 부동액체로 낮은 압력하에서도 고온을 얻을 수 있는 보일러이다.

57 동관 중 가장 높은 압력에서 사용되는 관은?
㉮ K형 ㉯ L형
㉰ N형 ㉱ M형

해설
두께와 내압력 순서 : K형 > L형 > M형 > N형

58 보일러 배관 중 백관을 사용하지 않은 매체는 어느 것인가?
㉮ 기름 ㉯ 가스
㉰ 수돗물 ㉱ 증기

해설
- 백관 : 증기, 기름, 가스, 공기 등에 사용된다.
- 흑관 : 수도용에는 아연 도금관을 사용된다.

59 열전도성이 우수하여 열교환기의 가열관으로 사용하기에 가장 좋은 파이프는 어느 것인가?
㉮ 동관 ㉯ 주철관
㉰ 플라스틱관 ㉱ 강관

해설
동관 : 열전도성이 우수하며 널리 사용된다.

60 다음 중 연관의 장점이 아닌 것은?
㉮ 가공성이 우수하다.
㉯ 중량이 가벼우며, 충격에 강하다.
㉰ 연성, 전성이 우수하다.
㉱ 산에는 강하고, 알칼리성에는 약하다.

해설
연관 : 중량이 무거우며 충격에 약하다.

정답 57. ㉮ 58. ㉰ 59. ㉮ 60. ㉯

2017년 CBT 복원문제 (4회)

1과목 공조냉동 안전관리

01 안전관리에 대한 가장 중요한 요소라 할 수 있는 것은?
㉮ 인간 존중   ㉯ 신뢰성 향상
㉰ 생산성 향상 ㉱ 재산보호

◎ 해설
안전관리의 요소 : 인간 존중, 신뢰성 향상, 생산성 향상 등

02 가스 용접작업 시 안전관리 조치사항으로 틀린 것은?
㉮ 과열된 토치는 산소만 약간 열고 팁 부분을 물에 냉각시킨다.
㉯ 가스의 누설검사는 비눗물을 사용한다.
㉰ 역화되었을 때는 산소밸브를 열도록 한다.
㉱ 작업 후에는 토치밸브를 열어 잔여 가스를 방출시킨다.

◎ 해설
가스 용접작업 시 안전관리 조치사항
- 산소용접 시 가스가 역화할 때는 산소밸브를 먼저 잠근다.
- 과열된 토치는 산소만 약간 열고 팁 부분을 물에 냉각시킨다.
- 작업 후에는 토치밸브를 열어 잔여 가스를 방출시킨다.
- 가스의 누설검사는 비눗물을 사용한다.

03 다음 중 인체가 감전 시 위험도가 가장 큰 것은 어느 것인가?
㉮ 통전의 시간과 전격의 위상
㉯ 통전전류의 크기
㉰ 통전경로
㉱ 전원의 종류

◎ 해설
인체가 감전 시 위험도의 영향력 순서
- 통전 전류의 크기(mA)
- 통전의 시간과 전격의 위상
- 통전경로(심장 통과 시 사망)
- 전원의 종류(직류보다 상용교류가 더 위험)

04 충분한 산소 중에서 어떤 물질이 스스로 연소할 수 있는 최소발화온도점을 무엇이라 하는가?
㉮ 인화점   ㉯ 연소점
㉰ 발화점   ㉱ 빙점

◎ 해설
발화점 : 충분한 산소 중에서 어떤 물질이 스스로 연소할 수 있는 최소발화온도이며, 발화점이 낮을수록 위험하다.

05 보일러 강판이나 관 속에 두 장의 층이 형성하고 있는 상태에서 화염과 접촉하여 높은 열을 받아 부풀거나, 표면이 타서 갈라지는 상태를 무엇이라고 하는가?
㉮ 크랙   ㉯ 마모
㉰ 팽출   ㉱ 블리스터

◎ 해설
• 블리스터 : 보일러 강판이나 관 속에 두 장의 층이 형성하고 있는 상태에서 화염과 접촉하여 높은 열을 받아 부풀거나, 표면이 타서 갈라지는 상태
• 팽출 : 화염이 접하는 부분이 과열되는 현상

정답 1. ㉮ 2. ㉰ 3. ㉯ 4. ㉰ 5. ㉱

06 점화하기 전에 연소실 내에 차있는 미연소가스를 배풍기로 배출시켜, 가스폭발을 미연에 방지하는 것을 무엇이라 하는가?

㉮ 전격방지　㉯ 프리퍼지
㉰ 배출방지　㉱ 점화방지

💡 **해설**
프리퍼지 : 점화하기 전에 연소실 내에 차 있는 미연소 가스를 배풍기로 배출시켜, 가스 폭발을 미연에 방지하는 것

07 공작기계인 선반 작업 시 안전사항 중 맞지 않는 것은?

㉮ 칩을 제거할 때는 브러쉬나 긁기봉을 사용한다.
㉯ 절삭공구는 기계작동 중에도 교환이 가능하다.
㉰ 회전 중에는 공작물을 측정하지 않는다.
㉱ 절대 장갑을 끼고 작업하지 않는다.

💡 **해설**
선반작업 시 안전사항
- 기계 위에 공구나 재료를 올려놓지 않는다.
- 칩의 비산 시 보안경을 착용하고, 차폐막을 설치한다.
- 칩을 제거할 때는 브러쉬나 긁기봉을 사용한다.
- 회전 중에는 공작물을 측정하지 않는다.
- 절대 장갑을 끼고 작업하지 않는다.
- 절삭공구를 교환할 때는 기계를 정지 후 실시한다.

08 보일러 취급 시 주의사항으로 옳지 않은 것은?

㉮ 점화 전에 미연소가스를 방출시킨다.
㉯ 보일러의 수면계 수위는 가장 상단위치는 기준 수위로 하지 않는다.
㉰ 연료계통의 누설 여부를 수시로 확인한다.
㉱ 보일러 밑부분의 침전물 배출은 부하가 가장 클 때 하는 것이 좋다.

💡 **해설**
보일러 밑부분의 침전물 배출은 부하가 가장 작을 때 하는 것이 좋다.

09 "전하를 가진 두 물체 사이에 작용하는 힘의 크기는 두 전하의 곱에 비례하고 거리의 제곱에 반비례한다. 같은 극성의 전하에는 서로 미는 척력이 작용하고 다른 극성의 전하에는 서로 잡아 당기는 인력이 작용한다"라고 설명하는 법칙은?

㉮ 쿨롱의 법칙
㉯ 패러데이의 법칙
㉰ 키르히호프의 법칙
㉱ 오옴의 법칙

💡 **해설**
쿨롱의 법칙 : 전하를 가진 두 자극 사이에 작용하는 힘의 크기는 두 자극 세기의 곱에 비례하고 두 자극 사이의 거리의 제곱에 반비례하는 법칙

10 안전사고의 발생 요인 중 가장 비율이 높은 것은?

㉮ 개인적 결함　㉯ 사회적 결함
㉰ 불안전한 행동　㉱ 불안전한 상태

💡 **해설**
사고발생요인 중에서 불안전한 행동이 가장 빈도수가 높다.

11 헬라이드토치는 프레온계 냉매의 누설검지기이다. 누설 시 식별방법은?

㉮ 불꽃의 크기　㉯ 불꽃의 색깔
㉰ 불꽃의 온도　㉱ 연료의 소비량

💡 **해설**
헬라이드토치의 프레온계 냉매누설 검지 : 헬라이드토치의 가스흡입호스의 끝을 프레온가스의 누설개소에 근접시키면, 불꽃이 선명한 자색으로 변화하여 미량검출이 가능하고, 프레온가스의 농도가 짙어지면 불꽃색깔이 선명한 청자색이 된다.

정답 6. ㉯　7. ㉯　8. ㉱　9. ㉮　10. ㉰　11. ㉯

12 자동제어의 목적이 아닌 것은?

㉮ 냉동장치의 안전을 유지한다.
㉯ 경제적인 운전을 한다.
㉰ 냉동장치 운전상태의 안정을 도모한다.
㉱ 냉동장치의 냉매소비를 절감한다.

해설
자동제어는 냉매소비와는 관계없다.

13 보일러의 급탕설비 시스템에서의 안전장치가 아닌 것은?

㉮ 팽창관　　㉯ 안전밸브
㉰ 팽창밸브　㉱ 전자밸브

해설
전자밸브는 유체의 흐름을 제어하는 자동제어 밸브이다.

14 냉동장치 안전운전을 위한 주의사항 중 틀린 것은?

㉮ 압축기와 응축기 간에 스톱밸브가 닫혀있는 것을 확인한 후가 아니면 압축기를 가동시키지 말 것
㉯ 주기적으로 유압을 체크할 것
㉰ 운전휴지 중 실내온도가 빙점 이하로 내려갈 가능성이 있을 때는 응축기 및 수배관에서 물을 완전히 뽑아 동파를 방지할 것
㉱ 압축기를 처음 가동 시에는 정상으로 가동되는가를 확인할 것

해설
압축기와 응축기 간에 스톱밸브가 열려있는 것을 확인한 후가 아니면 압축기를 가동시키지 말 것

15 교류아크용접기에서 감전을 방지하기 위해 전격방지기를 사용하는데, 전격방지기는 무엇을 조정하는가?

㉮ 2차측 전류　㉯ 1차측 전류
㉰ 2차측 전압　㉱ 1차측 전압

해설
전격방지기의 역할 : 교류아크용접기의 부하전압은 약 20V 정도이지만, 무부하전압은 약 90V 정도이다. 따라서 무부하상태에서 인체에 전류가 흐르면 치명적이므로 2차측 전압인 무부하전압을 25V 이하로 만들어 주는 장치

2과목　냉동기계

16 냉동장치의 저압차단스위치(LPS)에 관한 설명으로 옳은 것은?

㉮ 유압이 저하됐을 때 압축기를 정지시킨다.
㉯ 흡입압력이 저하됐을 때 압축기를 정지시킨다.
㉰ 토출압력이 저하됐을 때 압축기를 정지시킨다.
㉱ 장치 내 압력이 일정압력 이상이 되면 압력을 저하시켜 장치를 보호한다.

해설
저압차단스위치(LPS) : 흡입압력(저압)이 일정 수준 이하가 되면 가동되어 압축기를 정지시킨다.

17 10초 동안에 100[A]의 전류가 흘렀다면 이때 이동한 전하량은 몇 [C]인가?

㉮ 4,000[C]　㉯ 3,000[C]
㉰ 2,000[C]　㉱ 1,000[C]

해설
전류 $Q = I \times t = 100 \times 10 = 1,000[C]$

정답　12. ㉱　13. ㉱　14. ㉮　15. ㉰　16. ㉯　17. ㉱

18 다음 그래프가 나타내는 몰리에르선도의 냉동시스템은 어떤 시스템을 의미하는가?

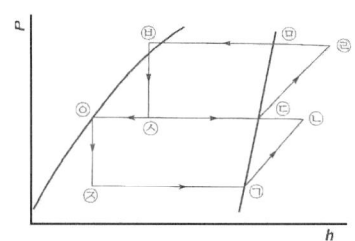

㉮ 1단 압축 1단 팽창 냉동시스템
㉯ 1단 압축 2단 팽창 냉동시스템
㉰ 2단 압축 1단 팽창 냉동시스템
㉱ 2단 압축 2단 팽창 냉동시스템

➕ 해설
2단 압축 2단 팽창 냉동 사이클이다.

19 다음 설명 중 옳은 것은?
㉮ 팽창밸브 통과 전후의 냉매 엔탈피는 변하지 않는다.
㉯ 냉동능력을 크게 하려면 압축비를 높게 하여 운전해야 한다.
㉰ 암모니아 압축기용 냉동기유는 암모니아보다 가볍다.
㉱ 암모니아에 수분이 있어도 아연을 침식시키지 않는다.

➕ 해설
• 팽창밸브 : 등엔탈피과정
• 압축기 : 등엔트로피과정

20 얼음 두께 290mm, 브라인 온도 −11℃일 때, 결빙에 소요되는 시간으로 맞는 것은?
㉮ 약 32시간   ㉯ 약 43시간
㉰ 약 25시간   ㉱ 약 51시간

➕ 해설
$H = \dfrac{0.56 \times 29^2}{-(-11)} = 42.8$시간

21 케이싱 안에 있는 임펠러의 고속 회전운동으로 냉매를 압축시키며, 냉매에 주어지는 속도에너지를 동압의 압력에너지로 변환시키는 압축기는?
㉮ 왕복동식   ㉯ 회전식
㉰ 원심식   ㉱ 스크류식

➕ 해설
원심식 : 케이싱 안에 있는 임펠러의 고속 회전운동으로 냉매를 압축시키며 냉매에 주어지는 속도에너지를 동압의 압력에너지로 변환시킨다. 10,000~12,000rpm의 터보형 압축기라고도 한다.

22 터보 냉동기 운전 시 냉각수온이 높을 때 응축압력이 상승하여 일어나는 현상은 무엇인가?
㉮ 서징 현상
㉯ 캐비테이션 현상
㉰ 공진 현상
㉱ 밸런싱 현상

➕ 해설
서징 현상 : 냉동기의 운전 중 냉각수온이 높을 때 응축압력이 상승하여 일어난다.

23 30℃의 물 6ton을 4시간에 2℃까지 냉각하는 수냉각장치의 냉동능력은 얼마인가?
㉮ 14.8RT   ㉯ 16RT
㉰ 22RT   ㉱ 12.6RT

➕ 해설
냉동능력
$RT = \dfrac{6,000 \times 1 \times (30-2)}{4 \times 3,320} = 12.6$

24 흡수식 냉동기에 사용되는 흡수제의 조건으로 옳지 않은 것은?
㉮ 농도변화에 의한 증기압의 변화가 적을 것

정답 18. ㉱ 19. ㉮ 20. ㉯ 21. ㉰ 22. ㉮ 23. ㉱

④ 용액의 증발압력이 높을 것
④ 재생에 많은 열량을 필요로 하지 않을 것
④ 점도가 낮을 것

해설
흡수제의 구비조건
- 흡수제의 증발압력이 낮을 것
- 농도변화에 따른 증기압의 변화가 적을 것
- 흡수제의 증발온도가 냉매의 증발온도와 차이가 있을 것
- 재생에 많은 열량을 필요로 하지 않을 것
- 점도가 높지 않을 것
- 부식성이 없을 것

25 다음 CA냉장고의 용도로 사용되는 것은?
㉮ 청과물 저장에 사용된다.
㉯ 제빙용으로 쓰인다.
㉰ 가정용 냉장고에 사용된다.
㉱ 공조용으로 자동차, 항공용에 쓰인다.

해설
CA냉장고(Controlled Atmoshere storage room) : 청과물의 신선도를 유지하기 위해 냉장고 내의 산소를 3~5%로 감소하고 탄산가스를 3~5% 증가시키는 냉장고를 말하며, 주위 환경으로부터 격리시켜 냉장한다.

26 냉각탑 및 증발식 응축기에서의 손실수량이 아닌 것은?
㉮ 냉각할 때 소비되는 증발수량
㉯ 뿌려지는 물이 송풍기에 의해 외부로 비산되는 수량
㉰ 불순물에 의해 냉각수 농도가 증가되지 않기 위한 보충수량
㉱ 증발기에서 토출된 증기를 보충을 위한 수량

해설
냉각탑 및 증발식 응축기에서의 손실수량
- 냉각할 때 소비되는 증발수량
- 뿌려지는 물이 송풍기에 의해 외부로 비산되는 수량
- 냉각수 중 불순물에 의해 냉각수 농도가 증가되지 않기 위해 보충되는 수량

27 주위와 에너지는 교환할 수 있지만, 물질은 교환할 수 없는 계를 열역학에서는 무엇이라 하는가?
㉮ 개방계   ㉯ 밀폐계
㉰ 고립계   ㉱ 상태계

해설
밀폐계 : 질량의 이동 없이 에너지만 교환할 수 있는 계로서 일명 비유동계라고도 한다.

28 냉동장치의 온도를 일정하게 유지하기 위하여 사용되는 온도제어기의 방법으로 적당하지 않은 것은?
㉮ 바이메탈식   ㉯ 전기저항식
㉰ 증기압력식   ㉱ 건습구식

해설
온도제어방식 : 바이메탈식, 전기저항식, 증기압력식

29 -15°C일 때 냉매의 증발잠열이 큰 순서대로 나열한 것은?
㉮ $R-22 > R-12 > NH_3 > R-11$
㉯ $R-12 > NH_3 > R-11 > R-22$
㉰ $NH_3 > R-22 > R-11 > R-12$
㉱ $R-11 > R-12 > R-22 > NH_3$

해설
냉매의 증발잠열이 큰 순서
$NH_3(313.5) > R-22(51.9) > R-11(45.8) > R-12(38.6)$

정답 24. ㉯ 25. ㉮ 26. ㉱ 27. ㉯ 28. ㉱ 29. ㉰

30 다음 중 고압수액기의 역할로 올바른 것은?
- ㉮ 응축기에서 응축된 고압의 액냉매를 임시 저장한다.
- ㉯ 증발기에서 나오는 증기를 임시 저장한다.
- ㉰ 응축기에서 응축된 저압의 냉매를 임시 저장한다.
- ㉱ 팽창밸브에서 토출된 액냉매를 계속 저장한다.

🔵 **해설**
고압수액기의 역할 : 응축기에서 응축된 고압의 액냉매를 임시 저장한다.

31 자기유지(self holding)란 무엇인가?
- ㉮ 계전기 코일에 전류를 흘려서 여자시키는 것
- ㉯ 기기의 미소시간동작을 위해 동작되는 것
- ㉰ 계전기 코일에 전류를 차단하여 자화성질을 잃게 되는 것
- ㉱ 계전기가 여자된 후에도 동작 기능이 계속해서 유지되는 것

🔵 **해설**
자기유지 : 계전기가 여자된 후에도 동작 기능이 계속해서 유지되는 것

32 열의 이동에 관한 설명으로 틀린 것은?
- ㉮ 물체 내부로 열이 이동할 때 전열량은 온도차에 반비례하고, 거리에 비례한다.
- ㉯ 열에너지가 중간물질과는 관계없이 열선의 형태를 갖고 열을 전달하는 전열형식을 복사라 한다.
- ㉰ 온도가 다른 두 물체가 접촉할 때 고온에서 저온으로 열이 이동하는 것을 전도라 한다.
- ㉱ 대류는 기체나 액체 운동에 의한 열의 이동현상을 말한다.

🔵 **해설**
열의 이동 : 전열량은 온도차에 비례하고, 거리에 반비례한다.

33 강관 이음법 중 용접이음의 이점으로 옳지 않은 것은?
- ㉮ 접합부 강도가 강하며, 누수의 염려가 적다.
- ㉯ 관의 해체와 교환이 쉽다.
- ㉰ 유체의 마찰손실이 적다.
- ㉱ 중량이 가볍고 시설의 보수유지비가 절감된다.

🔵 **해설**
용접이음 : 용접이음은 분해조립이 힘들다.

34 냉동장치의 팽창밸브용량을 결정하는 것은?
- ㉮ 팽창밸브의 입구 직경
- ㉯ 팽창밸브의 출구 직경
- ㉰ 밸브시트의 오리피스 직경
- ㉱ 니들밸브의 길이

🔵 **해설**
팽창밸브의 용량 : 밸브시트의 오리피스 직경

35 불응축 가스가 잔재해 있을 때 장치에 미치는 영향이 아닌 것은?
- ㉮ 응축능력 감소
- ㉯ 응축압력 상승으로 인한 압축비 상승
- ㉰ 압축기 과열로 인한 토출가스 온도 상승
- ㉱ 압축기 소요동력에는 영향이 없음

정답 30. ㉮ 31. ㉱ 32. ㉮ 33. ㉯ 34. ㉰ 35. ㉱

해설

불응축 가스의 영향
- 응축능력 감소
- 응축압력 상승으로 인한 압축비 상승
- 압축기 과열로 인한 토출가스온도 상승
- 압축기 소요동력 상승

36 냉장고용 냉매로 사용되던 R-12의 대체 냉매는 무엇인가?

㉮ R-11　　㉯ R-123
㉰ R-22　　㉱ R-134a

해설

R-134a : R-12와 비등점, 임계온도 및 열역학적 성질이 비슷하며, 염소가 없어서 오존파괴지수가 0이어서 대체냉매로 사용한다.

37 압축 사이클의 체적효율에 대한 설명으로 틀린 것은?

㉮ 압축비가 클수록 체적효율은 감소한다.
㉯ 클리어런스가 크면 체적효율은 증가한다.
㉰ 회전수가 클수록 체적효율은 감소한다.
㉱ 실린더체적이 작을수록 체적효율은 감소한다.

해설

클리어런스가 크면 체적효율은 감소한다.

38 스크루 압축기의 장점으로 옳은 것은?

㉮ 오일펌프를 따로 설치한다.
㉯ 압축기 정비보수는 고숙련이 필요하다.
㉰ 작동단계가 없이 용량제어가 가능하며 자동운전에 알맞다.
㉱ 부품수가 많고 수명이 길다.

해설

스크루압축기 장점
- 진동이 작아 기초가 필요 없다.
- 소형이며 무게가 가볍다.
- 작동단계가 없이 용량제어가 가능하며 자동운전에 알맞다.
- 부품수가 적고 내구 연한이 길다.

39 배관 기호 중 볼밸브는 어느 것인가?

해설

볼밸브 : 글로브밸브 가운데 원이 표시되어 있음

40 암모니아로 작동되는 흡수식 냉동기의 흡수제는?

㉮ 산소　　㉯ 프레온
㉰ 리튬브로마이드　　㉱ 물

해설

흡수식 냉동기의 사용 냉매와 흡수제

냉매	흡수제(용매)
NH_3(암모니아)	H_2O(물)
H_2O(물)	LiBr(리튬브로마이드)

41 증발기 내의 압력에 의해서 작동되는 팽창밸브는?

㉮ 고압 측 플로트밸브
㉯ 정압식 자동 팽창밸브
㉰ 온도식 자동 팽창밸브
㉱ 자동 글로브밸브

해설

흡수식 냉동기의 사용 냉매와 흡수제

42 건식 증발기에 대한 설명으로 옳은 것은?

㉮ 냉동기유를 압축기에서 회수가 어렵다.
㉯ 냉매량의 소비가 적지만 전열작용은 좋지 않다.
㉰ 증발기 중에 냉매가 충만하게 하여 전열작용을 좋게 한 것이다.
㉱ 구조가 복잡하고 시설비가 많이 든다.

정답 36. ㉱ 37. ㉯ 38. ㉰ 39. ㉮ 40. ㉱ 41. ㉯ 42. ㉮

해설
건식 증발기
- 냉동기유는 압축기에서 회수가 쉽다.
- 냉매량의 소비가 적지만 전열작용은 좋지 않다.
- 냉장식에서 주로 사용한다.
- 프레온은 위에서부터, 암모니아는 아래서부터 공급된다.

43 액체 냉각용 증발기에 속하지 않는 것은?
- ㉮ 쉘 앤드 코일식 증발기
- ㉯ 프레온 만액식 쉘앤드 튜브식 증발기
- ㉰ 보데로 냉각기
- ㉱ 케스케이드 증발기

해설
액체냉각용 증발기의 종류 : 쉘 앤드 코일식 증발기, 프레온 만액식 쉘 앤드 튜브식 증발기, 보데로 냉각기, 탱크형 냉각기, 건식 쉘 앤드 튜브식 증발기

44 전류 I[A]와 시간 t, 전하량 Q[C]와의 관계는 무엇인가?
- ㉮ $Q = I^2 \cdot t$
- ㉯ $Q = \dfrac{t}{I}$
- ㉰ $Q = \dfrac{I}{t}$
- ㉱ $Q = I \cdot t$

해설
전하량 $Q = I \cdot t$

45 불응축 가스가 잔재해 있는 곳이 아닌 것은?
- ㉮ 응축기 상부
- ㉯ 수액기 상부
- ㉰ 증발식 응축기의 액 헤더
- ㉱ 압축기 입구

해설
불응축 가스가 잔재해 있는 곳 : 응축기 상부, 수액기 상부, 증발식 응축기의 액 헤더

3과목 공기조화

46 공기조화의 4가지 요소가 아닌 것은?
- ㉮ 온도
- ㉯ 밀도
- ㉰ 기류속도
- ㉱ 청정도

해설
공기조화의 4가지 요소 : 온도, 습도, 기류속도, 청정도

47 20°C일 때 습공기의 비중량은 얼마인가?
- ㉮ $0.8 \text{kg}_f/m^3$
- ㉯ $4.2 \text{kg}_f/m^3$
- ㉰ $2.6 \text{kg}_f/m^3$
- ㉱ $1.2 \text{kg}_f/m^3$

해설
공기의 비중량(20°C 기준) : $1.2 \text{kg}_f/m^3$

48 공조설비의 효율적인 제어와 관리를 위해 구역을 나누어 실내 부하 특성에 따라 공조시스템을 구성하는 것을 무엇이라 하는가?
- ㉮ 조닝
- ㉯ 바이패스
- ㉰ 보데로
- ㉱ 스크롤 뎀퍼

해설
조닝 : $1.2 \text{kg}_f/m^3$

49 다음 중 실내발생부하에 속하지 않는 것은?
- ㉮ 인체의 발생열량
- ㉯ 조명의 발생열량
- ㉰ 실내기구의 발생열량
- ㉱ 벽체를 통한 발생열량

해설
실내발생부하
- 인체의 발생열량
- 조명의 발생열량
- 실내기구의 발생열량

정답 43. ㉰ 44. ㉱ 45. ㉰ 46. ㉯ 47. ㉱ 48. ㉮ 49. ㉮

50 극간풍을 줄이는 방법과 관계가 없는 것은?

㉮ 출입구에 회전문 설치
㉯ 엘리미네이터 설치
㉰ 에어커텐 설치
㉱ 2중문 중간에 컨벡터 설치

해설
극간풍(틈새바람) 줄이는 방법
- 출입구에 회전문을 설치
- 에어커텐 설치
- 2중문 중간에 컨벡터 설치
- 2중문을 설치

51 터보형 송풍기에 대한 설명으로 옳은 것은?

㉮ 기류방향이 회전축과 같은 방향이다.
㉯ 풍량에 비해 높은 정압이 필요할 때 사용한다.
㉰ 시로코팬이라고도 하며, 다수의 짧은 날개를 가진다.
㉱ 프로펠러형으로 풍량이 많고 압력이 낮은 경우에 사용한다.

해설
터보형 송풍기 : 풍량에 비해 높은 정압이 필요할 때 사용한다.

52 원심송풍기의 제어방법과 거리가 먼 것은?

㉮ 모터의 회전수를 제어한다.
㉯ 흡입, 토출 개도를 조절한다.
㉰ 토출베인을 조절한다.
㉱ 가변피치를 제어한다.

해설
원심송풍기 제어
- 모터의 회전수를 제어한다.
- 흡입, 토출 개도를 조절한다.
- 토출베인을 조절한다.
- 가변피치를 제어한다.

53 보일러 열효율(η)을 나타낸 식으로 올바른 것은?

㉮ $\eta = \dfrac{정격출력}{연료소비량 \times 중위발열량}$

㉯ $\eta = \dfrac{최대출력}{연료소비량 \times 저위발열량}$

㉰ $\eta = \dfrac{정격출력}{연료소비량 \times 고위발열량}$

㉱ $\eta = \dfrac{정격출력}{연료소비량 \times 저위발열량}$

해설
보일러 열효율
$\eta = \dfrac{정격출력}{연료소비량 \times 저위발열량}$

54 복사난방의 장점으로 옳은 것은?

㉮ 실내온도가 낮아도 난방효과는 있으며 열의 손실량은 적다.
㉯ 즉시 난방이 가능하다.
㉰ 설치가 간단하다.
㉱ 신선한 외기도입이 가능하다.

해설
복사난방의 장점
- 실내온도가 낮아도 난방효과는 있으며 열의 손실량은 적다.
- 인체에 대한 쾌감도가 좋다.
- 천장이 높은 공간에서 효율이 좋다.
- 바닥의 이용도가 좋다.
- 온도분포가 균등하고 상하온도차가 적다.

55 비엔탈피 변화와 절대습도 변화의 비율을 무엇이라고 하는가?

㉮ 현열비 ㉯ 열수분비
㉰ 포화비 ㉱ 절대비

해설
열수분비(kcal/kg)
$U = \dfrac{\Delta h (엔탈피의 변화량)}{\Delta x (절대습도차)}$

정답 50. ㉯ 51. ㉯ 52. ㉰ 53. ㉱ 54. ㉮ 55. ㉯

56 다음 중 체크밸브의 기능은 무엇인가?
㉮ 이물질 혼입방지
㉯ 압력 조절
㉰ 역류방지
㉱ 과부하방지

⊕ 해설
체크밸브 : 유체의 흐름이 역류되는 것을 방지한다.

57 기수분리기란 무엇인가?
㉮ 보일러에서 발생한 증기에 남아있는 물방울을 제거하는 장치
㉯ 보일러의 급수에 포함되어 있는 공기를 제거하는 장치
㉰ 증기사용 후 물과 증기를 모두 제거하는 장치
㉱ 보일러에 들어가는 연소용 공기에서 수분만 제거하는 장치

⊕ 해설
기수분리기 : 보일러에서 발생한 증기에 남아 있는 물방울을 제거하는 장치

58 다음 중 열손실이 가장 많은 것은?
㉮ 배기가스에 의한 열손실
㉯ 방열 및 유리창에 의한 열손실
㉰ 불완전연소에 의한 열손실
㉱ 미연소분에 의한 열손실

⊕ 해설
열손실 : 배기가스에 의한 열손실이 가장 크다.

59 보일러의 상당증발량이란 다음 중 어떤 것인가?
㉮ 대기압에서 100°C의 물을 습포화증기로 전환된 경우, 증발량으로 환산한 것
㉯ 대기압에서 100°C의 물을 건포화증기로 전환된 경우, 증발량으로 환산한 것
㉰ 보일러에 급수된 물을 100°C의 증기로 만들었을 때의 증발량
㉱ 보일러에 급수된 물을 100°C의 습포화증기로 만들었을 때의 증발량

⊕ 해설
상당증발량 : 대기압에서 100°C의 물을 건포화증기로 전환된 경우, 증발량으로 환산한 것

60 다음 중 제상방법에 해당되지 않는 것은?
㉮ 살수제상
㉯ 냉동기 저속가동에 의한 제상
㉰ 전열식 제상
㉱ 고압가스제상

⊕ 해설
제상방법
- **살수제상** : 증발기 표면에 온수 혹은 브라인을 뿌려 제상하는 방식
- **전열식 제상** : 증발기 코일 아래 혹은 앞에 전열선을 설치하여 제상하는 방법
- **냉동기 정지에 의한 제상** : 냉동기를 정지시켜 0°C 이상으로 하여 제상하는 방법
- **고압가스제상** : 유분리기와 응축기 사이에서 고압가스를 빼내서 증발기에 분사하여 제상하는 방법

정답 56. ㉰ 57. ㉮ 58. ㉮ 59. ㉯ 60. ㉯

공조냉동기계기능사
기출문제 + CBT문제

발 행 일	2018년 10월 10일 초판 1쇄 발행
	2020년 1월 10일 초판 3쇄 발행
저　　자	함창호
발 행 처	
	http://www.crownbook.com
발 행 인	이상원
신고번호	제 300-2007-143호
주　　소	서울시 종로구 율곡로13길 21
대표전화	02)745-0311~3
팩　　스	02)743-2688
홈페이지	www.crownbook.com
I S B N	978-89-406-3585-8 / 13550

특별판매정가 20,000원

이 도서의 판권은 크라운출판사에 있으며, 수록된 내용은 무단으로 복제, 변형하여 사용할 수 없습니다.
Copyright CROWN, ⓒ 2020 Printed in Korea

이 도서의 문의를 편집부(02-6430-7020)로 연락주시면 친절하게 응답해 드립니다.